2024年版全国一级建造师执业资格考试辅导

矿业工程管理与实务

章 节 刷 题

全国一级建造师执业资格考试辅导编写委员会　编写

中国建筑工业出版社
中国城市出版社

图书在版编目（CIP）数据

矿业工程管理与实务章节刷题/全国一级建造师执
业资格考试辅导编写委员会编写. —北京：中国城市出
版社，2024.5（2024.7重印）
2024年版全国一级建造师执业资格考试辅导
ISBN 978-7-5074-3700-3

Ⅰ.①矿…　Ⅱ.①全…　Ⅲ.①矿业工程—工程管理—
资格考试—习题集　Ⅳ.①TD-44

中国国家版本馆CIP数据核字（2024）第075617号

责任编辑：蔡文胜
责任校对：张　颖

2024年版全国一级建造师执业资格考试辅导

矿业工程管理与实务章节刷题

全国一级建造师执业资格考试辅导编写委员会　编写

*

中国建筑工业出版社、中国城市出版社出版、发行（北京海淀三里河路9号）

各地新华书店、建筑书店经销

建工社（河北）印刷有限公司印刷

*

开本：787毫米×1092毫米　1/16　印张：22　字数：535千字
2024年5月第一版　　2024年7月第三次印刷
定价：**68.00**元（含增值服务）
ISBN 978-7-5074-3700-3
（904719）

如有内容及印装质量问题，请联系本社读者服务中心退换
电话：（010）58337283　QQ：2885381756
（地址：北京海淀三里河路9号中国建筑工业出版社604室　邮政编码：100037）

出 版 说 明

为了满足广大考生的应试复习需要，便于考生准确理解考试大纲的要求，尽快掌握复习要点，更好地适应考试，根据"一级建造师执业资格考试大纲"（2024 年版）（以下简称"考试大纲"）和"2024 年版全国一级建造师执业资格考试用书"（以下简称"考试用书"），我们组织全国著名院校和企业以及行业协会的有关专家教授编写了"2024 年版全国一级建造师执业资格考试辅导——章节刷题"（以下简称"章节刷题"）。此次出版的章节刷题共 13 册，涵盖所有的综合科目和专业科目，分别为：

- 《建设工程经济章节刷题》
- 《建设工程项目管理章节刷题》
- 《建设工程法规及相关知识章节刷题》
- 《建筑工程管理与实务章节刷题》
- 《公路工程管理与实务章节刷题》
- 《铁路工程管理与实务章节刷题》
- 《民航机场工程管理与实务章节刷题》
- 《港口与航道工程管理与实务章节刷题》
- 《水利水电工程管理与实务章节刷题》
- 《矿业工程管理与实务章节刷题》
- 《机电工程管理与实务章节刷题》
- 《市政公用工程管理与实务章节刷题》
- 《通信与广电工程管理与实务章节刷题》

《建设工程经济章节刷题》《建设工程项目管理章节刷题》《建设工程法规及相关知识章节刷题》包括单选题和多选题，专业工程管理与实务章节刷题包括单选题、多选题、实务操作和案例分析。章节刷题中附有参考答案、难点解析、案例分析以及综合测试等。为了帮助应试考生更好地复习备考，我们开设了在线辅导课程，考生可通过中国建筑出版在线网站（wkc.cabplink.com）了解相关信息，参加在线辅导课程学习。

为了给广大应试考生提供更优质、持续的服务，我社对上述 13 册图书提供网上增值服务，包括在线答疑、在线视频课程、在线测试等内容。

章节刷题紧扣考试大纲，参考考试用书，全面覆盖所有知识点要求，力求突出重点，解释难点。题型参照考试大纲的要求，力求练习题的难易、大小、长短、宽窄适中。各科目考试时间、分值见下表：

序　号	科目名称	考试时间（小时）	满　分
1	建设工程经济	2	100
2	建设工程项目管理	3	130
3	建设工程法规及相关知识	3	130
4	专业工程管理与实务	4	160

　　本套章节刷题力求在短时间内切实帮助考生理解知识点，掌握难点和重点，提高应试水平及解决实际工作问题的能力。希望这套章节刷题能有效地帮助一级建造师应试人员提高复习效果。本套章节刷题在编写过程中，难免有不妥之处，欢迎广大读者提出批评和建议，以便我们修订再版时完善，使之成为建造师考试人员的好帮手。

中国建筑工业出版社

中国城市出版社

2024 年 2 月

购正版图书　享超值服务

　　凡购买我社章节刷题的读者，均可凭封面上的增值服务码，免费享受网上增值服务。增值服务包括在线答疑、在线视频、在线测试等内容，使用方法如下：

1. 计算机用户

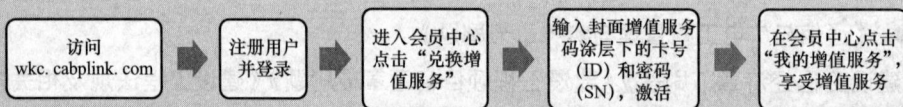

访问 wkc.cabplink.com → 注册用户并登录 → 进入会员中心点击"兑换增值服务" → 输入封面增值服务码涂层下的卡号（ID）和密码（SN），激活 → 在会员中心点击"我的增值服务"，享受增值服务

2. 移动端用户

微信扫描封面二维码 → 关注"建工社微课程"服务号 → 刮开封面增值服务码涂层，扫描涂层下条形码验证 → 通过验证，享受增值服务

　　读者如果对图书中的内容有疑问或问题，可关注微信公众号【建造师应试与执业】，与图书编辑团队直接交流。

建造师应试与执业

前　言

本书是全国一级建造师执业资格考试的辅导用书，依据《一级建造师执业资格考试大纲（矿业工程专业）》（2024年版）和2024年版全国一级建造师执业资格考试用书《矿业工程管理与实务》内容，按照考试科目和最新命题的形式及要求，组织富有工程实践经验的本专业相关专家、工程管理人员、大专院校教师等编写而成。

矿业工程专业一级建造师执业资格考试章节刷题的内容，涵盖了2024年版全国一级建造师执业资格考试用书《矿业工程管理与实务》的大部分内容，涉及矿业工程领域工程测量与地质、工程材料、矿井系统与采选方法、矿区地面建筑工程、凿岩爆破工程、矿山井巷工程、露天矿山工程等。章节刷题内容比较全面，并注意重点突出工程建设管理中的重要实践问题及相关的技术基础知识，这对于矿业工程项目管理工作者在解决工程实际问题和复习考试都有较大的帮助。

章节刷题中编写的各类习题与目前全国一级建造师执业资格考试试题形式和要求相同，包括单项选择题、多项选择题、实务操作和案例分析题三种。

全书依据考试大纲和考试用书的要求顺序编排，共分为矿业工程技术、矿业工程相关法规与标准、矿业工程项目管理实务三大部分。其中矿业工程技术和矿业工程相关法规与标准的重点为技术基础内容，主要以选择题为主；矿业工程项目管理实务则注重技术知识的应用和解决工程实际问题能力的训练，主要以案例题为主。全书实务操作和案例分析题主要来自于工程实际，对矿业工程专业技术和管理人员的学习和业务能力提高十分有益，全书提供了所有习题的参考答案及分析，有利于备考人员自学和全面地提高。

本书在编写过程中，始终得到了中国煤炭建设协会、中国冶金建设协会、中国有色金属建设协会、中国建材工程建设协会、中国核工业建设集团有限公司、中国化学工程集团有限公司、中国黄金协会等的大力支持，对此表示衷心的感谢！在完成本书的全过程中，中国煤炭建设协会、中国矿业大学力学与土木工程学院提供了大量的人力物力支持和帮助，在此特别表示感谢！

本书旨在满足备考人员进行临考前的复习和学习，也可作为相关大、中专院校师生及工程管理人员的参考。全书虽经广泛征求意见和审查、修改，但由于时间仓促和编者水平等因素，不足之处在所难免，殷切希望各位读者提出宝贵意见，以待进一步修改和完善。

目　　录

第1篇 矿业工程技术

第1章 工程测量与地质

1.1 矿业工程测量

复习要点

微信扫一扫
在线做题+答疑

工程测量是项目进行施工的前期工作，是项目实施必不可少的内容，是落实项目设计的位置、形状、大小、高低的基础，是落实设计内容质量的基本条件。

1. 工程测量控制网的布设要求

矿业工程测量控制网的作用及布设原则，矿区测量控制网（近井网）的概念及布设要求，近井点和井口高程基点及其布设要求。

2. 矿山地面施工测量工作内容与要求

矿山地面平面控制网的形式和选择，高程控制方法，地面施工测量工作要求，井口标定、井架安装测量、井塔施工测量及地面建（构）筑物施工测量。

3. 矿山井下施工测量工作内容与要求

矿井联系测量方法及基本要求，井下平面控制测量与高程控制测量，贯通测量的概念、方法和要求，井巷施工测量内容及相关要求。

4. 测量仪器及其使用方法

常用测量仪器使用方法，全球卫星导航系统及卫星定位测量，矿山地质测量信息系统。

一 单项选择题

1. 工程测量控制网的作用是（　　）。
   - A. 确定工程项目的规模
   - B. 建立工程测量的坐标系统
   - C. 提供施工测量的基准
   - D. 确立施工测量的标准

2. 局部施工控制网的精度应满足（　　）要求。
   - A. 整个施工控制网的最低精度
   - B. 整个施工控制网的最高精度
   - C. 建筑物将会出现的偏差
   - D. 建筑物的建筑限差

3. 下列关于矿区近井网的说法，错误的是（　　）。
   - A. 将整个矿区的测量系统纳入统一的平面坐标系统和高程系统之中
   - B. 是专为矿区施工阶段服务的测量控制网
   - C. 限制测量误差也是近井网的一项功能

D. 应在国家平面控制网的基础上设置

4. 关于近井网的说法，正确的是（   ）。

A. 由井口附近测点连接起的测量网

B. 使矿井测量纳入统一测量系统的控制网

C. 为测量标定井筒中心的十字网

D. 井筒附近确定井筒标高的测量网点

5. 关于矿区测量控制网布设要求的说法，正确的是（   ）。

A. 每个矿区都应该有自己的测量控制系统

B. 矿区高程系统不能统一时应以国家标准水平面起算

C. 矿区不允许原有控制网作为场区控制网

D. 井口高程基点的高程精度应满足两井间的主要巷道贯通要求

6. 采用三角网或导线网作为施工控制网时，通常分为两级，一级是基本网，二级为（   ）。

A. 厂区控制网   B. 厂房控制网

C. 厂房轴线网   D. 车间联系网

7. 关于矿山地面施工测量的说法，错误的是（   ）。

A. 根据批准的施工设计图纸资料制定测量技术方案，不用进行现场踏勘

B. 应按照"先整体后局部""先控制后碎部""从高级到低级"原则

C. 对测绘仪器和工具应定期检验、校正和维修

D. 矿井提升系统安装测量应保证设备及其有关建筑物的相对几何关系

8. 为使放样时安置一次仪器即可测设，高程控制网的水准点布设应（   ）。

A. 有足够的密度   B. 有足够的距离

C. 有足够的高程范围   D. 有足够的高程精度

9. 关于井架安装测量的说法，错误的是（   ）。

A. 基础施工时，两次独立标定的基础支座十字线互差不得超过 ±5mm

B. 井架竖立前应在井架基础上精确标定四个井架腿的平面位置和高程位置

C. 天轮平台每条中线的前、后点由设在不同基点上的全站仪标定

D. 在距井架不超过 100m 的井筒十字中线基础上架设全站仪

10. 矿山井下平面控制测量方法主要采用的形式是（   ）。

A. 方格网   B. 三角网

C. 导线网   D. GPS 网

11. 矿井的定向包括两种方法，它们是（   ）。

A. 一井导入和两井导入   B. 立井导入和斜井导入

C. 几何定向和物理定向   D. 平硐定向和斜井定向

12. 矿井井上下联系测量应满足的要求是至少（   ）。

A. 重复进行两次   B. 连续进行两次

C. 独立进行两次   D. 两人进行两次

13. 关于矿山井下控制测量的说法，正确的是（   ）。

A. 井下平面控制测量包括基本控制和采区控制

B．基本控制导线分为两级，测角精度分别为 ±15″ 和 ±30″

C．基本平面控制包括主要巷道、上山下山

D．井下高程控制的测点都采用三角高程方法

14．属于矿井巷道贯通的几何要素是（　　　）。

    A．巷道贯通距离　　　　　　　　B．巷道腰线

    C．巷道中心线　　　　　　　　　D．巷道施工长度

15．关于巷道贯通工作，做法正确的是（　　　）。

    A．贯通测量结果应以两人同时测量的结果为准

    B．最后一次标定贯通方向的未贯通巷道应小于 50m

    C．巷道贯通后必须及时调整巷道的中、腰线

    D．贯通工程完成后测量负责人应书面通知施工安检负责人

16．立井井筒施工，应以（　　　）作为掘砌依据。

    A．井筒边垂线　　　　　　　　　B．井筒中心垂线

    C．井筒中心激光投点　　　　　　D．井筒沿边激光投点

17．测量规程要求，新开口的巷道中腰线应（　　　）。

    A．由原来的巷道中腰线延长　　　B．在巷道建成后标定并存档

    C．在开口前一次标定　　　　　　D．在开口后重新标定

18．不能测量高程的仪器是（　　　）。

    A．经纬仪　　　　　　　　　　　B．水准仪

    C．全站仪　　　　　　　　　　　D．激光扫平仪

19．关于经纬仪的说法，正确的是（　　　）。

    A．经纬仪是专门测量水平角的仪器

    B．经纬仪测量前必须使测站对中整平

    C．经纬仪不能在倾斜巷道测角

    D．经纬仪可以测量水平巷道内的距离

20．GPS 的测量数据可以获得的最终结论是被测量位置的（　　　）。

    A．绝对高程　　　　　　　　　　B．相对高程

    C．平面坐标　　　　　　　　　　D．三维坐标

二　多项选择题

1．施工控制网的作用有（　　　）。

    A．控制施工区域测量的整体布局　B．提供测量的基准数据

    C．确定施工的测量误差大小　　　D．控制测量误差的积累

    E．给出工程细部测点的位置与要求

2．影响施工控制网精度要求的因素，包括（　　　）。

    A．建筑材料　　　　　　　　　　B．结构形式

    C．测量方法　　　　　　　　　　D．测量仪器的种类

    E．施工方法

3. 关于矿区平面控制网的布设，下列说法正确的有（   ）。

    A．矿区网应在国家一、二等平面控制网的基础上布设

    B．其等级要求与井筒贯通与否无关

    C．其等级高低应与矿区大小相应

    D．控制网的布设要结合矿区的发展

    E．可采用 GPS 定位等方法建立控制网

4. 对于地形起伏较大的山区或丘陵地区，平面控制网的建立方法常用（   ）。

    A．建筑基线   B．三角网

    C．GPS 网   D．导线网

    E．建筑方格网

5. 下列关于井塔施工测量，说法正确的有（   ）。

    A．应根据井筒十字中线基点及时在井塔基础预埋的铁桩上标设十字中线点

    B．利用十字中线点用拉线法交出井塔中心，按照井塔设计半径组立滑动模板

    C．在滑模操作平台上用全站仪在千斤顶爬杆上标出等高的水平标志

    D．滑升过程中经常用小钢尺测量千斤顶至水平标志距离，大于 30mm 就应调整

    E．定期进行井塔沉降观测

6. 矿井的物理定向方法有（   ）。

    A．用精密磁性仪器定向   B．用投向仪定向

    C．用 GPS 定向   D．用陀螺经纬仪定向

    E．用水准仪定向

7. 关于巷道贯通测量的说法，正确的有（   ）。

    A．一井贯通与两井贯通测量方法精确度一致

    B．纵向贯通误差对巷道质量有直接影响

    C．横向贯通误差对巷道质量有直接影响

    D．高程贯通误差对巷道质量有直接影响

    E．平面位置的误差影响立井贯通质量

8. 关于井筒施工的测量工作，做法正确的有（   ）。

    A．通常井壁竖直度检查采用井筒中心线完成

    B．井筒掘进不允许采用激光指向

    C．井壁砌筑采用激光指向时的偏差不得超过 5mm

    D．井壁掘进到装载硐室时应重新测量井深

    E．井筒到底后的巷道掘进，有重新定向的测量要求

9. 以下关于巷道掘砌施工的测量工作，做法正确的有（   ）。

    A．巷道新开口后，应采用罗盘仪对其中、腰线重新标定

    B．同一矿井的巷道腰线距巷道底板（或轨面）的高度宜保持一致

    C．离工作面最近的中、腰线点位置，规程有最远距离要求

    D．巷道的测量中线应成组设置，组内各点间的距离越近越好

    E．激光仪的安设应根据经纬仪和水准仪标定的点确定

10. 关于测量仪器使用方法和功能的说法，正确的有（　　　）。

    A．水准仪通过前后视差计算相对高程

    B．经纬仪可以获得测点的三维坐标

    C．用钢尺测量应按距离等情况修正

    D．全站仪属于全球定位系统

    E．光电测距仪要与经纬仪配合使用

【答案与解析】

一、单项选择题

1. C；   2. D；   3. B；   4. B；   5. D；   6. B；   7. A；   8. A；

9. C；   10. C；   11. C；   12. C；   13. A；   14. A；   15. C；   16. B；

17. D；   18. A；   19. B；   20. D

【解析】

1.【答案】C

工程测量控制网是一个在工程建设范围内的统一测量框架，为施工及其相关工作的各项测量提供基准起算数据。控制网应具有控制全局、提供基准、控制测量误差累积的作用。因此，答案为 C。

2.【答案】D

施工测量控制网的目的就是要保证建（构）筑物的精度要求。控制网的布置一般要求分级布网逐级控制、具有足够的精度、布网应有足够的密度，并符合相应的规范要求；通常采用二级布置，首级为整体控制，其等级应根据工程规模、控制网的用途与进度要求确定，次级直接为放样测量服务。其精度是由工程性质、结构形式、建筑材料、施工方法等因素确定，最终应满足建（构）筑物的建筑限差要求。整个施工测量控制网的各局部精度并不一定统一，局部精度要依据其服务的建筑单元的建筑限差来确定。因此，局部精度和整个控制网的精度没有直接关系；同时，测量控制网的精度是保证其服务的施工建筑物不超过允许偏差的重要条件，不能因为建筑施工不良而降低测量精度要求。故本题的答案选项应为 D。

3.【答案】B

一般说，施工控制网的基本功能包括在工程区域中形成统一的测量系统以控制全局、限制工程区域内的测量误差的累积，并成为区域内各项测量工作的基础。区域的控制测量网往往要和国家的控制网联系起来，矿山的首级控制网一般在国家一、二等平面控制网的基础上布设的。施工测量控制网是为施工而建立起来，但是对于矿山施工测量控制网，并不是仅仅只能用于施工，其实它相当于一个区域网，包括井下。因此，如后续的矿井生产、矿区地面沉陷，都需要用到该控制网，或者利用它进一步扩展。故本题的答案选项为 B。

4.【答案】B

矿区测量控制网被称为近井网。矿区测量控制网的目的是将整个矿区的整个测量系统纳入统一的平面坐标系统和高程系统之中，并控制矿井的各细部及相关的测量工作。它可以是国家等级控制网的一部分，也可根据需要单独布设。显然，它不是井口测点连接而成的所谓测量网（A），也不是专为测井筒中心的所谓十字网（C）；尽管可以通过此控制网的测点（近井点）标定井口标高，但近井网不是一个测点（D）。所以本题的正确选项是B。

5.【答案】D

矿区测量控制网应采用统一的坐标和高程系统。为了便于测量成果的相互利用，应尽可能采用国家3°带高斯平面直角坐标系统，形成国家等级控制网的一部分；在特殊情况下，可采用任意中央子午线或矿区平均高程面的矿区坐标系统。矿区面积小于$50km^2$且无发展可能时，可采用独立坐标系统。所以并不是要求矿区都应设立自己独立的测量控制网（A）。矿区高程尽可能采用1985国家高程基准，当无此条件时，方可采用假定高程系统，而非国家标准水平面作为高程起点（B）；对于矿区原有地面控制网，测量规程允许其作为新场区的控制网，但是应进行复测检查（C）；矿井的近井点和井口高程基点，都有一定的精度要求，其中高程基点的精度要求是应满足相邻两井间主要巷道的贯通要求（D）。

6.【答案】B

地面施工平面控制网经常采用的形式有三角网、GPS网、导线网、建筑基线或建筑方格网。采用三角网作为施工控制网时，常布设成两级，一级为基本网，即厂区控制网，以控制整个场地为主；另一级是厂房控制网，它直接控制建筑物的轴线及细部位置。采用导线网作为施工控制网时，也常布设成两级，一级为基本网，即厂区控制网，多布设成环形，可按城市测量规范的一级或二级导线测量的技术要求建立；另一级为测设导线网，即厂房控制网，用以测设局部建筑物，可按城市二级导线的技术要求建立。厂房控制网的建立方法包括基线法、主轴线法等。因此，本题的答案为B。

7.【答案】A

为满足施工测量工作的整体一致性，并能克服因误差的传播和累积而对测量成果造成的影响，施工测量工作应严格按照"先整体后局部""先控制后碎部""从高级到低级"原则，做到步步有检核（B）。测量工作开始前，应根据任务要求，收集和分析有关测量资料，进行必要的现场踏勘，制定经济合理的技术方案（A）。为了保证测绘成果的质量，对测绘仪器、工具应加强管理，精心使用，定期检验、校正和维修（C）。矿井提升系统设备的安装测量，必须保证设备本身及其有关建（构）筑物的相对几何关系正确（D）。所以本题的正确选项是A。

8.【答案】A

高程控制网要求有足够的密度的水准点，从而使施工放样时安置一次仪器即可测设到所需要的高程点；施工期间应保持高程点位置稳定；当场地面积较大时，高程控制网可分别按首级网和加密网两级布设，相应的水准点称为基本水准点和施工水准点。

9.【答案】C

临时凿井井架或永久金属井架基础施工时，以井架中心和井筒十字中线为依据，用全站仪标定井架基础中心，同时标定基础支座十字线。两次独立标定的基础支座十字线互差不得超过±5mm，然后用控制桩固定（A）。井架竖立前应在井架基础上精确标定四个井架腿的平面位置和高程位置（B）。井架竖立时，在距井架不超过100m的井筒十字中线基础上架设 DJ2 级全站仪（或经纬仪），向天轮平台上标定井筒十字中线（D）。标定工作独立进行两次，两次标定之差不应大于 5mm，取其中值作为标定结果。该标定结果应与预刻在天轮平台上的十字中线点相比较，如偏差值超过 15mm 时，须找正井架。天轮平台上每条中线的前、后两点应由设在同一基点上而非不同基点上的全站仪标定（C）。所以本题的正确选项是 C。

10.【答案】C

井下平面控制测量的网线敷设应满足井下的具体条件，而井下的条件就是巷道在地下，无线信号不能穿透地层，且受地下空间范围的限制。因此，对于 GPS 而言，它的信号不能传递至巷道；对于方格网、三角网的敷设，需要有能相互方便联络和敷设的导线测量空间，而井下测量导线只能沿狭窄的巷道里走线。因此，井下只能采用敷设沿巷道的导线网作为平面控制测量的形式，所以本题的选项是 C。

11.【答案】C

矿井定向方法，指矿井地面方位关系传递到井下的方法。无论是一井定向或者两井定向，或者平硐定向和斜井定向，都是属于定向方法。定向的方法中没有"一井导入"或者"两井导入"的方法。至于立井导入与斜井导入，是指高程导入的形式，不属于平面坐标关系的传递。井上下平面坐标关系的传递有两大类：一类是从几何原理出发的几何定向，主要有通过平硐或斜井的几何定向、通过一个立井的几何定向（一井定向）以及通过两个立井的几何定向（两井定向）几种方式；另一类则是以物理特性为基础的物理定向，主要有精密磁性仪器定向、投向仪定向、陀螺经纬仪（陀螺全站仪）定向等。所以本题的正确选项应是 C。

12.【答案】C

根据联系测量的要求，井筒联系测量必须独立进行两次，并应在数据的互差不超限的条件下，采用加权平均或算术平均值为最终结果。这表示联系测量要进行两次，两次测量应独立进行，相互间不能有联系，不能存在相互影响的关系，这样，两次测量的关系与是否连续进行、重复进行以及参与人数等条件无关，只要后一次联系测量是不受前次测量影响的独立测量就可以，而重复进行、连续进行或者两人进行均可能对测量的独立性有影响，所以本题的正确选项应是 C。

13.【答案】A

根据"高级控制低级"的原则，井下平面控制分为基本控制和采区（煤矿）控制两类，这两类控制都应敷设成闭合导线或者附合导线、复测支导线（A）；基本控制导线分为两级，测角精度分别为 ±7″ 和 ±15″，而 ±15″ 和 ±30″ 则是采区控制导线的两级测角精度（B）；基本平面控制测量主要沿井底车场、硐室、主要运输巷等主要巷道，上、下山属于采区平面控制，不在基本平面控制范围内（C）；井下高程控制测量点有两种确定方法，即三角高程测量和水准测量，其中主要巷道应采用水准测量方法（D）。所以本题的正确选项应是 A。

14.【答案】A

矿井巷道贯通的几何要素，是控制巷道准确贯通的几何参数。中心线、腰线不是几何参数，相应的几何参数包括井巷中心线坐标方位角、腰线倾角（坡度）、贯通距离等。而巷道施工长度与巷道贯通没有直接关系，更不属于贯通的几何要素。因此，本题的正确选项应是 A。

15.【答案】C

巷道贯通前应不断检测贯通要素，避免出现过大的误差，贯通后应及时调整贯通巷道的中、腰线，纠正因施工或测量存在的偏差（C）；规程要求，贯通测量应至少独立进行两次，两人同时测量就不能保证测量的独立性，尽管最后的结果是两人的平均值（A）；测量规程规定，最后一次标定贯通方向时，未掘的巷道长度不得小于（而不是"小于"）50m，以保证贯通巷道偏差的修正（B）；规程要求，贯通工程岩巷中剩下15～20m（煤巷 20～30m）时（快速掘进应于贯通前 2d）时，测量负责人应书面报告技术负责人，并通知安全检查和施工队组等有关部门，巷道贯通后通知显然已经没有意义（D）。所以本题的正确选项应是 C。

16.【答案】B

测量规程规定，圆形井筒施工，应悬挂井筒中心垂线作为掘砌的依据。即使是采用激光投点的测量方法（没有沿边进行激光投点的做法），煤矿井筒仍规定了每隔100m 用挂垂线等方法对光束进行一次检查和校正（有色金属矿山井筒每掘进 20～30m 应采用井筒中心线校核，井壁砌筑时则应每隔 10～20m 进行校核）；这也说明即使采用激光投点的方法，仍然是以中心垂线作为井筒掘砌的依据，校正激光仪器及其投点的准确性。以中心垂线作为掘砌依据不仅测线可靠，而且还方便施工，有利于控制井筒施工精度。但是，边垂线无论对于圆形或非圆形井筒施工测量都是非常重要的。按规定，非圆形井筒掘砌必须设边垂线；对于圆形井筒，为检查井壁竖直程度、控制预留梁窝位置时，也按要求另外增设边垂线，补充相应测量工作的要求，满足测量的可靠性和准确度。可见，中心垂线是一个具有控制作用的测线，因此本题的正确选项应是 B。

17.【答案】D

新开巷道的一个施工基本依据，就是该巷道的中腰线。因此在巷道开口前必须对该巷道的中腰线进行确定，并标识在原巷道相应位置。测量规程规定，巷道施工前采用经纬仪或罗盘仪等标定；当掘进到 4～8m 时，应检查或重新标定中腰线。主要巷道中线应用经纬仪标定，主要运输巷道腰线应用水准仪、经纬仪或连通管水准器标定。这种标定是为保证巷道的施工方向正确性和施工质量，不可缺少。故新巷道施工不能等巷道施工完成后测量标定，更不能采用原巷道中腰线延长。

18.【答案】A

水准仪是典型的测量高程的仪器，全站仪几乎可以完成测量的全部内容，扫平仪是通过旋转扫出平面高低，故也能测出相应位置的高程，经纬仪只能测点水平角度和垂直角度，要确定高程还必须有其他测量仪器辅助。因此本题的正确选项应是 A。

19.【答案】B

经纬仪是用来测量角度的仪器，可以测水平角，也可以测垂直角，与倾斜巷道或水平巷道无关（A、C）。使用经纬仪时，首先要使测站上安置的经纬仪对中整平才能正确工作（B）。无论水平巷道或者倾斜巷道，经纬仪都不能测量距离（D）。因此本题的正确答案选项应为 B。

20.【答案】D

GPS 是利用卫星工具形成的全球定位系统进行定位测量的技术和测量方法。因此它可以获取测点的三维坐标。因为题干是说 GPS 可以获得的最终测量结果，也即应理解为 GPS 的最大功能。所以标高、平面坐标的答案都还不是全部测量结果。故本题的正确选项应是 D。

二、多项选择题

1. A、B、D；　　　2. A、B、E；　　　3. A、C、D、E；　　　4. B、C；

5. A、B、C、E；　　6. A、B、D；　　　7. C、D、E；　　　　8. C、D、E；

9. B、C、E；　　　10. A、C、E

【解析】

1.【答案】A、B、D

施工控制网就是在工程建设范围内的一个统一测量框架，其布局在整个施工区域甚至更大范围（A），控制网为控制区域中的施工及其相关工作的各项测量提供基准数据（B），为各项具体的工程测量提供起算数据。施工控制网应具有控制全局、提供基准数据、控制测量误差累积的作用（D）。因为它不直接针对施工测量，因此不能以此来确定施工测量误差（C），也与具体确定工程的细部测量没有直接关系（E），因此，本题的正确答案选项应是 A、B、D。

2.【答案】A、B、E

一般，施工测量控制网的精度由建筑物的限差确定。要求的精度过高，则增加测量工作量或工作难度，而低于建筑限差精度要求，就不能满足施工质量要求。决定建筑限差的因素有工程性质、结构形式、建筑材料种类、施工方法等诸多因素。不同建筑物的建筑条件有区别，所以对一个施工测量控制网而言，涉及的建筑物不同其测量精度就是有区别的。但是，测量方法和测量仪器都不应该影响工程限差要求，所以本题的正确答案选项应是 A、B、E。

3.【答案】A、C、D、E

一个矿区应采用统一的坐标和高程系统。矿区首级平面控制网必须考虑矿区远景发展的需要（D），一般在国家一、二等平面控制网基础上布设，其等级依矿区井田大小及贯通距离和精度要求确定（A、C）。矿区地面高程首级控制网的布设范围和等级选择，应由矿区长度确定，且宜布设成环形网。采用 GPS 定位测量技术进行测量（E），首先要根据测量任务和观测条件进行 GPS 控制网的设计，设计的技术依据可参照《全球定位系统（GPS）测量规范》GB/T 18314—2009 及《卫星定位城市测量技术标准》CJJ/T 73—2019。井口高程基点的高程精度，如涉及井筒间巷道贯通的，则应满足两相邻井口间进行主要巷道贯通的要求（B）。所以本题的正确答案选项应是 A、C、D、E。

4.【答案】B、C

地面施工平面控制网经常采用的形式有三角网、GPS 网、导线网、建筑基线或建筑方格网。选择平面控制网的形式应根据建筑总平面图、建筑场地的大小、地形、施工方案等因素进行综合考虑。对于地形起伏较大的山区或丘陵地区，常用三角测量、边角测量或 GPS 方法建立控制网；对于地形平坦而通视比较困难的地区，则可采用导线网或 GPS 网；对于地面平坦而简单的小型建筑场地，常布置一条或几条建筑基线，组成简单的图形并作为施工放样的依据；而对于地势平坦，建筑物众多且分布比较规则和密集的工业场地，一般采用建筑方格网。因此，本题的正确答案选项应是 B、C。

5.【答案】A、B、C、E

井塔浇筑通常采用滑模施工，滑模施工时在操作平台上安置全站仪（经纬仪），在千斤顶爬杆上标出等高的水平标志。滑升过程中经常用小钢尺量取千斤顶至水平标志的距离，如其高差大于 20mm 时就应进行调整，使操作平台保持水平。因此，本题的正确答案选项应是 A、B、C、E。

6.【答案】A、B、D

GPS 系统仅可用于地面定位，井下无法使用；而水准仪只是测量两点之间高差的常用仪器，无法进行物理定位测量。

7.【答案】C、D、E

一井贯通测量指由井下一条起算边开始，敷设井下导线到达贯通巷道两端的贯通测量；两井贯通测量，是指在巷道贯通前不能由井下的一条起算边向贯通巷道的两端敷设井下导线的贯通测量。这种贯通测量，要求两井通过各自的联系测量，使贯通巷道的测量数据统一在同一个测量坐标系统上。为避免在测量过程中产生过大的误差积累，两井贯通要求测量方法更精确，检查措施更严格。因此选项 A 错误。纵向贯通误差只对贯通距离有影响，对巷道质量没有影响，故选项 B 错误。因此，本题的正确答案选项应是 C、D、E。

8.【答案】C、D、E

检查井壁竖直程度，通常采用挂边垂线来测定（A），但是垂线点固定后，应对边垂线定期进行检查，每段砌壁前亦应检查。井筒掘进可以采用激光测量（B），但是应该按规定及时进行校正，并应符合限差规定的要求，该限差即为 5mm（C）。井筒掘进到有联结水平硐室或是到井底车场水平时，均应重新进行井深测量以及对水平硐室（D）以及井底车场（E）进行定位和定向工作。因此，本题的正确答案选项是 C、D、E。

9.【答案】B、C、E

按照相关要求，新开巷道应先用经纬仪或罗盘仪标定，掘进一定距离后用经纬仪重新标定中线、腰线，或另采用水准仪等仪器标定腰线，不宜用罗盘仪进行重新标定（A）。同一矿井的巷道腰线距巷道底板（或轨面）的高度宜设为定值（B）。为保证中、腰线的有效性，要求其离工作面最近点的距离一般应不超过 30~40m（C）。成组设置的中线，组内各点的距离不能小于 2m，间距越近越容易出现偏差，因此有最小距离的规定（D）。激光仪由于安设、投射等方面影响，存在投点位置、方向、可靠性等的局限，因此要求其根据经纬仪和水准仪标定的点确定（E）。所以本题的正确答案选项是 B、C、E。

10.【答案】A、C、E

三维坐标需要有高度、水平位置及空间角度，经纬仪是测量水平和垂直角度的仪器，不能测量距离，因此不能获得点的三维坐标。钢尺在使用时由于其受重力、温度等的影响，会下垂或者因为温度的原因伸长，所以需要对其纠正。全站仪和 GPS 测量是两样方法，不属于全球定位系统。光电测距仪测距时要配合经纬仪、装在其上后才能进行。所以本题的正确答案选项是 A、C、E。

1.2　矿业工程地质和水文地质

复习要点

工程地质和水文地质的主要内容包括矿山地质条件分析及其主要特性，围岩的工程分类，地质构造形式及其对矿山工程的影响，矿山工程水文地质条件分析与应用。

1. 矿山地质条件分析及其主要特性

岩浆岩、沉积岩、变质岩三类岩石的主要特性。岩石的主要物理性质、水理性质及力学性质。土具有碎散性、三相性及自然变异性三个基本特征，土的物理性质、水理性质、力学性质，一般土与特殊土的工程特性。

2. 围岩的工程分类

岩体与围岩的概念，岩体结构类型及其工程地质特征。地应力、地下水对岩体力学性质的影响。围岩稳定状态，围岩稳定性的影响因素，常用岩体工程分类。

3. 地质构造形式及其对矿山工程的影响

地质构造形式及岩层产状要素。褶皱构造的基本形式及要素，通过褶皱核部和翼部的工程地质评价分析褶皱构造对矿山工程的影响。断裂构造分为裂隙（节理）和断层两种类型，两种类型对矿山工程的影响。矿图的编绘，基本矿图及其用途，常用地质图的特点和用途。

4. 矿山工程水文地质条件分析与应用

地下水的分类，矿井涌水的主要来源，矿井主要充水通道。矿井水文地质观测方法，矿井涌水量预测方法。矿井水文地质的工作的基本任务。

一　单项选择题

1. 下列岩石不是变质岩的是（　　　）。
   A. 石英岩
   B. 片麻岩
   C. 板岩
   D. 石灰岩

2. 关于岩石特性的说法，错误的是（　　　）。
   A. 化学岩类沉积岩有不同的溶解性
   B. 喷出岩比侵入岩强度高
   C. 只要含有变质矿物的岩石就是变质岩
   D. 碎屑岩类沉积岩性质主要取决于胶结成分

3. 关于岩石水理性质的说法，错误的是（　　　）。
   A. 岩石的吸水率大则其强度受水作用的影响就越显著
   B. 软化系数小于 0.75 的岩石抗水性差
   C. 软化系数小于 0.75 的岩石为抗冻岩石
   D. 软化系数小于 0.75 的岩石抗风化较差

4. 关于岩石物理性质的说法，错误的是（　　　）。
   A. 同一条件同种岩石，重度大的强度低

B. 孔隙率为岩石中孔隙总体积与岩石总体积之比

C. 岩石随孔隙率的增大，强度降低

D. 砾岩等沉积岩类岩石经常具有较大的孔隙率

5. 关于岩石变形破坏特点描述的说法，错误的是（　　）。

A. 变形过程中有体积扩容现象

B. 在断裂的瞬间能量会突然释放，造成岩爆和冲击荷载

C. 围压提高，岩石的脆性减小、峰值强度和残余强度降低

D. 充分利用岩石的承载能力是地下岩石工程的重要原则

6. 黏性土按（　　）分为坚硬黏土、硬塑黏土、可塑黏土、软塑黏土和流塑黏土。

A. 塑性指数　　　　　　　　　B. 液性指数

C. 颗粒级配　　　　　　　　　D. 颗粒大小

7. 关于特殊土工程地质特性的说法，正确的是（　　）。

A. 湿陷性黄土均属于自重性湿陷

B. 膨胀土一般强度较高，压缩性高

C. 红黏土的强度一般随深度增加而大幅增加

D. 淤泥质土具有压缩性高、较显著的蠕变性

8. 容易造成矿山井巷工程破坏和严重灾害的重要因素是（　　）。

A. 流体应力　　　　　　　　　B. 构造应力

C. 自重应力　　　　　　　　　D. 温差应力

9. 对于井巷工程穿过溶洞，宜采用的处理方法是（　　）。

A. 注浆法　　　　　　　　　　B. 跨越法

C. 垫层法　　　　　　　　　　D. 夯实法

10. 关于地下水对岩体力学性质影响的说法，错误的是（　　）。

A. 地下水在松散破碎岩体中运动时对岩体可产生溶蚀作用

B. 孔隙静水压力减小岩体的有效应力而降低岩体的强度

C. 孔隙动水压力可对岩体产生潜蚀作用

D. 孔隙动水压力可降低岩体的抗压强度

11. 根据《煤矿井巷工程施工标准》GB/T 50511—2022，砂岩、砂质泥岩、粉砂岩属于（　　）。

A. 稳定岩层　　　　　　　　　B. 中等稳定岩层

C. 弱稳定岩层　　　　　　　　D. 强稳定岩层

12. 围岩稳定性分类方法中的围岩稳定时间主要与（　　）有关。

A. 硐室或巷道的跨度　　　　　B. 围岩的开挖时间

C. 硐室或巷道支护方法　　　　D. 施工措施或施工方法

13. 下列不属于地质构造基本类型的是（　　）。

A. 单斜构造　　　　　　　　　B. 褶皱构造

C. 断裂构造　　　　　　　　　D. 层理构造

14. 关于褶皱构造的说法，错误的是（　　）。

A. 褶皱核部容易产生冒顶及涌水现象

　　B．褶皱核部在石灰岩地区往往使岩溶较为发育

　　C．向斜的核部不易存留地下水

　　D．井巷工程从褶皱翼部通过一般比较有利

15．常见矿图的比例尺一般不采用（　　　）。

　　A．1：10000　　　　　　　　　B．1：5000

　　C．1：500　　　　　　　　　　D．1：50

16．报废的井巷必须做好隐蔽工程记录，并在（　　　）上标明，归档备查。

　　A．采掘工程平面图　　　　　　B．井上、下对照图

　　C．井田地形地质图　　　　　　D．矿井充水性图

17．矿图中，矿体等高线变得更密集时，表示矿体（　　　）。

　　A．走向改变　　　　　　　　　B．倾向有变化

　　C．倾角变陡　　　　　　　　　D．坡度变小

18．开采侏罗系煤层的矿井，主要充水含水层是（　　　）。

　　A．松散砂层含水层　　　　　　B．基岩裂隙带（水）

　　C．煤层顶板砂岩含水层　　　　D．岩溶含水层

19．下列属于人为产生的矿井通水通道是（　　　）。

　　A．压力裂隙　　　　　　　　　B．导水陷落柱

　　C．岩溶塌陷　　　　　　　　　D．封闭不良的钻孔

20．下列不属于井巷涌水量预测基本方法的是（　　　）。

　　A．水文地质比拟法　　　　　　B．地下水动力学法

　　C．堰测法　　　　　　　　　　D．涌水量与水位降深曲线法

二　多项选择题

1．沉积岩的结构形式有（　　　）。

　　A．碎屑结构　　　　　　　　　B．碎裂结构

　　C．晶粒结构　　　　　　　　　D．变余结构

　　E．生物结构

2．砂土根据颗粒级配不同可以分为（　　　）。

　　A．砾砂　　　　　　　　　　　B．粗砂

　　C．中砂　　　　　　　　　　　D．细砂

　　E．极细砂

3．关于岩石强度特性的说法，正确的有（　　　）。

　　A．抗压强度是岩石最基本的力学指标

　　B．抗拉强度是评价岩石稳定性的指标之一

　　C．抗剪强度是评价岩石稳定性的指标之一

　　D．抗压强度是评价岩石稳定性的指标之一

　　E．抗压强度最高，抗剪强度最小

4. 岩石结构的基本类型包括（　　　　）。

    A. 整体块状结构   B. 完整状结构

    C. 板状结构   D. 层状结构

    E. 散体结构

5. 关于围岩稳定性分类的说法，正确的有（　　　　）。

    A. 岩体结构是围岩稳定性分类的主要依据之一

    B. 岩石的抗压强度常常是各类岩石分类的基本指标

    C. 岩体纵波速度大的围岩稳定性较差

    D. 地质构造对围岩稳定性的影响取决于岩体的结构形式

    E. 围岩稳定性评价可采用开挖后毛硐稳定的时间来描述

6. 有色金属矿山围岩分级中，描述围岩主要工程地质特征的有（　　　　）。

    A. 岩体结构类型   B. 岩体裂隙密度

    C. 岩石密度指标   D. 岩石强度指标

    E. 岩体强度应力比

7. 关于断层对矿业工程造成影响的说法，正确的有（　　　　）。

    A. 断层截断岩层，可能会改变矿床位置

    B. 断层给支护造成困难

    C. 断层不会改变岩层的透水条件

    D. 断层容易引起大涌水

    E. 大断层影响巷道布置，增加巷道施工量

8. 关于岩层底板等高线图的说法，正确的有（　　　　）。

    A. 岩层底板等高线图中的每一条等高线都应有高度的标注

    B. 经过同一位置点的等高线，其绝对高度都必然相等

    C. 岩层底板等高线图中的所有等高线都是一条不间断的闭合曲线

    D. 等高线发生弯曲，则表明该底板出现变向

    E. 等高线变得稀疏，则该岩层变得平缓

9. 影响矿井充水的自然因素有（　　　　）。

    A. 大气降水   B. 地表水

    C. 基岩的出露程度   D. 未封闭的钻孔

    E. 老窑水

10. 矿井涌水量常用实测方法有（　　　　）。

    A. 浮标法   B. 堰测法

    C. 大井法   D. 容积法

    E. 观测水仓水位法

【答案与解析】

一、单项选择题

1. D;   2. B;   3. C;   4. A;   5. C;   6. B;   7. D;   8. B;

9. A；　　10. D；　　11. B；　　12. A；　　13. D；　　14. C；　　15. C；　　16. B；

17. C；　　18. B；　　19. D；　　20. C

【解析】

1.【答案】D

常见的变质岩有千枚岩、片岩、片麻岩、板岩、大理岩、石英岩。石灰岩属于沉积岩，根据沉积岩的组成成分、结构、构造和形成条件，可分为碎屑岩类（如砾岩、角砾岩、砂岩、粉砂岩）、黏土岩类（如泥岩、页岩）、化学岩及生物化学岩类（如石灰岩、白云岩、硅质岩、泥灰岩等）。所以本题的正确答案选项是 D。

2.【答案】B

岩浆岩是指岩浆在向地表上升的过程中，由于热量散失逐渐经过分异等作用冷凝而成的岩石。喷出地表冷凝的称喷出岩，在地表下冷凝的称侵入岩。侵入岩又分为深成岩和浅成岩。岩浆岩通常具有均质且各向同性的特性，力学性能指标通常也比较高，其中以深成岩的强度和抗风化能力最高，然后依次是浅成岩、火山喷出岩。所以本题的正确答案选项是 B。

3.【答案】C

岩石水理性质是指岩石与水相互作用时所表现的性质，通常包括岩石的吸水性、透水性、软化性和抗冻性等。岩石的吸水率大，则水对岩石颗粒间结合物的浸湿、软化作用就强，岩石强度和稳定性受水作用的影响就越显著（A）；软化系数小于 0.75 的岩石，其抗水、抗风化和抗冻性较差（B、D）；吸水率、饱和系数和软化系数等指标可以作为判定岩石抗冻性的间接指标。一般认为吸水率小于 0.5%，饱和系数 0.6～0.8，软化系数大于 0.75 的岩石，为抗冻岩石（C）。所以本题的正确答案选项是 C。

4.【答案】A

重量是岩石最基本的物理性质之一，一般用相对密度和重度两个指标表示。岩石重度的大小，决定于岩石中矿物的相对密度、孔隙性及其含水情况。矿物的相对密度大或孔隙性小，则重度就大。在相同条件下的同一种岩石，如重度大，说明岩石的结构致密，孔隙性小，因而岩石的强度和稳定性也比较高。所以本题的正确答案选项是 A。

5.【答案】C

岩石压缩变形伴随有裂隙开裂的过程，并最终形成断裂，由于有裂隙张开，变形过程中有体积膨胀现象，称为扩容（A）。岩石在断裂的瞬间，其压缩过程中所积蓄的能量会突然释放，造成岩石爆裂和冲击荷载，是地下岩爆等突发性灾害的基本原因（B）。围压与岩石破坏后剩下的残余强度的高低有重要关系，随围压的提高，岩石的脆性减小，其峰值强度和残余强度提高而不是降低（C）。在较高围压作用下，岩石甚至还出现软化现象。对破坏面（或节理面）的约束，可以保持岩体具有一定的承载能力，因此充分利用岩石的承载能力是地下岩石工程的重要原则（D）。所以本题的正确答案选项是 C。

6.【答案】B

黏性土在天然状态时的软硬程度的指标用液性指数表示，它是黏性土的天然含水量和塑限的差值与塑性指数之比。液性指数在 0～1 之间时，土为可塑状态。因此，可利用液性指数来表征黏性土的软硬程度，液性指数越大，则土中天然含水量越高，土质越软；反之，土质越硬。因此正确答案选项应为B。

7.【答案】D

湿陷性黄土分为自重湿陷性和非自重湿陷性黄土（A）；膨胀土一般强度较高，压缩性低而不是高（B）；红黏土的强度一般随深度增加而大幅降低而不是增加（C）；所以本题的正确答案选项是D。

8.【答案】B

地应力是指矿山井巷工程开挖前，地下未受扰动的应力分布状态。地应力主要由自重应力和构造应力组成，有时还存在流体应力和温差应力。构造应力往往较大，其破坏作用严重，一般以水平应力为主，即对于巷道而言，其主要作用方向指向岩帮，或者顺巷道的某个方向。所以本题的正确答案选项是B。

9.【答案】A

岩溶对建（构）筑物及井巷工程稳定性和安全性有很大影响，施工时应根据岩溶发育特征和地表水径流、地下水赋存条件制定截流、防渗、堵漏或疏排措施。对塌陷或浅埋溶洞宜采用挖填夯实法、跨越法、充填法、垫层法进行处理；对深埋溶洞宜采用注浆法、桩基法、充填法进行处理；对于井巷工程穿过溶洞，因埋藏较深，应加强巷道支护，提前做好探放水工作，宜采用注浆法处理。

10.【答案】D

地下水对岩体的力学作用主要通过孔隙静水压力和孔隙动水压力作用对岩体的力学性质施加影响。前者减小岩体的有效应力而降低岩体的强度（B），后者对岩体产生切向的推力以降低岩体的抗剪强度（D）。地下水在松散破碎岩体及软弱夹层中运动时对土颗粒增加体积力，可将岩石中可溶物质溶解带走，在孔隙动水压力的作用下可使岩体的细颗粒物质产生移动，甚至被携出岩体之外，从而使岩石强度大为降低，变形加大，前者称为溶蚀作用（A），后者称为潜蚀作用（C）。所以本题的正确答案选项是D。

11.【答案】B

根据《煤矿井巷工程施工标准》GB/T 50511—2022中的"岩层稳定性分类"，中硬岩层、层状岩层以坚硬为主，夹有少数软岩层，较坚硬的块状岩层（举例岩种：砂岩、砂质泥岩、粉砂砂岩、石灰岩等）属于中等稳定岩层。

12.【答案】A

围岩的稳定时间主要与井巷断面大小或者说井巷跨度有关，因此跨度大小的因素被考虑在围岩稳定性分类方法中（A）；围岩的开挖时间（B）和围岩稳定时间不是一种性质，属于施工因素，故不是合理选项；影响围岩稳定性还有其他因素，但是井巷施工方法（D）的选择由围岩稳定性决定而非相反，选项C与D是一个性质，故都不是合理选项。所以本题的正确答案选项是A。

13.【答案】D

地质构造主要形式为单斜构造、褶皱构造和断裂构造，层理不是构造。

14.【答案】C

褶皱核部岩层由于受水平挤压作用，产生许多裂隙，直接影响岩体的完整性和强度，在石灰岩地区还往往使岩溶较为发育（B）。由于褶皱核部是岩层受构造应力最为强烈、最为集中的部位，位于核部的岩体比较破碎，其中，背斜的核部不易存留地下水，而向斜的核部更易存留地下水（C）。因此，矿山工程在褶皱核部容易遇到的工程地质问题主要是由于岩层破碎产生的岩体稳定问题和向斜核部地下水的问题，这在地下工程中往往显得更为突出，容易产生冒顶及涌水现象（A）。对于井巷工程，从褶皱的翼部通过一般是比较有利的（D），但在褶皱翼部掘进巷道时，应重点观察岩层的倾角及大小变化、是否存在软弱夹层等现场，及时加强支护。所以本题的正确答案选项是 C。

15.【答案】C

矿图常用的比例为 1∶10000，1∶5000，1∶2000，1∶50。

16.【答案】B

《煤矿安全规程》（2022 年版）规定：报废的井巷必须做好隐蔽工程记录，并在井上、下对照图上标明，归档备查。

17.【答案】C

通过矿图可判断岩（矿）层的分布以及构造情况，这是地质工作的一项基本技能。正确判断地层分布及构造情况，对于确定岩（矿）层位置、预判井巷会遇到的地质条件等方面都有重要的作用。这其中以矿图中的岩层等高线能给予的信息最多。岩层连续，等高线也应该是连续的。当岩层有断裂时，岩层就可能出现断失或重叠的情况，于是就会引起等高线缺失或者重叠；当岩层面坡度发生改变时，岩层面的等高线密度就会发生变化，坡度变陡时，也即层面的同样距离的落差变大，或者说同样落差的等高线密度就变大，反之密度会变小。所以，本题正确答案选项应为 C。

18.【答案】B

开采古近纪和埋藏浅的侏罗纪及石炭二叠纪煤层的露天矿，矿井主要充水水源为松散砂层、砂砾石层和半胶结砂砾岩孔隙含水层；开采侏罗纪煤层的矿井，主要充水含水层为基岩裂隙带（水）；开采石炭二叠纪煤层的矿井，主要充水水源除煤层顶板砂岩含水层外，更重要的是岩溶含水层，如我国南方许多矿区顶板长兴灰岩和底板茅口灰岩、北方许多矿区的底部石炭、奥陶系灰岩岩溶含水层。所以本题的正确答案选项是 B。

19.【答案】D

人为因素产生的矿井通道主要有未封闭或封闭不良的钻孔、矿井长期排水导致形成的通道及采掘活动导致形成的通道。所以本题的正确答案选项是 D。

20.【答案】C

矿井涌水量常用实测方法有浮标法、堰测法、容积法和观测水仓水位法。矿井涌水量预测基本方法为地下水动力法（大井法）、水文地质比拟法、涌水量与水位降深曲线法。所以本题的正确答案选项是 C。

二、多项选择题

1. A、C、E；　　2. A、B、C、D；　　3. A、C、D；　　4. A、D、E；

5. A、B、E；　　6. A、D、E；　　7. A、B、D、E；　　8. A、D、E；

9. A、B、C；　　10. A、B、D、E

【解析】

1.【答案】A、C、E

沉积岩主要有碎屑结构、泥质结构、晶粒结构、生物结构（含生物遗体组成）四种结构类型。变质岩的结构主要有变余结构、变晶结构、碎裂结构。所以本题的正确答案选项是 A、C、E。

2.【答案】A、B、C、D

砂土按颗粒级配可分为砾砂、粗砂、中砂、细砂和粉砂。

3.【答案】A、C、D

岩石抵抗外力而不破坏的能力称为岩石强度，岩石受外力作用被破坏，有压碎、拉断和剪断等形式，所以其强度可分为抗压强度、抗拉强度和抗剪强度。岩石抗压强度是岩石最基本的力学指标（A），主要与岩石的结构、构造、风化程度和含水情况等有关。三项强度中，岩石的抗压强度最高，抗剪强度居中，抗拉强度最小（E）。岩石的抗压强度和抗剪强度是评价岩石稳定性的指标（C、D）和进行定量分析的依据。所以本题的正确答案选项是 A、C、D。

4.【答案】A、D、E

岩体结构是指岩体中结构面与结构体在空间上的组合方式。岩体结构对围岩稳定性有重要影响，岩体结构的基本类型可分为整体块状结构、层状结构、碎裂结构及散体结构。所以本题的正确答案选项是 A、D、E。

5.【答案】A、B、E

对围岩稳定性分类，通常采取主要依据是：岩体结构、岩石种类、岩体强度指标、围岩稳定状态描述等。因而选项 A 的说法正确。岩石的强度指标是表征岩石主要工程地质的特征指标，抗压强度是强度指标的关键指标，因此选项 B 的说法正确。根据《岩土锚杆与喷射混凝土支护工程技术规范》GB 50086—2015 中有关"围岩分级"的指标可见，岩体纵波速度大的围岩稳定性较好，选项 C 的说法反了，不正确。地质构造会对围岩稳定性产生影响，但不一定是决定性的影响因素，故选项 D 不正确。目前，最能描述围岩稳定状态的参数是围岩稳定时间的长短，它既反映了围岩稳定性的好坏，也提示了有效控制围岩稳定的要求，尤其是时间上的要求，因此选项 E 的说法正确。故本题的正确答案选项应是 A、B、E。

6.【答案】A、D、E

《岩土锚杆与喷射混凝土支护工程技术规范》GB 50086—2015 中的围岩分级应用于隧道和地下工程，部分矿业工程经局部修改后也在使用，如有色矿山领域。根据有色金属矿山井巷工程施工规范的围岩分级标准，围岩的主要工程地质特征采用岩体结构类型、岩石强度指标、岩体声波指标、岩体强度应力比、岩体构造状态、毛硐的稳定状态等六种来描述。影响大的岩体裂隙状态反映在岩体结构中，岩石密度一般变化不大，影响施工或者工程稳定性较小，局部也可以反映在岩体结构中，因此选项 B、C 不合理，故本题的正确答案选项应是 A、D、E。

7.【答案】A、B、D、E

断层截断岩层，使岩层失去连续性和完整性构造，岩层位置发生错动，从而使矿层位置可能改变甚至失落（A）。井田内的大断层往往成为井田或者采区、盘区边界，增加巷道施工工程量（E），限制生产设备功能甚至影响开采效率。断层是软弱结构面（带）该部位应力集中，裂隙发育，岩石破碎、整体性差，岩石强度和承载力显著降低，从而容易引起矿山井巷工程顶板冒落、围岩严重变形甚至垮塌，给支护造成严重困难（B）。断层存在还可能严重地改变岩层的透水条件（C），一方面是围岩破碎使岩层的透水系数增加，尤其是小断层成群或较密集、造成裂隙严重发育；另一方面是岩层间破碎容易发生层间错动而形成良好的透水条件，故断层容易引起大涌水甚至出现突水危害（D）。

8.【答案】A、D、E

底板等高线图，是表明某岩层底板分布情况的地质图。图中的每一条等高线必然注明有该等高线的高度（一般是绝对高度），众多的等高线就可以看出整个底板的高低、走向、倾向等几何条件的分布情况。当等高线弯曲时，表明岩层底板弯曲，等高线疏密，还表示岩层底板坡度的变化，变稀疏时则底板变得平缓。同时，由于岩层会受地质构造作用而断缺（断层构造）、重叠，因此等高线也会断缺、重叠。当出现逆断层时，该岩层底板会在同一位置出现不同高度的情况。因此，等高线不一定是一条不间断的闭合曲线，且经过同一位置的等高线也不一定其高度都相同。所以，正确答案选项应为A、D、E。

9.【答案】A、B、C

影响矿井充水的自然因素有大气降水、地表水、含水层（带）水、充水岩层厚度及出露面积、地质构造、岩溶陷落柱等，其中选项D、E属于人为因素，故正确答案选项应为A、B、C。

10.【答案】A、B、D、E

矿井涌水量常用实测方法有浮标法、堰测法、容积法和观测水仓水位法。矿井涌水量预测基本方法为地下水动力法（大井法）、水文地质比拟法、涌水量与水位降深曲线法。故正确答案选项应为A、B、D、E。

第2章　矿业工程材料

2.1　混凝土材料

复习要点

本节内容主要包括水泥的性能及其应用，混凝土的组成和技术要求。

1. 水泥的性能及其应用

水泥的基本组成、分类、性能指标以及水泥的使用要求，矿业工程中水泥品种的选用。

2. 混凝土的组成和技术要求

混凝土的基本组成、性能及技术要求，混凝土配合比的概念及配合比设计，矿业工程对混凝土性能的要求，提高混凝土性能的方法等。

一　单项选择题

1. 适用于配置各种强度的混凝土，广泛用于各种混凝土构件的生产和各种钢筋混凝土工程的水泥品种是（　　　）。
   - A. 普通硅酸盐水泥
   - B. 硅酸盐水泥
   - C. 矿渣硅酸盐水泥
   - D. 火山灰硅酸盐水泥

2. 造成水泥体积安定性不良的原因可能是水泥中掺入了过量的（　　　）。
   - A. 粉煤灰
   - B. 石膏
   - C. 火山灰
   - D. 矿渣

3. 关于水泥水化热的说法，正确的是（　　　）。
   - A. 水泥颗粒越粗水化热越高
   - B. 水泥磨合料掺得越多的水化热越高
   - C. 矿渣水泥较普通水泥的水化热高
   - D. 硅酸盐水泥较普通水泥的水化热高

4. 通常混凝土中石子的最大粒径分别不得超过结构最小断面和钢筋最小间距的（　　　）。
   - A. 1/2、1/4
   - B. 1/4、3/4
   - C. 1/8、3/4
   - D. 1/16、1/4

5. 决定混凝土强度及和易性的重要指标是混凝土中的（　　　）。
   - A. 水泥含量
   - B. 砂子含量
   - C. 水胶比
   - D. 水的含量

6. 混凝土质量配合比为 $1:1.95:3.52:0.58$（水泥：砂子：石子：水），则当水泥质量为336kg时，对应的石子质量为（　　　）kg。
   - A. 95
   - B. 195

C. 655   D. 1183

7. 掺有缓凝剂的混凝土浇水养护期不应少于（　　）d。

A. 12   B. 20

C. 14   D. 28

8. 防止大体积混凝土温度裂缝的措施有（　　）。

A. 选用品质优良的硅酸盐水泥

B. 采用速拌、速浇、速搅的措施

C. 混凝土体内安设冷却水管控制水化热

D. 提前拆模，加快降温速度

9. 评价混凝土硬化后的抗碳化性、抗渗性、抗冻性、抗侵蚀性等性能技术要求的指标是混凝土的（　　）。

A. 收缩性   B. 硬化性

C. 耐久性   D. 坚固性

10. 砂浆中加入（　　）掺合料，可以起到节省水泥、增加和易性的作用。

A. 粉煤灰   B. 胶结材料

C. 砂   D. 石子

11. 混凝土的试验室配合比与施工配合比差异的主要原因是（　　）。

A. 沙石含水量   B. 沙子的细度

C. 石子的强度   D. 沙石的含泥量

12. 采用冻结法凿井时，混凝土的入模温度以（　　）℃为宜。

A. 15   B. 10

C. 5   D. 4

二 多项选择题

1. 水泥的性能指标包括（　　）。

A. 细度   B. 体积安定性

C. 强度   D. 和易性

E. 耐久性

2. 水泥是一种水硬性胶凝材料，其组成成分包括（　　）。

A. 水泥熟料   B. 石膏

C. 混合料   D. 水

E. 石子

3. 关于常用混凝土的性能和技术要求的说法，正确的有（　　）。

A. 其拌合物应具有一定流动性

B. 骨料与浆液应有一定抵抗分离能力

C. 混凝土的强度不会随时间而变化

D. 硬化后的混凝土应具有耐久性要求

E. 经济合理性要求

4. 混凝土的矿物掺合料的特性有（　　）。

    A. 可以代替部分水泥　　　　　　B. 可以降低温升

    C. 可以部分代替细骨料　　　　　D. 可以提高混凝土强度

    E. 可以提高混凝土耐久性

5. 影响混凝土和易性的主要因素（　　）。

    A. 细度　　　　　　　　　　　　B. 水泥和水的用量

    C. 砂率　　　　　　　　　　　　D. 水泥品种

    E. 水胶比

6. 矿业工程中的大体积混凝土工程，优先选用（　　）。

    A. 硅酸盐水泥　　　　　　　　　B. 矿渣硅酸盐水泥

    C. 火山灰硅酸盐水泥　　　　　　D. 粉煤灰硅酸盐水泥

    E. 复合硅酸盐水泥

7. 提高混凝土性能的方法和措施有（　　）。

    A. 提高混凝土强度　　　　　　　B. 提高混凝土抗变形能力

    C. 提高混凝土耐久性　　　　　　D. 提高混凝土运输效率

    E. 减少混凝土搅拌时间

8. 冻结井筒的混凝土施工中的合理措施有（　　）。

    A. 限制混凝土搅拌环境的最低温度

    B. 限制混凝土料的入模最低温度

    C. 适当提高水胶比以便于溜灰管下料

    D. C40 以上混凝土采用吊桶下料

    E. 对搅拌机进行预热

9. 井筒外壁混凝土保湿养护的方式有（　　）。

    A. 蒸汽　　　　　　　　　　　　B. 洒水

    C. 淹水　　　　　　　　　　　　D. 覆盖

    E. 喷涂养护剂

10. 温度变形常用的控制措施有（　　）。

    A. 合理选择水泥品种和配合比

    B. 尽量选择水化热高的水泥

    C. 采取分层浇筑

    D. 设置后浇带

    E. 预埋冷却水管，通过循环冷却水降温

【答案与解析】

一、单项选择题

1. A；　　2. B；　　3. D；　　4. B；　　5. C；　　6. D；　　7. C；　　8. C；

9. C；　　10. A；　　11. A；　　12. A

【解析】

1.【答案】A

普通硅酸盐水泥由硅酸盐水泥熟料、6%～20% 混合适量石膏磨细而成。与硅酸盐水泥相比，早期强度略有降低，抗冻性与耐磨性稍有下降，低温凝结时间有所延长。适用于配置各种强度的混凝土，广泛用于各种混凝土构件的生产和各种钢筋混凝土工程的施工。

2.【答案】B

体积安定性是指水泥净浆硬化后的体积变形的均匀适度性。水泥体积安定性不良的原因，一般是由于熟料中存在游离氧化钙和氧化镁或掺入石膏过量而造成的。

3.【答案】D

水泥的水化反应是放热反应，其水化过程放出的热量称为水泥的水化热。水化热及其释放速率主要和水泥的矿物种类及颗粒细度有关，所以对受水化热影响严重的工程要合理选择水泥品种。一般而言，水泥颗粒越细，水化热越高，硅酸盐水泥的水化热较高。

4.【答案】B

混凝土用的粗骨料，宜选用粒形良好、质地坚硬、颗粒洁净的碎石或卵石。石子有最大粒径的要求。粒径偏大可以节省水泥，但会使混凝土结构不均匀并引起施工困难。规范规定，石子的最大粒径不得超过最小结构断面的 1/4（除实心板有不得超过 1/2 且不大于 50mm 的要求以外），同时不得超过钢筋最小间距的 3/4。

5.【答案】C

混凝土配合比是指混凝土组成材料数量之间的比例关系。其中混凝土水胶比（用水量与胶凝材料用量的质量比）是决定混凝土强度及其和易性的重要指标。

6.【答案】D

混凝土配合比是指混凝土各组成材料间的数量比例关系。质量配合比一般以水泥为基本数 1，表示出各材料用量间的比例关系，质量配合比为 1∶1.95∶3.52∶0.58（水泥∶砂子∶石子∶水），水泥用量为 336kg，则石子用量应为 1183kg。

7.【答案】C

混凝土的养护要求是保证水泥充分水化和均匀硬化，避免干裂。一般混凝土施工，要求 12h 内应有覆盖和浇水，浇水养护期不少于 7d；火山灰水泥、粉煤灰水泥或有抗渗要求的混凝土、掺有缓凝剂的混凝土为 14d。

8.【答案】C

控制混凝土的水化升温、延缓降温速率、减小混凝土收缩、提高混凝土的极限拉伸强度、改善约束条件等方面是防止大体积混凝土温度裂缝的主要出发点。常用的控制措施有：

（1）合理选择水泥品种和混凝土配合比，尽量选用如矿渣水泥、火山灰水泥等水化热低的水泥，并利用外加剂或外掺料减少水泥的用量。

（2）采取分层或分块浇筑，合理设置水平或垂直施工缝；或在适当的位置设置施工后浇带，以放松约束程度。

（3）适当延长养护时间和拆模时间，延缓降温速度。

（4）在混凝土内部预埋冷却水管，通过循环冷却水，强制降低混凝土水化热温度。

9.【答案】C

硬化后的混凝土应具有适应其所处环境的耐久性，包括抗渗性、抗冻性、抗侵蚀性、抗碳化性和碱骨料反应特性等要求。

10.【答案】A

砂浆的胶结材料有水泥、石灰、石膏、水泥石灰混合物、水泥黏土混合物等。砂浆中还可以加入粉煤灰掺合料，以节省水泥、增加和易性。

11.【答案】A

通过试验室对强度和耐久性检验后调整的配合比称为"试验室配合比"。在试验室中，采用干燥或饱和面干的骨料，而工地上骨料大多露天堆放，含有一定的水分并且经常变化，因此要根据现场实际情况将试验室配合比换算成施工采用的"施工配合比"。

12.【答案】A

混凝土在低温条件下凝结不仅强度增长缓慢，而且可能引起其内部结冰，导致混凝土疏松，强度和耐久性受到严重损失。《煤矿井巷工程施工标准》GB/T 50511—2022规定，采用冻结法凿井时，混凝土的入模温度以15℃适宜；低温季节施工时的入模温度应不低于10℃。

二、多项选择题

1. A、B、C;   2. A、B、C;   3. A、B、D、E;   4. A、B、D、E;
5. B、C、D、E;   6. B、C、D、E;   7. A、B、C;   8. B、D、E;
9. B、D、E;   10. A、C、E

【解析】

1.【答案】A、B、C

与水泥有关的性能指标包括细度、凝结时间、体积安定性、强度和水化热等方面。

2.【答案】A、B、C

水泥是由水泥熟料、石膏和混合料磨细而成的一种水硬性胶凝材料。水泥加入适量水后，成为塑性浆体，既能在空气中硬化，又能在水中硬化，可将砂、石等散装材料牢固地胶结在一起。

3.【答案】A、B、D、E

混凝土通常的技术要求包括：拌合物应具有一定的和易性；混凝土应在规定龄期达到设计要求的强度；硬化后的混凝土应具有耐久性要求，以及经济合理性要求。和易性的具体内容有拌合物的流动性、抵抗离析能力以及一定的黏聚力。混凝土应有一定的强度要求。由于混凝土强度会随着时间变化，其因此所谓的混凝土强度要求，就是在规定的龄期内（通常是28d）达到要求的设计强度。

4.【答案】A、B、D、E

矿物掺合料是指以氧化硅、氧化铝为主要成分，在混凝土中可以代替部分水泥，具有改善混凝土性能的作用。在高性能混凝土中加入较大量的磨细矿物掺合料，可以起到降低温升、改善工作性、增进后期强度、改善混凝土内部结构、提高耐久性、节约资源等作用。但是它和混凝土骨料具有不同性质和功能，因此不能替代骨料。要注意的是，不同的矿物掺合料对改善混凝土的物理、力学性能与耐久性具有不同的效果，因此应根据混凝土的设计要求与结构的工作环境加以选择。

5.【答案】B、C、D、E

混凝土的和易性是指混凝土混合料的成分能不能保持均匀，以及在生产操作时是否容易浇灌、振捣的性能。混凝土的和易性是一项综合指标，它包括混凝土的流动性、黏聚性和保水性。流动性反映混凝土拌合物受重力或机械振捣时能够流动的性质。黏聚性反映混凝土拌合物抵抗离析的能力。所谓离析，是指粗骨料与水泥砂浆分离，形成拌合料中的粗骨料下沉的分层现象。保水性反映混凝土拌合物中的水不被析出的能力。拌合物中的水被析出，会使骨料颗粒下沉、水分浮于拌合料上部，出现所谓的泌水情况。影响混凝土和易性的主要因素包括水泥品种、水胶比、水泥和水的用量、砂率等。

6.【答案】B、C、D、E

在矿业工程中，大体积混凝土应优先选用矿渣硅酸盐水泥、火山灰质硅酸盐水泥、粉煤灰硅酸盐水泥、复合硅酸盐水泥，不宜选用硅酸盐水泥、快硬硅酸盐水泥。

7.【答案】A、B、C

强度是混凝土的基本工作能力；抗变形能力包括减少混凝土因受热、因为部分水分挥发以及凝结过程中的温度变化而引起的体积变形，以及抵抗因变形而造成混凝土结石的开裂；或是减少其变形量；提高混凝土的耐久性包括提高其抗冻性、抗渗性、抗侵蚀性、抗碳化性以及抵抗（或减少）碱与骨料的反应特性等内容。这些特性都与混凝土的工作与持久稳定很有关系。而选项 D、E 与混凝土自身没有关系。

8.【答案】B、D、E

冻结井筒混凝土施工属于低温混凝土施工。按照低温混凝土施工方法和要求，为保证混凝土入模温度，可以用热水（水温不宜高于 60~80℃）进行水泥搅拌，也可以对砂、石加温，或对搅拌机进行预热。《煤矿井巷工程施工规范》GB 50511—2010 规定，采用冻结法凿井时，混凝土的入模温度以 15℃为宜；低温季节施工时的入模温度应不低于 10℃（高温季节施工时的入模温度应不高于 30℃）。规定的向井下输送混凝土的方式是：强度等级小于或等于 C40 的混凝土可采用溜灰管下料，但应采取防止混凝土离析的措施，显然不能以提高水胶比的方式实现溜灰管下料；强度等级大于 C40 的混凝土宜采用底卸式吊桶下料；控制搅拌施工的环境温度难以实现；井筒冻结施工的低强度等级混凝土可以采用溜灰管下料。因此选项按 A、C 要求施工不合理。

9.【答案】B、D、E

混凝土浇筑后应及时进行保湿养护，保湿养护可采用洒水、覆盖、喷涂养护剂等方式；对于井筒混凝土外壁一般是随掘随砌，砌壁之后 12h 即需开始养护，而井筒需要继续下掘，所以无法淹水进行养护，但是内壁砌筑时是从下向上砌筑，则可以进行淹井养护，具有较好的养护效果。

10.【答案】A、C、D、E

温度变形常用的控制措施有：（1）合理选择水泥品种和混凝土配合比。尽量选用如矿渣水泥、火山灰水泥等水化热低的水泥，并利用外加剂或外掺料减少水泥的用量。（2）采取分层或分块浇筑，合理设置水平或垂直施工缝；或在适当的位置设置施工后浇带，以放松约束程度。（3）适当延长养护时间和拆模时间，延缓降温速度。（4）在混凝土内部预埋冷却水管，通过循环冷却水，强制降低混凝土水化热温度。

2.2　金属材料

复习要点

1．建筑钢材的性能及其应用

常用钢材的分类，建筑钢材的特点与工作性能，常用钢材的加工方法及钢筋施工的技术要求。

2．金属材料的制品及其应用

矿业工程常用的金属材料制品：锚索结构用材的类型及其应用，提升和悬吊钢丝绳的类型及其应用。

一　单项选择题

1．钢材抵抗外力作用的能力中，最重要的使用性能是（　　）。
 A．冲击韧性　　　　　　　B．力学性能
 C．耐疲劳性　　　　　　　D．耐腐蚀性

2．钢材的冷脆性是指（　　）。
 A．钢材的自身强度
 B．钢材的低温冲击韧性
 C．钢材随着温度变化的力学性能
 D．钢材低温下冲击韧性骤然下降的性质

3．钢材的疲劳破坏是指钢材在（　　）作用下，抵抗破坏的能力。
 A．冲击荷载　　　　　　　B．交变荷载
 C．瞬时荷载　　　　　　　D．恒定荷载

4．矿山专用钢材中，其几何特性既适于作梁，也适于作柱腿，且翼缘宽、小高度、厚腹板的是（　　）。
 A．矿用工字钢　　　　　　B．矿用 U 型钢
 C．轻轨　　　　　　　　　D．重轨

5．钢材进行冷加工强化的目的是（　　）。
 A．提高钢材的低温强度
 B．提高钢材的屈服强度，相应降低塑性和韧性
 C．提高钢材的强度
 D．提高钢材的韧性

6．经过冷拉的钢筋在常温下或加热到 100～200℃并保持一定时间，可实现（　　）。
 A．热处理　　　　　　　　B．冷加工强化
 C．时效处理　　　　　　　D．焊接处理

7．影响钢材的可焊性的主要因素是（　　）。
 A．钢材自身强度　　　　　B．焊工技术水平

　　　　C. 钢材的化学成分　　　　　　　D. 烧焊温度

8. 钢丝绳分类标准不包括（　　）。

　　　　A. 钢丝物理性能　　　　　　　　B. 钢丝断面

　　　　C. 旋捻方向　　　　　　　　　　D. 钢丝绳断面形状

9. 钢材在常温下加工时抵抗发生裂缝的能力是（　　）。

　　　　A. 冲击性能　　　　　　　　　　B. 抗拉性能

　　　　C. 塑性　　　　　　　　　　　　D. 冷弯性能

10. 钢材在外力作用下，抵抗永久变形和断裂的能力，是指钢材的（　　）。

　　　　A. 冲击性能　　　　　　　　　　B. 强度

　　　　C. 塑性　　　　　　　　　　　　D. 硬度

二　多项选择题

1. 钢材与其他工程材料相比，主要优点有（　　）。

　　　　A. 材质均匀，工作可靠性高

　　　　B. 钢材具有不渗漏性，便于做成密闭结构

　　　　C. 制作简便，具有良好的装配性

　　　　D. 强度高，耐腐蚀性好

　　　　E. 既耐热又耐火

2. 建筑钢材主要工作性能有（　　）。

　　　　A. 力学性能　　　　　　　　　　B. 冲击韧性

　　　　C. 耐疲劳性能　　　　　　　　　D. 可焊性

　　　　E. 可切割性

3. 建筑钢材主要的力学性能有（　　）。

　　　　A. 抗拉　　　　　　　　　　　　B. 冷弯性能

　　　　C. 塑性　　　　　　　　　　　　D. 硬度

　　　　E. 时效性能

4. 矿用特种钢材分为（　　）。

　　　　A. 矿用工字钢　　　　　　　　　B. 矿用 U 型钢

　　　　C. 轻轨　　　　　　　　　　　　D. 重轨

　　　　E. 高强钢

5. 常用钢材加工方法有（　　）。

　　　　A. 冷加工强化　　　　　　　　　B. 热处理

　　　　C. 时效强化　　　　　　　　　　D. 萃取

　　　　E. 焊接

6. 关于钢筋代用的说法，错误的有（　　）。

　　　　A. 代用钢筋的强度不一定要相等

　　　　B. 钢筋代用前后的配筋率是一致的

　　　　C. 强度相等时普通钢筋可以代替变形钢筋

  D. 强度高的钢筋就可以代替强度低的钢筋

  E. 强度较高的钢筋代用作锚杆时不能减少其锚固长度

7. 锚索的主要构成包括（ ）。

  A. 夹具　　　　　　　　　　B. 索具

  C. 内锚头　　　　　　　　　D. 外锚头

  E. 锚索体

8. 关于钢丝绳用途的说法，正确的有（ ）。

  A. Ⅱ级钢丝绳可用于人员提升

  B. 由不规则钢丝构成的异形钢丝绳可用作钢丝绳罐道

  C. 扁形钢丝绳可作为摩擦轮提升的尾绳

  D. 石棉内芯钢丝绳更用于有冲击负荷的条件

  E. 交互捻的多用于提升和运输

【答案与解析】

一、单项选择题

1. B;　　2. D;　　3. B;　　4. A;　　5. B;　　6. C;　　7. C;　　8. A;

9. D;　　10. B

【解析】

1.【答案】B

建筑钢材主要工作性能有力学性能、冲击韧性、耐疲劳性能、可焊性及耐腐蚀性。钢材抵抗外力作用的能力中，力学性能是钢材最重要的使用性能，是衡量钢材质量好坏的最重要指标之一。钢材力学性能指标包括强度、塑性、硬度、冷弯性能等。

2.【答案】D

钢材的冲击韧性随温度的降低而下降，其规律是开始冲击韧性随温度的降低而缓慢下降，但当温度降至一定的范围（狭窄的温度区间）时，钢材的冲击韧性骤然下降很多并呈脆性，即冷脆性，这时的温度称为脆性转变温度。脆性转变温度越低，表明钢材的低温冲击韧性越好。

3.【答案】B

钢材在交变荷载反复作用下，在远小于抗拉强度时发生突然破坏，叫疲劳破坏。耐疲劳性能对于承受反复荷载的结构是一种很重要的性质。

4.【答案】A

矿用特种钢材主要为矿用工字钢、矿用特殊型钢（U型钢）、轻轨等。矿用工字钢是专门设计的翼缘宽、小高度、厚腹板的工字钢，它的几何特性既适于作梁，也适于作柱腿。

5.【答案】B

冷加工强化是将建筑钢材在常温下进行冷拉、冷拔和冷轧，提高其屈服强度，相应降低了塑性和韧性。

6.【答案】C

时效强化是指钢材经冷加工后，屈服强度和极限强度随着时间的延长而逐渐提高，塑性和韧性逐渐降低的现象。因此，可将经过冷拉的钢筋在常温下或加热到100～200℃并保持一定时间，实现时效处理；钢材热处理的方法有退火、正火、淬火和回火。在施工现场，有时需对焊接件进行热处理；冷加工强化是将建筑钢材在常温下进行冷拉、冷拔和冷轧，提高其屈服强度，相应降低了塑性和韧性；焊接方法主要用于钢筋。

7.【答案】C

可焊性是指采用一般焊接工艺就可完成合格的焊缝的性能，用以评价钢材受焊接热作用的影响。钢材的可焊性受碳含量和合金含量的影响。故影响钢材可焊性的主要因素是钢材的化学成分。

8.【答案】A

钢丝绳的分类方法很多，常用的分类有：（1）按钢丝机械特性分；（2）按钢丝断面分；（3）按内芯材料分；（4）按钢丝绳断面形状分；（5）按旋捻方向分。

9.【答案】D

冷弯性能是指钢材在常温下加工时抵抗发生裂缝的能力，由冷弯试验检验。冷弯性能是判别钢材塑性变形能力和冶金质量的综合指标。重要结构中需要有良好的冷热加工的工艺性能时，应有冷弯试验合格保证。

10.【答案】B

强度指钢材在外力作用下，抵抗永久变形和断裂的能力，分为抗拉强度、抗压强度、抗弯强度、抗剪强度和抗扭强度 5 种，一般情况下多以抗拉强度作为判别钢材强度高低的指标。衡量钢材强度的指标有弹性模量、屈服强度、抗拉强度、伸长率、屈强比等。

二、多项选择题

1．A、B、C；   2．A、B、C、D；   3．A、B、C、D；   4．A、B、C；
5．A、B、C、E；   6．B、C、D；   7．C、D、E；   8．B、C

【解析】

1.【答案】A、B、C

与其他工程材料相比，钢材的主要优点是：（1）强度高，塑性、耐热性、韧性好；（2）材质均匀，工作可靠性高；（3）钢结构制作简便，施工周期短，具有良好的装配性；（4）钢具有可焊性，易于连接和拼接；（5）钢材具有不渗漏性，便于做成密闭结构；（6）钢材更接近于匀质和各向同性体。钢材同时也具有相应的缺点：（1）耐腐蚀性差；（2）耐热但不耐火；（3）保温效果差；（4）易产生扭曲；（5）特有的冷桥问题。

2.【答案】A、B、C、D

建筑钢材主要工作性能有力学性能、冲击韧性、耐疲劳性能、可焊性及耐腐蚀性。

3.【答案】A、B、C、D

钢材力学性能指标包括强度、塑性、硬度、冷弯性能等。强度指钢材在外力作用下，抵抗永久变形和断裂的能力，分为抗拉强度、抗压强度、抗弯强度、抗剪强度和抗扭强度 5 种，一般情况下多以抗拉强度作为判别钢材强度高低的指标。衡量钢材强度的指标有弹性模量、屈服强度、抗拉强度、伸长率、屈强比等。

4.【答案】A、B、C

矿用特种钢材主要为矿用工字钢、矿用特殊型钢（U 型钢）、轻轨等。矿用工字钢是专门设计的翼缘宽、小高度、厚腹板的工字钢，它的几何特性既适于作梁，也适于作柱腿。U 型钢可以制作具有可缩性的支架，竖向抗弯能力与横向抗弯能力强，横向稳定性好。而轻便钢轨是专为井下 1～3t 矿车运输提供的，并可在巷道支护中用于制作轻型支架，但承载性能较差。

5.【答案】A、B、C、E

常用钢材的加工包括钢材的冷加工强化、时效强化、热处理和焊接等几种方法。钢材加工不仅用于改变尺寸，而且可以改善如强度、韧度、硬度等性质。

冷加工强化是将建筑钢材在常温下进行冷拉、冷拔和冷轧，提高其屈服强度，相应降低了塑性和韧性。时效强化是指钢材经冷加工后，屈服强度和极限强度随着时间的延长而逐渐提高，塑性和韧性逐渐降低的现象。因此，可将经过冷拉的钢筋在常温下或加热到 100～200℃并保持一定时间，实现时效处理。钢材热处理的方法有退火、正火、淬火和回火。在施工现场，有时需对焊接件进行热处理。焊接方法主要用于钢筋。焊接方法有电阻电焊、闪光对焊、电弧焊、电压力焊、气压焊、预埋件埋弧焊等。

6.【答案】B、C、D

根据相关规范要求，钢筋的代换应按代换前后抗拉强度设计值相等的原则进行，意思是满足强度要求是钢筋代换的必要条件，但满足条件可能有更高的强度也是可能的；因为代用的钢筋可能与原设计的大小不同，所以配筋率可能也有出入；普通钢筋与变形钢筋和混凝土粘结条件有差别，所以在受振动环境下是有限制的，钢筋的锚固强度和钢筋强度的直接关系很小，因此通常代用后的钢筋仍应维持锚固长度来保证锚固力。

7.【答案】C、D、E

锚索是由钻孔穿过软弱岩层或滑动面，把一端（锚杆）锚固在坚硬的岩层中（称内锚头），然后在另一个自由端（称外锚头）进行张拉，从而对岩层施加压力对不稳定岩体进行锚固。锚索结构一般由内锚头、锚索体和外锚头三部分共同组成。

8.【答案】B、C

钢丝绳按钢丝机械特性分有特级、Ⅰ级和Ⅱ级钢丝绳。特级的钢丝韧性最好，用于提升人员。按钢丝断面分有圆形、异形钢丝绳，异形钢丝绳用不规则钢丝构成密封结构，用于作为钢丝绳罐道等。按内芯材料分有剑麻（或棉）内芯、石棉内芯、金属内芯，金属内芯适用于有冲击负荷条件。按钢丝绳断面形状分有圆形、扁形钢丝绳，扁形钢丝绳不扭转打结，作为摩擦轮提升的尾绳。

2.3　其他工程材料

复习要点

其他工程材料内容包括：防治水工程材料类型及选用、其他矿用材料的性能及其应用。

1．防治水工程材料类型及选用

普通硅酸盐水泥、超细水泥、黏土、水玻璃以及注浆材料等的性能及其选用。

2．其他矿用材料性能及其应用

砌筑材料、气硬性材料、防水材料、竹、木材料以及其他矿用材料的性能及其应用。

一 单项选择题

1．矿业工程的注浆宜采用强度等级不宜低于 42.5 的（　　）水泥。
　　A．普通硅酸盐 　　　　　　　　B．硅酸盐
　　C．矿渣硅酸盐 　　　　　　　　D．粉煤灰硅酸盐

2．水泥作为注浆材料一般要在单液水泥浆中添加（　　）。
　　A．水 　　　　　　　　　　　　B．早强剂
　　C．缓凝剂 　　　　　　　　　　D．抗渗剂

3．关于水玻璃的说法，错误的是（　　）。
　　A．水玻璃具有良好的粘结性能和很强的耐酸腐蚀性
　　B．水玻璃具有良好的耐热性能
　　C．水玻璃在空气中具有快硬性
　　D．水玻璃硬化时具有阻止水分在材料中渗透的作用

4．建筑石膏作为一种气硬性无机胶凝材料，其主要特性是（　　）。
　　A．保湿性和耐水性 　　　　　　B．保湿性和抗冻性
　　C．吸湿性和吸水性 　　　　　　D．装饰性和抗火性

5．常用的化学注浆材料不包括（　　）。
　　A．玛丽散 　　　　　　　　　　B．聚安内酯
　　C．聚氨酯 　　　　　　　　　　D．环氧树脂

6．来源广泛，价格低廉，堵水效果好，细度及可注性均优于普通水泥的是（　　）。
　　A．超细水泥 　　　　　　　　　B．黏土
　　C．水玻璃 　　　　　　　　　　D．化学浆液

7．当含水岩层的水流速度大于 200m/d 或裂隙开度大于 5mm 且吸水量大于 7L/（min·m）时，注浆时宜采用（　　）。
　　A．超细水泥浆液 　　　　　　　B．水玻璃
　　C．水泥　水玻璃双液浆 　　　　D．硅酸盐水泥浆液

二 多项选择题

1．水泥作为注浆材料的特点有（　　）。
　　A．高强度 　　　　　　　　　　B．渗透性好
　　C．施工便利 　　　　　　　　　D．成本较低

E．初凝时间短

2．常用的防治水工程材料有（　　　）。

A．超细水泥　　　　　　　　B．黏土

C．水玻璃　　　　　　　　　D．化学注浆材料

E．防水混凝土

3．注浆材料选用的一般要求有（　　　）。

A．浆液结石体具有一定的抗拉强度

B．浆液可注性好

C．浆液的凝胶时间可控，浆液一经凝胶就在瞬间完成

D．非易燃易爆物品

E．浆液无腐蚀性，对人体无害，无毒无污染

4．建筑石膏主要优点有（　　　）。

A．装饰性好　　　　　　　　B．抗火性好

C．吸湿后强度高　　　　　　D．耐水性好

E．抗冻性好

5．超细水泥作为注浆材料特点有（　　　）。

A．高度精细　　　　　　　　B．强度高

C．耐久性好　　　　　　　　D．收缩性大

E．成本低

【答案与解析】

一、单项选择题

1．A；　　2．B；　　3．C；　　4．D；　　5．B；　　6．B；　　7．C

【解析】

1．【答案】A

水泥作为注浆材料经常在矿业工程注浆中使用。《煤矿井巷工程施工标准》GB/T 50511—2022 规定，注浆宜采用普通硅酸盐水泥，强度等级不宜低于 42.5。

2．【答案】B

水泥作为注浆材料由于浆液的初凝时间较长，往往不能满足注浆的需要。为了缩短水泥初凝、终凝时间，提高早期强度，一般在单液水泥浆中添加速凝早强剂。常用的早强型添加剂是食盐与三乙醇胺的组合，其配比分别为水泥质量的 5% 和 0.5%。也可以添加水玻璃作为速凝早强剂。

3．【答案】C

水玻璃又称泡花碱，是一种碱金属硅酸盐，一般在空气中硬化较慢。水玻璃具有良好的粘结性能和很强的耐酸腐蚀性；水玻璃硬化时能堵塞材料的毛细孔隙，有阻止水分渗透的作用。另外，水玻璃还具有良好的耐热性能，高温不分解，强度不降低（甚至有增加）。

4．【答案】D

建筑石膏是一种气硬性无机胶凝材料、具有良好的装饰性和抗火性。但石膏具有很强的吸湿性、易造成粘结力削弱、强度明显降低；石膏的耐水性和抗冻性也较差。

5．【答案】B

由于化学注浆材料用量少、见效快，在比较紧急的情况下，常被用于工作面注浆，矿业工程中最常用的化学注浆材料为玛丽散、聚氨酯和环氧树脂。

6．【答案】B

黏土作为注浆材料来源广泛，价格低廉，堵水效果好，因此也是经常作为注浆材料使用，一般来说黏土的细度比水泥细，因此其可注性优于水泥。黏土作为注浆材料，其主要技术指标有塑性、粒径、含沙量以及有机物含量等。

7．【答案】C

一般来说，浆液品种的选择，应适应受注岩层的渗透性。当含水岩层的裂隙开度大于 0.15mm 且水流速度小于 200m/d 时，宜用水泥浆液或黏土水泥浆；当含水岩层的水流速度大于 200m/d 或裂隙开度大于 5mm 且吸水量大于 7L/（min·m）时，宜用水泥—水玻璃双液浆或黏土水泥浆。

二、多项选择题

1．A、B、C、D；　　 2．A、B、C、D；　　 3．B、C、D、E；　　 4．A、B；

5．A、B、C

【解析】

1．【答案】A、B、C、D

水泥作为注浆材料由于浆液的初凝时间较长，往往不能满足注浆的需要。为了缩短水泥初凝、终凝时间，提高早期强度，一般在单液水泥浆中添加速凝早强剂。水泥作为注浆材料的特点有：高强度；良好的渗透性；施工便利；成本较低。

2．【答案】A、B、C、D

矿业工程的防治水工程主要是各种形式的注浆，一般来说注浆耗材比较多，注浆工程材料应来源丰富、制浆性能好、价格低廉、无毒无污染。用的防治水工程材料有普通硅酸盐水泥、超细水泥、黏土、水玻璃以及化学注浆材料等。

3．【答案】B、C、D、E

矿业工程预注浆的特点是注浆材料消耗量大，因此在满足注浆工艺要求的前提下，工程上主要考虑材料的来源丰富、价格低廉、对环境无毒无污染。注浆材料选用的一般要求如下：

（1）浆液结石体具有一定的抗压强度，以及与骨料、岩石的粘结能力；

（2）浆液可注性好；

（3）浆液的凝胶时间可控，浆液一经凝胶就在瞬间完成；

（4）浆液配制工艺简单；

（5）浆液无腐蚀性，对人体无害，无毒无污染；

（6）非易燃易爆物品；

（7）材料来源丰富、价格低廉。

4.【答案】A、B

建筑石膏是一种气硬性无机胶凝材料，具有良好的装饰性和抗火性，但石膏具有很强的吸湿性，易造成粘结力削弱，强度明显降低；石膏的耐水性和抗冻性也较差。因此，建筑石膏不宜用于潮湿和温度过低的环境；石膏也不适宜使用在温度过高的环境。

5.【答案】A、B、C

超细水泥是一种水泥基注浆材料，是将水泥进行特殊的磨制和处理，使其颗粒尺寸更加细小的水泥。超细水泥作为注浆材料的有以下特点：高度精细，超细水泥的颗粒尺寸通常在几微米到几十微米之间，比普通水泥颗粒更加细小；强度和耐久性，超细水泥通过特殊的磨制和处理，具有更高的活性和反应性，能够更快地水化反应，并形成更多的水化产物，从而提高注浆材料的强度和耐久性，增加地层的稳定性；较低的收缩性；成本较高，相比于普通硅酸盐水泥注浆材料而言，超细水泥成本是普通水泥的3～4倍。

第 3 章 矿井系统与工程设计

3.1 矿井开拓与井巷布置

复习要点

微信扫一扫
在线做题 + 答疑

矿井开拓与井巷布置主要内容包括矿井的开拓方式与通风方式、矿山井巷布置与断面设计。

1．矿井开拓方式与通风方式

矿井开拓方式按井筒形式可分为立井开拓、斜井开拓、平硐开拓、综合开拓和多井筒分区域开拓五类；按开采水平数目可分为单水平开拓和多水平开拓两类；按运输大巷布置方式可分为上下山式、上山式、上山及上下山混合式三类。按准备方式可分为采区式、盘区式和带区式。

矿井通风方式根据入排风井布置方式可分为中央式、对角式、混合式、分区式。矿井通风方法按主要通风机的安装位置不同分为抽出式、压入式及混合式三种。

2．矿山井巷布置与断面设计

矿山井巷空间位置可分为垂直巷道、水平巷道、倾斜巷道和硐室；按巷道的用途和服务范围可分为开拓巷道、准备巷道、回采巷道和探矿巷道等。

井筒净断面尺寸主要是根据提升容器的规格和数量、井筒装备的类型和尺寸、井筒布置方式以及各种安全间隙来确定，并对通过井筒的风速进行校核。巷道断面尺寸主要取决于巷道的用途，存放或通过它的机械、器材或运输设备的数量及规格，人行道宽度和各种安全间隙，以及通过巷道的风量等。

一 单项选择题

1．某矿井的主、副井为立井，位于井田中央，风井为斜井，位于北部边界，则该矿井的开拓方式属于（   ）。

    A．立井开拓   B．斜井开拓

    C．平硐开拓   D．综合开拓

2．平硐开拓方式与立井、斜井开拓方式的主要区别是（   ）。

    A．井田内的划分方式不同   B．巷道布置方式不同

    C．进入矿层的方式不同   D．矿产资源的开采方式不同

3．立井单水平开拓一般适用于（   ）。

    A．地质构造简单，矿层埋深较深的矿井

    B．地质构造简单，矿层倾角大于 12° 的矿井

    C．冲积层厚、水文地质条件复杂的矿井

    D．矿层赋存深、水文地质条件简单、中等倾斜矿层条件的矿井

4. 我国矿山地下采矿的主要开拓方式是（   ）。

    A. 立井开拓   B. 斜井开拓

    C. 平硐开拓   D. 综合开拓

5. 关于矿井通风方式的说法，正确的是（   ）。

    A. 矿井都要求另设一个风井广场

    B. 两翼对角式通风指入排风井分别位于井田两翼

    C. 利用主、副井通风的系统形成时间晚

    D. 主、副、风井可以同时设置在井田中央

6. 关于掘进巷道采用压入式通风的相关说法，正确的是（   ）。

    A. 风筒的出风口排出的是乏风   B. 风机应设置在新鲜风流中

    C. 必须采用柔性风筒   D. 压入式通风的有效射程短

7. 深立井井筒施工时，为了增大通风系统的风压，提高通风效果，合理的通风方式是（   ）。

    A. 压入式为主，辅以抽出式   B. 并联抽出式

    C. 抽出式为主、辅以压入式   D. 并联压入式

8. 以下不属于主要开拓井巷的是（   ）。

    A. 主平硐   B. 主竖井

    C. 阶段运输平巷   D. 主斜坡道

9. 用图解法或解析法求出井筒近似净直径小于 6.5m 时，按（   ）m 进级。

    A. 0.1   B. 0.2

    C. 0.5   D. 1.0

10. 平巷断面尺寸要根据通过巷道的运输设备等因素来确定，并且最后需要用（   ）进行校核。

    A. 通过的风量   B. 预计产煤量

    C. 运输设备的类型   D. 各种安全间隙

二　多项选择题

1. 矿井开拓的主要内容包括（   ）。

    A. 进行井田划分   B. 确定井筒形式

    C. 布置开拓巷道   D. 明确通风方式

    E. 选择运输方式

2. 矿井开拓方式的确定需要遵循一定的原则，主要包括（   ）。

    A. 可以形成完整而尽可能简单的生产系统

    B. 合理分散开拓布置，运输连续化和小型化

    C. 合理的开采顺序，并获得较高的资源回收率

    D. 具有完善的通风系统和良好的生产环境

    E. 注重经济效益与投资效果

3. 巷道施工独头通风距离较长时，可考虑的通风方式包括（　　　）。

  A. 混合式通风　　　　　　　　B. 风机串联通风

  C. 风机并联通风　　　　　　　D. 抽出式通风

  E. 压入式通风

4. 以下开拓方式属于同一类别的有（　　　）。

  A. 立井开拓　　　　　　　　　B. 斜井开拓

  C. 平硐开拓　　　　　　　　　D. 单水平开拓

  E. 上下山混合式开拓

5. 关于平硐开拓方式的说法，错误的有（　　　）。

  A. 在地形为山岭和丘陵的矿区较为常见

  B. 平硐必须有 3‰～5‰ 的流水坡度

  C. 平硐洞口与矿层的走向必须垂直，不得斜交

  D. 采用轨道运输的中型矿井一般采用两个或两个以上的平硐开拓

  E. 一般主平硐用于运料、行人、通风等

6. 平面巷道断面形状的选择，说法正确的有（　　　）。

  A. 作用在巷道上的地压大小和方向是巷道断面形状选择考虑的主要因素

  B. 当顶压和侧压均不大时，可选用矩形或梯形断面

  C. 当顶压、侧压均较大时，则须选用圆弧拱或三心拱等直墙拱形断面

  D. 服务年限长的开拓巷道，采用砖石、混凝土的拱形断面较为有利

  E. 服务年限短的回采巷道，多采用梯形断面

7. 竖井净断面尺寸确定的依据包括（　　　）。

  A. 提升容器的数量和规格　　　B. 井筒支护材料

  C. 通过的风量　　　　　　　　D. 井筒深度

  E. 井筒装备及布置

8. 冻结法凿井中一般设计采用复合井壁，其功能包括（　　　）。

  A. 防止围岩风化　　　　　　　B. 承受地压

  C. 封堵涌水　　　　　　　　　D. 降低温度

  E. 可滑动

【答案与解析】

一、单项选择题

1. A;　　2. C;　　3. A;　　4. A;　　5. D;　　6. B;　　7. C;　　8. C;

9. C;　　10. A

【解析】

1.【答案】A

  矿井开拓方式是指为开发井田所需的生产系统总体部署方式，简单说就是开采出井田内资源的方式。矿井开拓方式需要考虑井田的划分范围，进出矿井的咽喉（井筒）采用的形式及其数量。矿井开拓方式按井筒形式可分为立井开拓、斜井开拓、平硐开

拓、综合开拓和多井筒（硐）分区域开拓五类，分类的依据是主、副井的形式，与风井的形式没有关系，主、副井均为立井的开拓方式为立井开拓。因此，答案为 A。

2.【答案】C

自地面利用水平巷道进入地下矿层的开拓方式，称为平硐开拓。这种开拓方式，在一些山岭、丘陵地区较为常见。采用这种开拓方式时，井田内的划分方式、巷道布置与前面所述的立井、斜井开拓方式基本相同，也不影响资源的开采方式改变，其区别主要在于进入矿层的方式不同。

3.【答案】A

立井单水平开拓指在全井田只设一个开采水平，具有巷道布置简单、运输环节少、通风环节短、建井速度快，投产早等优点。一般而言，单水平开拓适用于矿层倾角小于12°、地质构造简单、矿层埋藏较深的矿井。

4.【答案】A

立井开拓的适应性强，一般对冲积层厚、水文地质条件复杂的矿井、多水平开采急斜煤层矿井以及煤层赋存深的矿井，一般应采用立井开拓。立井开拓是我国矿山地下采矿的主要方式。

5.【答案】D

采用立井开拓时，通常主、副井布置在井田中央，兼有风井功能，一般以副井为入风井（进风）、主井为排风井（回风），并不要求另设风井广场。根据矿井通风需要，可开掘专用排风井，按排风井位置不同矿井通风方式分为中央式、对角式和混合式等。主、副井及排风井均在井田中央布置（中央并列式），工业场地布置集中，构成矿井通风系统的时间短，其缺点是通风线路长，阻力大，井下漏风多。对于入风井位于井田中央，排风井位于井田上部边界的两翼，称为两翼对角式通风。建井时主、副井与排风井贯通的距离长，形成通风系统的工程量较大，故形成通风系统所需时间较长。但对角式通风风路长度和风压变动小，漏风量少，通风系统简单、可靠，对于通风要求严格的大型矿井比较适合。

6.【答案】B

在掘进巷道采用压入式通风，风机及附属电气设备都应设在新鲜风流中，污风不通过风机，掘进巷道涌出的瓦斯向远离工作面方向排走，安全性较高。压入式通风使用柔性风筒，成本低，且出风口有效射程大、风速高，排烟排尘效果好。因而掘进工作面多采用该种通风方式。

7.【答案】C

注意题目的要求是增加系统风压，提高通风效果。首先要明确，根据基本知识可知，无论抽出式并联或者压入式并联，都不会改变风路的风压。所以可以先排除选项B、D，剩余的两项都应是串联连接的形式。而两种通风形式结合的混合式通风，通常以抽出为主，辅以压入式，它可以使工作面空气尽快净化，同时又可以不污染整个风流过程。这种通风方式的效果也相对比较好，在深井中往往也采用这种混合式通风方式。

8.【答案】C

凡属主要为井田提升或运输矿石的开拓井巷，称为主要开拓井巷，如主平硐、主立井、主斜井、主斜坡道等。其他开拓井巷均称为辅助开拓井巷，如各阶段运输平巷、石门、井底车场、各种硐室、阶段溜井、副井、通风井、充填井等。

9.【答案】C

根据提升间、梯子间、管路、电缆占用面积和罐道梁宽度、罐道厚度以及规定的间隙，用图解法或解析法求出井筒近似直径。当井筒净直径小于 6.5m 时，按 0.5m 进级；大于 6.5m 时，一般以 0.2m 进级确定井筒直径。

10.【答案】A

巷道断面尺寸既要满足安全使用要求，又要尽量减少掘进工作量。运输巷道断面尺寸根据运输设备的类型和数量、运行速度、轨道数目、支护材料、结构形式和各种安全间隙等来确定，然后用通过该巷道的风量进行校核。

二、多项选择题

1. B、C、D、E；　　2. A、C、D、E；　　3. A、B、C；　　4. A、B、C；
5. C、D、E；　　6. A、B、D、E；　　7. A、C、E；　　8. A、B、C、E
【解析】

1.【答案】B、C、D、E

矿井开拓是根据矿区总体设计原则，确定矿井的生产系统方案、进行矿井开拓巷道，总体安排井田内各开采层位的开采顺序和方法。矿井开拓的主要内容包括：确定井田内开采阶段、水平、采区的划分；确定井筒位置、数目、形式；确定井底车场形式、线路、硐室；确定运输大巷和总回风大巷位置、数目、装备；确定矿层、采区等的开采顺序、采掘接替；确定开拓延深、技术改造和改扩建方案。因此，答案为 B、C、D、E。

2.【答案】A、C、D、E

矿井开拓方式确定应遵循原则包括：（1）在保证生产可靠和安全的前提下，减少开拓工程量，节约初期投资，加快矿井建设速度。（2）合理集中开拓布置，简化生产系统，为提高矿井生产能力创造有利条件。（3）井巷布置和开采顺序要合理，提高资源回收率，减少资源损失。（4）具有完善的通风系统和良好的生产环境，为提高劳动生产率和安全生产创造条件。（5）适应当前国家的技术水平和装备供应情况，同时要为采用新技术和发展机械化、自动化创造条件，减轻矿工的劳动强度等。市场经济条件下，更要注重经济效益与投资效果。因此，本题选项 B 分散开拓布置、运输小型化不符合当前我国矿井开拓生产集中化、矿井大型化和运输连续化的发展方向，表述错误。

3.【答案】A、B、C

对于巷道施工通风，混合式通风是压入式和抽出式的联合运用，当巷道独头掘进通风距离较长时，一般应考虑混合式通风，或者采用风机进行串联或并联通风，也可设置辅助坑道进行通风。答案为 A、B、C。

4.【答案】A、B、C

矿井开拓方式有多种分类方法，具体可根据矿井井筒形式、开采水平数目、运输大巷布置方式和准备方式等进行划分。常用按井筒形式划分为立井开拓、斜井开拓、平硐开拓、综合开拓和多井筒分区域开拓，按开采水平数目划分为单水平开拓和多水平开拓，按运输大巷布置方式划分为上山式、下山式和上下山混合式。因此，本题答案为 A、B、C。

5.【答案】C、D、E

平硐开拓系统简单，施工方便，在我国山岭和丘陵等矿区较为常见，平硐开拓方式与立井、斜井开拓方式的主要区别在于进入矿层的方式不同。平硐一般垂直或沿着矿层走向布置，在受到矿层风化或地形侵蚀影响时，平硐洞口部分也可与矿层走向斜交。采用轨道运输的中小型矿井一般采用单平硐开拓即可满足要求，对于大型或特大型矿井经过技术经济比较后可采用多平硐的开拓方式。平硐内多采用矿车运输，也可采用强力胶带输送机或汽车运输，为方便排水，平硐必须有一定的坡度。因此，本题答案为C、D、E。

6.【答案】A、B、D、E

巷道断面形状的选择，主要应考虑巷道所处的位置及穿过的围岩性质、作用在巷道上的地压大小和方向、巷道的用途及其服务年限等因素。一般情况下，当顶压和侧压均不大时，可选用矩形或梯形断面；当顶压较大、侧压较小时，则应选用直墙拱形断面；当顶压、侧压都很大，同时底鼓严重时，须选用马蹄形、椭圆形等封闭式断面。因此，选项A、B正确，选项C错误。服务年限长的开拓巷道，采用砖石、混凝土和锚喷支护的拱形断面较为有利；服务年限短的回采巷道，多采用梯形断面，选项D、E正确。

7.【答案】A、C、E

竖井净断面尺寸主要根据提升容器的数量和规格、井筒装备、井筒布置及各种安全间隙等确定，最后要用通过的风量校核。井筒净断面尺寸一般和其深度没有直接关系，在考虑竖井的掘进断面尺寸时受支护材料影响，要考虑支护厚度，但其净尺寸与支护材料无关，故答案应为A、C、E。

8.【答案】A、B、C、E

井壁是承受地压、封堵涌水、防止围岩风化等的圆筒状结构物，是井筒的重要组成部分。因此，选项A、B、C正确。复合井壁由两层以上的同种材料或不同材料井壁组合而成，多用于冻结法凿井的永久性支护，解决由冻结压力、膨胀压力和温度应力等所引起的井壁破坏，达到防水、高强、可滑动三个方面的要求，加入保温层，具有保温作用，但不具有降温作用。因此，选项E正确，选项D错误。故答案应为A、B、C、E。

3.2　矿井生产与采选方法

复习要点

矿井生产与采选方法包括矿井的生产系统、采矿方法和矿物加工方法。

1. 矿井的生产系统

矿井生产系统主要包括提升系统、运输系统、通风系统、排水系统和充填系统，系统的主要组成、设备设施和主要特征。

2. 采矿方法

采矿方法的分类，采矿工艺过程，常用采矿方法及其应用。

3．矿物加工方法

矿物加工方法及其主要用途，矿物加工的主要生产流程，尾矿处理方法及意义。

一　单项选择题

1．对于立井提升系统，当一次性提升高度达到 1200m 时，拟选用的提升方式是（　　）。

    A．单绳缠绕式提升机提升　　　　B．多绳缠绕式提升机提升

    C．多绳摩擦式提升机提升　　　　D．多滚筒连续提升机提升

2．斜井串车提升通常适用于斜井井筒倾角不大于（　　）。

    A．15°　　　　　　　　　　　　B．25°

    C．30°　　　　　　　　　　　　D．45°

3．关于胶带运输机运输的说法，错误的是（　　）。

    A．胶带运输机运输属于无轨运输系统

    B．胶带运输机可实现连续运送物料

    C．胶带输送机的生产能力较大

    D．胶带输送机运输必须采用钢丝绳牵引

4．矿井充填的主要目的是（　　）。

    A．封堵地下空间，防止地下水积聚对生产产生危害

    B．填充开采后的采空区，处理尾矿等固体废弃物

    C．支撑工作面顶板，控制巷道围岩变形

    D．封堵涌水通道，保证安全生产

5．机械落矿法主要用于开采（　　）的软矿石或煤层。

    A．$f > 2 \sim 3$　　　　　　　　B．$f < 2 \sim 3$

    C．$f > 3 \sim 4$　　　　　　　　D．$f < 3 \sim 4$

6．溶浸采矿法可用于开采（　　）。

    A．铁矿　　　　　　　　　　　B．煤矿

    C．铜矿　　　　　　　　　　　D．盐矿

7．崩落采矿法控制和管理地压的方法是（　　）。

    A．超前爆破，释放地压　　　　B．预留矿柱，支撑顶板

    C．实施分段开采，控制围岩变形　　D．强制或自然崩落围岩充填采空区

8．根据矿物的相对密度差异来分选矿物的方法是（　　）。

    A．重选法　　　　　　　　　　B．磁选法

    C．浮选法　　　　　　　　　　D．电选法

9．浮选法的生产流程要求选别前物料应进行（　　）。

    A．三相分离　　　　　　　　　B．充气搅拌

    C．磨矿分级　　　　　　　　　D．泡沫分离

10．选矿厂的尾矿不能随意排放的主要原因是（　　）。

    A．尾矿可以用作矿山地下开采采空区的充填料

　　B. 尾矿可作为建筑材料的原料

　　C. 尾矿坝建设的需要

　　D. 尾矿中常含有大量的药剂及有害物质

二　多项选择题

1. 立井井筒提升系统的设备设施包括有（　　　）。

　　A. 提升机　　　　　　　　　　B. 罐笼

　　C. 矿车　　　　　　　　　　　D. 箕斗

　　E. 钢丝绳

2. 关于矿井排水系统的说法，正确的有（　　　）。

　　A. 矿井排水的目的是为了能够安全生产

　　B. 矿井排水需要在井下布置排水设备，即水泵

　　C. 矿井排水不得采用串接排水方法

　　D. 矿井排水通常需要在井下设置水仓

　　E. 矿井排水无需排水管路，可利用矿山井巷排水到地面

3. 根据采场地压管理方法不同，采矿方法分为（　　　）。

　　A. 空场采矿法　　　　　　　　B. 充填采矿法

　　C. 崩落采矿法　　　　　　　　D. 溶解采矿法

　　E. 溶浸采矿法

4. 关于房柱采矿法的说法，正确的有（　　　）。

　　A. 房柱采矿法用于开采水平和缓倾斜的矿体

　　B. 房柱采矿法回采矿房时需要预留矿柱

　　C. 房柱采矿法不适用于回采厚度较大的矿体

　　D. 房柱采矿法通常应用于围岩不稳定的矿体开采

　　E. 矿房回采方法根据矿体的厚度确定

5. 矿物加工的基本工艺过程有（　　　）。

　　A. 加工前的准备　　　　　　　B. 清洗

　　C. 分选　　　　　　　　　　　D. 选后产品的处理作业

　　E. 尾矿处理

6. 稀有金属矿物采用电选法的工艺流程主要包括（　　　）。

　　A. 粗选　　　　　　　　　　　B. 磨选

　　C. 跳汰　　　　　　　　　　　D. 浓缩

　　E. 精炼

【答案与解析】

一、单项选择题

1. C;　　　2. B;　　　3. D;　　　4. B;　　　5. D;　　　6. C;　　　7. D;　　　8. A;

9. C;　　10. D

【解析】

1.【答案】C

立井提升可以采用单绳缠绕式提升机，也可以采用多绳摩擦式提升机或布雷尔式提升机等。我国单绳缠绕式提升机多用于深度小于 600m 的矿井，多绳摩擦式提升机多用于深度 300～1400m 的矿井。选项 B 多绳缠绕式提升机不存在，选项 D 多滚筒连续提升机也不存在。答案应为 C。

2.【答案】B

斜井提升主要采用串车、箕斗和胶带输送机三种提升方式。斜井串车提升可分为单钩与双钩串车提升两种。斜井串车提升适用于倾角 25° 以下的斜井井筒，倾角太大无法保证矿车的装载效果，不能保证串车的提升效率。因此，答案应为 B。

3.【答案】D

无轨运输主要是汽车运输和胶带运输等。胶带运输机是一种可实现连续运送物料的运输设备，具有很高的生产能力，可以与连续采矿设备及工艺配合，实现连续采矿。胶带运输机种类很多，但均由机头、机尾和机身 3 部分组成。机头即传动装置，包括电动机、减速箱和带动胶带旋转的主动滚筒。选项 D 的说法错误，答案应为 D。

4.【答案】B

矿井充填是利用尾砂、废石等固体废弃物填充开采后留下的采空区，该技术能够处理大量的尾矿等固体废弃物，减少甚至消除地表尾矿堆积带来的环境污染问题和尾矿管理成本；同时，采空区充填还可以改善井下采场围岩稳定性。需要注意的是，井下巷道掘进时无法采用充填技术，同时充填也不能封堵涌水。因此，答案应为 B。

5.【答案】D

机械落矿法是指通过器械的冲击、磨蚀或冲蚀将矿石从矿体上分割下来的落矿方法，主要用于开采中硬以下（$f < 3～4$）的软矿石或煤层。答案为 D。

6.【答案】C

溶浸采矿（法）是将化学溶剂注入矿层，与矿石中的化学成分发生化学反应，浸出矿石中的有用成分，再将含有有用成分的溶液提升到地面加工。溶浸采矿法主要用于开采铜、铀、金、银矿。答案应选 C。

7.【答案】D

崩落采矿法是以崩落围岩来实现地压管理的采矿方法。随着矿石崩落，强制或自然崩落围岩充填采空区，以控制和管理地压。因此，答案应选 D。

8.【答案】A

重选法是根据矿物相对密度（过去称比重）的差异来分选矿物。密度不同的矿物粒子在运动的介质中（水、空气与重液）受到流体动力和各种机械力的作用，造成适宜的松散分层和分离条件，从而使矿粒得到分离。因此，答案为 A。

9.【答案】C

浮选法是以各种颗粒或粒子表面的物理化学性质差异为基础，在气—液—固三相流体中进行分离的技术。由全油浮选、表层浮选发展至泡沫浮选。使希望上浮的颗粒表面疏水，与气泡一起在水中悬浮、弥散并相互作用，形成泡沫层，排出疏水性产物和亲水性产物，完成分离过程。浮选的选别前物料准备工作主要是进行磨矿分级，达到适宜于浮选的浓度细度。因此，答案是C。

10.【答案】D

尾矿的成分比较复杂，一般以矿浆状态排出；尾矿的数量也很大，堆放会占用不少土地。选矿厂排出的尾矿中常含有大量的药剂及有害物质，为避免造成污染，选矿厂尾矿不能任意排放。尾矿一般需要进行保存，其另一个意义在于今后可能会重新开发利用其有用矿物成分。答案应选D。

二、多项选择题

1. A、B、D、E；   2. A、B、D；   3. A、B、C；   4. A、B、E；
5. A、C、D；   6. A、B、D、E

【解析】

1.【答案】A、B、D、E

矿井提升系统分为立井提升和斜井提升两种类型，这两种类型的提升设备设施组成是有差别的，但通常都包括提升机、提升容器、钢丝绳等辅助装置。对于立井提升，提升容器可以是箕斗和罐笼，施工时是吊桶。矿车是用罐笼来进行提升的，因此矿车不能作为立井提升系统的设备。答案为A、B、D、E。

2.【答案】A、B、D

地下开采工作中，地下水从含水岩层或裂隙中不断涌出，对矿井生产和掘进都会产生很大的影响，必须及时排除工作面的涌水，保证矿井的安全生产，选项A正确。矿井排水需在地下设置水仓和水泵房，将涌水汇流至水仓并导流至水泵房吸水井中，由安设在水泵房的水泵，经敷设在水泵房、管子道及副井中的专用排水管道排出地表，选项B和选项D正确，选项E不正确。矿井排水可以采用分段排水方法，当开采阶段数目不多时，各个阶段均设水泵房，将下阶段的矿坑水排至上一阶段，连同上一阶段的矿坑水排至再上一阶段，最后集中排出地表，选项C不正确。因此，答案为A、B、D。

3.【答案】A、B、C

按矿井采场地压管理方法不同，采矿方法可分为空场采矿法、崩落采矿法和充填采矿法三大类。三大类采矿方法根据其结构特点、工作面布置形式和落矿方法不同可进一步划分为若干类型。溶解采矿法或溶浸采矿法属于特殊采矿方法，是地质、采矿、选矿、冶炼相互渗透、相互结合的一种新工艺。因此，答案为A、B、C。

4.【答案】A、B、E

房柱采矿法用于开采水平和缓倾斜的矿体，在矿块或采区内矿房和矿柱交替布置，回采矿房时留连续的或间断的规则矿柱，以维护顶板岩石。选项A和选项B说法正确。回采矿房不仅能回采薄矿体，而且可以回采厚和极厚矿体。选项C说法错误。矿石和围岩均稳固的水平和缓倾斜矿体是这种采矿法应用的基本条件。选项D说法错误。矿房回采方法，根据矿体厚度不同而异。选项E说法正确。因此，答案为A、B、E。

5.【答案】A、C、D

矿物加工一般都包括三个基本工艺过程：矿物加工前的准备（破碎与筛分，磨矿与分级）、分选（重选、磁选、电选、浮选等）、选后产品的处理作业（过滤、干燥脱水作业，尾矿处理等），但不同的矿物加工方法有不同的工作内容。选项B不属于基本工艺过程内容，选项 E 属于选项 D 的内容。因此，答案为 A、C、D。

6.【答案】A、B、D、E

电选有色和稀有金属矿物的工艺流程主要包括：

（1）粗选：将初步磨碎的矿石通过振动筛、洗选机等设备进行筛分和洗选，去除杂质和废石，得到较为纯净的产品。

（2）磨选：将粗选得到的产品经过二级磨粉后，通过球磨机进行细磨，得到精矿。

（3）电选：将精矿通过电选机进行电选，分离出废石。

（4）浓缩：将产品的电选浓缩液通过其他设备进行浓缩处理，得到高品位的精矿。

（5）精炼：将高品位的精矿进行熔炼处理，得到最终纯净产品。

因此，答案为 A、B、D、E。

第4章 矿区地面工业建筑工程

4.1 矿区地面工业建筑结构与施工

复习要点

矿区工业建筑结构形式、施工技术要求以及施工的主要设备。

1．矿区工业建筑结构的类型及其应用

矿井工业建筑中井架的结构及其安装方法，钢筋混凝土井塔结构、筒仓结构及其施工方法，工业厂房结构及其施工方法。

2．矿区工业建筑结构特性及其施工方法

混凝土结构施工方法；砌体结构施工方法；钢结构施工方法。

3．矿区工业建筑施工主要设备

起重机械的分类和使用。

一 单项选择题

1．在井口中心组装桅杆，用吊车抬起桅杆头部，用稳车竖立桅杆，利用桅杆和井架底部支撑铰链采用大旋转法旋转就位，是井架安装中（   ）的步骤之一。

    A．利用吊车安装法　　　　　　B．井筒外组装整体滑移安装法

    C．就地起立法　　　　　　　　D．井筒外组装旋转安装法

2．钢筋混凝土井塔一般采用的施工方法（   ）。

    A．结构吊装　　　　　　　　　B．爬模施工

    C．大模板施工　　　　　　　　D．一般现浇工艺

3．筒仓的仓顶结构通常为（   ）。

    A．钢筋混凝土结构或钢结构　　B．混凝土结构

    C．非预应力钢筋混凝土结构　　D．混凝土砌块结构

4．多层工业厂房吊装方案主导的部分是（   ）。

    A．结构吊装方法　　　　　　　B．起重机械的选择

    C．吊装次序　　　　　　　　　D．构件吊装工艺

5．厂房结构节间吊装法较分件吊装法的优点是（   ）。

    A．准备工作简单　　　　　　　B．构件吊装效率高

    C．吊装设备行走路线短　　　　D．管理方便

6．关于模板安装支设的规定，错误的是（   ）。

    A．模板及其支架应具有足够的承载能力、刚度和稳定性

    B．模板应构造简单，便于施工

    C．模板的拼（接）缝应严密，不得漏浆

    D．应首先保证构件的绝对尺寸正确

7. 下列钢筋连接方法中，不属于机械连接的方法是（　　　）。

    A. 套筒挤压连接　　　　　　　　B. 钢丝绑扎连接

    C. 锥螺纹套筒连接　　　　　　　D. 直螺纹套筒连接

8. 下列混凝土材料按重量计的占比偏差，错误的是（　　　）。

    A. 水泥、外加掺合料 ±2%　　　B. 粗细骨料 ±3%

    C. 水 ±3%　　　　　　　　　　D. 外加剂溶液 ±2%

9. 砌体结构的主要受力特点是（　　　）。

    A. 抗压强度远大于抗拉强度　　　B. 抗拉强度远大于抗压强度

    C. 抗折强度远大于抗剪强度　　　D. 抗剪强度远大于抗拉强度

10. 砂浆流动性好坏对砌体质量的影响主要是有利于提高（　　　）。

    A. 灰缝的饱满性和密实性　　　　B. 砌块的厚度

    C. 灰缝的抗压强度　　　　　　　D. 砌块强度

11. 钢结构采用焊接连接的缺点是（　　　）。

    A. 连接密封性差　　　　　　　　B. 构造复杂

    C. 刚度小　　　　　　　　　　　D. 低温冷脆问题突出

12. 可以直接承受动力荷载的钢结构连接方法是（　　　）。

    A. 高强度螺栓连接　　　　　　　B. 铆钉连接

    C. 焊接连接　　　　　　　　　　D. 普通螺栓连接

13. 起重量大且场地狭窄进行结构吊装，宜采用的起重设备是（　　　）。

    A. 桅杆式起重机　　　　　　　　B. 塔式起重机

    C. 履带式起重机　　　　　　　　D. 汽车式起重机

14. 提升钢丝绳水平荷载的绝大部分是由井架的（　　　）结构承受。

    A. 头部　　　　　　　　　　　　B. 立架

    C. 斜架　　　　　　　　　　　　D. 井口支撑梁

15. 工业厂房结构施工时，起重机在吊装工程内的一次开行中，分节间吊装完各种类型的全部构件或大部分构件的吊装方法是（　　　）。

    A. 分件吊装法　　　　　　　　　B. 综合吊装法

    C. 节间吊装法　　　　　　　　　D. 组合吊装法

16. 除锈验收合格的钢材，在厂房外存放的应丁（　　　）涂完底漆后方可起吊。

    A. 4h 内　　　　　　　　　　　B. 12h 内

    C. 24h 内　　　　　　　　　　　D. 当班

二　多项选择题

1. 钢筋混凝土井塔的施工方法可采用（　　　）。

    A. 滑模施工　　　　　　　　　　B. 大模板施工

    C. 爬模施工　　　　　　　　　　D. 预建整体平移施工

    E. 逆作法施工

2. 骨架承重结构的单层厂房支撑系统的作用有（　　　）。

 A. 承受吊车自重

 B. 加强厂房结构的空间整体刚度和稳定性

 C. 传递水平风荷载

 D. 承受墙体和屋盖自重

 E. 传递吊车运动冲切作用

3. 钢筋的加工工序有（　　　）。

 A. 除锈   B. 调直

 C. 切断   D. 冷拉

 E. 弯曲成形

4. 砌体结构的施工特点有（　　　）。

 A. 节约水泥和钢材，降低造价   B. 具有较好的保温隔热和隔声性能

 C. 具有良好的耐火性   D. 施工工序单一，可连续施工

 E. 寒冷地区不易进行施工

5. 砖砌体施工的质量要求（　　　）。

 A. 横平竖直   B. 可留通缝

 C. 灰浆饱满   D. 接槎可靠

 E. 错缝搭接

6. 钢结构的优点有（　　　）。

 A. 材料强度高

 B. 制造简便，施工方便，工业化程度高

 C. 耐腐蚀性好，不易锈蚀

 D. 防火性好

 E. 钢材焊接性良好，可满足制造各种鼓物复杂结构形状的连接需要

7. 关于钢结构高强度螺栓连接的说法，正确的有（　　　）。

 A. 高强度螺栓采用高强度钢材制作，可施加较人的预应力

 B. 连接紧密，受力好，耐疲劳

 C. 摩擦型高强度螺栓连接具有在动力荷载下不易松动的优点

 D. 安装较复杂，技术水平要求高

 E. 承压型高强度螺栓常用于直接承受动力荷载结构的连接

8. 桅杆式起重机的工作特点有（　　　）。

 A. 不受场地限制，对场地要求不高

 B. 起重量大

 C. 效率高

 D. 使用成本低

 E. 结构简单

9. 井架安装方法有（　　　）。

 A. 井口组装就地起立旋转法   B. 井口外组装整体滑移安装法

 C. 利用吊车安装法   D. 分件安装法

　　E．综合安装法
10．现浇混凝土结构所用的模板技术已形成（　　）等系列工业化模板体系。
　　A．组合式　　　　　　　　　B．工具式
　　C．永久式　　　　　　　　　D．机械式
　　E．智能式

【答案与解析】

一、单项选择题
1．C；　　2．B；　　3．A；　　4．B；　　5．C；　　6．D；　　7．B；　　8．C；
9．A；　　10．A；　　11．D；　　12．B；　　13．A；　　14．C；　　15．C；　　16．D
【解析】
1.【答案】C
　　井口组装就地起立法进行井架安装，是在井口附近平整场地组装井架，在井口中心组装桅杆，用吊车抬起桅杆头部，用稳车竖立桅杆，利用桅杆和井架底部支撑铰链采用大旋转法旋转就位，利用井架放倒桅杆，利用立架采用滑移提升法起吊斜架，最后拆除滑轮组和桅杆。该方法主要适用于井口场地平整、宽敞，井架的重量大，高度较高的情况。因此，答案是 C。
2.【答案】B
　　井塔按建筑材料的不同可分为：砖或混凝土砌块结构井塔、钢筋混凝土结构井塔、钢结构井塔、钢筋混凝土和钢的混合结构井塔。已建的井塔绝大部分为钢筋混凝土结构，且采用爬模施工。
3.【答案】A
　　筒仓的仓顶结构与筒身的预应力无关，通常为钢筋混凝土结构或钢结构。施工中，首先应进行网架的组装与就位，并做好仓顶结构的防锈蚀和防火处理。
4.【答案】B
　　多层装配式钢筋混凝土结构房屋的施工特点是：房屋高度较大而施工场地相对较小；构件类型多、数量大；各类构件接头处理复杂，技术要求较高。因此，在拟定结构吊装方案时应根据建筑物的结构形式、平面形状、构件的安装高度、构件的重量、工期长短以及现场条件，着重解决起重机械的选择与布置、结构吊装方法与吊装顺序、构件吊装工艺等问题。其中，起重机械的选择是主导的，选用的起重机械不同，结构吊装方案也各异。
5.【答案】C
　　所谓节间吊装法是指起重机在吊装工程内的一次开行中，分节吊装好各种类型的全部或大部分构件的吊装方法；而分件吊装法是指起重机在每开行一次只吊装一种构件。因此，分件法的施工内容单一，准备工作简单，因而构件吊装效率高，也就便于管理。而对于节间吊装法，则因为它一次可以在节间安装起大部分构件，所以其起重机行走路线短；但是因为其要求选用起重量较大的起重机，起重的臂长又要一次满足吊装全部各种构件的要求，因而其缺点是不能充分发挥起重机的技术性能。

6.【答案】D

模板的安装支设必须符合下列规定：（1）模板及其支架应具有足够的承载能力、刚度和稳定性，能可靠地承受浇筑混凝土的重量、侧压力及施工荷载；（2）要保证工程结构和构件各部分形状尺寸和相互位置的正确；（3）构造简单，装拆方便，并便于钢筋的绑扎和安装，符合混凝土的浇筑和养护等工艺要求；（4）模板的拼（接）缝应严密，不得漏浆。

7.【答案】B

钢筋的连接通常有焊接、机械连接和绑扎。钢筋机械连接的常用方法有套筒挤压连接、锥螺纹套筒连接、直螺纹套筒连接等。

8.【答案】C

混凝土原材料按重量计的允许偏差，不得超过下列规定：水泥、外加掺合料 ±2%；粗细骨料 ±3%；水、外加剂溶液 ±2%。

9.【答案】A

砌体结构的特点是其抗压强度远大于抗拉、抗剪强度，特别适合于以受压为主构件的应用。砌体结构的抗拉、抗弯和抗剪强度较低，抗震性能差，使它的应用受到限制。

10.【答案】A

砂浆性能好，容易铺砌均匀、密实，可降低体内块体的弯曲正应力、剪切应力，使砌体的抗压强度得到提高。砂浆的流动性直接影响砌体灰缝的厚度以及密实性与饱满程度。

11.【答案】D

焊缝连接的优点是构造简单、加工方便、连接的密封性好、刚度大；缺点是焊接残余应力和残余变形对结构有不利影响，焊接结构的低温冷脆问题也比较突出。

12.【答案】B

钢结构的连接方法有焊接、铆接、普通螺栓连接和高强度螺栓连接等。高强度螺栓承压型连接时摩擦力被外作用超过后要靠杆件与孔壁间的接触。这种连接在摩擦力被克服后的剪切变形较大，因此规范规定高强度螺栓承压型连接不得用于直接承受动力荷载的结构。焊接结构也不能直接承受动荷载。普通螺栓连接主要用于节点连接，只能承受拉力。只有铆钉连接可以直接承受动荷载。

13.【答案】A

工业厂房吊装常用的起重机械有履带式起重机、汽车式起重机、轮胎式起重机、塔式起重机、桅杆式起重机等。其中，桅杆式起重机的特点是能在比较狭窄的场地使用，制作简单、装拆方便、起重量大，可在其他起重机械不能安装的特殊工程或重大结构吊装时使用。

14.【答案】C

井架斜架是位于提升机一侧的倾斜构架，用来承受提升钢丝绳水平荷载的主体内容，并维持井架的整体稳定性。

15.【答案】C

工业厂房结构施工按构件的吊装次序可分为分件吊装法、节间吊装法和综合吊装法。分件吊装法是指起重机在单位吊装工程内每开行一次，只吊装一种或两种构件的方法。节间吊装法是指起重机在吊装工程内的一次开行中，分节间吊装完各种类型的全部构件或大部分构件的吊装方法。综合吊装法是将分件吊装法和节间吊装法结合使用。

16.【答案】D

除锈后的钢材表面，必须用压缩空气或毛刷等工具将锈尘和残余磨料清除干净，方可进行下道工序。除锈验收合格的钢材，在厂房内存放的应于 24h 内涂完底漆，在厂房外存放的应于当班涂完底漆。

二、多项选择题

1. A、B、C、D；　　2. B、C、E；　　　3. A、B、C、E；　　4. A、B、C、D；

5. A、C、D、E；　　6. A、B、E；　　　7. A、B、C、E；　　8. A、B、D、E；

9. A、B、C；　　10. A、B、C

【解析】

1.【答案】A、B、C、D

钢筋混凝土井塔的施工方法可采用滑模施工、大模板施工、爬模施工和预建整体平移施工技术。滑模施工方法施工速度快，占用井口时间少，经济效益明显；大模板施工方法，井塔构筑物整体性好，预埋件易于固定，确保了钢筋保护层；爬模施工方法综合了滑模和大模板二者的长处，工艺较为简单，容易掌握，减少了大量起重机的吊运工作量；预建整体平移施工方法最大优点是可以缩短井塔施工和提升设备安装占用井口的时间，解决井口矿建、土建和机电安装三类工程的矛盾。

2.【答案】B、C、E

支撑系统包括柱间支撑和屋盖支撑两大部分，其作用是加强厂房结构的空间整体刚度和稳定性，它主要传递水平风荷载以及吊车间产生的冲切力。

3.【答案】A、B、C、E

钢筋的加工包括钢筋除锈、调直、切断、弯曲成形等工艺过程。

4.【答案】A、B、C、D

砌体结构和钢筋混凝土结构相比，可以节约水泥和钢材，降低造价。砖石材料具有良好的耐火性、较好的化学稳定性和大气稳定性，又具有较好的保温隔热和隔声性能，易满足建筑功能要求。在施工方面，砌体砌筑时施工工序相对单一、方便，可连续施工；在寒冷地区施工与采用人工冻结法施工时，可避免低温对混凝土浇筑、硬化的影响。

5.【答案】A、C、D、E

砖砌体的质量要求是：横平竖直、灰浆饱满、错缝搭接、接槎可靠。

6.【答案】A、B、E

钢结构主要优点有：钢材的材质均匀，材料强度高，可靠性好，钢材有良好的塑性和韧性，对动荷载的适应性较强；钢结构制造简便，施工方便，工业化程度高；密封性强，耐热性较好；钢材焊接性良好，可满足制造各种复杂结构形状的连接需要；

主要缺点有：耐腐蚀性差，易锈蚀；钢材不防火。

7.【答案】A、B、C、E

高强度螺栓采用高强度钢材制作，并对螺杆施加有较大的预应力。根据螺栓的作用特点，高强度螺栓分为摩擦型连接和承压型连接。高强度螺栓具有连接紧密、受力良好、耐疲劳、安装简单迅速、施工方便、便于养护和加固以及动力荷载作用下不易松动等优点。广泛用于工业与民用建筑钢结构中，也可用于直接承受动力荷载的钢结构。

8.【答案】A、B、D、E

桅杆式起重机属于非标准起重机，可分为独脚式、人字式、门式和动臂式四类。其结构简单，起重量大，对场地要求不高，使用成本低，但效率不高。每次使用须重新进行设计计算。

9.【答案】A、B、C

井架的安装：（1）井口组装就地起立旋转法：在井口附近平整场地组装井架；在井口中心组装桅杆，用吊车抬起桅杆头部，用稳车竖立桅杆；利用桅杆和井架底部支撑铰链采用大旋转法旋转就位；利用井架放倒桅杆；利用立架采用滑移提升法起吊斜架；最后拆除滑轮组和桅杆；安装需要拉力较大，使用设备较多。该方法目前主要适用于井口场地平整、宽敞，井架的重量大，高度较高的情况。（2）利用吊车安装法：利用吊车吊起杆件或部件在井口进行安装；可节省时间、安装工序简单；使用设备较少。该方法目前主要适用于井口场地受限的中小型井架。（3）井口外组装整体滑移安装法：在井口外组装井架；用千斤顶抬起井架，使井架底座高于井口；利用铺设的滑道，用稳车和千不拉滑移井架至井口设计位置。这种方法主要适用于场地受限，占用井口工期较少的情况。

10.【答案】A、B、C

现浇混凝土结构所用的模板技术已形成组合式、工具式、永久式三大系列工业化模板体系，采用木（竹）胶合板模板也有较大的发展。

4.2　基础工程与地基处理

复习要点

1. 矿区工业建筑基础的施工方法与技术要求
独立基础（单独基础）、条形基础、筏形基础、箱形基础以及桩基础等基础结构。

2. 矿区工业建筑地基处理方法与技术要求
换填垫层、夯实地基、复合地基、预压地基、振冲加固地基等地基处理方法及其主要内容。

一　单项选择题

1. 承重墙基础的主要形式是（　　　）。

 A. 条形基础　　　　　　　　　　B. 单独基础

 C. 筏形基础　　　　　　　　　　D. 箱形基础

2. 土质松软，如荷载较大的高层建筑，为了增强基础的整体刚度，减少不均匀沉降，宜采用的基础形式是（　　）。

    A. 柱下单独基础   B. 柱下条形基础

    C. 十字交叉基础   D. 墙下条形基础

3. 当地基基础软弱而荷载又很大，采用十字基础不能满足荷载与变形要求时，宜采用的基础形式是（　　）。

    A. 墙下条形   B. 柱下独立

    C. 柱下条形   D. 筏形

4. 钢筋混凝土预制桩振动沉桩法施工，不适宜的土层土质条件是（　　）。

    A. 砂土   B. 黏土

    C. 砂质黏土   D. 粉质黏土

5. 预制桩的打桩顺序易受打桩速度、打桩质量以及周围环境的条件是（　　）。

    A. 桩的中心距小于 4 倍桩径   B. 桩的中心距小于 2 倍桩径

    C. 桩的中心距大于 4 倍桩径   D. 桩的中心距等于 4 倍桩径

6. 锤击法就是利用桩锤的冲击克服土对桩的阻力，使桩达到（　　）。

    A. 下卧层   B. 持力层

    C. 基础   D. 地基

7. 泥浆护壁钻孔灌注桩第二次清孔时间在（　　）。

    A. 提钻前   B. 沉放钢筋笼、下导管后

    C. 浇筑水洗混凝土后   D. 质量验收前

8. 关于沉管灌注桩沉管和拔管施工的说法，正确的是（　　）。

    A. 高提重打   B. 密锤慢抽

    C. 慢锤重击   D. 密振快抽

9. 关于灰土垫层施工的说法，错误的是（　　）。

    A. 灰土垫层的面层宽度应和基础宽度一致

    B. 灰土的颜色要求均匀、一致

    C. 铺垫灰土前基槽内不得有积水

    D. 灰土应在铺垫当天将其夯实

10. 关于地基处理方法的说法，错误的是（　　）。

    A. 强夯法适用于湿陷性黄土地基的处理

    B. 换土垫层施工前都要试验确定夯压遍数

    C. 土桩和灰土桩都只能使用在地下水位以上的地基

    D. 深层搅拌法的原理是采用固化剂与软土拌合硬化成复合地基

11. 现浇钢筋混凝土柱下基础，宜采用的基础形式是（　　）。

    A. 阶梯形和锥形   B. 杯形

    C. 条形   D. 箱形

12. 混凝土预制桩的混凝土强度达到（　　）后方可起吊。

    A. 30%   B. 50%

    C. 70%   D. 100%

二　多项选择题

1. 柱下单独基础常采用的材料有（　　　）。

    A．砖　　　　　　　　　　　　B．石

    C．混凝土　　　　　　　　　　D．重型钢

    E．钢筋混凝土

2. 静力压桩法优点有（　　　）。

    A．设备移动耗时低　　　　　　B．使用方便

    C．振动小　　　　　　　　　　D．噪声低

    E．桩顶不易损坏

3. 当钢筋混凝土预制桩规格和桩基设计标高不同时，打桩的顺序正确的有（　　　）。

    A．先深后浅　　　　　　　　　B．先浅后深

    C．先大后小　　　　　　　　　D．先小后大

    E．先长后短

4. 钻孔灌注桩施工的工艺流程有（　　　）。

    A．钻孔　　　　　　　　　　　B．清孔

    C．下钢筋笼　　　　　　　　　D．灌注混凝土

    E．下套管

5. 套管成孔灌注桩的类型有（　　　）。

    A．锤击沉管灌注桩　　　　　　B．振动沉管灌注桩

    C．套管夯打灌注桩　　　　　　D．水下爆破灌注桩

    E．钻孔套管灌注桩

6. 强夯法处理地基的施工特点有（　　　）。

    A．设备简单　　　　　　　　　B．适用土质范围广

    C．施工速度快　　　　　　　　D．施工费用高

    E．施工工艺复杂

7. 采用碎石桩处理软弱地基时，加固效果不明显的地基土质有（　　　）。

    A．松散砂土　　　　　　　　　B．素填土

    C．杂填土　　　　　　　　　　D．粉土

    E．软黏性土

8. 深层搅拌桩适用于加固的土层有（　　　）。

    A．淤泥　　　　　　　　　　　B．淤泥质土

    C．饱和黏性土　　　　　　　　D．砂土

    E．杂填土

【答案与解析】

一、单项选择题

1. A；　　2. C；　　3. D；　　4. B；　　5. A；　　6. B；　　7. B；　　8. B；
9. A；　　10. A；　　11. A；　　12. C

【解析】

1.【答案】A

条形基础是承重墙基础的主要形式，当上部结构荷载较大而土质较差时，可采用钢筋混凝土建造，墙下钢筋混凝土条形基础一般做成无肋式；如地基在水平方向上压缩性不均匀，为了增加基础的整体性，减少基础的不均匀沉降，也可做成肋式的条形基础。

2.【答案】C

荷载较大的高层建筑，如土质软弱，为了增强基础的整体刚度，减少不均匀沉降，可以沿柱网纵横方向设置钢筋混凝土条形基础，形成十字交叉基础。

3.【答案】D

如地基基础软弱而荷载又很大，采用十字基础仍不能满足要求或相邻基槽距离很小时，可用钢筋混凝土做成筏形基础。它可增强基础的整体性和抗弯刚度，并能调整和避免结构局部发生显著的不均匀沉降，适用于地基土质软弱且不均匀的地基或上部荷载很大的情况。

4.【答案】B

振动沉桩是借助固定于桩头上的振动源所产生的振动力，减小桩与土壤颗粒之间的摩擦力，使桩在自重与机械力的作用下沉入土中。振动沉桩主要适用于砂土、砂质黏土、粉质黏土层，在含水砂层中的效果更为显著。其缺点是适用范围狭窄，不宜用于黏性土及上层中夹有孤石的情况。

5.【答案】A

打桩顺序合理与否，影响打桩速度、打桩质量，及周围环境。当桩的中心距小于4倍桩径时，打桩顺序尤为重要。打桩顺序影响挤土方向，打桩向哪个方向推进则向哪个方向挤土。

6.【答案】B

锤击法就是利用桩锤的冲击克服土对桩的阻力，使桩沉到预定深度或达到持力层。打桩施工时，锤的落距应较小，待桩入土至一定深度且稳定后，再按要求的落距锤击，用落锤或单动汽锤打桩时，最大落距不宜大于1m，用柴油锤时应使锤跳动正常。在打桩过程中，遇有贯入度剧变，桩身突然发生倾斜、移位或有严重回弹，桩顶或桩身出现严重裂缝或破碎等异常情况时，应暂停打桩，及时研究处理。

7.【答案】B

第一次清孔在提钻前，第二次清孔在沉放钢筋笼下导管后。

8.【答案】B

沉管和拔管是影响沉管灌注桩施工质量的一个关键。通常，沉管时要求"密锤低击""低提重打"，拔管时要求"密锤（振）慢抽"，要求拔管时速度均匀，同时使管内混凝土保持略高于地面。

9.【答案】A

灰土的质量和石灰掺量有关，为满足强度要求，一般掺量为 3：7 或 2：8，且要求搅拌均匀，颜色一致；灰土铺垫前应将基槽平整，积水清除干净；灰土的夯实遍数应符合实际试验的结果；入槽灰土应在当天夯实，不得隔日进行。灰土垫层的铺设厚度应符合设计要求，其面层宽度至少应超出基础宽度的 300mm。

10.【答案】A

强夯法的适用范围：加固碎石土、砂土、低饱和度粉土、湿陷性黄土、高填土、杂填土及"围海造地"地基、工业废渣、垃圾地基等的处理；换土垫层施工前基槽应平整、干净，不得有积水，并经试夯确定夯压遍数；土桩和灰土桩适用于处理地下水位以上、含水量不超过 25%、厚度 5～15m 的湿陷性黄土或人工填土地基；水泥土搅拌桩地基是利用水泥作为固化剂，通过深层搅拌机在地基深部，就地将软土和固化剂（浆体或粉体）强制拌和，利用固化剂和软土发生一系列物理、化学反应，使凝结成具有整体性、水稳性好和较高强度的水泥加固体，与天然地基形成复合地基。

11.【答案】A

现浇柱下钢筋混凝土基础的截面可做成阶梯形和锥形，预制柱下的基础一般做成杯形基础，等柱子插入杯口后，将柱子临时支撑，然后用细石混凝土将柱周围的缝隙填实。

12.【答案】C

混凝土预制桩的混凝土强度达到 70% 后方可起吊，达到 100% 后方可运输。采用重叠法制作预制钢筋混凝土方桩时，桩与邻桩及底模之间的接触面应采取隔离措施。上层桩或邻桩的浇筑，应在下层桩或邻桩的混凝土达到设计强度的 30% 以上时，方可进行。

二、多项选择题

1．A、B、C、E；　　2．C、D、E；　　3．A、C、E；　　4．A、B、C、D；
5．A、B、C；　　6．A、B、C；　　7．B、C、D、E；　　8．A、B、C

【解析】

1.【答案】A、B、C、E

柱下单独基础是柱子基础的主要类型。它所用材料根据柱的材料和荷载大小而定，常采用砖、石、混凝土和钢筋混凝土等。

2.【答案】C、D、E

静力压桩法施工时振动小、噪声低，适用建筑物密集区，节约材料，桩顶不易损坏，机械设备的拼装和移动耗时较多。

3.【答案】A、C、E

选择打桩顺序是否合理，直接影响打桩进度和施工质量。确定打桩顺序时要综合考虑到桩的密集程度、基础的设计标高、现场地形条件、土质情况等。当基坑不大时，一般应从中间向两边或四周进行；当基坑较大时，应分段进行；应避免自外向内，或从周边向中间进行的情况。当桩基的设计标高不同时，打桩顺序宜先深后浅。当桩的规格不同时，打桩顺序宜先大后小、先长后短。

4.【答案】A、B、C、D

钻孔灌注桩是使用钻孔机械钻孔，待孔深达到设计要求后进行清孔，放入钢筋笼，然后在孔内灌注混凝土而成桩。这是一种现场工业化的基础工程施工方法，所需机械设备有螺旋钻孔机、钻扩机或潜水钻孔机。

5.【答案】A、B、C

套管成孔灌注桩是目前采用最为广泛的一种灌注桩。它有锤击沉管灌注桩、振动沉管灌注桩和套管夯打灌注桩三种。利用锤击沉桩设备沉管、拔管时，称为锤击灌注桩；利用激振器振动沉管、拔管时，称为振动灌注桩。

6.【答案】A、B、C

强夯法又称动力固结法，是利用大吨位夯锤起吊到 6～30m 高度后夯落的作用加固土层的方法。这种方法的特点是设备简单，施工工艺、操作简单；适用土质范围广，加固效果显著，工效高，施工速度快；施工费用低，节省投资。

7.【答案】B、C、D、E

碎石桩是处理软弱地基的一种经济、简单有效的方法。该法对松散砂土的处理效果最明显；对素填土、杂填土、粉土的处理效果不明显；淤泥质土、粉质黏土短期内效果不明显，但后续效果后会提高；对灵敏度高的软黏性土，效果较差。

8.【答案】A、B、C

深层搅拌法是利用水泥、石灰等材料作为固化剂的主剂，通过特制的深层搅拌机械，在地基深处就地将软土和固化剂（浆液或粉体）强制搅拌，利用固化剂和软土之间物理、化学反应，使软土硬结成具有整体性的并并具有一定承载力的复合地基。深层搅拌法适宜于加固各种成因的淤泥、淤泥质土、饱和黏性土和粉质黏土等，还可用于提高边坡的稳定性和各种坑槽工程施工时的挡水帷幕。

4.3 基坑工程施工

复习要点

1. 基坑围护结构类型及应用

支挡式支护结构，板桩墙支护结构，喷锚支护结构，土钉墙支护结构，地下连续墙横撑式支撑、重力式支护结构、板桩墙支护结构、喷锚支护、土钉墙、地下连续墙等基坑围护结构特点与技术要求。

2. 基坑工程稳定性分析方法

基坑支护结构承载能力极限状态，基坑支护结构正常使用极限状态。

3. 基坑开挖施工与技术要求

基坑土方工程施工及相关要求，基坑土方堆放与运输，基坑回填施工与技术要求。

4. 基坑开挖土方工程施工设备及其选用

推土机、铲运机、挖掘机等常用施工设备的性能与选用。

5. 基坑施工降排水方法及其应用

集水明排法，井点降水法（轻型井点、喷射井点、管井井点、深井井点）的施工技术要求。

一　单项选择题

1. 适用于一级基坑安全等级的基坑支护形式是（　　）。

　　A. 土钉墙　　　　　　　　　　B. 放坡

　　C. 重力式水泥土墙　　　　　　D. 支挡式结构

2. 土层锚杆与锚索的预应力杆体材料不宜选用（　　）。

　　A. 钢绞线　　　　　　　　　　B. 高强度钢丝

　　C. 普通钢筋　　　　　　　　　D. 高强度螺纹钢筋

3. 土层锚杆和锚索应根据加固地层和支护结构变形等要求，按锚杆轴向受拉荷载设计值的（　　）作为施加预应力（锁定）值。

　　A. 0.2～0.3　　　　　　　　　B. 0.4～0.5

　　C. 0.5～0.6　　　　　　　　　D. 0.6～0.7

4. 下列情形中，不适用于土钉墙支护的是（　　）。

　　A. 基坑安全等级为二、三级　　B. 临近有重要建筑或地下管线

　　C. 基坑深度大于12m　　　　　D. 地下水位较低

5. 土钉支护基坑深度不宜大于（　　）m。

　　A. 6　　　　　　　　　　　　 B. 8

　　C. 10　　　　　　　　　　　　D. 12

6. 地下连续墙成槽施工前，应沿地下连续墙两侧设置导墙，导墙宜采用混凝土结构，强度等级不宜低于（　　）。

　　A. C30　　　　　　　　　　　 B. C25

　　C. C20　　　　　　　　　　　 D. C15

7. 泥浆在地下连续墙施工中起的作用不包括（　　）。

　　A. 护壁　　　　　　　　　　　B. 携渣

　　C. 润滑　　　　　　　　　　　D. 保温

8. 地下连续墙的混凝土浇灌一般采用的方法是（　　）。

　　A. 直接倾倒　　　　　　　　　B. 溜槽法

　　C. 泵送法　　　　　　　　　　D. 导管法

9. 采用机械开挖土方时，基底标高以上预留（　　）cm土，由人工挖掘修正来保持基底充分平整。

　　A. 0～20　　　　　　　　　　 B. 20～30

　　C. 30～40　　　　　　　　　　D. 40～50

10. 基坑内地下水位应降至拟开挖下层土方的底面以下不小于（　　）m。

　　A. 1.0　　　　　　　　　　　 B. 0.5

　　C. 0.3　　　　　　　　　　　 D. 0.2

11. 基坑土方开挖的原则是"开槽支撑、先撑后挖、（　　）、严禁超挖"。

　　A. 分层开挖　　　　　　　　　B. 一次到底

　　C. 分片开挖　　　　　　　　　D. 先浅后深

12. 基坑边缘堆置的土方和建筑材料，或沿挖方边缘移动运输工具和机械，一般与基坑上部边缘保持（　　）m 以上距离，弃土高度不大于（　　）m。

    A．2　1　　　　　　　　　　　　B．1　1

    C．2　1.5　　　　　　　　　　　D．2　2

13. 可以用作回填土的土料是（　　）。

    A．淤泥、淤泥质土　　　　　　B．有机质大于 5% 的土

    C．冻土　　　　　　　　　　　D．含水量不大的黏性土

14. 适用于开挖含水量不大于 27% 的 Ⅰ～Ⅳ 类土和经爆破后的岩石与冻土碎块的挖掘机是（　　）。

    A．抓铲挖掘机　　　　　　　　B．反铲挖掘机

    C．拉铲挖掘机　　　　　　　　D．正铲挖掘机

15. 反铲挖掘机的挖土特点是（　　）。

    A．前进向上，强制切土　　　　B．后退向下，强制切土

    C．后退向下，自重切土　　　　D．直上直下，自重切土

16. 采用井点降水法可使所挖的土始终保持干燥状态，可以防止（　　）发生。

    A．流砂　　　　　　　　　　　B．边坡塌方

    C．地面塌陷　　　　　　　　　D．涌水

17. 真空抽水的井点降水方法不包括（　　）。

    A．单层轻型井点　　　　　　　B．多层轻型井点

    C．管井井点　　　　　　　　　D．喷射井点

二　多项选择题

1. 钢板桩的特点有（　　）。

    A．材料质量可靠，在软土地区打设方便

    B．有一定的挡水能力

    C．可多次重复使用

    D．刚度大

    E．费用高

2. 当地下水位高于基坑底面时，灌注桩排桩围护墙宜采用（　　）共同形成基坑支护结构。

    A．降水　　　　　　　　　　　B．排桩

    C．排桩加截水帷幕　　　　　　D．地下连续墙

    E．截水

3. 关于土钉墙支护方法的说法，正确的有（　　）。

    A．每层土钉施工结束后，均应抽查土钉的抗拔力

    B．可用于基坑侧壁安全等级宜为二、三级的非软土场地

    C．施工时土钉虽深固于土体内部，但无法提高周围土体的承载能力

    D．应先喷后锚，严禁先锚后喷

　　　E．基坑深度不宜大于 12m

　　4．关于土层锚杆施工时对土层锚杆技术要求，说法正确的有（　　　）。

　　　A．间排距应不小于 2.0m×2.5m

　　　B．上覆层厚度不大于 2m

　　　C．锚固段长度应在 2m 以上

　　　D．预应力应和设计受拉荷载一致

　　　E．倾斜锚杆的角度宜在 15°～35°的范围

　　5．地下连续墙的优点有（　　　）。

　　　A．施工速度快　　　　　　　　　B．振动小，噪声低

　　　C．具有多功能用途　　　　　　　D．支撑结构变形大

　　　E．开挖基坑无需放坡，土方量小

　　6．关于地下连续墙施工工艺与技术要求的说法，正确的有（　　　）。

　　　A．挖槽前先需沿地下连续墙纵向轴线位置开挖导沟

　　　B．地下连续墙导墙具有挡土和测量基准的作用

　　　C．地下连续墙槽段接头时应待混凝土浇筑完毕后立即拔出接头管

　　　D．水下混凝土浇灌一般采用导管法

　　　E．护壁泥浆通常使用膨润土泥浆，也可使用高分子聚合物泥浆等

　　7．确定基坑开挖的土方边坡坡度时应考虑的主要因素有（　　　）。

　　　A．土质情况　　　　　　　　　　B．开挖机械

　　　C．施工地点气候条件　　　　　　D．开挖深度

　　　E．施工工期

　　8．土方回填应按（　　　）等确定。

　　　A．设计要求预留沉降　　　　　　B．回填高度

　　　C．压实系数　　　　　　　　　　D．夯实机械

　　　E．铺土厚度

　　9　基坑工程防排水方法可分为（　　　）。

　　　A．集水明排　　　　　　　　　　B．灌浆

　　　C．井点降水　　　　　　　　　　D．截水

　　　E．回灌

　　10．回灌工程中完整的系统包括（　　　）。

　　　A．截水帷幕　　　　　　　　　　B．排水沟

　　　C．回灌井　　　　　　　　　　　D．基坑

　　　E．降水井

　　11．轻型井点的平面布置方法可采用（　　　）。

　　　A．单排布置　　　　　　　　　　B．双排布置

　　　C．L 形布置　　　　　　　　　　D．环形布置

　　　E．U 形布置

　　12．关于井点降水，说法错误的有（　　　）。

　　　A．基坑开挖至地下水位线以下时，降水工作应延续到基础土方开挖完毕

B. 降水深度超过 8m 时，宜采用喷射井点

C. 轻型井点的井点管采用直径 38 或 51mm、长 5～7m 的钢管，管下端配有滤管

D. 喷射井点的平面布置只有单排布置

E. 深井井点只能可降低水位 30～40m

13. 深层搅拌水泥土围护墙的优点有（　　　）。

A. 坑内无需设支撑，便于机械化快速挖土

B. 具有挡土、止水的双重功能

C. 施工中无振动、无噪声、污染少

D. 对周围环境影响小

E. 施工时挤土严重

14. 基坑工程有可能产生的破坏形式主要有（　　　）。

A. 基坑支护结构整体失稳破坏　　　B. 基坑支护结构构件破坏

C. 支护结构正常使用功能丧失　　　D. 地下水作用下土体的渗透破坏

E. 荷载达到设计承载力

15. 集水明排法降水宜用于（　　　）。

A. 粗粒土层　　　　　　　　　　B. 渗水量小的黏土层

C. 细砂土层　　　　　　　　　　D. 粉砂土层

E. 渗水量大的黏土层

16. 电渗井点施工的规定，正确的有（　　　）。

A. 阴、阳极的数量相等

B. 阳极数量多于阴极数量

C. 阳极设置深度比阴极设置深度小 500mm

D. 阳极露出地面的长度为 300mm

E. 工作电压采用 60V

【答案与解析】

一、单项选择题

1. D;　　2. C;　　3. C;　　4. B;　　5. D;　　6. C;　　7. D;　　8. D;

9. B;　　10. B;　　11. A;　　12. C;　　13. D;　　14. D;　　15. B;　　16. A;

17. C

【解析】

1.【答案】D

常见的基坑支护形式主要有：支挡式结构、土钉墙、重力式水泥土墙、放坡等。支挡式结构适于一级、二级及三级的基坑安全等级；土钉墙适于二级及三级的基坑安全等级；重力式水泥土墙适于二级及三级的基坑安全等级；放坡适于二级的基坑安全等级。

2. 【答案】C

土层锚杆与锚索的预应力杆体材料宜选用钢绞线、高强度钢丝或高强度螺纹钢筋。当预应力值较小或锚杆长度小于 20m 时，也可采用 HRB400 级钢筋。

3. 【答案】C

使用土层锚杆和锚索前，应根据荷载大小，设计确定锚固力，并根据地层条件和支护结构变形要求，按锚杆轴向受拉荷载设计值的 0.5～0.6 作为施加预应力（锁定）值。

4. 【答案】B

土钉墙支护用于基坑侧壁安全等级宜为二、三级的非软土场地；基坑深度不宜大于 12m；当地下水位高于基坑底面时，应采用降水或截水措施。目前在软土场地亦有应用。

5. 【答案】D

解释同上第 4 题。

6. 【答案】C

地下连续墙的导墙混凝土强度等级不应低于 C20。

7. 【答案】D

泥浆是地下连续墙施工中成槽槽壁稳定的关键，在地下连续墙挖槽中起到护壁、携渣、冷却机具和切土润滑的作用。护壁泥浆通常使用膨润土泥浆，也可使用高分子聚合物泥浆等。

8. 【答案】D

浇筑地下连续墙的混凝土应有较高的坍落度，和易性好，不易分离。混凝土浇灌一般采用导管法。浇灌时，混凝土在充满泥浆的深槽内从导管下口压出。随混凝土面逐渐上升，槽内泥浆不断被排至沉淀池。

9. 【答案】B

机械挖土时应避免超挖，场地边角土方、边坡修整等应采用人工方式挖除。基坑开挖至坑底标高应在验槽后及时进行垫层施工，垫层宜浇筑至基坑围护墙边或坡脚。坑底以上 200～300mm 范围内的土方采用人工修底的方式挖除。放坡开挖的基坑边坡应采用人工修坡的方式。

10. 【答案】B

土方开挖、土方回填过程中应设置完善的排水系统。土方工程施工前，应采取有效的地下水控制措施。基坑内地下水位应降至拟开挖下层土方的底面以下不小于 0.5m。

11. 【答案】A

基坑土方开挖的顺序、方法必须与设计工况一致，并遵循"开槽支撑、先撑后挖、分层开挖、严禁超挖"的原则。

12. 【答案】C

基坑边缘堆置的土方和建筑材料，或沿挖方边缘移动运输工具和机械，一般与基坑上部边缘保持 2m 以上距离，弃土高度不大于 1.5m。

13. 【答案】D

回填土料应符合设计要求，土料不得采用淤泥和淤泥质土，有机质含量不大于 5%、膨胀土、含水量不符合压实要求的黏性土。

14.【答案】D

正铲挖掘机装车轻便灵活，回转速度快，移位方便；能够挖掘坚硬土层，易控制开挖尺寸，工作效率高。适用于开挖含水量不大于 27% 的 Ⅰ～Ⅳ 类土和经爆破后的岩石与冻土碎块、大型场地平整土方、工作面狭小且较深的大型管沟和基槽、独立基坑和边坡开挖等工程。

15.【答案】B

正铲挖掘机其挖土特点是"前进向上，强制切土"；反铲挖掘机其挖土特点是"后退向下，强制切土"；拉铲挖掘机其挖土特点是"后退向下，自重切土"；抓铲挖掘机其挖土特点是"直上直下，自重切土"。

16.【答案】A

井点降水法是在基坑开挖之前，预先在基坑四周埋设一定数量的滤水管（井），利用抽水设备抽水，使地下水位降落到坑底以下，并且在基坑开挖过程中仍不断抽水。这样，可使所挖的土始终保持干燥状态，也可防止流砂发生。

17.【答案】C

井点降水方法一般分为两类，一类为真空抽水，有真空井点（单层或多层轻型井点）以及喷射井点；另一类为非真空抽水，有管井井点（包括深井井点）等。

二、多项选择题

1. A、B、C；　　　2. A、C、D；　　　3. A、B、E；　　　4. A、E；
5. A、B、C、E；　6. A、B、D、E；　7. A、C、D、E；　8. A、B、C；
9. A、C、D、E；　10. C、E；　　　　11. A、B、D、E；　12. A、E；
13. A、B、C；　　14. A、B、C、D；　15. A、B；　　　　16. A、B、D、E

【解析】

1.【答案】A、B、C

钢板桩的优点是材料质量可靠，在软土地区打设方便，施工速度快而且简便；有一定的挡水能力；可多次重复使用；一般费用较低。其缺点是一般的钢板桩刚度不够大，用于较深基坑时变形较大；在透水性较好的土层中不能完全挡水；拔除时易带土，如处理不当会引起土层移动，可能危害周围环境。常用的 U 型钢板桩，多用于周围环境要求不太高的深 5～8m 的基坑，视支撑（拉锚）加设情况而定。

2.【答案】A、C、D

灌注桩排桩围护墙是采用连续的柱列式排列的灌注桩形成的基坑支护结构，适于基坑侧壁安全等级一、二、三级。当地下水位高于基坑底面时，宜采用降水、排桩加截水帷幕或地下连续墙共同形成基坑支护结构。工程中常用的灌注桩排桩的形式有分离式、双排式和咬合式。

3.【答案】A、B、E

土钉支护是一种原位土体加固技术，由原位土体、设置在土中的土钉与喷射混凝土面层组成，形成一个类似重力式挡土墙结构，维护开挖面的稳定。土钉支护用于基坑侧壁安全等级宜为二、三级的非软土场地；基坑深度不宜大于 12m；当地下水位高于基坑底面时，应采用降水或截水措施。土钉支护工艺，可以先锚后喷，也可以先喷后锚。土钉深固于土体内部，主动支护土体，并与土体共同作用，可提高周围土体的承载力，使土体变为支护结构的一部分。每层土钉施工结束后，应按要求抽查土钉的抗拔力。

4.【答案】A、E

在土层锚杆中，有的参数值是根据锚杆的荷载大小由设计确定，有的是根据结构要求确定。一般，土层锚杆的间排距不应小于 2.0m×2.5m；锚杆的上覆层厚度不应小于 4m；锚杆的锚固长度不应小于 4m；锚杆的倾斜角度宜在 15°～35° 的范围；锚杆的预应力一般是荷载设计值的 0.5～0.6 倍的范围。

5.【答案】A、B、C、E

地下连续墙的优点有：（1）机械化施工，速度快、精度高，并且振动小、噪声低。（2）具有多功能用途，如防渗、截水、承重、挡土、防爆等。（3）基坑开挖过程的安全性高，支护结构变形较小。可适应各种软弱地层或是在重要建筑物附近的地下开挖；也可适应各种复杂条件下的施工要求。（4）墙身具有良好的抗渗能力，坑内降水时对坑外影响较小。（5）开挖基坑无需放坡，土方量小；浇筑混凝土无需支模和养护，并可在低温下施工，缩短了施工时间。

6.【答案】A、B、D、E

（1）挖槽前先需沿地下连续墙纵向轴线位置开挖导沟，修筑导墙。导墙又叫槽口板，是地下连续墙槽段开挖前沿墙面两侧构筑的临时性结构，是成槽导向和测量基准，能够稳定上部土体并防止槽口塌方，同时具有存储泥浆、稳定泥浆液位、围护槽壁稳定等功用。（2）泥浆是地下连续墙施工中成槽槽壁稳定的关键，在地下连续墙挖槽中起到护壁、携渣、冷却机具和切土润滑的作用。护壁泥浆通常使用膨润土泥浆，也可使用高分子聚合物泥浆等。（3）地下连续墙的段间接头较多采用接头管的连接形式，即在一个挖好的单元槽段的端部放入接头管，在接头管与钢筋笼就位后浇筑混凝土。接头管应能承受混凝土压力，并避免混凝土在两槽段间串浆。待混凝土初凝（强度达约 0.05～0.2MPa）后拔出接头管，形成相邻单元槽段的接头。（4）浇筑地下连续墙的混凝土应有较高的坍落度，和易性好，不易分离。混凝土浇灌一般采用导管法。浇灌时，混凝土在充满泥浆的深槽内从导管下口压出。随混凝土面逐渐上升，槽内泥浆不断被排至沉淀池。

7.【答案】A、C、D、E

边坡坡度可根据土质、开挖深度、开挖方法、施工工期、地下水位、坡顶荷载及气候条件等因素确定。

8.【答案】A、B、C

土方回填应按设计要求预留沉降量或根据工程性质、回填高度、土料种类、压实系数、地基情况等确定。

9.【答案】A、C、D、E

基坑工程防排水方法可分为集水明排、井点降水、截水和回灌等形式的单独或组合使用。方法的选择应根据土层情况、降水深度、周围环境、支护结构类型等方面综合考虑。

10.【答案】C、E

回灌井与降水井是一个完整的系统，既要互不影响各自的运行效果，相互间保持一定距离；又要在共同工作的条件下保持地下水处于一定的动态平衡状态，两者在正常情况下要同时工作。

11.【答案】A、B、D、E

根据基坑平面的大小与深度、土质、地下水位高低与流向、降水深度要求，轻型井点可采用单排布置、双排布置以及环形布置；当土方施工机械需要进出基坑时，也可采用 U 形布置。

12.【答案】A、E

轻型井点是沿基坑四周以一定间距埋入直径较细的井点管至地下含水层内，井点管的上端通过弯联管与总管相连接，利用抽水设备将地下水从井点管内不断抽出，使原有地下水位降至坑底以下。在施工过程中要不断地进行抽水，直至基础施工完毕并回填土为止。井点管是用直径 38 或 51mm、长 5～7m 的钢管，管下端配有滤管。集水总管常用直径 100～127mm 的钢管，每节长 4m，一般每隔 0.8m 或 1.2m 设一个连接井点管的接头。当降水深度超过 8m 时，宜采用喷射井点，喷射井点采用压气喷射泵进行排水，降水深度可达 8～20m。喷射井点的平面布置，当基坑宽度小于等于 10m 时，井点可作单排布置；当大于 10m 时，可作双排布置；当基坑面积较大时，宜采用环形布置。井点间距一般采用 2～3m，每套喷射井点宜控制在 20～30 根井管。当降水深度超过 15m 时，在管井井点内采用一般的潜水泵和离心泵满足不了降水要求时，可加大管井深度，改用深井泵即深井井点来解决。深井井点一般可降低水位 30～40m，有的甚至可达百米以上。

13.【答案】A、B、C

深层搅拌水泥土围护墙是采用深层搅拌机就地将土和输入的水泥浆强行搅拌，形成连续搭接的水泥土挡墙。水泥土围护墙的优点是坑内一般无需支撑，便于机械化快速挖土；水泥土围护墙具有挡土、止水的双重功能，通常较经济，且施工中无振动、无噪声、污染少、挤土轻微，在闹市区内施工更显其优越。缺点是水泥土围护墙的位移相对较大，尤其在基坑长度大时，一般须采取中间加墩、起拱等措施；其次，是其厚度较大，只有在周围环境允许时才能采用，施工时还要注意防止影响周围环境。

14.【答案】A、B、C、D

基坑工程的破坏或失效有多种形式，任何一种控制条件不能满足都有可能造成支护结构的整体破坏或支护功能的丧失。基坑工程支护结构设计时应全面考虑这些破坏因素，有针对性地对支护结构、边坡及土体进行计算和验算。基坑工程有可能产生的破坏形式主要包括：基坑支护结构整体失稳破坏、基坑支护结构构件破坏、支护结构正常使用功能丧失、地下水作用下土体的渗透破坏。

15.【答案】A、B

集水明排法是在基坑开挖过程中，沿坑底周围或中央开挖排水沟，在坑底设置集水坑，使水流入集水坑，然后用水泵抽走。抽出的水应予引开，远离基坑以防倒流。集水明排法宜用于粗粒土层，也用于渗水量小的黏土层；在细砂和粉砂土层中，由于地下水渗出会带走细粒、发生流砂现象，容易导致边坡坍塌、坑底涌砂，因此不宜采用。

16.【答案】A、B、D、E

电渗井点施工应符合下列规定：阴、阳极的数量宜相等，阳极数量也可多于阴极数量，阳极设置深度宜比阴极设置深度大500mm，阳极露出地面的长度宜为200~400mm，阴极利用轻型井点管或喷射井点管设置；电压梯度可采用50V/m，工作电压不宜大于60V，土中通电时的电流密度宜为0.5~1.0A/m²；电渗降水宜采用间歇通电方式。

第 5 章 凿岩爆破工程

5.1 工业炸药和起爆器材

复习要点

工业炸药和起爆器材主要内容包括工业炸药的种类及其工程中的应用，常用的起爆器材种类及其使用要求。

1. 工业炸药的种类及其应用

常用工业炸药的分类方法，主要工业炸药的化学组成成分及其特性，对炸药的基本要求。常用的铵油类炸药、含水炸药，煤矿许用炸药的要求、种类、分级和选用。

2. 起爆器材的种类及其使用要求

普通电雷管、数码电子雷管、导爆管、导爆索的种类、结构和特点；井下爆破作业的起爆器材选用及注意事项。

一 单项选择题

1. 按炸药的组份进行分类，属于混合炸药的是（ ）。
   A. 铵油　　　　　　　　　　　B. 硝化甘油
   C. 黑索金　　　　　　　　　　D. 太安

2. 高瓦斯矿井中的爆破作业，应使用安全等级不低于（ ）的煤矿许用炸药。
   A. 二级　　　　　　　　　　　B. 三级
   C. 四级　　　　　　　　　　　D. 五级

3. 粉状乳化炸药（ ）抗水性。
   A. 具有良好的　　　　　　　　B. 不具有
   C. 有一定　　　　　　　　　　D. 添加憎水剂后有

4. 煤矿许用炸药按其瓦斯安全性分为（ ）个等级。
   A. 三　　　　　　　　　　　　B. 四
   C. 五　　　　　　　　　　　　D. 六

5. 水胶炸药是一种含水炸药，主要由（ ）、敏化剂、胶凝剂和交联剂组成。
   A. 表面活性剂　　　　　　　　B. 氧化剂
   C. 抗冻剂　　　　　　　　　　D. 安定剂

6. 采用精制导火索长度控制延时时间的起爆器材是（ ）。
   A. 秒延时电雷管　　　　　　　B. 毫秒延时电雷管
   C. 数码电雷管　　　　　　　　D. 导爆索

7. 可用于煤矿井下爆破的起爆器材是（ ）。
   A. 秒延时电雷管　　　　　　　B. 半秒延时电雷管
   C. 安全导爆索　　　　　　　　D. 导爆管

8. 电子雷管又称数码电子雷管，它与传统雷管的主要区别是，采用电子控制模块取代传统雷管内的（　　　）。

A．引火药   B．起爆药

C．延时药   D．副起爆药

9. 导爆管雷管起爆方法是利用导爆管传递（　　　）点燃和引爆雷管。

A．应力波   B．超声波

C．声波   D．冲击波

10. 使用煤矿许用电子雷管时，一次起爆总时间差不得超过（　　　）ms。

A．50   B．100

C．130   D．150

二　多项选择题

1. 煤矿许用炸药种类包括（　　　）。

A．被筒炸药   B．离子交换炸药

C．当量炸药   D．岩石硝铵炸药

E．许用含水炸药

2. 三级煤矿许用炸药可用于（　　　）。

A．低瓦斯矿井的岩石掘进工作面

B．低瓦斯矿井的煤层采掘工作面

C．高瓦斯矿井

D．突出矿井

E．低瓦斯矿井的半煤岩掘进工作面

3. 井下涌水工作面可以选用的工业炸药有（　　　）。

A．岩石硝铵炸药   B．硝化甘油炸药

C．水胶炸药   D．乳化炸药

E．铵油炸药

4. 目前爆破工程中常用的起爆器材包括（　　　）。

A．导爆管   B．导火索

C．导爆索   D．导爆管雷管

E．数码电子雷管

5. 可用于高瓦斯矿井井下爆破作业的爆破器材有（　　　）。

A．岩石水胶炸药

B．三级煤矿许用炸药

C．煤矿许用瞬发电雷管

D．煤矿许用延时 130ms 内的毫秒延期电雷管

E．导爆索

【答案与解析】

一、单项选择题

1. A；　　2. B；　　3. A；　　4. C；　　5. B；　　6. A；　　7. C；　　8. C；

9. D；　　10. C

【解析】

1.【答案】A

单质炸药是由单一化合物组成的爆炸性物质，混合炸药是由两种或两种以上的成分所组成的具有爆炸性能的混合物。四个选项中，硝化甘油、黑索金和太安都是单一性质的化合物，只有铵油是硝酸和柴油组成的混合物，也就是说铵油炸药是混合炸药。因此，答案应为 A。

2.【答案】B

按照《煤矿安全规程》（2022 年版）规定，高瓦斯矿井，使用安全等级不低于三级的煤矿许用炸药；突出矿井，使用安全等级不低于三级的煤矿许用含水炸药。

3.【答案】A

粉状乳化炸药是由硝酸铵水溶液与油相溶液在乳化剂的作用下形成乳胶体，经喷雾干燥而成。它具有良好的抗水性能，并兼具乳化炸药及粉状炸药的优点。

4.【答案】C

煤矿许用炸药按其瓦斯安全性分为一级、二级、三级、四级和五级。级数越高，安全程度越好。

5.【答案】B

水胶炸药主要由氧化剂、敏化剂、胶凝剂和交联剂组成，有时加入少量交联延迟剂、抗冻剂、表面活性剂和安定剂，以改善炸药的性能。水胶炸药具有水包油结构。因此，答案应为 B。

6.【答案】A

毫秒延时电雷管是通过延时药来达到延时目的，数码电子雷管是通过电子控制模块取代传统雷管内的延时药来控制延时时间的，故 B、C 不正确；导爆索本身不含有延时元件，只有秒延时电雷管是采用精制导火索长度来控制延时时间，故答案为 A。

7.【答案】C

煤矿井下爆破只能使用煤矿许用电雷管和安全导爆索，不能使用导爆管，而煤矿许用电雷管只有瞬发电雷管和毫秒延时电雷管，因此答案为 C。

8.【答案】C

电子雷管采用电子控制模块作为延时装置，取消了延时药，大大提高了延时精度。因此，答案为 C。

9.【答案】D

导爆管的传爆依靠导爆管内壁上炸药爆炸产生的冲击波在管内传播完成，冲击波作用于雷管后可点燃和引爆雷管。因此，答案为 D。

10.【答案】C

使用煤矿许用电子雷管时，一次起爆总时间差不得超过 130ms，并应当与专用起爆器配套使用。

二、多项选择题

1. A、B、C、E；　　　2. A、B、C、E；　　　3. C、D；　　　　　4. A、C、D、E；

5. B、C、D

【解析】

1.【答案】A、B、C、E

煤矿企业使用炸药的安全等级必须与煤矿的瓦斯等级相对应，严禁使用非煤矿许用炸药。煤矿许用炸药的爆炸能量受到了一定的限制，其爆热、爆温低，其爆轰波的能量、爆炸产物的温度低，从而使瓦斯煤尘的发火率降低；煤矿许用炸药的氧平衡接近于零，避免形成氮氧化物，减少爆炸后固体颗粒，防止引起二次火焰；煤矿许用炸药中加入了消焰剂，使瓦斯爆炸反应过程中断，从根本上抑制瓦斯的点燃；煤矿许用炸药不含有易于在空气中燃烧的物质和外来夹杂物。被筒炸药、离子交换炸药、当量炸药、粉状硝铵类许用炸药和许用含水炸药都具有上述特征，因此均属于煤矿许用炸药。

2.【答案】A、B、C、E

按照《煤矿安全规程》（2022年版）规定，低瓦斯矿井的岩石掘进工作面，使用安全等级不低于一级的煤矿许用炸药；低瓦斯矿井的煤层采掘工作面、半煤岩掘进工作面，使用安全等级不低于二级的煤矿许用炸药；高瓦斯矿井，使用安全等级不低于三级的煤矿许用炸药；突出矿井，使用安全等级不低于三级的煤矿许用含水炸药。因此，答案为A、B、C、E。

3.【答案】C、D

不是所有的炸药都可在有水的环境下使用。工业炸药需要适应有水的环境条件，这就需要改善其组成，通常需要在普通的炸药内添加防水物质。水胶炸药由氧化剂水溶液、敏化剂、胶凝剂和交联剂组成，并加入了少量交联延迟剂、抗冻剂、表面活性剂和安定剂，属于水包油型结构，具有较强的抗水性能。乳化炸药以含氧酸无机盐水溶液作分散相，不溶于水可液化的碳质燃料作连续相，借助乳化剂的乳化作用、敏化剂或敏化气泡的敏化作用而制成的一种油包水型乳脂状混合炸药，抗水性能更强。普通的岩石硝铵炸药、硝化甘油炸药和铵油炸药都没有防水性能，如果使用必须采用防水密封袋。因此，在有涌水的环境条件下，可以选用的炸药应为水胶炸药和乳化炸药，答案应选C和D。

4.【答案】A、C、D、E

除导火索已淘汰外，导爆管、导爆索、电雷管、数码电子雷管和导爆管雷管在目前爆破工程中都是常用的起爆器材。

5.【答案】B、C、D

常用的爆破器材包括炸药、起爆器材和传爆材料。根据《煤矿安全规程》（2022年版）规定，高瓦斯矿井，使用安全等级不低于三级的煤矿许用炸药。因此，选项B正确。对于起爆器材，在采掘工作面，必须使用煤矿许用瞬发电雷管、煤矿许用毫秒延期电雷管或者煤矿许用数码电雷管。使用煤矿许用毫秒延期电雷管时，最后一段的延期时间不得超过130ms。因此，选项C、D正确。对于传爆材料，普通导爆索适用于露天工程爆破，安全导爆索可用于有瓦斯、矿尘爆炸危险作业点的工程爆破。选项 E 没有明确是安全导爆索，故 E 不能作为正确选项。

5.2　凿岩爆破技术

复习要点

凿岩爆破技术主要内容包括井巷爆破和露天台阶爆破设计的技术要求；立井和巷道爆破施工技术要求，露天浅孔、深孔台阶爆破施工要求等。

1. 爆破方法与爆破设计要求

矿山井巷掘进爆破设计工作包括井巷炮眼布置原则与方法，掏槽方式的选择，直眼、斜眼掏槽的特点，爆破参数的内容及确定方法；露天矿山浅孔台阶爆破布孔方式、爆破参数选择，露天矿山深孔台阶爆破的基本要求、钻孔布置方式和爆破参数选择；爆破装药结构及其应用，爆破起爆顺序及应用要求。

2. 井巷凿岩爆破技术及其应用

井巷掘进爆破施工中光面爆破周边眼装药要求，光面爆破炮眼施工要求。露天浅孔台阶爆破钻孔、装药、填塞、起爆及安全检查相关规定。露天深孔台阶爆破布孔要求，钻孔、装药、安全检查相关规定等。

一　单项选择题

1. 下列爆破作业中，属于深孔爆破的是（　　　）。
    A. 岩巷掘进断面 $18m^2$，炮孔直径 38mm、深度 3.0m 的光面爆破
    B. 煤巷掘进断面 $12m^2$，炮孔直径 40mm、深度 2.0m 的爆破作业
    C. 露天台阶爆破，炮孔直径 65mm、深度 12.0m 的岩石剥离爆破
    D. 立井掘进爆破，炮孔直径 50mm、深度 4.5m 的基岩段爆破作业
2. 井巷掘进爆破时，炮眼的起爆顺序是（　　　）。
    A. 先周边眼，再掏槽眼，最后崩落眼
    B. 先崩落眼，再掏槽眼，最后周边眼
    C. 先掏槽眼，再周边眼，最后崩落眼
    D. 先掏槽眼，再崩落眼，最后周边眼
3. 巷道掘进爆破中，不同类型炮眼药量分配为（　　　）。
    A. 掏槽眼分配药量最多，崩落眼次之，周边眼最少
    B. 掏槽眼分配药量最多，周边眼次之，崩落眼最少
    C. 崩落眼分配药量最多，掏槽眼次之，周边眼最少
    D. 崩落眼分配药量最多，周边眼次之，掏槽眼最少
4. 光面爆破是沿开挖边界布置密集炮孔，采取不耦合装药或装填低威力炸药，在（　　　）起爆，以形成平整轮廓面的爆破作业。
    A. 主爆区之后　　　　　　　　　　B. 主爆区之前

  C．保留区之后　　　　　　　　　　D．保留区之前

 5．预裂爆破是沿开挖边界布置密集炮孔，采取不耦合装药或装填低威力炸药，在（ ）起爆，从而在爆区与保留区之间形成预裂缝，以减弱主爆孔爆破对保留岩体的破坏并形成平整轮廓面的爆破作业。

  A．主爆区之后　　　　　　　　　　B．主爆区之前

  C．保留区之后　　　　　　　　　　D．保留区之前

 6．井下巷道实施光面爆破时，如果巷道围岩属于中硬岩石，按 2 号岩石硝铵炸药计，周边眼的装药集中度通常控制在（ ）。

  A．200～300g/m　　　　　　　　　B．500～900g/m

  C．70%～80%　　　　　　　　　　D．80%～90%

 7．井巷光面爆破时，炮眼密集系数一般为（ ）。

  A．0.5～0.6　　　　　　　　　　　B．0.6～0.8

  C．0.8～1.0　　　　　　　　　　　D．1.0～2.0

 8．立井施工时，周边眼的间距一般为（ ）mm。

  A．200～3400　　　　　　　　　　B．400～600

  C．600～1000　　　　　　　　　　D．800～1200

 9．巷道施工时，周边眼一般采用的装药结构是（ ）。

  A．连续装药结构　　　　　　　　　B．耦合装药结构

  C．空气间隙结构　　　　　　　　　D．无填塞封孔结构

 10．露天浅孔台阶爆破时，至少有（ ）个自由面。

  A．2　　　　　　　　　　　　　　　B．3

  C．4　　　　　　　　　　　　　　　D．5

 11．露天深孔台阶爆破时钻孔形式一般采用（ ）。

  A．垂直深孔和水平深孔　　　　　　B．水平深孔和倾斜深孔

  C．放射状深孔　　　　　　　　　　D．垂直深孔和倾斜深孔

 12．露天深孔台阶爆破时的台阶高度以（ ）m 为宜。

  A．5～8　　　　　　　　　　　　　B．8～10

  C．10～15　　　　　　　　　　　　D．15～20

 13．露天浅孔爆破时，超深一般为（ ）。

  A．台阶高度的 5%～10%　　　　　　B．台阶高度的 10%～15%

  C．台阶高度的 15%～20%　　　　　　D．台阶高度的 20%～25%

 14．露天深孔爆破的单位耗药量一般为（ ）。

  A．0.4～0.7kg/m^3　　　　　　　　B．0.3～0.5kg/m^3

  C．0.25～0.3kg/m^3　　　　　　　D．0.2～0.25kg/m^3

 15．露天浅孔爆破的装药深度（ ）。

  A．一般不小于孔深的三分之一　　　B．一般不大于孔深的三分之一

  C．一般不小于孔深的三分之二　　　D．一般不大于孔深的三分之二

二　多项选择题

1. 井巷掘进爆破中的斜眼掏槽方式包括（　　）。
   A. 单向掏槽
   B. 筒形掏槽
   C. 楔形掏槽
   D. 锥形掏槽
   E. 扇形掏槽

2. 井巷掘进爆破中的直眼掏槽方式包括（　　）。
   A. 单向掏槽
   B. 缝隙掏槽
   C. 筒形掏槽
   D. 螺旋掏槽
   E. 双螺旋掏槽

3. 巷道光面爆破中对周边眼钻孔的要求有（　　）。
   A. 周边眼要相互平行
   B. 周边眼深度与掏槽孔深度一致
   C. 周边眼均垂直于工作面
   D. 周边眼底部要落在同一平面上
   E. 周边眼开孔位置要准确，都位于巷道断面轮廓线上

4. 露天深孔台阶爆破的装药结构主要有（　　）。
   A. 小直径装药结构
   B. 连续装药结构
   C. 间隔装药结构
   D. 混合装药结构
   E. 底部空气垫层装药结构

5. 露天深孔台阶爆破的底盘抵抗线确定方法包括（　　）。
   A. 按照深孔钻机安全作业的要求确定
   B. 按炮孔直径、装药密度、炮孔密集系数和每个炮孔装药量等确定
   C. 根据爆破实践经验确定
   D. 根据起爆顺序确定
   E. 按照一次爆破方量确定

6. 露天台阶爆破中，产生大块的主要原因有（　　）。
   A. 底盘抵抗线过大
   B. 岩体裂隙发育
   C. 单位耗药量过小
   D. 装药高度过低
   E. 间排距太小

7. 露天深孔爆破的起爆顺序包括（　　）。
   A. 排间顺序起爆
   B. 波浪式起爆
   C. 楔形起爆
   D. 斜线起爆
   E. 排间间隔起爆

8. 爆破后有大块岩石时，可采用的处理方法包括（　　）。
   A. 浅孔爆破法
   B. 深孔爆破法
   C. 电破碎法
   D. 机械冲击法
   E. 硐室爆破法

【答案与解析】

一、单项选择题

1. C；   2. D；   3. A；   4. A；   5. B；   6. A；   7. C；   8. B；
9. C；   10. A；   11. D；   12. C；   13. B；   14. A；   15. D

【解析】

1.【答案】C

根据《爆破安全规程》（2022年版）规定，深孔爆破是指炮孔直径大于50mm，并且深度大于5m的爆破作业。所给出的4个爆破作业项目，尽管其在所在的专业工程内已经属于较大规模的爆破作业，但只有露天台阶爆破的炮孔直径和深度满足这一标准。因此，答案为C。

2.【答案】D

井巷掘进爆破时，炮孔的起爆顺序是先掏槽眼，再崩落眼，最后周边眼。由掏槽眼首先创造新自由面为其他炮孔的爆破作用提供条件，然后通过崩落眼逐步扩大自由面并破碎大部分岩石，最后通过周边眼控制井巷成型质量。

3.【答案】A

在巷道掘进爆破时，为保证爆破效果，减少围岩特别是顶板扰动，同时考虑爆破阻力的差异，通常掏槽眼分配药量最多，崩落眼次之，周边眼最少。

4.【答案】A

《爆破安全规程》GB 6722—2014中对光面爆破的定义是，光面爆破是沿开挖边界布置密集炮孔，采取不耦合装药或装填低威力炸药，在主爆区之后起爆，以形成平整的轮廓面的爆破作业。因此，答案为A。

5.【答案】B

《爆破安全规程》GB 6722—2014对预裂爆破的定义是，预裂爆破是沿开挖边界布置密集炮孔，采取不耦合装药或装填低威力炸药，在主爆区之前起爆，从而在爆区与保留区之间形成预裂缝，以减弱主爆孔爆破对保留岩体的破坏并形成平整轮廓面的爆破作业。因此，答案为B。

6.【答案】A

巷道实施光面爆破时，应严格控制工作面炮眼的装药量。对于掏槽眼和辅助眼，通常装药长度为炮眼长度的40%~60%。对于周边眼，通常炮眼密集系数取0.8~1.0，装药量以2号岩石硝铵炸药计，炮眼单位长度装药量软岩中为70~120g/m，中硬岩中为200~300g/m，硬岩中为300~350g/m。因此，答案应为A。

7.【答案】C

光面爆破时，周边眼间距一般为炮眼直径的（10~20）倍，炮眼密集系数一般取为0.8~1.0。

8.【答案】B

立井施工时，常采用直眼掏槽，一般布置成二阶或三阶的多圈掏槽形式，相邻每圈间距为200~300mm，辅助眼（崩落眼）一般以500~700mm为宜；周边眼的间距为400~600mm。

9.【答案】C

巷道施工时，掏槽眼、崩落眼装药量比较多，宜采用连续装药结构，周边眼装药量较少，宜采用小直径空气间隙的装药结构。

10.【答案】A

露天浅孔台阶爆破时至少有台阶水平面和台阶坡面 2 个自由面。因此，答案为 A。

11.【答案】D

露天深孔台阶爆破时钻孔形式一般采用垂直深孔和倾斜深孔两种，很少采用水平深孔。因此，答案为 D。

12.【答案】C

露天深孔台阶爆破中，台阶高度过小则爆落方量少且钻孔成本高；台阶高度过大则不仅钻孔困难，而且爆堆过高，对铲装作业安全不利。工程实践表明。台阶高度为 $10\sim15\mathrm{m}$ 时，有较好的经济性和安全性。因此，答案为 C。

13.【答案】B

露天浅孔台阶爆破时，炮孔深度是台阶高度和超深之和。超深一般取台阶高度的 $10\%\sim15\%$。

14.【答案】A

一般情况下露天深孔爆破的单位耗药量为 $0.4\sim0.7\mathrm{kg/m}^3$，具体应根据岩石的坚固性、炸药种类、施工技术和自由面数量等综合因素来确定。

15.【答案】D

露天浅孔爆破中为保证炮孔填塞长度，装药深度一般不超过孔深的三分之二。

二、多项选择题

1. A、C、D、E;　2. B、C、D、E;　3. A、C、D、E;　4. B、C、D、E;
5. A、B、C;　6. A、B、C、D;　7. A、B、C、D;　8. A、C、D

【解析】

1.【答案】A、C、D、E

斜眼掏槽是指掏槽眼倾斜于工作面的一类掏槽方式，单向掏槽、楔形掏槽、锥形掏槽和扇形掏槽均属此类，筒形掏槽属于直眼掏槽。

2.【答案】B、C、D、E

直眼掏槽是指掏槽眼垂直于工作面的一类掏槽方式，缝隙掏槽、筒形掏槽、螺旋掏槽和双螺旋掏槽均属此类。单向掏槽属于斜眼掏槽。因此，答案为 B、C、D、E。

3.【答案】A、C、D、E

巷道光面爆破中对周边眼钻孔的要求是"平、直、齐、准"，即周边眼要相互平行，均垂直于工作面，底部要落在同一平面上，开孔位置要准确，都位于巷道断面轮廓线上。因此，答案为 A、C、D、E。

4.【答案】B、C、D、E

露天深孔台阶爆破的装药结构有：连续装药结构、间隔装药结构、混合装药结构和底部空气垫层装药结构等。

5.【答案】A、B、C

露天深孔台阶爆破的底盘抵抗线通过三种方式确定：（1）按照深孔钻机安全作业的

要求确定；（2）按炮孔直径、装药密度、炮孔密集系数和每个炮孔装药量等确定；（3）根据爆破实践经验确定。

6.【答案】A、B、C、D

露天台阶爆破中，产生大块的主要原因包括：（1）爆破参数设计不合理，如坡角过大、底盘抵抗线过大、孔距和排距过大、装药高度过低等都容易产生大块；（2）岩体结构对大块产生也有很大影响，尤其是裂隙发育、夹层岩石较多的地段，存在着爆破质量差、大块率高的问题；（3）不合理的爆破用药单耗也是产生大块的原因之一，特别是当用药单耗过小时会使大块率明显提高；（4）前次爆破造成后续台阶面严重开裂，或者上分层爆破使下分层台阶顶部破裂。

7.【答案】A、B、C、D

露天深孔爆破的起爆顺序包括：（1）排间顺序起爆。可分为两种方式，一种是各排炮孔依次从自由面开始向后排起爆，另一种起爆顺序是先从中间一排深孔起爆，形成一楔形沟，创造新自由面，然后槽沟两侧深孔按排依次爆破。（2）波浪式起爆。可增加孔间或排间深孔爆破的相互作用，达到加强岩块碰撞和挤压，改善破碎块度的效果，同时还可减少爆堆宽度，但施工操作比较复杂。（3）楔形起爆。是爆区第一排中间1~2深孔先起爆，形成一楔形空间，然后两侧深孔按顺序向楔形空间爆破。这样可以使岩块相互碰撞，改善破碎块度，缩小爆堆宽度。但第一排炮孔爆破效果会较差，容易出现"根底"。（4）斜线起爆。是炮孔爆破方向朝台阶的侧向，同一时间起爆的深孔连线与台阶眉线斜交成一角度（一般为45°）。优点是爆堆宽度小，实际最小抵抗线小，同时爆破的深孔之间实际距离增大，有利于改善破碎块度，爆破网路连接比较简便，在矿山多排爆破中得到较广泛的应用。

8.【答案】A、C、D

爆破后的大块岩石可用浅孔爆破法或裸露爆破法进行二次破碎；也可用电破碎法、机械冲击法或高频磁能破碎法；拖拉与绑吊法等进行处理。深孔爆破是指炮孔直径大于50mm，炮孔深度大于5m的爆破方法，不适合作为大块岩石二次破碎的方法，故选项B不合理；硐室爆破时针对大体积、大规模爆破开挖的方法，故选项E不正确。

第6章 井巷工程

6.1 立井井筒表土施工

微信扫一扫
在线做题 + 答疑

复习要点

立井井筒表土施工包括普通方法和特殊方法，需要掌握不同施工方法的基本原理、施工工艺和适用条件。

1. 立井井筒表土普通法施工

立井井筒表土普通法施工适用于稳定土层，主要包括井圈背板施工法、吊挂井壁施工法和板桩施工法。结合方法原理和施工工艺，熟悉普通施工方法的掘砌段高、井筒降水的相关要求。

2. 立井井筒冻结施工法

不稳定地层中，立井井筒冻结施工法应用广泛。掌握冻结法施工设计内容、主要工艺过程和立井井筒冻结参数，熟悉冻结孔钻进、地层冻结方案、冻结井筒掘砌工作、冻结孔处理等施工要求。

3. 立井井筒钻井施工法

立井井筒钻井施工法的机械化程度高，其掘砌工作与普通法差异较大。掌握钻井法施工的基本原理、主要工艺过程和施工设计参数，熟悉井筒钻进、泥浆作用及参数、井壁下沉和壁后充填工艺等施工要求。

4. 立井井筒注浆施工法

立井井筒施工的注浆方法种类和适用性，注浆施工工艺与要求，注浆参数确定与注浆材料选择。

一 单项选择题

1. 立井井筒施工遇到的下列土层，属于稳定表土的是（　　）。
   A. 含水砂层　　　　　　　　　　B. 非饱和黏土层
   C. 淤泥层　　　　　　　　　　　D. 膨胀土层

2. 立井井筒表土特殊法施工中，采用预制井壁结构的施工方法是（　　）。
   A. 吊挂井壁法　　　　　　　　　B. 钻井法
   C. 帷幕法　　　　　　　　　　　D. 井圈背板法

3. 立井井筒表土段采用冻结法施工时，其水文观测孔应该布置在（　　）。
   A. 井筒掘进断面内　　　　　　　B. 井筒冻结圈上
   C. 井筒掘进断面外　　　　　　　D. 井筒附近

4. 立井井筒表土段采用冻结法施工时，其冻结深度应穿过风化带延深至稳定的基岩（　　）以上。
   A. 8m　　　　　　　　　　　　　B. 10m

C. 15m　　　　　　　　　　D. 20m

5. 采用钻井法开凿立井井筒，钻井设计与施工的最终位置必须穿过冲积层，并深入不透水的稳定岩层中（　　）以上。

A. 4m　　　　　　　　　　B. 5m

C. 8m　　　　　　　　　　D. 10m

6. 关于钻井法凿井的钻井与井壁施工的先后关系，说法正确的是（　　）。

A. 钻完后下沉井壁　　　　　B. 钻一段沉一段

C. 先下沉后钻井　　　　　　D. 与钻头同时跟进

7. 比较掘进和砌壁的先后，钻井法是属于（　　）性质的方法。

A. 掘进与砌壁平行施工　　　B. 超前砌壁

C. 掘进与砌壁交错进行　　　D. 滞后砌壁

8. 对岩土进行注浆是为了使岩土可以（　　），以实现安全施工的目的。

A. 减少渗透性，提高稳定性　B. 减少稳定性，提高渗透性

C. 减少可碎性，提高抗爆性　D. 减少抗爆性，提高可碎性

9. 立井井筒穿过预测涌水量大于（　　）m³/h 的含水岩层或破碎带时，应采用地面或者工作注浆预注浆法进行堵水或加固。

A. 8　　　　　　　　　　　B. 9

C. 10　　　　　　　　　　D. 11

10. 某立井井筒净直径为 6.5m，深度为 750m，其中表土段深度为 550m，则该井筒表土段应当采用（　　）施工，才能确保井筒的施工安全，并获得可靠的进度指标。

A. 井圈背板普通法　　　　　B. 吊挂井壁法

C. 板桩法　　　　　　　　　D. 冻结法

11. 目前，地面预注浆适用的深度不超过（　　）m。

A. 400　　　　　　　　　　B. 800

C. 1000　　　　　　　　　D. 1200

12. 地层注浆材料中，一般不采用（　　）。

A. 高分子化学浆液　　　　　B. 水泥浆液

C. 黏土浆液　　　　　　　　D. 石灰浆液

13. 岩土注浆工作要选择的工艺参数，不包括（　　）。

A. 注浆量　　　　　　　　　B. 注浆孔间距

C. 裂隙的浆液饱满度　　　　D. 注浆压力

14. 冻结工程中，冻结孔的圈数一般根据（　　）来确定。

A. 冻土强度　　　　　　　　B. 冻结速度

C. 冻结深度　　　　　　　　D. 制冷液种类

15. 钻井法凿井施工中，泥浆洗井具有（　　）的作用。

A. 保证井壁清洁　　　　　　B. 提高钻机扭矩

C. 粉碎土块　　　　　　　　D. 保护井壁防止片帮

二 多项选择题

1. 关于立井井筒表土普通法施工的说法，正确的有（　　　）。
   A. 井圈背板法施工不用临时支护
   B. 吊挂井壁法的井壁吊在临时井架上
   C. 土对吊挂井壁围抱力小是施工的不利因素
   D. 板桩法施工一般要求表土层不能太厚
   E. 板桩法施工可采用木板或者槽钢作板桩

2. 关于钻井法施工的说法，错误的有（　　　）。
   A. 钻井法可全断面一次成井，或者分次扩孔成井
   B. 钻井法主要工艺有井筒钻进、泥浆护壁洗井、井壁砌筑、壁后注浆固井等
   C. 为保证钻井井筒的垂直度，一般采用增压钻进
   D. 钻井法增压钻进荷载一般约为钻头本体在泥浆中重量的 30%～60%
   E. 反循环洗井泥浆沿钻杆自上而下流动，洗井后沿井筒上升到地面

3. 关于冻结法凿井的特点，说法正确的有（　　　）。
   A. 冻结法要采用人工制冷方法形成冻结壁
   B. 冻结壁具有一定强度并隔绝渗水
   C. 冻结法是用以保护地下结构
   D. 冻结壁应在地下工程施工前完成
   E. 冻结壁融化后地下基本不受污染

4. 冻结法凿井时，冻结后的井筒开挖时间应符合（　　　）条件。
   A. 水文孔水位规律上升　　　　　B. 测温温度符合设计要求
   C. 井筒内部岩土已有冻结　　　　D. 井筒施工条件已具备
   E. 冻结壁不再有冻结膨胀

5. 在不稳定表土层中施工立井井筒，必须采取特殊的施工方法，才能顺利通过，目前以采用（　　　）为主。
   A. 冻结法　　　　　　　　　　　B. 钻井法
   C. 沉井法　　　　　　　　　　　D. 注浆法
   E. 帷幕法

6. 关于立井井筒注浆施工的说法，正确的有（　　　）。
   A. 注浆法是矿山凿井治水的主要方法之一，也是地下工程中地层处理的重要手段
   B. 井筒注浆按作业方式分为地面预注浆、工作面预注浆和壁后注浆三类
   C. 井筒工作面预注浆的段高宜为 30～50m，且应一次注完全部含水层
   D. 壁后注浆的施工顺序应从上向下分段进行
   E. 建成后的井筒为防止注浆破坏井壁，不得采用壁后注浆法施工

7. 关于后注浆法的特点，说法正确的有（　　　）。
   A. 后注浆主要为井壁堵漏

    B. 后注浆也是一种井壁加固措施

    C. 它分为工作面后注浆和地面后注浆

    D. 后注浆有临时性支护作用

    E. 井壁后注浆只是井壁质量补救措施

8. 采用井壁注浆堵水时需遵守的规定，说法错误的有（　　）。

    A. 最大注浆压力必须小于井壁承载强度

    B. 井筒在流沙层部位时，注浆孔深度必须小于井壁厚度250mm

    C. 井筒采用双层井壁支护时，注浆孔不得进入外壁

    D. 注浆管必须固结在井壁中，并装有阀门

    E. 钻孔可能发生涌砂时，应采取套管法或其他安全措施

9. 在冻结法凿井设计中，应说明的工程地质及水文地质内容包括（　　）。

    A. 所有层岩、土的性质　　　　　B. 地质构造特性及其分布

    C. 含水层各种特性参数　　　　　D. 含水层水流方向、流速

    E. 岩、土的热物理性质

10. 在冻结法施工中，考虑选择冻结方案的主要因素包括（　　）。

    A. 井筒岩土层的地质和水文地质条件

    B. 冻结技术水平

    C. 冻结的深度

    D. 制冷设备的能力

    E. 冻结钻孔偏斜大小

【答案与解析】

一、单项选择题

1. B;　　2. B;　　3. A;　　4. B;　　5. D;　　6. A;　　7. D;　　8. A;
9. C;　　10. D;　　11. C;　　12. D;　　13. C;　　14. C;　　15. D

【解析】

1.【答案】B

立井井筒表土施工时，所遇到的稳定表土层主要包括非饱和的黏土层、含少量水的砂质黏土层，无水的大孔性土层和含水量不大的砾（卵）石层等，所遇到的不稳定表土层主要包括含水砂层、淤泥层、含饱和水的黏土层、浸水的大孔性土层、膨胀土层等。因此，答案为B。

2.【答案】B

立井井筒表土特殊法施工包括冻结法、钻井法、注浆法和帷幕法等。冻结法是在周围冻结帷幕保护下进行井筒掘砌施工，注浆法主要用于井筒掘砌施工中减少井筒涌水量、加固松散地层等的施工技术措施，帷幕法是在井筒周围预先建造的混凝土帷幕保护下进行掘砌作业，这三种施工方法采用的井壁结构都是整体现浇式井壁。而对于钻井法而言，则采用的是预制钢筋混凝土井壁，随着井壁下沉在井口不断接长预制井壁，最后通过壁后注浆充填井壁与地层间空隙达到固井目的。

3.【答案】A

立井井筒采用冻结法施工时，为了及时了解井筒冻结的情况，需要布置测温孔和水文观测孔。测温孔的目的是实测冻结壁的温度，而水文观测孔是为了了解冻结壁交圈的情况，当冻结壁交圈后，布置在冻结壁内侧井筒掘进断面内的水文观测孔会出现冒水现象。

4.【答案】B

《煤矿安全规程》（2022 年版）规定：采用冻结法开凿立井井筒时冻结深度应穿过风化带延深至稳定的基岩 10m 以上。基岩段涌水较大时，应加深冻结深度。

5.【答案】D

《煤矿安全规程》（2022 年版）规定：钻井设计与施工的最终位置必须穿过冲积层，并深入不透水的稳定基岩中 5m 以上。钻井临时锁口深度应大于 4m，且应进入稳定地层不少于 3m，遇特殊情况应采取专门措施。《煤矿井巷工程施工标准》GB/T 50511—2022 规定：钻井井筒进入不透水稳定岩层深度不应小于 10m。综上可知，答案应选 D。

6.【答案】A

采用钻井法施工的井筒，其井壁多采用在地面制作的管柱形预制钢筋混凝土井壁。待井筒钻完后，提出钻头，用起重大钩将带底的预制井壁悬浮在井内泥浆中，利用其自重和注入井壁内的水重缓慢下沉。同时，在井口不断接长预制管柱井壁，一直将井壁沉到设定位置之前，对井壁进行对正、再落位，然后进行充填、注浆固定；因此，钻井法凿井施工是待钻井施工完成后再下沉井壁的，而不是钻一段、沉一段，也不能与钻头同时跟进。

7.【答案】D

钻井法是利用钻头刀具将岩石破碎，用泥浆或其他介质进行洗井、护壁和排渣，将井筒分次扩孔钻成或全断面一次钻成至设计直径和深度后，再进行永久支护的一种机械化凿井方法，属于滞后砌壁的一种方法。因此正确的答案为 D。

8.【答案】A

注浆法是将浆液注入岩土的孔隙、裂隙或空洞中，浆液经扩散、凝固、硬化，达到减少岩土的渗透性，增加其强度和稳定性，达到岩土加固和堵水的目的，与爆破方面的问题无关。

9.【答案】C

立井井筒穿过预测涌水量大于 $10m^3/h$ 的含水岩层或破碎带时，应采用地面或者工作注浆预注浆法进行堵水或加固。注浆前，必须编制注浆工程设计和施工组织设计。

10.【答案】D

根据表土的性质及其所采用的施工措施，井筒表土施工方法可分为普通施工法和特殊施工法两大类。对于稳定表土层一般采用普通施工法，而对于不稳定表土层可采用特殊施工法或普通与特殊相结合的综合施工方法。当表土层较厚，目前可靠的方法是冻结法。

11.【答案】C

一般距地表小于 1000m 的裂隙含水岩层，当层数多、层间距又不大时，宜采用地面预注浆法施工。因此合理答案应为 C。

12.【答案】D

地层注浆的注浆材料有水泥浆液、黏土浆液、高分子化学浆液和无机化学浆液（化学浆液）、水泥水玻璃浆液等，随着注浆施工的发展，浆液的种类已经越来越多。

13.【答案】C

注浆的工艺参数包括注浆量，注浆压力，注浆孔的间距、孔深，最后还要确定结束注浆的条件等。裂隙的浆液饱满度显然不是岩土注浆工程要求的参数。要注意的是，由于地质条件的复杂性，这些参数的获得，必须首先进行地质调查，确定注浆范围，就是给注浆参数的计算确定一个合理的范围；其次还要进行地质条件分析，包括工程地质与水文地质条件对注浆工作的影响等。

14.【答案】C

冻结孔的圈数一般根据要求的冻结壁厚度来确定，表土较浅时因为要求冻结壁较薄，故一般采用单圈冻结；而对于深厚表土，因为地压相对较大，故要求的冻结壁比较厚，于是可采用双圈或者三圈冻结。虽然冻土强度对冻结圈数有影响，但是从目前冻结技术讲，冻土强度的调节范围有限；要求的冻土厚度与冻土速度、制冷液的种类没有直接关系。故合理答案应为C。

15.【答案】D

钻井法凿井中泥浆循环可以及时将钻头破碎下来的岩屑从工作面清除，使钻头上的刀具始终直接作用在未被破碎的岩石面上，提高钻进效率。泥浆的另一个重要作用就是护壁，一方面是借助泥浆的液柱压力平衡地压；另一方面是在井帮上形成泥皮，堵塞裂隙，防止片帮。

二、多项选择题

1. C、D、E;   2. B、C、D、E;   3. A、B、D、E;   4. A、B、D;
5. A、B;   6. A、B;   7. A、B、E;   8. B、C;
9. A、C、D、E; 10. A、B、C、D

【解析】

1.【答案】C、D、E

立井井筒表土普通施工法主要有三种方法。井圈背板施工法施工时，下掘一小段后即用井圈、背板进行临时支护，临时支护段高不应大于2.0m，掘进一长段后，一般不超过30m，再由下向上拆除井圈、背板，然后砌筑永久井壁。因此选项A错误；吊挂井壁施工法是一种短段掘砌施工方法，因段高小，不必进行临时支护；但由于段高小，每段井壁与土层的接触面积小，土对井壁的围抱力小，为了防止井壁在混凝土尚未达到设计强度前被拉裂或脱落，必须在井壁内设置钢筋，并与上段井壁吊挂。因此选项B错误，选项C正确。板桩法施工可采用木材和金属材料两种，木板桩一般比金属板桩取材容易，制作简单，但刚度小，入土困难，一般用于厚度为3～6m的不稳定土层，而金属板桩可适用于厚度8～10m的不稳定土层。所以选项D、E正确。答案应为C、D、E。

2.【答案】B、C、D、E

钻井法凿井是利用钻井机将井筒全断面一次成井，或者将井筒分次扩孔成井，其主要工艺有井筒钻进、泥浆护壁洗井、下沉预制井壁、壁后注浆固井等。钻井机的动力设备，多数设置在地面，为保证井筒的垂直度，一般采用减压钻进，即将钻头本体在泥浆中重量的 30%～60% 压向井底工作面。钻井法施工过程中需要泥浆进行洗井护壁，立井大直径钻机一般采用反循环洗井，泥浆沿井筒自上而下流动，洗井后沿钻杆上升到地面，反循环洗井泥浆携渣能力强、作用于地层压力小。因此，答案 B、C、D、E 的说法错误。

3.【答案】A、B、D、E

冻结法是在不稳定的含水土层或含水岩层中，在地下工程施工之前，用人工制冷的方法，将地下工程周围的含水岩、土层冻结，形成封闭的冻土结构物——冻结壁，用以抵抗岩土压力，隔绝冻结壁内、外地下水的联系，然后在冻结壁的保护下进行地下工程建设的特殊施工技术。冻结法的一个特点是基本没有污染，它不像注浆方法，浆液注入地下后与岩土体作用，造成对环境的污染或者造成一种不良的环境，冻结法在施工完成、解冻后，岩土体可以基本恢复原来的状态。因此，答案 A、B、D、E 是正确的，但是冻结法一般不用于保护地下结构，只是一种为保护地下施工的临时结构，因此不能选 C 项。

4.【答案】A、B、D

通常，冻结后井筒开挖时间选择以冻结壁已形成而又尚未冻至井筒范围以内时开挖最为理想。井筒开挖，必须具备的条件：（1）水文观测孔内的水位，应有规律上升，并溢出孔口；（2）测温孔的温度已符合设计规定；（3）地面提升、搅拌系统等施工条件已具备。

5.【答案】A、B

在不稳定表土层中施工立井井筒，必须采取特殊的施工方法，才能顺利通过，如：冻结法、钻井法、沉井法、注浆法和帷幕法等。目前以采用冻结法和钻井法为主。

6.【答案】A、B

注浆法是矿山井巷工程施工中防治水的主要方法之一，也是地下工程中地层处理的重要手段。井筒注浆按作业方式主要包括地面预注浆、工作面预注浆和壁后注浆三类。距地面小于 1000m 的裂隙含水岩层，当层数多且层间距离不大时，宜采用地面预注浆施工。井筒穿过的基岩含水层赋存深度较深或含水层间距较大、中间有良好隔水层时，宜采用工作面预注浆施工。工作面预注浆的段高宜为 30～50m，一次或多次注完全部含水层。建成后的井筒或已施工的井壁段涌水量较大时，应进行壁后注浆处理，并应采取防止井壁破裂的措施。壁后注浆的施工顺序应根据含水层的厚度分段进行。因此，答案应为 A、B。

7.【答案】A、B、E

预注浆法是在凿井前或在井筒掘进到含水层之前所进行的注浆工程。依其施工地点而异，预注浆法又可分为地面预注浆和工作面预注浆两种施工方案。后注浆法是在井巷掘砌之后所进行的注浆工作。它往往是为了减少井筒涌水，杜绝井壁和井帮的渗水和加强永久支护采取的治水措施。所以它没有工作面或是地面后注浆之分，也非只有临时支护作用，但从目前的状况看，它确实是一种井壁质量的补救办法，由于各种原因，井壁强度或者井筒漏水没有达到规定要求时，就需要采用后注浆。有时为了抢进度，也可能拖延注浆时机，但是这种结果往往对井壁质量不利。

8.【答案】B、C

为保证安全，采用井壁注浆堵水时，现行煤矿安全规程规定：（1）最大注浆压力必须小于井壁承载强度。（2）井筒在流砂层部位时，注浆孔深度必须小于井壁厚度200mm。井筒采用双层井壁支护时，注浆孔应穿过内壁进入外壁100mm。（3）注浆管必须固结在井壁中，并装有阀门。钻孔可能发生涌砂时，应采取套管法或其他安全措施。采用套管法注浆时，必须对套管的固结强度进行耐压试验，只有达到注浆终压力后，方可使用。因此，答案B、C表述有误。

9.【答案】A、C、D、E

在冻结法凿井的设计中，工程地质及水文地质的说明占有重要地位。它要求说明各层岩、土的性质、主要含水层的厚度、层位、土性、含水量、渗透系数，各含水层的水位、水流方向、流速、水质成分；地层的地温、热物理性质等内容。工程地质及水文地质的说明越详细，对于设计和具体的施工越有利。

10.【答案】A、B、C、D

井筒采用冻结法施工可以采用一次冻全深、局部冻结、差异冻结和分期冻结等几种冻结方案。一次冻全深方案的适应地层地质和水文地质条件强，但是要求设备多、投入大；局部冻结就是只在涌水部位冻结，其冻结器结构复杂，但是冻结费用低，差异冻结，又叫长短管冻结，在冻结的上段冻结管排列较密，可加快冻结速度，并可避免浪费冷量。分期冻结就是当冻结深度很大时，依次冻结上下两段，避免过多制冷设备的投入。可见，冻结方案的选择，主要取决于井筒穿过的岩土层的地质及水文地质条件、需要冻结的深度、制冷设备的能力和施工技术水平等。冻结钻孔的偏斜影响冻结壁形成的条件，但这是整个冻结法运用的技术条件，与方案的选择没有直接关系。

6.2　立井井筒基岩施工

复习要点

立井井筒的基岩施工包括钻眼爆破、掘进机和反井施工方法的施工工艺、施工作业方式、施工设备选择及其配套方案、施工设备和设施的选用与布置、立井施工的生产及辅助系统和防治水方法及应用。

1. 立井井筒基岩钻眼爆破法施工工艺

立井井筒基岩钻眼爆破施工工艺包括钻眼爆破、装岩与提升、井筒支护3个方面的主要工作，需要明确相关施工工艺的主要参数；其他施工工作还包括通风、涌水处理、压风和供水等辅助工作。

2. 立井施工作业方式及其机械化配套方案

立井井筒施工作业方式是掘进、砌壁和安装三大工序在时间和空间上的安排，其方式有多种，应明确各种施工作业方式的工程应用，并重点掌握短段掘、砌单行作业和混合作业的特点。立井井筒施工机械化需要实现设备之间的相互配套，需要明确配套应遵循的原则，能够根据工程条件进行综合设备机械化作业线配套设备的选型，同时要了解普通设备机械化作业线配套的特点。

3．立井井筒掘进机施工方法及其应用

立井井筒掘进机施工方法包括上排渣和下排渣两大类施工方法。上排渣施工方法要明确吊桶提升上排渣立井掘进机系统组成和施工作业过程，下排渣施工方法主要了解利用导井下排渣立井掘进机系统组成，并且明确两种方法的区别和应用。

4．立井井筒反井施工方法及其应用

立井反井施工方法需要明确常用的反井施工方法及其施工工艺，反井施工方法的工程应用。

5．立井钻眼爆破施工作业循环图表编制

立井井筒钻眼爆破施工正规循环作业需要明确施工作业的组织、主要施工作业的工作内容，并能根据施工组织及工艺参数编制施工循环图表。

6．立井井壁结构及其施工要求

立井井壁结构类型较多，要明确立井井壁的主要作用，常用结构及其工程应用，整体浇筑式井壁和复合井壁的特点，锚喷支护井壁和浇筑式混凝土井壁的施工技术、施工设备、施工工艺参数。

7．立井施工的生产及辅助系统

立井施工的生产系统包括提升、通风、排水、压风、供水以及地面排矸系统等，要明确各系统的主要组成和功能，以及提升、通风、排水系统设备选型及布置方式和相关要求。熟悉辅助系统中工作面测量、照明、信号以及安全梯布置等内容。

8．立井施工防治水方法及应用

立井施工防治水方法包括注浆堵水、工作面排水、截水和泄水，需要明确各种方法的应用条件、主要技术参数；工作面排水方法及其应用选择，排水设备布置。

9．立井施工设备和设施的选用与布置

立井井筒掘进中的施工设备包括钻眼设备、装岩设备、提升设备、支护设备和相关辅助设备等，主要的施工设施包括凿井井架、天轮平台、翻矸台、封口盘、吊盘、各种管路、电缆等。需要明确相关设备和设施的布置原则和布置方法。

一　单项选择题

1．立井井筒基岩采用钻眼爆破施工方法时，施工作业循环包括四大工序，施工作业效果直接影响其他工序和井筒施工速度、成本的工序是（　　）。

  A．钻眼爆破   B．装岩与提升

  C．井筒砌壁   D．通风与排水

2．立井基岩段施工中，采用伞钻钻眼时，炮眼深度宜取（　　）m。

  A．2.0～3.0   B．2.5～3.0

  C．3.0～5.0   D．5.0～6.0

3．关于立井井筒施工影响提升能力的说法，正确的是（　　）。

  A．提升能力选择与井深无关

  B．提升能力确定与吊桶大小有关

  C．提升能力的要求与井筒直径有关

D．提升能力大小与提升机直径无关

4．基岩段，采用短段掘砌混合作业，井壁现浇混凝土衬砌通常采用（　　）。

A．金属装配式模板　　　　　　　　B．金属整体活动模板

C．液压滑升模板　　　　　　　　　D．预制混凝土拼装

5．立井井筒施工的掘砌单行作业方式，是（　　）。

A．在井筒同一段高内，同时进行掘、砌施工的作业方式

B．在井筒同一段高内，按顺序掘、砌交替的作业方式

C．在井筒两个段高内，同时进行掘、砌施工的作业方式

D．在井筒两个段高内，按顺序掘、砌交替的作业方式

6．立井井筒基岩施工可以不采用临时支护的作业方式是（　　）。

A．短段掘砌平行作业　　　　　　　B．混凝土支护作业

C．长段掘砌单行作业　　　　　　　D．混合作业

7．选择立井机械化施工配套作业线的基本依据是（　　）。

A．井筒的类型　　　　　　　　　　B．抓岩机型号

C．井筒直径和深度　　　　　　　　D．井筒支护形式

8．适用于直径5.5m、井深600m立井井筒施工的机械化配套方案是（　　）。

A．Ⅳ型凿井井架，JK2.8/15.5提升机，FJD-6伞钻，液压滑升模板

B．Ⅳ型凿井井架，2JK3/15.5提升机，FJD-9伞钻，液压滑升模板

C．Ⅳ$_G$型凿井井架，2JK3/15.5提升机，FJD-6伞钻，YJM系列模板

D．Ⅳ$_G$型凿井井架，2JK2.5/20提升机，FJD-9伞钻，YJM系列模板

9．吊桶提升上排渣立井掘进机施工方法地面需要布置的系统是（　　）。

A．提升和稳绞系统　　　　　　　　B．破岩和出渣系统

C．支护拼装系统　　　　　　　　　D．导向和纠偏系统

10．下排渣立井掘进机施工方法的首要工作是（　　）。

A．地面布置提升排矸设备　　　　　B．利用掘进机进行全断面钻进

C．利用反井钻机丌凿导井　　　　　D．形成施工所需要的通风系统

11．立井井筒采用反井施工方法时，其前提条件是（　　）。

A．地面应竖立凿井井架

B．地面应布置提升和悬吊设备

C．矿井要有通达井筒井底水平的通道

D．矿井必须是低瓦斯矿井

12．立井井筒短段正规循环施工作业中，可以安排（　　）。

A．伞钻打眼与工作面抓岩平行作业

B．工作面出矸与混凝土浇筑部分平行作业

C．吊盘下放与提升出矸平行作业

D．工作面清底与接长管路平行作业

13．关于浇筑式混凝土井壁施工要求的说法，错误的是（　　）。

A．整体钢模板悬吊在地面稳车或吊盘下时，其悬吊点不得少于4个

B．整体滑升模板高度宜为1.2～1.4m，钢板厚度不应小于3.5mm

C. 竖向钢筋的绑扎，在每一段高的底部，其接头位置允许在同一平面上

D. 井壁混凝土应对称入模、分层浇筑，并及时进行机械振捣

14. 井筒采用短段掘砌法施工时，混凝土浇筑模板应在混凝土强度达到（　　）MPa 时拆模。

    A. 0.07～0.1 　　　　　　　　　　B. 0.5～1.0

    C. 0.7～1.0 　　　　　　　　　　D. 1.5～2.0

15. 立井井筒采用现浇混凝土支护时，装配式钢模板的高度不宜超过（　　）m。

    A. 0.6 　　　　　　　　　　　　B. 1.2

    C. 1.8 　　　　　　　　　　　　D. 2.0

16. 关于凿井提升工作的说法，错误的是（　　）。

    A. 提升工作的主要任务是及时出矸、下放器材和设备、提放作业人员

    B. 根据井筒断面的大小，可以设 1～3 套单钩提升或一套单钩一套双钩提升

    C. 临时改绞的井筒，主提升不宜选用双滚筒提升机

    D. 提升系统一般由提升容器、钩头联结装置、滑架、提升钢丝绳等组成

17. 深立井井筒施工时，为提高通风效果，宜采用的通风方式是（　　）。

    A. 自然通风 　　　　　　　　　　B. 压入式通风

    C. 抽出式通风 　　　　　　　　　D. 抽出式为主辅以压入式通风

18. 下列关于地面预注浆堵水的说法中，正确的是（　　）。

    A. 含水层距地表较深时，采用地面预注浆较为合适

    B. 地面预注浆的钻注浆孔和注浆工作都是建井期同时进行的

    C. 钻孔布置在大于井筒掘进直径 3～4m 的圆周上

    D. 注浆时，若含水层比较薄，可将含水岩层一次注完全深

19. 当立井井筒工作面涌水量超过 $50m^3/h$ 时，宜采用的排水方式是（　　）。

    A. 吊桶排水 　　　　　　　　　　B. 吊泵排水

    C. 潜水泵配合卧泵排水 　　　　　D. 风动潜水泵排水

20. 关于天轮平台布设原则的说法，错误的是（　　）。

    A. 天轮平台中间主梁应与提升中心线平行

    B. 天轮平台的主梁轴线不应设在井筒中心线上

    C. 各天轮的布置应考虑井架受力均衡

    D. 两台同一设备的绞车尽量应有相同的出绳方向

二 多项选择题

1. 关于立井井筒基岩施工工艺的说法，错误的有（　　）。

    A. 钻眼爆破工作是一项主要工序，约占整个掘进循环时间的 30%～40%

    B. 装岩提升工作是决定施工速度的关键，它约占整个掘进循环时间的 40%～50%

    C. 立井基岩掘进井筒直径小于 5m 时，可采用手持式风动凿岩机

    D. 立井施工普遍采用抓岩机装岩，实现了装岩机械化

　　　E．立井井筒施工时，井下矸石通过箕斗提升到地面井架上翻矸台后，通过翻
　　　　矸装置将矸石卸出

2．立井井筒施工工作面往往有积水，这时工作面爆破应选用（　　　）。
　　A．岩石硝铵炸药　　　　　　　　　B．水胶炸药
　　C．粉状铵油炸药　　　　　　　　　D．黑索金炸药
　　E．乳化炸药

3．立井井筒施工中，工作面出渣设备可选用（　　　）。
　　A．中心回转抓岩机　　　　　　　　B．长绳悬吊抓岩机
　　C．耙斗装岩机　　　　　　　　　　D．液压扒装机
　　E．小型挖掘机

4．立井井筒采用现浇混凝土井壁结构，工作面浇筑的混凝土可采用（　　　）。
　　A．吊桶下放混凝土　　　　　　　　B．罐笼下放混凝土
　　C．管路下放混凝土　　　　　　　　D．箕斗下放混凝土
　　E．矿车下放混凝土

5．关于混凝土井壁施工模板的说法，正确的有（　　　）。
　　A．长段井壁施工可采用装配式金属模板
　　B．喷射混凝土施工要采用木模板
　　C．掘砌混合作业采用金属整体移动模板
　　D．掘进段高确定整体金属模板高度
　　E．炮眼深度 1m 时整体金属模板高度应有 1.2m 以上

6．立井基岩施工中，不需要临时支护的作业方式有（　　　）。
　　A．短段掘砌单行作业　　　　　　　B．短段掘砌平行作业
　　C．长段掘砌单行作业　　　　　　　D．长段掘砌平行作业
　　E．掘砌混合作业

7．井筒混合作业方式的主要特点有（　　　）。
　　A．加高了模板高度
　　B．采用灵活、方便的整体金属伸缩式模板
　　C．部分工序采用平行作业
　　D．提升能力更强
　　E．出矸方式更先进

8．关于立井施工机械化配套的内容，说法正确的有（　　　）。
　　A．提升能力与装岩能力配套
　　B．炮眼深度与一次爆破矸石量配套
　　C．地面排矸能力与矿车运输能力配套
　　D．支护能力与掘进能力配套
　　E．辅助设备与掘砌设备配套

9．立井掘进机施工方法的主要优势体现为（　　　）。
　　A．机械化程度高，可降低工人的劳动强度
　　B．工作面无需排渣，施工速度快

C. 可实现地面远程操作控制作业，施工安全性好

D. 采用机械破岩，减少围岩扰动，有利于井筒支护

E. 工作面无需通风排水，减少了辅助作业

10. 立井反井施工方法中的反井可以采用的施工方法有（　　）。

A. 钻眼爆破法　　　　　　　　　B. 反井钻机法

C. 深孔爆破法　　　　　　　　　D. 导硐施工法

E. 分部施工法

11. 立井井筒短段掘砌正规循环施工作业的总时间构成包括（　　）。

A. 钻眼爆破时间　　　　　　　　B. 装岩工作时间

C. 提升悬吊时间　　　　　　　　D. 砌壁支护时间

E. 辅助作业时间

12. 在井壁结构中，有关复合井壁的表述正确的有（　　）。

A. 复合井壁是由两层以上的井壁组合而成，多用于冻结法凿井的立井井筒

B. 复合井壁不适用于具有膨胀性质的岩层和较大地应力的岩层中

C. 复合井壁结构可解决由冻结压力和温度应力等所引起的井壁破坏问题

D. 复合井壁强度高，但由于井壁层间可滑动，防水性能略弱

E. 丘宾筒是复合井壁的一种形式

13. 立井凿井提升系统的组成包含有（　　）。

A. 提升容器　　　　　　　　　　B. 钩头

C. 钢丝绳　　　　　　　　　　　D. 天轮

E. 平衡锤

14. 当井筒施工需要布置排水设施时，安排合理的有（　　）。

A. 吊桶排矸时也可同时安排排水

B. 卧泵一般布置在凿井吊盘上

C. 吊泵排水要求吊泵必须下到井底

D. 当井深大时可以采用接力式排水

E. 采用吊桶排水时就不必再准备吊泵

15. 关于井筒内凿井吊桶的布设，合理的有（　　）。

A. 单吊桶提升时吊桶应位于井筒中心位置

B. 多套提升时应考虑使井架受力均衡

C. 应考虑临时罐笼提升的方位要求

D. 双钩提升的吊桶应落在工作面同一位置

E. 吊桶通过喇叭口时应满足安全间隙

【答案与解析】

一、单项选择题

1. A；　2. C；　3. B；　4. B；　5. B；　6. D；　7. C；　8. C；

9. A；　10. C；　11. C；　12. B；　13. A；　14. C；　15. B；　16. C；

17. D;　18. D;　19. C;　20. A

【解析】

1.【答案】A

立井井筒基岩采用钻眼爆破施工方法时，施工作业循环的主要工序包括工作面钻眼爆破、临时支护（需要时）、装岩与提升、井筒砌壁支护四大主要工序，以及通风、排水、测量等辅助工序。钻眼爆破是一项主要工序，约占整个掘进循环时间的20%～30%；钻眼爆破的效果直接影响其他工序及井筒施工速度、工程成本，必须予以足够的重视。装岩提升是最费工时的工序，它约占整个掘进工作循环时间的50%～60%，是决定立井施工速度的关键工作。因此，答案应为A。

2.【答案】C

立井基岩掘进宜采用伞钻钻眼（井筒直径小于5m时，可采用手持式风动凿岩机），超大直径井筒可采用双联伞钻。伞钻钻眼深度一般3.0～5.0m为宜，以充分发挥伞钻设备的工作性能。因此，答案为C。

3.【答案】B

提升能力不等同于提升机能力。提升机是影响井筒施工提升能力的重要因素，但是还需要考虑其他施工条件等因素，例如，井筒深度、吊桶大小等。当吊桶大小一定后，提升机就必须满足吊桶装矸后的提升负荷需要。因此，井筒深度、提升速度快慢（受提升机滚筒直径影响）和吊桶大小就形成提升能力的主要内容。如井深太小，一次提升时间缩短，提升能力会大；而井深太大，超过容绳量允许的井深要求，提升机能力就没有意义。由此可见，井筒深度、提升机直径、吊桶大小影响着提升能力。对于井筒直径，一般与提升能力没有直接的关系。

4.【答案】B

混凝土结构的立井井壁施工模板，是影响井壁施工质量和施工速度的重要设备。不同的施工方法与不同的施工模板配套。例如，液压滑升模板用于滑模施工，装配式金属模板由若干弧形钢板组成，浇筑后模板要重新拆、装，一般在长段掘砌施工中有采用。金属整体活动模板也称伸缩式活动模板结构的整体性好，各方向的伸缩均匀，施工中无须整体拆开，不易变形，操作方便，可以迅速完成脱模、立模工作，因此适用于短段掘砌作业方式。答案应为B。本题中的选项D显然是错误的，它的内容与题义无关。

5.【答案】B

立井井筒掘进时，将井筒划分为若干段高，自上而下逐段施工。在同一段高内，按照掘、砌先后交替顺序作业，称为单行作业。在井筒同一段高内，不能同时进行掘、砌施工；在不同的两个段高内，同时进行掘、砌施工的作业方式，是掘砌平行作业方式；而不同的两个段高内，不必进行掘、砌交替作业。

6.【答案】D

井筒施工时，一般情况下，为了确保工作的安全都需要进行临时支护，但若采用短段作业，因围岩暴露高度不大，暴露时间不长，在进行永久支护之前不会片帮，这时可不采用临时支护。本题中给出的四个选项，短段掘砌平行作业，掘砌工作自上而下同时进行，砌壁是在多层吊盘上，掘进工作距离砌壁工作有一定高度，也间隔了一定的时间，掘进需要在掩护筒（或锚喷临时支护）保护下进行，因此，工作面需要进行临时支护；混凝土支护作业，不是井筒基岩施工作业方式，只是一个工序；长段掘砌单行作业，先掘进30～40m，然后停止掘进进行砌壁，中间间隔时间长，且掘进段高大，需要进行临时支护方能保证围岩稳定；混合作业是在短段掘进后立即进行砌壁工作，且段高通常在4～5m以下，可以不进行临时支护，也能保证施工安全。因此，答案为D。

7.【答案】C

一般选择立井机械化施工配套作业线主要看立井的深度和井筒直径大小，这两个参数决定了当前机械化配套设备的规模、能力以及工程量，决定设备使用的合理性。例如5m以上井筒就可能布置大型掘砌设备；400m深度的井筒才能有相对较高的机具效率。井筒的类型是指主井、副井或风井，与施工配套关系不大，抓岩机型号只与其他施工设备的配套选择有关，与整套作业线无关；井筒支护形式和井筒施工（尤其是掘进工序）关系不大。

8.【答案】C

立井井筒施工机械化配套方案的选择与施工工程条件、装备条件、施工组织等密切相关，其中施工工程条件影响着施工设备的选型。井筒直径较小，深度较浅，不利于大型设备的布置，也不利于施工设备发挥其效益。对于井筒直径较小时，提升只能选用1套提升设备，1套小型钻眼设备，此外，基岩段施工，主要采用整体活动模板。对于题目中井筒直径5.5m，井深600m工程条件，使用伞钻打眼，应该选择IV_G型凿井井架，FJD-6伞钻，整体金属活动模板，优先选用双滚筒提升机，以方便改绞。

9.【答案】A

吊桶提升上排渣立井掘进机施工作业时，由于采用吊桶提升排渣，地面需要布置凿井井架、提升机、凿井绞车等组成地面提升和稳绞系统，井下布置掘进机主机和后配套系统。掘进机主机完成掘进、出渣、支护等工作，后配套系统完成提升、出渣、通风、排水、供水、供电等工作。破岩与出渣、支护、导向和纠偏都是在井下实施的，提升和稳绞是布置在地面的。因此，答案是A。

10.【答案】C

下排渣立井掘进机施工方法主要针对地质条件较好、岩石稳定的工程条件，且具有下部巷道的矿山井筒工程，通过先开凿导井作为溜矸孔，然后利用立井掘进机进行全断面钻进成井。开凿导井是先行工作，导井一般采用反井钻机施工，其施工方法是先从上向下钻进导孔，然后从下向上扩孔钻进，形成导井。因此，答案为C。

11.【答案】C

立井井筒反井施工法的实质是利用先施工的反井作为导井来进行排渣，所有的岩渣是通过井底的巷道，经过矿井生产的排渣系统排出的。因此，首先要施工反井，施工反井的条件是必须要有通达井筒井底水平的通道。因此，答案为C。

12.【答案】B

立井井筒正规循环作业组织，是采取措施使各辅助工作尽可能与主要工作平行交叉进行，充分利用作业空间和时间，使循环时间缩短到最低值。对于立井井筒短段施工作业，通常包括短段单行、短段平行和混合作业3种方式，这3种方式中，伞钻打眼必须在工作面抓岩结束并清底完成后进行，无法组织平行作业；吊盘下放时不能进行提升作业，亦即无法安排出矸工作，以确保施工安全；工作面清底时需要使用风动设备，也需要进行排水，不能停止供风和排水，因此不能接长管路；只有混合作业方式，在浇筑混凝土一定高度后可以组织平行出矸，而单行作业不能。因此，答案只能选 B。

13.【答案】A

根据《煤矿井巷工程施工标准》GB/T 50511—2022 的有关规定，立井井筒普通法施工采用现浇混凝土支护时，砌壁模板可以选用组合钢模板、整体钢模板和滑升模板，模板高度要与施工作业方式相适应。组合钢模板高度不宜大于 1.2m，钢板厚度不应小于 3.5mm；整体钢模板高度宜为 2～5m，钢板厚度应满足刚度要求，模板通过地面稳车或吊盘悬吊时，其悬吊点不应少于 3 个；整体滑升钢模板高度宜为 1.2～1.4m，钢板厚度不应小于 3.5mm，并应有足够的刚度。混凝土应对称入模、分层浇筑，并及时进行机械振捣。4 个选项中，选项 A 的整体模板悬吊点不得小于 4 个错误，其他说法正确。因此，答案为 A。

14.【答案】C

当井筒采用现浇混凝土支护时，其施工应符合《混凝土结构工程施工质量验收规范》GB 50204—2015 的有关规定。该规范明确指出，脱模时的混凝土强度应控制为：整体组合钢模 0.7～1.0MPa；普通钢木模板 1.0MPa；滑升模板 0.05～0.25MPa。由于立井井筒采用短段掘砌法施工，模板一般采用整体伸缩式钢模板，因此，脱模时的混凝土强度应控制为 0.7～1.0MPa。该规定《煤矿井巷工程施工标准》GB/T 50511—2022 也有相关要求。因此，答案选 C。

15.【答案】B

当井筒采用现浇混凝土支护时，其施工应符合现行标准《混凝土结构工程施工质量验收规范》GB 50204—2015 的有关规定。规范要求，装配式钢模板高度不宜超过 1.2m，钢板厚度不应小于 3.5mm。

16.【答案】C

临时改绞是矿井建设中的一个重要环节。在井筒即将落底，为满足后续井巷工程施工需要，将原吊桶提升改为罐笼提升，并将其他辅助设施如天轮平台、封口盘等进行相应改装与变动的工作称为临时改绞。实际凿井施工中，为后续临时改绞方便，一般主提升选择双滚筒提升机。

17.【答案】D

井筒施工中，通风方式可采用压入式、抽出式和抽出式为主辅以压入式 3 种方式，自然通风一般无法满足施工要求。压入式通风污风经井筒排出，井筒内污浊空气排出缓慢，通常适用于较浅的井筒。抽出式通风污浊空气通过风筒排出，使用效果较好，当井筒较深时，工作面辅以压入式可以取得更好的通风效果。因此，答案应选 D。

18.【答案】D

地面预注浆的钻注浆孔和注浆工作都是建井准备期在地面进行的，选项 B 表述有误。含水层距地表较浅时，采用地面预注浆较为合适，选项 A 表述错误。钻孔布置在大于井筒掘进直径 1～3m 的圆周上，有时也可以布置在井筒掘进直径范围以内，选项 C 表述不准确。注浆时，若含水层比较薄，可将含水岩层一次注完全深。若含水层比较厚，则应分段注浆，选项 D 正确。

19.【答案】C

吊桶排水，其排水能力与吊桶容积和每小时提升次数有关，一般井筒工作面涌水量不超过 $10m^3/h$ 时，采用吊桶排水较为合适。吊泵排水是利用悬吊在井筒内的吊泵将工作面积水直接排到地面或排到中间泵房内，利用吊泵排水，井筒工作面涌水量以不超过 $40m^3/h$ 为宜。否则，井筒内就需要设多台吊泵同时工作，占据井筒较大的空间，对井筒施工十分不利。卧泵排水是在吊盘上设置水箱和卧泵，工作面涌水用风动潜水泵排入吊盘水箱，再由卧泵接力排到地面。卧泵排水的优点是不占用井筒空间，卧泵故障率低，易于维护，可靠性好，流量大，扬程大，适应性更广。因此，本题答案 C 为合理的排水方式。

20.【答案】A

天轮平台位于凿井井架的顶部，主要用于布置提升和悬吊天轮，由于主要凿井施工设备和设施都是通过凿井井架吊挂的，因此，天轮平台布置是凿井悬吊设备布置的关键。天轮平台布置的主要原则包括：（1）天轮平台中间主梁轴线必须与凿井提升中心线互相垂直。（2）天轮平台采用"日"字形结构时，中梁轴线应离开与之平行的井筒中心线一段距离，以便于吊桶提升改为罐笼提升；天轮平台采用"目"字形结构时，中梁轴线应与井筒中心线重合，保证井架的受力均衡。（3）天轮平台上各天轮的位置及天轮的出绳方向应根据井内设备的悬吊钢丝绳落绳点位置、井架均衡受载状况、地面提绞布置，以及天轮梁布置的可能性等因素综合考虑选定。（4）当凿井设备需用两台凿井绞车悬吊同一设备时，两个天轮应尽量布置在同一侧，使出绳方向一致，以便集中布置凿井绞车和同步运转。双绳悬吊的管路尽量采用双槽天轮悬吊。（5）提升天轮应尽量布置在同一水平；稳绳天轮应布置在提升天轮两侧，出绳方向与提升钢丝绳一致。（6）天轮布置应使井架受力基本平衡，各钢丝绳作用在井架上的荷载不许超过井架实际承载能力。显然，答案为 A。

二、多项选择题

1. A、B、E；　　　2. B、E；　　　3. A、B、E；　　　4. A、C；
5. A、C、D；　　　6. A、E；　　　7. A、B、C；　　　8. A、D、E；
9. A、C、D；　　　10. A、B、C；　　　11. A、B、D；　　　12. A、C；
13. A、B、C、D；　　　14. A、B、D；　　　15. B、C、E

【解析】

1.【答案】A、B、E

立井基岩施工是指在表土层或风化岩层以下的井筒施工，目前主要以钻眼爆破法施工为主。在立井基岩掘进中，钻眼爆破工作是一项主要工序，约占整个掘进循环时间的 20%～30%；装岩提升工作是最费工时的工作，它约占整个掘进工作循环时间的50%～60%，选项 A、B 数据不准确。立井井筒施工时，井下矸石通过吊桶提升到地面凿井井架的翻矸台后，通过翻矸装置将矸石卸出，吊桶是出渣的提升容器，而箕斗是矿井生产提升煤炭的专用容器，选项 E 说法错误。因此，答案应选 A、B、E。

2.【答案】B、E

立井井筒施工时，工作面常有积水，因此炸药应选用抗水炸药。常用的抗水炸药有抗水岩石硝铵炸药、水胶炸药和乳化炸药。选项 A 没有明确是抗水岩石硝铵炸药；选项 C 粉状铵油炸药易吸湿结块，不抗水；选项 C 黑索金是猛炸药，主要用于制作雷管等起爆器材，也不抗水。因此，正确选项是 B、E。

3.【答案】A、B、E

立井施工普遍采用抓岩机装岩出渣，主要抓岩机有 NZQ2-0.11 型抓岩机、长绳悬吊式抓岩机（HS 型）、中心回转式抓岩机（HZ 型）、环行轨道式抓岩机（HH 型）和靠壁式抓岩机（HK 型）。目前以中心回转式抓岩机应用最为普遍，条件受限时，可选用长绳悬吊式抓岩机。净直径大于 6.5m 井筒宜装备两台抓岩机，或者配备小型挖掘机配合进行出渣和清底。耙斗装岩机和液压扒装机主要用于巷道掘进出渣用。因此，答案为 A、B、E。

4.【答案】A、C

立井凿井施工中，混凝土下放可采用的方式包括利用底卸式吊桶下放或溜灰管输送，其中溜灰管下混凝土容易发生堵管事故，工程应用受到一定的限制，在使用时应制定专项安全技术措施。

5.【答案】A、C、D

立井井筒混凝土井壁施工目前常用的模板主要是滑升模板、装配式金属模板、整体金属移动模板等多种。长段掘砌，多采用液压滑升模板或装配式金属模板。金属整体移动式模板主要在短段掘砌混合作业时采用。模板高度需要与立井井筒施工所确定的段高相配合，模板高度大于炮眼深度是不合适的。因为模板高度超过掘进段高，要么混凝土浇筑工作无法实施，要么需要再等待一个或几个掘进段高方能进行砌壁，工作面空帮时间长，不利于安全。对于段高 1m 的短段混凝土砌筑施工，通常可以采用木模板或者装配式钢模板。因此答案应选 A、C、D。

6.【答案】A、E

立井井筒施工作业方式根据掘进和支护的关系可以采用多种方式，其中短段掘砌单行作业取消了临时支护，简化了施工工艺，节省了临时支护材料，围岩能及时封闭，可改善作业条件，保证了施工操作安全。此外，它省略了长段单行作业中掘、砌转换时间，减去了集中排水、清理井底落灰，以及吊盘、管路反复起落、接拆所消耗的辅助工时。因此，当井筒施工采用单行作业时，应首先考虑采用这种施工方式。混合作业是在短段掘砌单行作业的基础上发展而来的，某些施工特点都与短段单行作业基本相同，它所采用的机械化配套方案也大同小异，但是混合作业加大了模板高度，采用金属整体伸缩式模板，使得在进行混凝土浇筑的时候可以进行部分出矸工作。该作业方式目前应用较为广泛。综合分析可见，应选择答案 A、E。

7.【答案】A、B、C

混合作业是在短段掘砌单行作业的基础上发展而来的，某些施工特点都与短段单行作业基本相同，它所采用的机械化配套方案也大同小异，但是混合作业加大了模板高度，采用金属整体伸缩式模板，使得在进行混凝土浇筑的时候可以进行部分出矸工作。实际施工中，装岩出矸与浇灌混凝土部分平行作业，两个工序要配合好，只有这样才能实现混合作业的目的，达到利用部分支护时间进行装渣出矸，节约工时而提高成井速度。

8.【答案】A、D、E

立井井筒施工机械化作业线的配套主要根据设备条件、井筒条件和综合经济效益等方面进行考虑，通常：（1）根据工程的条件、施工队伍的素质和已具有的设备条件等因素，合理选定配套类型；（2）要保证各设备之间的能力匹配，主要应保证提升能力与装岩能力、一次爆破矸石量与装岩能力、地面排矸与提升能力、支护能力与掘进能力和辅助设备与掘砌能力的匹配；（3）配套方式应与作业方式相适应；（4）配套方式应与设备技术性能相适应；（5）配套方式应与施工队伍的素质相适应；（6）配套方式应尽可能先进、合理；（7）提升能力应适当提高，以提高系统的可靠性。因此，说法正确的是A、D、E。

9.【答案】A、C、D

立井掘进机施工方法采用机械方法破岩，实现的施工作业的全部机械化，其主要优势体现在：（1）机械化程度高，改善了人员作业环境，降低了人员的劳动强度；（2）可采用地面远程作业，非必要不下井，从根本上保证了人的生命安全，提高了施工的安全性；（3）采用机械破岩，减少围岩扰动，避免围岩破坏，施工效率高、速度快。因此，选项A、C、D符合题意。选项B工作面无需排渣不正确；选项E工作面无需通风排水也不正确，尽管采用掘进机进行井筒施工，但仍然需要排渣，通风排水等辅助工作也是必不可少的。因此，答案为A、C、D。

10.【答案】A、B、C

立井井筒反井施工方法需要先自下向上施工反井，反井施工方法根据工程条件和装备情况可采用普通钻眼爆破法、反井钻机法、深孔爆破法、吊罐法、爬罐法等，目前以采用反井钻机法施工为主。选项D"导硐施工法"和E"分部施工法"是硐室施工方法，与反井施工无关。因此，答案为A、B、C。

11.【答案】A、B、D

立井井筒施工循环图表编制时，需要首先了解井筒的技术特征，井筒施工工艺和施工装备、施工作业人员的技术水平和施工习惯等，确定循环总时间一般考虑钻眼爆破的工作时间，装岩出渣和清底工作时间，工作面支护时间，必要的辅助作业时间等。由于抓岩出渣和提升是平行的，因此提升不应当另外单独计算循环时间。答案为A、B、D。

12.【答案】A、C

根据复合井壁特点，选项A、C正确。复合井壁可用于具有膨胀性质的岩层中和较大地应力的岩层中，选项B表述有误。复合井壁两层井壁间铺设防水卷材、可滑动，改善了内层井壁受力状态，达到井壁防水和高强度要求。

13.【答案】A、B、C、D

立井凿井施工提升系统由提升容器、钩头及联结装置、提升钢丝绳、天轮、提升机以及提升所必备的导向稳绳和滑架等组成。平衡锤一般用于生产矿井双钩提升的平衡装置。因此，答案是A、B、C、D。

14.【答案】A、B、D

立井井筒施工时，当工作面有涌水或积水，应当布置排水设备，通常可根据井筒涌水量大小选择和布置相应的设备。当工作面涌水量不超过 10m³/h 时，可利用吊桶进行排水。如果工作面涌水量较大,可布置吊泵或卧泵排水。吊泵一般悬吊在吊盘的上方,卧泵安装在吊盘上,工作面的涌水可通过潜水泵排到吊盘上水箱,再由吊泵或卧泵排到地面。当井筒深度较大时,可分段接力排水,在井筒中部布置中间泵房和水仓,井筒工作面涌水先排到中间泵房,然后再排到地面。因此,选项 C 不正确。考虑到井筒施工水文地质条件的复杂性,为了预防突发涌水,一般情况都需要布置备用吊泵或卧泵。因此,选项 E 不正确。

15.【答案】B、C、E

吊桶布置要偏离井筒中心线,以避开井筒中心的测量垂线,为有利于提升,还要靠近提升机一侧;对双滚筒提升机作单滚筒用时应布置在固定滚筒上,多套提升时的布置应使井架受力均匀;采用双钩提升时,应保持相邻两个提升容器之间最突出之间的安全间隙;在需要临时改绞的井筒中布置吊桶时,应考虑临时罐笼提升的方位要求;吊桶通过喇叭口时,其最突出部分与孔口之间的安全间隙必须符合安全要求。因此选项 A 不合适,选项 D 也不满足双钩提升安全要求。故答案为 B、C、E。

6.3　巷道与硐室施工

复习要点

巷道与硐室施工的主要内容包括巷道、平硐及缓坡斜井、斜井、倾斜巷道以及硐室工程等。巷道施工主要是施工方法和施工工艺及设备,斜井、倾斜巷道和硐室主要是施工特点及其工程应用,巷道施工辅助作业涉及通风、防尘、防治水、降温和施工监测等。

1．巷道施工方法及施工作业

巷道施工组织形式有一次成巷和分次成巷,施工作业包括钻眼爆破和掘进机施工两种方法,需要明确施工作业的主要工艺参数、施工设备的选型、施工工序安排,以及施工机械化设备配套,熟悉掘进机的类型及其应用。

2．巷道钻眼爆破施工作业循环图表编制

巷道钻眼爆破施工组织要明确正规循环作业的概念以及如何组织巷道的正规循环施工,能够正确编制巷道掘进和支护循环作业图表。

3．巷道支护方法及其应用

巷道支护方法有多种方式,主要内容是锚喷及其系列支护和目前常用的支架支护,需要明确各种支护的工程应用、支护的施工方法及其工艺和主要参数。

4．巷道施工辅助作业

巷道施工辅助作业包括通风、防治水、综合防尘、施工降温和工程监测等。要明确通风方式及其布置和应用、综合防治水方法、综合防尘措施、施工降温等具体内容,熟悉巷道施工监测的内容和方法。

5．平硐及缓坡斜井施工

平硐及缓坡斜井需要明确工程基本特征,平硐硐口、硐身施工方法和施工作业,缓坡斜井的施工特点。

6．斜井及倾斜巷道施工

斜井井筒施工包括表土和基岩段，要明确斜井表土明挖段和暗挖段的施工要求，基岩段掘进和支护工作要求，基岩段施工排水和通风方式。对缓坡斜井和倾斜巷道主要了解施工特点。

7．硐室和交岔点施工

硐室施工方法有三类，要明确各类方法的实质及其工程应用。交岔点的施工方法应根据工程特征正确选择施工方案。特殊硐室的施工应结合工程条件合理选择相应的施工方法。

8．巷道施工监测内容及方法

巷道施工监测的目的和意义，巷道变形或位移监测方法和监测设备，荷载或应力监测方法和监测设备，围岩松动圈监测方法。

一　单项选择题

1．巷道施工应采用一次成巷，只有特殊情况才允许采用分次成巷。允许采用分次成巷的巷道是（　　）。

  A．井底车场　　　　　　　　B．防水闸门

  C．防火闸门　　　　　　　　D．急需贯通的通风巷道

2．巷道掘进采用凿岩台车钻眼时，炮眼的深度一般取（　　）m。

  A．1.2～2.0　　　　　　　　B．1.6～2.5

  C．1.8～3.0　　　　　　　　D．2.5～3.5

3．煤矿井下岩石大巷快速掘进钻眼工作宜配置的凿岩设备是（　　）。

  A．电动凿岩机　　　　　　　B．矿用煤电钻

  C．凿岩台车　　　　　　　　D．液压伞钻

4．巷道爆破工作中，在条件允许的情况下宜采用（　　）。

  A．正向装药　　　　　　　　B．反向装药

  C．混合装药　　　　　　　　D．上下装药

5．巷道掘进时的装渣和出渣是最繁重、最费工时的工序，目前装渣主要采用机械设备进行，但巷道掘进装渣设备一般不采用（　　）。

  A．铲斗式装岩机　　　　　　B．耙斗式装岩机

  C．立爪式装岩机　　　　　　D．悬吊式抓岩机

6．巷道临时支护主要是保证掘进工作面的安全，但巷道施工临时支护一般不采用（　　）。

  A．喷射混凝土支护　　　　　B．锚喷支护

  C．支架支护　　　　　　　　D．砌碹支护

7．巷道掘进机施工作业遇到破碎岩层时的处理方法是（　　）。

  A．改用普通钻眼爆破方法　　B．超前注浆加固破碎岩层

  C．进行锚喷支护　　　　　　D．降低掘进速度

8. 当工作面使用凿岩台车打眼时，配套的装岩设备一般宜选用（　　　）。

    A. 耙斗式装载机　　　　　　　　B. 铲斗后卸式装载机

    C. 铲斗侧卸式装载机　　　　　　D. 钻装机

9. 巷道掘进过程中，在规定的时间内，按作业规程、爆破图表和循环图表的规定，以一定的人力和技术设备，保质保量地完成全部工序和工作量，并保证有节奏地、按一定顺序周而复始地进行，称为（　　　）。

    A. 掘进循环作业　　　　　　　　B. 正规循环作业

    C. 一次成巷　　　　　　　　　　D. 分次成巷

10. 巷道掘砌循环图表在编制时要考虑（　　　）的备用时间。

    A. 10%　　　　　　　　　　　　B. 20%

    C. 30%　　　　　　　　　　　　D. 40%

11. 目前，矿山巷道永久支护一般以（　　　）方法为主。

    A. 金属棚子支护　　　　　　　　B. 锚喷支护

    C. 前探支架支护　　　　　　　　D. 混凝土砌筑支护

12. 关于锚喷支护设计与施工的说法，错误的是（　　　）。

    A. 锚喷支护不可在未胶结的松散岩体中使用

    B. 膨胀性岩体中锚喷支护设计应通过试验确定

    C. 锚喷支护的设计与施工应合理利用围岩自身的承载力

    D. 喷射混凝土的最大厚度不应超过200mm

13. 巷道采用压入式通风，局部扇风机必须安设在有新鲜风流流过的巷道内，并距掘进巷道口不得小于（　　　）m。

    A. 5　　　　　　　　　　　　　　B. 10

    C. 15　　　　　　　　　　　　　D. 20

14. 关于巷道施工采用混合式通风方式的说法，正确的是（　　　）。

    A. 混合式通风可有效保证巷道内风流主要为新鲜风流

    B. 工作面只要布置一台风机即可实现混合式通风工作

    C. 通风设备风筒可以选用柔性风筒，轻便、经济

    D. 瓦斯巷道掘进时选用混合式通风方式效果好

15. 当采掘工作面的空气温度超过（　　　）℃时，必须采取降温措施。

    A. 25　　　　　　　　　　　　　B. 30

    C. 35　　　　　　　　　　　　　D. 40

16. 平硐施工进硐之前需要做好超前支护，在风化松软岩层条件下，比较可靠的超前支护方法是（　　　）。

    A. 锚喷支护　　　　　　　　　　B. U型钢支护

    C. 板桩支护　　　　　　　　　　D. 管棚支护

17. 关于斜井表土段采用明槽开挖方法的说法，正确的是（　　　）。

    A. 边坡稳定时可采用先拱后墙法

    B. 边坡稳定性差应采取先墙后拱法

    C. 地质条件复杂时应注浆加固后再开挖

D. 基础承载力不符合设计要求时应采取相应的加固措施

18. 关于斜井明洞衬砌施工程序，正确的是（　　）。

A. 立模板后绑扎钢筋　　　　　　　B. 浇筑混凝土后应加固模板

C. 等混凝土达到强度后再拆模板　　D. 拆模后可立即回填

19. 斜井井筒坡度为15°时，施工排矸可采用（　　）。

A. 无轨胶轮车运输　　　　　　　　B. 电机车加矿车运输

C. 梭车运输　　　　　　　　　　　D. 箕斗运输

20. 当长距离斜井下山施工时的涌水量较大时，排水工作的正确做法是（　　）。

A. 利用坡度排水　　　　　　　　　B. 设置多级排水系统

C. 采用大功率水泵一次性排水　　　D. 分段设置水仓

21. 斜井施工安全工作的关键是（　　）。

A. 加强施工排水　　　　　　　　　B. 加强通风

C. 防止工作面冒顶　　　　　　　　D. 防止跑车事故

22. 采用正台阶工作面施工法的上分层超前距离过大时，易出现的施工问题是
（　　）。

A. 上分层钻眼困难　　　　　　　　B. 工作面支护困难

C. 上分层出矸困难　　　　　　　　D. 工作面爆破困难

23. 立井箕斗装载硐室与井筒同时施工是指（　　）。

A. 井筒与箕斗装载硐室一次开挖掘进，然后浇筑混凝土

B. 井筒掘进的同时进行箕斗装载硐室的掘进，最后一次浇筑混凝土

C. 井筒掘进超前箕斗装载硐室掘进1个段高，同时浇筑混凝土直至完成

D. 井筒掘进与箕斗装载硐室掘进交叉进行，分部浇筑混凝土

24. 井巷收敛监测测量的内容是（　　）。

A. 井巷表面一点的绝对位移量

B. 围岩内部一点的绝对位移量

C. 围岩内部一点对其表面的变形量

D. 井巷表面两点间的相对变形

25. 巷道围岩内部某点的绝对位移监测可以采用的仪器设备是（　　）。

A. 收敛计　　　　　　　　　　　　B. 多点位移计

C. 经纬仪　　　　　　　　　　　　D. 水准仪

二　多项选择题

1. 巷道施工一次成巷的主要特点有（　　）。

A. 可一次完成，不留收尾工程

B. 施工作业安全，质量好

C. 施工干扰多，速度慢

D. 工作面不需要临时支护

E. 掘进和支护能最大限度同时施工

2. 关于岩石平巷施工钻眼爆破工作的说法，正确的有（   ）。

    A. 掏槽方式可采用斜眼掏槽

    B. 炮眼深度通常为 2.5～3m

    C. 采用正向装药的破岩效率较反向装药更高

    D. 爆破后安全检查内容包括工作面盲炮处理、危石检查等工作

    E. 利用凿岩台车打眼，钻眼速度快，质量好，且可与装岩工作平行作业

3. 爆破工作要取得良好的效果，必要的措施包括（   ）。

    A. 采用合理的掏槽方式　　　　　B. 选择合理的爆破参数

    C. 采用高威力装药　　　　　　　D. 使用瞬发电雷管

    E. 选用高效能起爆器

4. 井巷工程的临时支护通常可采用的方式有（   ）。

    A. 锚喷支护　　　　　　　　　　B. 金属锚杆支护

    C. 金属棚子或木棚子支护　　　　D. 前探支架支护

    E. 现浇混凝土支护

5. 巷道掘进机的基本功能应当具备（   ）。

    A. 掘进　　　　　　　　　　　　B. 探水

    C. 出渣　　　　　　　　　　　　D. 支护

    E. 铺轨

6. 巷道采用综掘机施工时，必须要做好后配套工作，其相关工作包括（   ）。

    A. 出矸转载宜配置桥式装载机

    B. 矸石运输宜采用电机车加矿车

    C. 连续出矸宜采用可伸缩胶带机

    D. 巷道坡度变化大时应选用刮板输送机

    E. 采用梭车运输应设置卸载仓

7. 关于巷道施工机械化作业线配套原则的说法，正确的有（   ）。

    A. 钻眼、装岩、调车、运输等主要工序应基本上采用机械化作业，以减轻笨重的体力劳动

    B. 各工序所使用的机械设备，在生产能力上要匹配合理，相互适应，避免因设备能力不均衡，而影响某些设备潜力的发挥

    C. 配备的机械设备能力和数量应和需要量相等

    D. 机械的规格及结构形式必须适应施工条件、巷道规格及作业方式的要求

    E. 要保证施工能获得持续高速度、高效率以及合理的经济技术指标，并确保安全

8. 巷道施工机械化作业线设备的配套，应保证各工序所使用的机械设备在生产能力上的匹配合理，下列配套方案合理的是（   ）。

    A. 多台气腿式凿岩机、带调车盘耙斗装载机、矿车及电机车运输

    B. 多台气腿式凿岩机、蟹爪式装载机、梭式矿车及电机车运输

    C. 凿岩台车、铲斗侧卸式装载机、胶带转载机、矿车及电机车运输

    D. 钻装机、铲斗侧卸式装载机、胶带转载机、矿车及电机车运输

E. 岩巷掘进机

9. 与掘进循环总时间相关的因素包括（　　　）。

A. 排水时间
B. 装岩工作时间
C. 钻眼工作时间
D. 装药、连线时间
E. 爆破通风时间

10. 关于巷道支护施工的说法，正确的有（　　　）。

A. 巷道围岩破碎、地压较大时，应采取复合支护方式
B. 倾斜巷道金属支架架设时应有迎山角
C. 金属支架采用前探梁作为临时支护，支架顶梁放置在前探梁下，并用背板背实
D. 临时支护必须紧跟工作面，严禁"空顶"作业
E. 采用风动凿岩机钻孔安装临时护顶锚杆

11. 巷道喷射混凝土支护的主要作用有（　　　）。

A. 防止围岩风化
B. 改善围岩的应力状态
C. 加固破碎围岩
D. 形成柔性支护体
E. 与围岩形成组合拱

12. 关于巷道锚喷支护的说法，正确的有（　　　）。

A. 锚喷支护可以与其他支护方法联合使用，以提高支护效果
B. 锚杆支护不能独立使用，必须与喷射混凝土支护联合使用
C. 喷射混凝土支护的主要作用在于封闭围岩、防止风化，自身没有支护能力
D. 锚喷支护既可作为永久支护，也可作为临时支护
E. 锚喷支护可用于各种工程条件，包括工作面涌水具有腐蚀性的情况

13. 当深部矿井巷道围岩压力较大、变形严重时，宜采用的永久支护形式有（　　　）。

A. 可缩性金属支架支护
B. 砌碹支护
C. 锚喷支护
D. 管棚支护
E. 联合支护

14. 井巷施工中采用压入式通风时的正确做法是（　　　）。

A. 压入式通风可以使用在瓦斯巷道中
B. 压入式通风采用的柔性风筒必须带有骨架
C. 压入式通风的风筒口离工作面不应超过10m
D. 当风机置于回风流时应距离回风口10m以上
E. 长距离巷道可以采用压入与抽出联合的方式

15. 井下巷道施工常用的降温方法有（　　　）。

A. 通风降温
B. 井下液氮蒸发降温
C. 喷雾洒水降温
D. 个体防护降温
E. 井下干冰蒸发降温

16. 关于缓坡斜井施工的说法，正确的有（　　　）。

A. 采用全断面一次施工，有利于快速掘进及安全管理

  B．采用分次施工方法，确保施工安全

  C．采用台阶法施工时，台阶错距应大于15m，以方便工作面钻眼作业和人工出矸

  D．采用导硐施工法，最后扩大到设计断面

  E．采用掘进机施工可实现连续掘进和快速掘进

17．目前，适合于斜井工作面的常用排水设备有（ ）。

  A．卧泵   B．风泵

  C．潜水排砂泵   D．气动隔膜泵

  E．吊泵

18．关于交岔点施工方法的说法，正确的有（ ）。

  A．交岔点的施工方法取决于支护方式

  B．交岔点围岩稳定，可采用一次成巷施工方法

  C．交岔点围岩破碎，可采用分部施工法

  D．采用锚喷支护的交岔点必须先喷后锚

  E．交岔点顶板破碎，应采用超前支护

19．马头门与井筒交叉施工的主要特点有（ ）。

  A．施工组织和管理简单   B．可利用凿井施工设备

  C．施工工艺简单   D．施工质量好

  E．适用于大断面马头门

20．井下巷道围岩内部位移监测可采用的方法有（ ）。

  A．收敛测量   B．导线测量

  C．多点位移计测量   D．离层仪测量

  E．超声波测量

【答案与解析】

一、单项选择题

1. D； 2. C； 3. C； 4. B； 5. D； 6. D； 7. B； 8. C；

9. B； 10. A； 11. B； 12. A； 13. B； 14. A； 15. B； 16. D；

17. D； 18. C； 19. D； 20. B； 21. D； 22. C； 23. C； 24. D；

25. B

【解析】

1.【答案】D

  巷道施工一般有两种方法，一次成巷和分次成巷。一次成巷具有作业安全、施工速度快、施工质量好、节约材料、降低工程成本和施工计划管理可靠等优点。因此，相关规范明确规定，巷道的施工应一次成巷，除了工程的特殊需要外，一般不采取分次成巷施工法。但在实际施工中，急需贯通的通风巷道往往可以先以小断面贯通解决通风问题，一段时间以后再刷大，并进行永久支护，这是采用分次成巷方法。因此，答案为D。

2. 【答案】C

炮眼深度是巷道与硐室钻眼爆破施工的一个重要参数，炮眼深度应综合考虑钻眼设备、岩石性质、施工组织形式来合理确定。通常气腿式凿岩机炮眼深度为 $1.6\sim2.5m$，凿岩台车为 $1.8\sim3m$。因此，答案为 C。

3. 【答案】C

井下巷道施工中，工作面钻眼爆破工作需要配置凿岩设备打眼，通常可选用的凿岩设备包括各类凿岩机、电钻等。鉴于煤矿井下含有瓦斯，岩石工作面一般不采用电动凿岩机，而采用风动或液压凿岩机，煤电钻主要用于煤巷掘进钻眼工作，伞钻是立井钻眼施工设备。凿岩台车配置风动凿岩机或液压凿岩机，适用于工作面快速掘进打眼。因此，答案为 C。

4. 【答案】B

巷道爆破工作应选择合理的掏槽方式、炮眼深度、数目、装药结构等以确保达到良好的爆破效果。就装药结构而言，分为正向装药和反向装药，在条件允许的情况下宜采用反向装药，该方式爆破效果较好。因此，答案为 B。

5. 【答案】D

巷道掘进施工装渣设备的类型较多，有铲斗后卸式、铲斗侧卸式、耙斗式、蟹爪式、立爪式以及最近新出产的扒渣机等。目前使用最为广泛的是由钢丝绳牵引的耙斗式耙矸机，使用耙矸机可以实现工作面迎头钻眼工作和出渣平行作业。工程施工中悬吊式抓岩机一般用于立井施工。因此，答案应选 D。

6. 【答案】D

巷道掘进后，应根据工作面围岩稳定情况及时进行巷道支护工作，巷道支护包括临时支护和永久支护两个方面。巷道临时支护主要是保证掘进工作面的安全，因此临时支护一般都必须紧跟工作面，通常可采用锚喷支护、金属锚杆支架、金属棚子或木棚子支架以及前探支架等。考虑到临时支护的特点是要求施工速度快并且要尽快发挥作用，因此，通常不采用砌碹支护或现浇混凝土支护。故答案为 D。

7. 【答案】B

巷道掘进机主要用于圆形巷道断面掘进，采用滚压式切削盘在全断面范围内破碎岩石，集破岩、装岩、转载、支护于一体的大型综合掘进机械。巷道在采用掘进机掘进后，巷道支护按支护时间分初期支护和二次衬砌支护，按支护形式有锚喷支护、钢拱架支护、管片支护和模筑混凝土支护。初期支护紧随着掘进机的推进进行，对于地质条件很差的情况，需要进行超前支护或加固。对于断层破碎带岩层，应当进行注浆加固，掘进机方能推进通过。因此答案应选 B。

8. 【答案】C

当工作面使用凿岩台车打眼时，配套的装岩设备在选用时必须不能影响工作面凿岩台车打眼，否则无法保证实现凿岩和装岩的平行作业。因此只能考虑采用铲斗式装载机，由于铲斗后卸式装载机使用生产率低，目前应当选用铲斗侧卸式装载机。

9. 【答案】B

巷道掘进过程中，在规定的时间内，按作业规程、爆破图表和循环图表的规定，以一定的人力和技术设备，保质保量地完成全部工序和工作量，并保证有节奏地、按一定顺序周而复始地进行，取得预期的进度，称为正规循环作业。

10.【答案】A

巷道掘进循环总时间确定时，为防止难以预见的工序延长，提高循环图表完成的概率，应考虑增加 10% 的备用时间。因此，答案为 A。

11.【答案】B

巷道掘进后，应根据工作面围岩稳定情况及时进行巷道支护，巷道支护包括临时支护和永久支护两个方面。巷道临时支护主要是保证掘进工作面的安全，永久支护是为了确保巷道的长期稳定。目前，巷道永久支护以锚喷支护为主，其他还有金属支架支护和整体式现浇混凝土支护等，但锚喷支护在矿山应用最为普遍。因此，答案为 B。

12.【答案】A

《岩土锚杆与喷射混凝土支护工程技术规范》GB 50086—2015 规定：锚喷支护的设计与施工，必须做好工程勘察工作，因地制宜，正确有效地加固围岩，合理利用围岩的自承能力。

对下列地质条件的锚喷支护设计应通过试验后确定：膨胀性岩体；未胶结的松散岩体；有严重湿陷性的黄土层；大面积淋水地段；能引起严重腐蚀的地段；严寒地区的冻胀岩体。

喷射混凝土的设计强度等级不应低于 C15；对于竖井及重要隧洞和斜井工程，喷射混凝土的设计强度等级不应低于 C20；喷射混凝土的 1d 期龄的抗压强度不应低于 5MPa。钢纤维喷射混凝土的设计强度等级不应低于 C20，其抗拉强度不应低于 2MPa，抗弯强度不应低于 6MPa。喷射混凝土的支护厚度最小不应低于 50mm，最大不应超过 200mm。

从这一规定中可以看出，选项 A 涉及的未胶结的松散岩体使用锚喷支护是要通过试验确定，并不是不可用。所以本题正确选项为 A。

13.【答案】B

压入式通风是局部扇风机把新鲜空气用风筒压入工作面，污浊空气沿巷道流出。为了保证通风效果，局部扇风机必须安设在有新鲜风流流过的巷道内，并距掘进巷道口不得小于 10m，以免产生循环风流。为了尽快而有效地排除工作面的炮烟，风筒口距工作面的距离一般以不大于 10m 为宜。因此，答案为 B。

14.【答案】A

巷道通风方式包括压入式、抽出式和混合式，其中混合式是压入式和抽出式的联合运用，混合式通风工作面污浊空气通过抽出式风筒排出，新鲜空气通过压入式风筒压入，为避免风流产生循环，压入式风机一般布置在距离工作面不远处，这样可保证巷道内的气流为新鲜空气。混合式通风至少需要 2 台风机，方能保证正常运转。混合式通风中压入式通风可选用柔性风筒，但抽出式通风应选用刚性风筒。考虑到抽出式通风污浊空气要通过风机，因此，瓦斯巷道不应采用抽出式通风。因此，选项 A 正确，选项 B 只布置 1 台风机不正确，选项 C 都选用柔性风筒不正确，选项 D 用于瓦斯巷道掘进也不正确。因此，答案应为 A。

15.【答案】B

我国《煤矿安全规程》（2022 年版）规定：当采掘工作面的空气温度超过 30℃、机电硐室的空气温度超过 34℃时，必须采取降温措施。

16.【答案】D

平硐施工进硐之前应做好超前支护，特别在土层和风化松软岩层条件下尤为重要，目前主要采用管棚法进行施工。采用锚喷支护作超前支护，其支护距离有限，遇到破碎岩层还需要另外进行钻孔注浆处理。U 型钢支护不能作为超前支护。板桩支护一般不用于巷道超前支护。因此，答案选 D。

17.【答案】D

斜井表土一般采用明槽开挖方法，根据不同地形、地质条件及其结构类型，明洞施工应注意：（1）施工边坡能暂时稳定时，可采取先墙后拱法。（2）施工边坡稳定性差，但拱脚承载力较好能保证拱圈稳定时，可采用先拱后墙法。（3）当地质条件极其复杂时，应根据现场情况制定更可靠的施工方法。（4）采用明槽开挖的地段，其土石方开挖应确保安全与稳定。（5）斜井明洞边墙基础必须设置在稳固的地基上，基础开挖至设计高程后，如其承载力不符合设计要求，可采取夯填一定厚度的碎石或加深、扩大基础等措施；或采取其他补救措施，如硅化加压注水泥浆等。因此，答案为 D。

18.【答案】C

正常的斜井明洞衬砌施工的顺序是先处理不良地段的地基，然后要对地基进行放线找平，再完成铺底工作，在此基础上绑扎和布设钢筋，钢筋布设好以后即可以立模并对模板加固，然后在模板中浇筑混凝土，等混凝土达到一定强度后拆模，同时对混凝土按规定进行养护。因此，本题中，选项 A、B 不合适；因为回填工作也要求混凝土有一定强度（达到设计强度 70% 以上），所以选项 D 也不合适，故正确选项应为 C。

19.【答案】D

斜井施工运矸方式与斜井坡度大小密切相关，缓坡斜井的运矸方式可采用防爆无轨胶轮车运矸、胶带机运矸（煤）、梭车运矸等。当斜井坡度大于等于 8° 时应采用轨道运输，运矸方式可采用矿车运矸、箕斗运矸、胶带机运矸。矿车或箕斗运矸一般配备双轨双套提升。

20.【答案】B

长距离下山施工的排水问题是下山施工的一项重要工作。要处理好该项工作，必须先要清楚该项工作的特点及其影响。下山施工由于坡度的关系，会使工作面大量积水，和利用坡度排水的关系正好相反，涌水越大工作面积水越严重。工作面积水会影响钻眼施工的质量、放炮工作的可靠性和安全性、装矸运输的施工效率以及工作面的施工条件和环境。下山施工排水工作的另一个特点是随工作面推进涌水点也不断推进、涌水量不断增加，于是需要工作面水泵不断前移，排水系统要不断延长。所以一次性水泵解决不了问题，必须采用多级系统。因为水仓只能储水不能排水，所以本题合理的答案应为 B。

21.【答案】D

斜井施工由于是向下掘进，巷道内的水全部流向工作面，因此，辅助作业要做好排水工作；但防止跑车事故是安全工作的重点。对于通风、巷道冒顶问题也要注意。本题 4 个选项中，最符合题意的选项应为 D。

22.【答案】C

巷道施工采用全断面一次掘进围岩维护困难，或者由于硐室的高度较大而不便于施工时，将整个硐室分为几个分层，施工时形成台阶状。上分层工作面超前施工的，称为正台阶工作面施工法。正台阶工作面施工法按照硐室的高度，整个断面可分为2个以上分层，每分层的高度以1.8～3.0m为宜或以起拱线作为上分层，上分层的超前距离一般为2～3m。采用这种施工方法应注意的问题是：要合理确定上下分层的错距，距离太大，上分层出矸困难；距离太小，上分层钻眼困难，故上下分层工作面的距离以便于气腿式凿岩机正常工作为宜。因此，答案选C。

23.【答案】C

立井箕斗装载硐室通常与井筒连接在一起，根据其与井筒施工的关系有3种施工方法。与井筒同时施工法是在井筒掘至装载硐室上部3m左右时停止掘进，将上面井壁砌好，然后向下掘进井筒1～2个段高，出矸后掘进井筒的下一个分层和装载硐室的上分层，每段段高的长度视围岩稳定情况，采用逐层掘砌交叉作业或短段单行作业。掘进时，井筒内的掘进超前硐室掘进一个分层。砌筑时随井筒井壁的砌筑，同时将该段硐室的永久支护砌筑好，如此循环，直到该段井筒及装载硐室施工完成。因此，答案是C。

24.【答案】D

井巷收敛测量是对井巷表面两点间的相对变形和变形规律进行的量测，如监测巷道顶底板或两帮移近量等。这一监测结果可以判断围岩变形速度和发展结果或最终收敛量，如果变形不收敛或在规定时间里不收敛，则可能就需要加强支护承载能力或采取其他措施。所以，答案为D。

25.【答案】B

巷道围岩的变形或位移可采用多种方法进行测量，但要实测围岩内部某点的绝对位移，通常只能采用多点位移计测量或离层仪测量。收敛计主要测量巷道表面两点之间的相对变形，经纬仪主要用于测量某点的位置及变化情况，水准仪是测量某点高程的仪器，这三种仪器都是测量外部某点的仪器。因此，只有多点位移计可以测量围岩内部某点的绝对位移。答案应选B。

二、多项选择题

1. A、B、E；	2. A、D；	3. A、B、C；	4. A、B、C、D；
5. A、C、D；	6. A、C、D、E；	7. A、B、D、E；	8. A、B、C、E；
9. B、C、D、E；	10. A、B、D；	11. A、B、D、E；	12. A、D；
13. A、C、E；	14. A、C、E；	15. A、C、D；	16. A、E；
17. B、C、D；	18. B、C、E；	19. B、D、E；	20. C、D

【解析】

1.【答案】A、B、E

一次成巷是把巷道施工中的掘进、永久支护、水沟掘砌三个分部工程视为一个整体，在一定距离内，按设计及质量标准要求互相配合，前后连贯、最大限度地同时施工，一次做成巷道，不留收尾工程。一次成巷具有施工作业安全、施工速度快、施工质量好、节约材料、降低工程成本和施工计划管理可靠等优点。因此，答案应选A、B、E。

2.【答案】A、D

巷道采用钻眼爆破法施工时，工作面炮眼布置可采用直眼掏槽或斜眼掏槽，如果工作面有瓦斯时，只能采用斜眼掏槽。炮眼深度如果采用气腿式凿岩机打眼时为

1.6～2.5m，采用凿岩台车打眼时可为 1.8～3m。利用凿岩台车打眼可实现工作面打眼工作的全面机械化，且钻眼速度快，质量好；但由于凿岩台车设备较大，工作时占用工作面，因此往往无法组织钻眼与装岩平行作业。工作面炮眼装药结构可采用正向或反向装药，反向装药爆破效果好，但在有瓦斯的工作面不能使用。工作面爆破工作结束后，应进行安全检查，检查工作内容包括危石、涌水、盲炮处理等。因此，答案为 A、D。

3.【答案】A、B、C

爆破工作要采用合理的掏槽方式、选择合理的爆破参数、根据光面爆破的要求进行炮眼布置，确保良好的爆破效果。对于采用高威力炸药，也是提高爆破效果的一个方面。而雷管的选用、起爆器的选用往往不能决定爆破效果的好坏。因此，答案应选择A、B、C。

4.【答案】A、B、C、D

巷道临时支护主要是保证掘进工作面的安全，因此临时支护一般都必须紧跟工作面，同时临时支护又是永久支护的一部分。对临时支护方式的选择是施工速度快，能迅速发挥作用。因此，常见的临时支护方式有：锚喷支护（含锚杆支护、锚索支护、喷射混凝土支护）、各种架棚支护（支架支护）等。砌碹或现浇混凝土支护由于不能尽快发挥作用，一般不采用。因此，答案选 A、B、C、D。

5.【答案】A、C、D

巷道掘进机主要用于圆形巷道断面掘进，采用滚压式切削盘在全断面范围内破碎岩石，集破岩、装岩、转载、支护于一体。其基本功能是掘进、出渣、导向和支护，除此之外还配备有后配套系统，如出渣、运料、支护、供电、供水、排水、通风等系统设备。目前没有探水和铺轨的基本功能。因此，答案为 A、C、D。

6.【答案】A、C、D、E

巷道综掘机的应用根据运输设备的不同，可有不同形式的机械化掘进作业线，包括（1）综掘机＋桥式胶带转载机＋可伸缩胶带输送机作业线；（2）综掘机＋桥式胶带转载机＋刮板输送机作业线；（3）综掘机＋梭车作业线。由此可见，综掘机的后配套设备有桥式胶带转载机、可伸缩胶带输送机、刮板输送机等，如果采用梭车进行运输，需要设置卸载仓。由于综掘机的掘进速度较快，采用电机车加矿车往往无法满足快速出矸的要求。因此，答案是 A、C、D、E。

7.【答案】A、B、D、E

组织巷道施工机械化作业线是加快巷道施工速度的关键措施，巷道施工中各施工设备必须保证综合配套，巷道施工机械化作业线的配套原则是：

（1）钻眼、装岩、调车、运输等主要工序应基本上采用机械化作业，以减轻笨重的体力劳动。

（2）各工序所使用的机械设备，在生产能力上要匹配合理，相互适应，避免因设备能力不均衡，而影响某些设备潜力的发挥。

（3）配备的机械设备能力和数量应有适当的富裕量和备用量。

（4）机械的规格及结构形式必须适应施工条件、巷道规格及作业方式的要求。

（5）要保证施工能获得持续高速度、高效率以及合理的经济技术指标，并确保安全。

8.【答案】A、B、C、E

目前常用的巷道施工机械化作业线的常用配套内容和方法包括：

（1）多台气腿式凿岩机钻眼—铲斗后卸式或耙斗式装载机装岩—固定错车场或浮放道岔或调车器调车—矿车及电机车运输。

（2）多台气腿式凿岩机钻眼—耙斗或铲斗侧卸式装载机装岩—胶带转载机转载—矿车及电机车运输。

（3）多台气腿式凿岩机钻眼—蟹爪式装载机或耙斗式装载机装岩—梭式矿车转运—电机车牵引。

（4）多台气腿式凿岩机钻眼—带调车盘耙斗装载机装岩与调车—矿车及电机车运输。

（5）凿岩台车钻眼—铲斗侧卸式装载机装岩—胶带转载机转载—矿车及电机车运输。

（6）钻装机钻眼与装岩—胶带转载机转载—矿车及电机车运输。

（7）岩巷掘进机。

9.【答案】B、C、D、E

巷道掘进循环时间是掘进各连锁工序时间的总和，工序时间应以已颁发的定额为依据，但由于每个掘进队的具体情况不同，因此必须对施工的掘进队进行工时测定。通常掘进循环的总时间可根据交接班时间、钻眼工作时间、装岩工作时间、装药和连线时间以及爆破通风时间等进行确定。

10.【答案】A、B、D

选项A巷道围岩破碎、地压较大时，应采取复合支护方式，复合支护可以提高支护强度改善巷道围岩稳定性有利于巷道稳定，是正确的做法；选项B倾斜巷道金属支架架设时应有迎山角，这是《煤矿安全规程》（2022年版）针对倾斜巷道采用棚式支护为保证支架稳定性，克服支架随顶板下滑造成倒架的措施，所以也是正确答案；选项C金属支架采用前探梁作为临时支护，支架顶梁放置在前探梁下，并用背板背实，这种做法是错误的，"支架顶梁放置在前探梁下"，支架不能与顶板接触起不到支持顶板的作用，应该是"金属支架采用前探梁作为临时支护，支架顶梁放置在前探梁上方，并用背板背实、背紧"。所以选项C为错误选项；选项D临时支护必须紧跟工作面，严禁"空顶"作业，为正确选项，临时支护就是为解除空顶作业的；选项E采用风动凿岩机钻孔安装临时护顶锚杆，目前井下作业面锚杆钻孔、安装均采用专用锚杆钻机完成钻孔安装。所以本题正确选项为A、B、D。

11.【答案】A、B、D、E

喷射混凝土支护的作用主要体现在加固与防止围岩风化的作用，以保持围岩的强度；改善围岩的应力状态，消除因岩面不平引起的应力集中，避免过大的集中应力造成围岩的破坏，并使巷道周边围岩由二向受力状态变成三向受力状态，可提高围岩的强度；喷射混凝土的粘结强度大，能和围岩紧密地粘结在一起共同工作，同时喷层较薄，具有一定的柔性，可有效防止围岩的松动破碎；喷射混凝土还可以与破碎围岩组合形成组合拱；达到共同维护巷道稳定的作用。喷射混凝土不能直接用于加固破碎的围岩。因此答案为A、B、D、E。

12.【答案】A、D

锚喷支护是一个支护系列，通常包括锚杆支护、锚杆加喷射混凝土支护、锚杆加喷射混凝土加网支护以及锚喷和其他支护组合的联合支护。锚喷支护的各种形式既可以独立使用，也可以组合使用，主要根据工程的需要进行选择，进行组合使用可以提高支护的整体强度，提高支护的可靠性。锚喷支护中的锚杆支护、喷射混凝土支护和锚喷联合支护均可作为临时支护，也可作为永久支护，其作为临时支护时往往还可作为永久支护的一部分。锚喷支护的应用比较广泛，不仅可用于稳定围岩，也可用于不稳定围岩，但如果围岩涌水有腐蚀性时，锚喷支护无法保证支护效果。综上可知，本题答案只有A、D。

13.【答案】A、C、E

巷道支护的形式有许多种，大致可以分为支架、砌碹、锚喷三种。管棚支护多半是用于对付渗漏水严重或者围岩稳定性极差的条件，很少独立作为永久性支护。金属支架在隧道等工程中只能作为临时支护，但是在矿井中可以作为永久支护；锚喷支护可以作为临时支护也可以是永久支护。联合支护一般以锚喷为基础，有锚喷支护的相同性质；砌碹一般都是永久支护，所以永久支护有A、B、C、E四种。这其中的砌碹支护的承载能力高，可以适应于围岩压力大的条件，但其变形的适应能力小，属于刚性支护，不能满足题目给出的巷道变形大的条件，故其属于不宜采用的永久支护。于是，以上A、B、C、E的4种支护中，虽都满足有较大的承载能力的要求，但是唯有砌碹属于刚性支护，因此正确答案应为A、C、E。

14.【答案】A、C、E

井巷施工通风方式一般认为有三种，即压入式、抽出式和混合式。压入式通风的基本形式是将新鲜空气经过扇风机—风筒—风筒出口—工作面，因此，压入式通风是风机必定要设在新鲜风流中，整个风路不涉及污浊气流，风筒内部处于一定的风压下，出风的风压也比较大，但是考虑到风机的能力，距离工作面要求不超过10m。当风路要求比较长时，采用混合式通风能够避免压入式和抽出式通风各自的缺点。因此本题的合理选项应为A、C、E。

15.【答案】A、C、D

通常井下降温措施有加大通风量、喷雾洒水、个体防护、机械制冷降温，但是井下液氮和干冰蒸发降温，会影响井下空气中的氧气含量，造成安全隐患，因此正确选项是A、C、D。

16.【答案】A、E

缓坡斜井通常采用全断面一次施工、台阶法施工和掘进机施工三种方法，对于岩石缓坡斜井掘进以采用钻眼爆破方法为主，采用全断面一次钻孔，一次爆破或分次爆破方法施工，一次爆破节省时间，有利于快速掘进及安全管理。台阶法是将断面分成若干（一般为2~3）个分层，各分层在一定距离范围内呈现台阶状，同时推进施工。采用台阶法施工应合理错开上下台阶距离，缓解了钻孔、出矸和支护的矛盾，人工出矸时的错距一般3m左右，以减轻工人的劳动强度。采用掘进机施工可最大限度地发挥掘进机的潜力，实现连续掘进和快速掘进。答案只有A、E。

17.【答案】B、C、D

适合斜井工作面排水的常用排水设备有风泵、潜水排砂泵、气动隔膜泵。根据斜井工作面排水有几个特点可知，吊泵不合适在倾斜井筒中使用，卧泵不方便于工作面不断前移。因此，答案应为B、C、D。

18.【答案】B、C、E

交岔点的施工方法一般根据交岔点的特征及施工条件确定，针对不同的围岩条件宜采用不同的施工方法，在条件允许时应尽量做到一次成巷。若围岩坚硬稳定，可采用一次成巷的施工方法，随掘随砌，或掘进后一次砌筑。当采用锚喷支护时，从主巷道开始向分巷道施工，全断面依次掘进，锚杆按设计要求一次锚完，并喷以适当厚度的混凝土及时封闭围岩，最后砌筑柱墩，并复喷射混凝土至设计厚度。若岩石易风化，可先初喷一定厚度的混凝土及时封闭围岩后再打锚杆支护，最后安设柱墩和两帮锚杆并复喷射混凝土至设计厚度。在松软岩层中掘进交岔点，地应力较大，可采用分部施工法。如果在施工中顶板比较破碎，放炮后易冒顶时，应采用超前锚杆支护维护顶板或管棚超前支护法等。选项A说法不对，施工方法还取决于交岔点的特征。选项D说法不对，根据围岩条件，可以先喷后锚，也可以向锚后喷。选项B、C、E说法正确。

19.【答案】B、D、E

立井井筒副井马头门与井筒交叉施工法，主要考虑马头门长度和断面较大，一次同时施工全断面安全性较差而采取的一种方法。该方法马头门与井筒同时施工的长度为5m左右，而非马头门的全长，井筒通过马头门后，将井壁砌好后，吊盘提至马头门底板位置，进行马头门剩余工程的施工。该方法能较大部分地利用凿井设备，施工质量较好，但施工工序转换较多，劳动组织相对复杂。因此，答案选择B、D、E。

20.【答案】C、D

井下巷道围岩变形或位移监测分为表面变形位移监测和深部围岩位移监测两种。表面变形位移监测可采用收敛测量、导线和高程位置测量等方法来获得；深部围岩位移监测通常采用多点位移计、离层仪等设备进行监测。超声波测量主要用于判断围岩的裂隙和岩体破裂状态，可用于确定巷道的围岩松动圈。因此，答案为C、D。

第 7 章　露天矿山工程

7.1　露天矿剥离工程

复习要点

露天矿剥离工程是生产的重要环节，其中剥离施工疏干与排水也是露天矿山建设的工作内容。

1．露天矿剥离施工方法及应用

露天矿剥离工程，需要明确剥离施工方法和开采工艺，剥离和开采主要施工技术要求。

2．剥离施工疏干与排水工程

露天矿剥离施工疏干工程，明确疏干井施工常用的钻进方法以及疏干井钻井工程、成井工程施工技术要求，巷道疏干工程施工技术要求。

一　单项选择题

1．露天矿可以进行连续式剥采的成套施工设备是（　　　）。

　　A．轮斗挖掘机—带式运输机—排土机

　　B．轮斗挖掘机—卡车 / 铁道

　　C．单斗挖掘机—铁道

　　D．单斗铲倒推

2．露天矿山连续式剥采工艺的特征是（　　　）。

　　A．线路工程量小　　　　　　　　B．剥离成本低、效率高

　　C．设备投资少　　　　　　　　　D．工艺先进，设备具有通用性

3．采用单斗挖掘机的剥采作业，其优点是（　　　）。

　　A．效率高　　　　　　　　　　　B．对运输物料的要求低

　　C．生产成本低　　　　　　　　　D．配套方便

4．对于单斗挖掘机—卡车剥采工艺，施工时作业台阶上部应按采掘带宽度预设（　　　）。

　　A．卡车专用装载点　　　　　　　B．安全隔离带

　　C．安全挡墙　　　　　　　　　　D．设备检修通道

5．对于露天矿疏干井的井深在 200m 以内的碎石土类松散层，其钻井宜采用的方法是（　　　）。

　　A．冲击钻进　　　　　　　　　　B．回转钻进

　　C．反循环钻进　　　　　　　　　D．空气钻进

6．疏干井采用冲击钻进法施工时，应当注意（　　　）。

　　A．采用"水压"钻进　　　　　　　B．控制钻进压力

C. 控制井斜不得超过 5° D. 保持钻具垂直冲击钻进

7. 疏干井抽水试验时，水泵进水口应置于含水层底板 1m 以下，抽水的稳定时间应不低于（   ）h。

A. 1 B. 2

C. 5 D. 24

8. 露天矿开采采用地下巷道进行疏干排水时，正确的做法是（   ）。

A. 巷道必须采用锚喷网支护

B. 巷道采用下山法施工应设置集水坑导水

C. 巷道硐口应采用分部施工法，以确保施工安全

D. 巷道揭露煤层应采用导硐法施工

9. 疏干巷道与主排水井贯通时，工作面施工应控制循环进尺不大于（   ）m。

A. 0.5 B. 1.0

C. 1.5 D. 2.0

10. 露天矿防排水工程的主要内容有排水工程和（   ）。

A. 渠道工程 B. 围堰和水仓工程

C. 防洪工程 D. 疏干工程

二 多项选择题

1. 露天矿间断式剥采工艺的主要特点有（   ）。

A. 机动灵活，适应能力强 B. 爬坡能力大

C. 线路工程量大 D. 基建投资少

E. 对环境污染少

2. 关于露天矿剥采连续开采工艺的说法，正确的有（   ）。

A. 设备构成一般含有轮斗挖掘机，设备的投资高

B. 采、运、排环节合并为一体，成本低、效率高

C. 需要根据现场实际确定挖掘机工作面的施工方法

D. 适用于挖掘松软物料和软岩，遇有硬岩时，应作相应调整和控制

E. 对气候环境无特殊要求

3. 露天矿疏干井钻进方法的选择主要考虑的因素包括（   ）。

A. 岩石的物理性质 B. 钻孔孔径

C. 钻孔深度 D. 施工条件

E. 气候与环境条件

4. 露天矿疏干井施工洗井方法的选择依据包括（   ）。

A. 含水层的岩性 B. 钻井工艺

C. 钻孔孔径 D. 钻孔深度

E. 冲洗液的性质

5. 露天矿防排水工程中的排水工程项目主要有（   ）。

A. 明渠 B. 泄水孔

C. 导水孔　　　　　　　　　　D. 截水沟

E. 集水仓

【答案与解析】

一、单项选择题

1. A；　2. B；　3. D；　4. C；　5. A；　6. D；　7. C；　8. B；

9. A；　10. C

【解析】

1. 【答案】A

露天矿剥采工艺有连续式剥采、半连续式剥采、间断式剥采等，其中轮斗挖掘机连接带式运输机和排土机可以连续进行剥采，即轮斗不断转动进行剥采，运输机和排土机随轮斗不断转动不断排土。轮斗加卡车或铁路运输由于受运输限制，作业就不能连续运转，属于半连续式工艺。单斗挖掘配以铁路运输，无论采剥、运输，均不能连续进行，属于间断式工艺。单斗铲倒推为倒推剥采，为另一种剥采工艺。因此，答案应为 A。

2. 【答案】B

露天矿连续式剥采工艺的特点是在同样功率下，相比其他工艺，能力大，设备总重量轻，能耗小，剥离成本低，作业效率高；设备投资高，对物料块度、硬度要求高，受气候影响大，要求系统的可靠性高。选项 A 是间断式剥采工艺的特点，选项 D 是综合式剥采工艺的特点。答案应为 B。

3. 【答案】D

采用单斗挖掘机施工属于间隙式作业，其效率不会很高，而且要较连续作业的效率低一些。正因为低，所以容易和多种后续作业的设备配套。如采用铁路配套和运输机配套，甚至中间另加筛分设备等。由于这些配套设备不同，所以它们的优缺点也各不相同。如，和胶带运输机连接，运输的物料就有限制，不能块度过大，如果短距离运输采用和铁路连接，则运输生产成本并不低；而它能和多种后续设备连接，就集成了各种不同的优点，从而可以根据条件、要求选择，这就是配套方便的优点。因此，答案应为 D。

4. 【答案】C

对于单斗挖掘机—卡车工艺的施工，作业台阶的上部平盘应按采掘带宽度预设安全挡墙；作业平盘、运输平盘和运输道路应修筑连续的安全挡墙，并应设置放水口。剥离与开采工作面应具有不少于 7d 的煤、岩量，并应保证正常的工程衔接和作业效率。单斗挖掘机宜采用双面装车，端工作面方式作业。显然，答案为 C。

5. 【答案】A

钻孔疏水是露天矿为排除矿区范围水患的一项较大的工程内容。钻孔工作是该项工作的主体内容。钻孔工作首先要根据地质条件选择钻孔工具和钻孔方法。对于露天矿，常用的钻孔方法包括回转钻进、冲击钻进、潜孔锤钻进、反循环钻进以及空气钻进。其中冲击钻进适宜于有碎石的松散土层，且钻深在 200m 以内，符合本题条件。回转钻进适合于砂土、黏土等松软岩土层；反循环钻进虽适宜于岩石，但是不能有卵石、碎石、漂石；空气钻进适宜于处理岩层有严重渗漏水的情况。故答案应为 A。

6.【答案】D

疏干井钻井施工，当采用冲击钻进法施工时，应找正钻孔中心，并应保持钻具垂直冲击钻进；开孔钻进应加强护孔和防斜措施；深度超过正常钻进所用粗径钻具长度后，应改用正常的工艺钻进。选项 A 属于反循环钻进要求，选项 B 属于正循环回转钻进要求，选项 C 控制井斜的要求是每钻进 30m 应测量一次井斜，当管井深度小于 100m 时，井斜不得超过 2°，且井深度每增加 100m，井斜增加不应超过 0.5°，而不是不得超过 5°。因此，答案为 D。

7.【答案】C

疏干井抽水试验时，水泵进水口应置于含水层底板 1m 以下；抽水的稳定时间应在 5h 以上，出水量及降深应达到设计要求，水中固体物含量应低于 1/10000；在同一降深条件下，最后两次抽水量误差不应过 10%；井内的沉淀物不得大于 500mm。答案为 C。

8.【答案】B

巷道疏干工程中井巷工程施工应符合《煤矿井巷工程施工标准》GB/T 50511—2022 的相关规定。对于巷道工程，开掘硐口之前应做好加固；下山巷道每掘进 200m 应设置一处集水坑导水；施工揭露的巷道应进行地质写实，并应测量涌水量；不需维护、维修的疏干巷道施工完成后，从水仓处到巷道硐口，每隔 50m 应用木板在距巷道底板高 0.5m 处设置一处挡淤木墙。选项 A 必须采用锚喷网支护说法不对，也可以采用其他支护方法；选项 C 硐口采用分部施工法，不是确保安全的前提；选项 D 采用导硐法揭露煤层没有依据；只有选项 B 符合题意。

9.【答案】A

疏干巷道与主排水井贯通施工时，工作面距贯通点 5m 时，应采用放小炮的方法，循环进尺应控制在 0.5m 之内，并应采取探眼方法，探眼长度不应小于 2m。因此，答案应为 A。

10.【答案】C

露天矿的防排水工程除排水工程外，显然就是防水工程。挖渠道、建围堰和设水仓均属于排水工程的内容，疏干工程又是一项排水后单独的工程，故只有防洪工程属于防排水工程内容。答案应为 C。

二、多项选择题

1. A、B、D；　　　2. A、C、D；　　　3. A、B、C、D；　　　4. A、B、E；

5. A、E

【解析】

1.【答案】A、B、D

露天矿剥采施工采用间断式剥采工艺，其构成包括单斗挖掘机——卡车和单斗挖掘机——铁道两种方式，特点是机动灵活，适应能力强；转变半径小，爬坡能力大（8% 坡度），线路工程量小；基建时间短投资少。但会受气候条件影响限制；运距短且运营成本大，环境污染严重。因此，答案应选 A、B、D。

2.【答案】A、C、D

露天矿剥采连续开采工艺的构成主要是轮斗挖掘机，外加带式运输机、排土机或者是运输推土桥。该工艺适用于物料硬度小于 2，且不含易研磨、黏塞性强的物料，使用期间气温不能太低；主要特点是与其他工艺相比，同样功率下能力大，设备总重量轻，能耗小，剥离成本低，作业效率高；但设备投资高，物料块度、硬度要求高，受气候影响大，要求系统的可靠性高。施工作业中，轮斗挖掘机应适用于挖掘松软物料和软岩，根据工作面物料变化情况调整回转速度和切片厚度。当作业中遇有硬岩或硬岩夹层时，应减少切片厚度，并应控制回转速度。同时，应根据现场实际需要确定轮斗挖掘机工作面的开切方法、作业方式、切割方式及台阶组合形式。由此可见，答案为 A、C、D。

3.【答案】A、B、C、D

露天矿疏干井钻井工程施工前，施工单位应到现场核实孔位，了解孔位附近地下电缆管道以及地面高压电线分布情况，并确定孔位。并且，应按照岩石的物理性质、可钻性、孔径、孔深和施工条件，选择相适应的钻进方法。因此，答案为 A、B、C、D。

4.【答案】A、B、E

露天矿疏干井施工时，管井成井后应及时洗井。洗井方法应根据含水层的岩性、钻井工艺和冲洗液的性质选择。因此，答案为 A、B、E。

5.【答案】A、E

露天矿的防排水工程是为保证其采掘场、排土场和地面设施的日常排水需要和防洪安全，主要有防洪堤工程和排水工程。排水工程主要有明渠和集水仓。因此，答案为A、E。

7.2　露天矿边坡工程

复习要点

露天矿边坡工程主要包括露天矿边坡稳定性分类、露天矿边坡变形破坏防治措施，以及露天矿边坡监测方法及应用。

1．露天矿边坡稳定

露天矿边坡稳定性分类需要明确常用的分类或分级方法、露天矿边坡稳定性评价，掌握露天矿边坡变形破坏防治措施。

2．露天矿边坡监测

露天矿边坡监测需要明确监测工作的基本规定、监测的项目和内容、变形、应力、振动、水文以及滑坡监测方法及应用。

一　单项选择题

1．某露天矿边坡最终高度达到了 350m，则该边坡属于（　　　）。

    A．超高边坡　　　　　　　　　　B．高边坡

    C．中边坡　　　　　　　　　　　D．低边坡

2. 按露天矿岩体地质结构的划分规定，不存在（　　）岩体地质结构形式。
  A. 块状   B. 层状
  C. 碎裂状   D. 软土状

3. 某露天矿边坡安全等级为Ⅱ级，边坡高度400m，则边坡围护等级为（　　）。
  A. Ⅰ级   B. Ⅱ级
  C. Ⅲ级   D. Ⅳ级

4. 露天矿边坡稳定性计算一般以极限平衡法为主，主要评价指标是（　　）。
  A. 安全系数   B. 极限应力
  C. 最大变形   D. 稳定系数

5. 锚索加固边坡时，应确定两个重要的拉力值，即锚索的轴向受拉承载力和
（　　）。
  A. 锚固力   B. 预应力的锁定力
  C. 托盘预张力   D. 锚索固定桩的抗张力

6. 用以稳定边坡的重力挡墙，其高度处理的正确做法是（　　）。
  A. 重力挡墙不宜低于12m B. 重力式挡墙的高度应完全由设计确定
  C. 重力挡墙高度宜小于12m D. 重力式挡墙不能由设计计算确定

7. 露天矿边坡变形破坏防止采用注浆加固方法时，注浆应力不宜超过（　　）MPa。
  A. 1.0   B. 1.5
  C. 2.0   D. 5.0

8. 露天矿边坡工程监测工作等级应根据边坡工程（　　）和监测阶段等综合划分。
  A. 高度   B. 安全等级
  C. 稳定状态   D. 危害等级

9. 如露天矿边坡工程的安全等级为Ⅲ级，则应进行监测的内容有（　　）。
  A. 裂缝错位   B. 支护结构变形
  C. 边坡应力   D. 降雨监测

10. 关于露天矿滑坡监测工作的说法，正确的是（　　）。
  A. 滑坡监测的主要工作是施工安全监测
  B. 滑坡变形监测属于施工安全监测
  C. 滑坡长期监测的内容是地下水位监测
  D. 滑坡监测应采用多种手段互相验证和补充

（二）多项选择题

1. 容易引起规模较大的岩体失稳，造成边坡滑塌的边坡岩体结构形式有（　　）。
  A. 整体状结构   B. 块状结构
  C. 层状结构   D. 碎裂状结构
  E. 散体状结构

2. 具有圆弧形、复合型边坡破坏形式的岩体地质结构有（　　）。
  A. 块状岩体边坡   B. 层状岩体的同倾斜向边坡

C. 层状岩体的其他结构边坡　　D. 碎裂岩体边坡

E. 散体介质边坡

3. 露天矿边坡变形破坏防治治理的依据有（　　）。

A. 边坡工程施工图设计　　B. 边坡稳定性评价结果

C. 边坡安全等级　　D. 矿山生产的要求

E. 施工单位的技术水平

4. 露天矿边坡工程监测工作应坚持的基本原则有（　　）。

A. 综合监测　　B. 科学分析

C. 预测预报　　D. 保障安全

E. 经济合理

5. 安全等级为Ⅰ级的露天矿边坡工程，需要监测的项目有（　　）。

A. 变形监测　　B. 应力监测

C. 防治效果监测　　D. 振动监测

E. 水文监测

【答案与解析】

一、单项选择题

1. B；　　2. D；　　3. C；　　4. A；　　5. B；　　6. C；　　7. C；　　8. B；

9. A；　　10. D

【解析】

1.【答案】B

露天矿边坡按最终高度分为四级：大于 500m 为超高边坡，大于 300m 小于或等于 500m 为高边坡，大于 100m 小于或等于 300m 为中边坡，小于或等于 100m 为低边坡。因此，答案为 B。

2.【答案】D

按露天矿边坡岩体结构划分标准，岩体结构分为 4 类：第 1 类为块状岩体地质结构；第 2 类是层状，层状地质结构又按照地层倾向及结构面状况分为 3 类；第 3 类是碎裂状；第 4 类是散体状地质结构，而不是软土类。散体状是岩体的地质结构，而软土类应列入土体结构。故答案应为 D。

3.【答案】C

根据露天矿边坡安全等级划分，边坡工程安全等级为Ⅱ级时，边坡高度小于或等于 100m 的边坡危害等级为Ⅰ级，大于 100m 小于或等于 300m 边坡危害等级为Ⅱ级或Ⅲ级，大于 300m 小于或等于 500m 的边坡危害等级为Ⅲ级。因此，答案为 C。

4.【答案】A

根据露天矿边坡稳定性评价的基本要求，边坡稳定性评价应在定性分析的基础上定量计算，综合进行评价。边坡稳定性计算应以极限平衡法为主，以安全系数作为主要评价指标。因此，答案为 A。

5.【答案】B

预应力锚索有两个重要的张力参数，一个是题目给的锚索轴向受拉承载力，另一个是预应力锁定力，这是固定锚索时应测定的值。此值和固定桩的抗拉力有类似，但一个是作用在固定桩上，一个是作用在锚索上。托盘的预张力虽然都是作用在索体或者杆体的尾部，但是性质、要求有区别。锚固力和题目给出的作用力类似，是与题目要求不同的内容。因此，答案为B。

6.【答案】C

由于挡墙施工简单、材料来源充足，效果也比较好，因此挡墙用于稳定边坡，是一种很常用的方法。但是，挡墙越高其要求的抗弯能力越高，而因为挡墙结构的抗拉能力比较弱，再加之材料、施工缺陷的一些影响，更降低了它的抗弯能力，因此对挡墙结构的高度有所限制，露天矿对边坡挡墙要求在12m以下，不能随意凭设计超过12m规定，更不能随意确定更高的挡墙。故答案应为C。

7.【答案】C

露天矿边地变形破坏防止可采用多种方法，若采用注浆加固方法，宜选用较好可注性、固结收缩小、良好粘结性、抗渗性、耐久性和化学稳定性，且环境污染小、工艺简单、施工操作方便、安全可靠的浆液材料。同时，注浆压力不宜超过2MPa。因此，答案为C。

8.【答案】B

根据露天矿边坡监测工作规定，露天矿边坡工程监测工作等级应根据边坡工程安全等级、边坡工程监测阶段等综合划分。答案为B。

9.【答案】A

边坡监测是判别边坡稳定的重要手段。对于安全等级高的边坡，则应测的项目就应该更多些；但是安全等级低的边坡，有些监测项目也是应该坚持进行的。本题要求是安全等级为Ⅲ级，因此要求监测的项目均是一些基本项目，其中裂缝错位是应测项目。降雨监测虽然简单，但是并非必须的应测项目。因此，答案应为A。

10.【答案】D

露天矿边坡工程滑坡监测应进行施工安全监测、防治效果监测和动态长期监测。选项A说法不完整。滑坡监测应采用多种手段互相验证和补充，可进行地表裂缝错位监测、变形监测、滑坡深部位移监测、地下水监测、孔隙水压力监测和滑坡应力监测。选项D说法正确，选项C说法不严谨。滑坡变形监测既属于施工安全监测，也属于防治效果监测。选项B说法也不严谨。因此，答案应为D。

二、多项选择题

1. D、E；　　　　2. C、D、E；　　　3. B、C、D；　　　4. A、B、C、D；
5. A、B、D、E

【解析】

1.【答案】D、E

碎裂状岩体结构和散体状岩体结构的特点是碎裂比较严重，且碎块之间的联系薄弱，也因此其自身强度较低，尤其受水的影响，其弱化作用更严重；而这些特点正好是容易形成较大规模岩体失稳的条件。对于整体状岩体结构和块状岩体结构，整体结构比较稳定，一般只引起其局部的不稳定结构体的滑动。层状结构岩体容易有滑塌现象，还可能有岩层弯曲破坏，即软弱岩层的塑性变形。故答案仅为 D 和 E。

2.【答案】C、D、E

边坡岩体的破坏形式和它的岩体地质结构有关。通常的破坏形式有平面形、楔体形、倾倒形、折线形、圆弧形、复合型等形式，其中块状结构岩体以平面形、楔体形、倾倒形为主，层状岩体的同倾边坡，则会形成平面形、折线形破坏形式，层状同倾斜向边坡则出现楔体形破坏，而圆弧形及复合型的边坡破坏形式，是由碎裂形岩体边坡、散体介质边坡和层状岩体的其他结构形式边坡破坏所形成的，也即答案 C、D、E 的内容。

3.【答案】B、C、D

露天矿边坡治理应根据边坡稳定性评价的结果，结合边坡安全等级、矿山生产的要求进行。应综合选用削坡减载、疏排水和工程加固方法，并宜优先选用削坡减载、疏排水方法，工程加固宜优先选用锚杆加固。答案应为 B、C、D。

4.【答案】A、B、C、D

根据露天矿边坡监测工作规定，露天矿边坡工程监测工作应坚持"综合监测、科学分析、预测预报、保障安全"的基本原则。并应遵循"定人、定时、定设备"的三固定方针。基本原则中没有选项 E 经济合理内容。答案应为 A、B、C、D。

5.【答案】A、B、D、E

安全等级不同的边坡采取的监测手段应该是不同的。所谓安全等级为 I 级，表示该类边坡的安全问题具有非常严重的性质。因此按照《非煤露天矿边坡工程技术规范》GB 51016—2014 的要求，安全等级为 I 级的露天矿边坡，安全监测的监测项目全部属于应测的要求，这些项目是变形监测、应力监测、振动监测、水文监测 4 大类。他们就是安全监测的手段，而防治效果的监测属于监测的目的性内容，不在本题的答案范围。答案为 A、B、D、E。

第2篇　矿业工程相关法规与标准

第8章　相关法规

8.1　矿产资源开发与建设相关法规

复习要点

矿产资源开发与建设相关法规的主要内容是矿产资源属性及管理相关规定、矿产资源勘查及开采相关规定、矿山建设与安全保障相关规定、矿山安全与管理相关规定、矿山固体废物排放与处理相关规定等。

1．矿产资源属性及管理相关规定

矿产资源属性涉及矿产资源的所有权、探矿权、采矿权及探矿权和采矿权的获得与转让，矿产资源的管理涉及矿产资源勘查、开采的监督管理。

2．矿产资源勘查及开采相关规定

矿产资源勘查与建设涉及勘查成果档案资料和各类矿产储量的统计资料等管理规定以及矿山建设的相关法规。

3．矿山建设与安全保障相关规定

矿山建设与安全保障相关规定涉及矿山建设安全保障和矿山开采的安全保障。需要明确矿山建设工程的安全设施、矿山建设工程的设计文件、矿山建设项目的初步设计等相关法规，矿山开采的安全生产条件、安全事故隐患预防措施等。

4．矿山安全与管理相关规定

矿山安全与管理相关规定涉及矿山安全管理与矿山安全监督，需要明确矿山企业安全生产责任制、安全机构、专职安全工作人员以及工会的职责，矿山安全监督的部门、职责和要求等。

5．矿山固体废物排放与处理相关规定

矿山固体废物排放与处理相关规定涉及矿山固体废物排放的规定、矿山固体废物排放管理、矿山固体废物处理等。

一　单项选择题

1．国家矿产资源的所有权和所有权行使机构分别是（　　）。

　　A．国家、自然资源部　　　　　　B．国家、国务院

　　C．集体、自然资源部　　　　　　D．集体、国务院

2. 勘查、开采矿产资源，必须依法分别申请，经批准取得（　　），并办理登记。

    A. 探矿权和所有权　　　　　　　　B. 找矿权和采矿权

    C. 探矿权和采矿权　　　　　　　　D. 找矿权和所有权

3. 开采矿产资源，必须按照国家有关规定缴纳资源补偿费和（　　）。

    A. 资源税　　　　　　　　　　　　B. 营业税

    C. 矿产税　　　　　　　　　　　　D. 开采税

4. 主管全国矿产资源勘查、开采的监督管理工作部门是（　　）。

    A. 国务院地质矿产主管部门　　　　B. 自然资源部

    C. 生态环境部　　　　　　　　　　D. 应急管理部

5. 矿产资源勘查成果档案资料和（　　），实行统一的管理制度，按照国务院规定汇交或者填报。

    A. 矿山开采技术资料　　　　　　　B. 水文地质资料

    C. 矿床赋存资料　　　　　　　　　D. 各类矿产储量的统计资料

6. 在开采主要矿产的同时，对具有工业价值的（　　）矿产应当统一规划，综合开采，综合利用，防止浪费。

    A. 共生　　　　　　　　　　　　　B. 伴生

    C. 共生和伴生　　　　　　　　　　D. 组合

7. 矿山安全规程和行业技术规范，由（　　）制定。

    A. 应急管理部　　　　　　　　　　B. 国务院管理矿山企业的主管部门

    C. 自然资源部　　　　　　　　　　D. 生态环境部

8. 矿山建设项目的初步设计，应当编制（　　）。

    A. 生产专篇　　　　　　　　　　　B. 环保专篇

    C. 安全专篇　　　　　　　　　　　D. 技术专篇

9. 矿山建设工程安全设施竣工后，建设单位应当在验收前（　　）日向管理矿山企业的主管部门、劳动行政主管部门报送矿山建设工程安全设施施工、竣工情况的综合报告。

    A. 30　　　　　　　　　　　　　　B. 60

    C. 90　　　　　　　　　　　　　　D. 120

10. 管理矿山企业的主管部门、劳动行政主管部门应当自收到建设单位报送的矿山建设工程安全设施施工、竣工情况的综合报告之日起（　　）日内，对矿山建设工程的安全设施进行检查。

    A. 30　　　　　　　　　　　　　　B. 60

    C. 90　　　　　　　　　　　　　　D. 120

11. 每个矿井独立的能行人的直达地面的安全出口、矿井的每个生产水平（中段）和各个采区（盘区）与直达地面的出口相通且能行人的安全出口的个数分别是（　　）。

    A. 1，1　　　　　　　　　　　　　B. 2，2

    C. 2，3　　　　　　　　　　　　　D. 3，2

12. 井下采掘作业遇到有可疑状况时，应当（　　）。

    A. 探水前进　　　　　　　　　　　B. 探矿前进

C. 探风前进　　　　　　　　　D. 探气前进

13. 井下采掘作业,必须按照作业规程的规定管理顶帮。采掘作业通过地质破碎带或者其他顶帮破碎地点时,应当（　　　）。

A. 及时支护　　　　　　　　　B. 随机支护

C. 加强支护　　　　　　　　　D. 重点支护

14. 矿山企业必须建立、健全安全生产责任制。本企业的安全生产工作负责人是（　　　）。

A. 安全总监　　　　　　　　　B. 总工程师

C. 主管安全副矿长　　　　　　D. 矿长

15. 矿山企业（　　　）依法维护职工生产安全的合法权益,组织职工对矿山安全工作进行监督。

A. 工会　　　　　　　　　　　B. 行政部门

C. 安全部门　　　　　　　　　D. 生产部门

16. 产生工业固体废物的单位应当取得（　　　）许可证。

A. 排废　　　　　　　　　　　B. 排污

C. 处废　　　　　　　　　　　D. 处污

17. 国务院（　　　）部门对全国固体废物污染环境防治工作实施统一监督管理。

A. 生态环境主管　　　　　　　B. 发展改革

C. 自然资源　　　　　　　　　D. 住房城乡建设

18. 国家鼓励和支持（　　　）、固体废物产生单位、固体废物利用单位、固体废物处置单位等联合攻关,研究开发固体废物综合利用、集中处置等的新技术,推动固体废物污染环境防治技术进步。

A. 政府单位　　　　　　　　　B. 环保组织

C. 科研单位　　　　　　　　　D. 大专院校

二　多项选择题

1. 下列矿产资源的开采,由国务院地质矿产主管部门审批,并颁发采矿许可证的有（　　　）。

A. 国家规划矿区和对国民经济具有重要价值的矿区内的矿产资源

B. 可供开采的矿产储量规模在大型以上的矿产资源

C. 国家规定实行保护性开采的特定矿种

D. 石油、天然气、放射性矿产等特定矿种

E. 国务院规定的其他矿产资源

2. 设立矿山企业,必须符合国家规定的资质条件,并依照法律和国家有关规定,由审批机关对其（　　　）进行审查,审查合格的,方予批准。

A. 矿区范围　　　　　　　　　B. 矿山设计或者开采方案

C. 生产技术条件　　　　　　　D. 安全措施和环境保护措施

E. 基础设施建设与卫生条件

3. 矿山建设必须得到国务院授权的有关主管部门同意，不得从事开采矿产资源建设工作的地区或区域有（　　　）。

A. 港口、机场、国防工程设施附近一定距离内

B. 重要工业区、大型水利工程设施、城镇市政工程设施附近一定距离内

C. 铁路、重要公路两侧一定距离以内

D. 重要河流、堤坝两侧一定距离以内

E. 国家划定的自然保护区、重要风景区，国家重点保护的不能移动的历史文物和名胜古迹所在地

4. 关于矿产资源开采规定的说法，正确的有（　　　）。

A. 开采矿产资源，必须采取合理的开采顺序、开采方法和选矿工艺

B. 开采矿产资源，必须遵守国家劳动安全卫生规定，具备保障安全生产的必要条件

C. 开采矿产资源，必须遵守有关环境保护的法律规定，防止污染环境

D. 开采矿产资源，应当不占用土地资源

E. 国务院规定由指定的单位统一收购的矿产品，任何其他单位或者个人不得收购；开采者不得向非指定单位销售

5. 根据矿产资源开采有关规定开采矿产资源，必须采取合理的开采顺序、开采方法和选矿工艺。矿山企业的（　　　）应当达到设计要求。

A. 开采回采率　　　　　　　　B. 采矿贫化率

C. 选矿回收率　　　　　　　　D. 金属回收率

E. 废石回收率

6. 矿山建设工程的安全设施必须和主体工程（　　　）。

A. 同时设计　　　　　　　　　B. 同时施工

C. 同时投入生产　　　　　　　D. 同时使用

E. 同时拆除

7. 下列危害安全的事故隐患，矿山企业必须采取预防措施的有（　　　）。

A. 冒顶、片帮、边坡滑落和地表塌陷

B. 瓦斯爆炸、煤尘爆炸

C. 冲击地压、瓦斯突出、井喷

D. 地面和井下的火灾、水害

E. 爆破方案未审批

8. 露天采剥作业，应当按照设计规定，控制采剥工作面的（　　　）。

A. 阶段高度　　　　　　　　　B. 剥采比

C. 宽度　　　　　　　　　　　D. 边坡角

E. 最终边坡角

9. 县级以上各级人民政府劳动行政主管部门对矿山安全工作行使的监督职责有（　　　）。

A. 检查矿山企业和管理矿山企业的主管部门贯彻执行矿山安全法律、法规的情况

　　　B．主持矿山建设工程安全设施的设计审查和竣工验收

　　　C．检查矿山劳动条件和安全状况

　　　D．检查矿山企业职工安全教育、培训工作

　　　E．监督矿山企业提取和使用安全技术措施专项费用的情况

　　10．县级以上人民政府管理矿山企业的主管部门对矿山安全工作行使的管理职责有（　　　）。

　　　A．检查矿山企业贯彻执行矿山安全法律、法规的情况

　　　B．审查批准矿山建设工程安全设施的设计

　　　C．参与矿山建设工程安全设施的竣工验收

　　　D．组织矿长和矿山企业安全工作人员的培训工作

　　　E．调查和处理重大矿山事故

　　11．生态环境主管部门或者其他负有固体废物污染环境防治监督管理职责的部门违反《中华人民共和国固体废物污染环境防治法》规定，由本级人民政府或者上级人民政府有关部门责令改正，对直接负责的主管人员和其他直接责任人员依法给予处分的行为有（　　　）。

　　　A．未依法作出行政许可或者办理批准文件的

　　　B．对违法行为进行包庇的

　　　C．依法查封、扣押时未出具有效证照的

　　　D．发现违法行为或者接到对违法行为的举报后未予查处的

　　　E．有其他滥用职权、玩忽职守、徇私舞弊等违法行为的

【答案与解析】

一、单项选择题

1．B；　　2．C；　　3．A；　　4．A；　　5．D；　　6．C；　　7．B；　　8．C；
9．B；　　10．A；　　11．B；　　12．A；　　13．C；　　14．D；　　15．A；　　16．B；
17．A；　　18．C

【解析】

1．【答案】B

矿产资源属于国家所有，由国务院行使国家对矿产资源的所有权。地表或者地下的矿产资源的国家所有权，不因其所依附的土地的所有权或者使用权的不同而改变。

2．【答案】C

勘查、开采矿产资源，必须依法分别申请、经批准取得探矿权、采矿权，并办理登记；国家保护探矿权和采矿权不受侵犯，保障矿区和勘查作业区的生产秩序、工作秩序不受影响和破坏。从事矿产资源勘查和开采的，必须符合规定的资质条件。

3．【答案】A

开采矿产资源，必须按照国家有关规定缴纳资源税和资源补偿费。

4．【答案】A

国务院地质矿产主管部门主管全国矿产资源勘查、开采的监督管理工作。国务院

有关主管部门协助国务院地质矿产主管部门进行矿产资源勘查、开采和监督管理工作。

5.【答案】D

矿产资源勘查成果档案资料和各类矿产储量的统计资料，实行统一的管理制度，按照国务院规定汇交或者填报。

6.【答案】C

在开采主要矿产的同时，对具有工业价值的共生和伴生矿产应当统一规划，综合开采，综合利用，防止浪费；对暂时不能综合开采或者必须同时采出而暂时还不能综合利用的矿产以及含有有用组分的尾矿，应当采取有效的保护措施，防止损失破坏。

7.【答案】B

矿山安全规程和行业技术规范，由国务院管理矿山企业的主管部门制定。

8.【答案】C

矿山建设项目的初步设计，应当编制安全专篇。安全专篇的编写要求，由国务院行政主管部门规定。

9.【答案】B

矿山建设工程安全设施竣工后，建设单位应当在验收前 60 日向管理矿山企业的主管部门、劳动行政主管部门报送矿山建设工程安全设施施工、竣工情况的综合报告；由管理矿山企业的主管部门验收，并须有劳动行政主管部门参加。

10.【答案】A

管理矿山企业的主管部门、劳动行政主管部门应当自收到建设单位报送的矿山建设工程安全设施施工、竣工情况的综合报告之日起 30 日内，对矿山建设工程的安全设施进行检查；不符合矿山安全规程、行业技术规范的，不得验收，不得投入生产或者使用。

11.【答案】B

每个矿井至少有两个独立的能行人的直达地面的安全出口。矿井的每个生产水平（中段）和各个采区（盘区）至少有两个能行人的安全出口，并与直达地面的出口相通。

12.【答案】A

井下采掘作业遇到有可疑状况时，应当探水前进。

13.【答案】C

井下采掘作业，必须按照作业规程的规定管理顶帮。采掘作业通过地质破碎带或者其他顶帮破碎地点时，应当加强支护。

14.【答案】D

矿长对本企业的安全生产工作负责。

15.【答案】A

矿山企业工会依法维护职工生产安全的合法权益，组织职工对矿山安全工作进行监督。

16.【答案】B

产生工业固体废物的单位应当取得排污许可证。排污许可的具体办法和实施步骤由国务院规定。产生工业固体废物的单位应当向所在地生态环境主管部门提供工业固体废物的种类、数量、流向、贮存、利用、处置等有关资料，以及减少工业固体废物产生、促进综合利用的具体措施，并执行排污许可管理制度的相关规定。

17.【答案】A

国务院生态环境主管部门对全国固体废物污染环境防治工作实施统一监督管理。国务院发展改革、工业和信息化、自然资源、住房城乡建设、交通运输、农业农村、商务、卫生健康、海关等主管部门在各自职责范围内负责固体废物污染环境防治的监督管理工作。地方人民政府生态环境主管部门对本行政区域固体废物污染环境防治工作实施统一监督管理。地方人民政府发展改革、工业和信息化、自然资源、住房城乡建设、交通运输、农业农村、商务、卫生健康等主管部门在各自职责范围内负责固体废物污染环境防治的监督管理工作。

18.【答案】C

国家鼓励和支持科研单位、固体废物产生单位、固体废物利用单位、固体废物处置单位等联合攻关，研究开发固体废物综合利用、集中处置等的新技术，推动固体废物污染环境防治技术进步。

二、多项选择题

1. A、B、C、E；　　2. A、B、C、D；　　3. B、C、D、E；　　4. A、B、C、E；
5. A、B、C；　　　6. A、B、C、D；　　7. A、B、C、D；　　8. A、C、D、E；
9. A、C、D、E；　　10. A、B、D、E；　　11. A、B、D、E

【解析】

1.【答案】A、B、C、E

开采下列矿产资源的，由国务院地质矿产主管部门审批，并颁发采矿许可证：

（1）国家规划矿区和对国民经济具有重要价值的矿区内的矿产资源；

（2）前项规定区域以外可供开采的矿产储量规模在大型以上的矿产资源；

（3）国家规定实行保护性开采的特定矿种；

（4）领海及中国管辖的其他海域的矿产资源；

（5）国务院规定的其他矿产资源。

开采石油、天然气、放射性矿产等特定矿种的，可以由国务院授权的有关主管部门审批，并颁发采矿许可证。

2.【答案】A、B、C、D

设立矿山企业，必须符合国家规定的资质条件，并依照法律和国家有关规定，由审批机关对其矿区范围、矿山设计或者开采方案、生产技术条件、安全措施和环境保护措施等进行审查，审查合格的，方予批准。

3.【答案】B、C、D、E

矿山建设必须得到国务院授权的有关主管部门同意，且不得在下列地区从事开采矿产资源的建设工作：

（1）港口、机场、国防工程设施圈定地区以内；

（2）重要工业区、大型水利工程设施、城镇市政工程设施附近一定距离内；

（3）铁路、重要公路两侧一定距离以内；

（4）重要河流、堤坝两侧一定距离以内；

（5）国家划定的自然保护区、重要风景区，国家重点保护的不能移动的历史文物和名胜古迹所在地；

（6）国家规定不得开采矿产资源的其他地区。

4.【答案】A、B、C、E

矿产资源开采有关规定：

（1）开采矿产资源，必须采取合理的开采顺序、开采方法和选矿工艺。矿山企业的开采回采率、采矿贫化率和选矿回收率应当达到设计要求。

（2）在开采主要矿产的同时，对具有工业价值的共生和伴生矿产应当统一规划，综合开采，综合利用，防止浪费；对暂时不能综合开采或者必须同时采出而暂时还不能综合利用的矿产以及含有有用成分的尾矿，应当采取有效的保护措施，防止损失破坏。

（3）开采矿产资源，必须遵守国家劳动安全卫生规定，具备保障安全生产的必要条件。

（4）开采矿产资源，必须遵守有关环境保护的法律规定，防止污染环境。

（5）开采矿产资源，应当节约用地。耕地、草原、林地因采矿受到破坏的，矿山企业应当因地制宜地采取复垦利用、植树种草或者其他利用措施。开采矿产资源给他人生产、生活造成损失的，应当负责赔偿，并采取必要的补救措施。

（6）国务院规定由指定的单位统一收购的矿产品，任何其他单位或者个人不得收购；开采者不得向非指定单位销售。

5.【答案】A、B、C

开采矿产资源，必须采取合理的开采顺序、开采方法和选矿工艺。矿山企业的开采回采率、采矿贫化率和选矿回收率应当达到设计要求。

6.【答案】A、B、C、D

矿山建设工程的安全设施必须和主体工程同时设计、同时施工、同时投入生产和使用。不需要同时拆除，故不选 E。

7.【答案】A、B、C、D

矿山企业必须对下列危害安全的事故隐患采取预防措施：

（1）冒顶、片帮、边坡滑落和地表塌陷；

（2）瓦斯爆炸、煤尘爆炸；

（3）冲击地压、瓦斯突出、井喷；

（4）地面和井下的火灾、水害；

（5）爆破器材和爆破作业发生的危害；

（6）粉尘、有毒有害气体、放射性物质和其他有害物质引起的危害；

（7）其他危害。

8.【答案】A、C、D、E

露天采剥作业，应当按照设计规定，控制采剥工作面的阶段高度、宽度、边坡角和最终边坡角。采剥作业和排土作业，不得对深部或者邻近井巷造成危害。剥采比属于技术指标，故不选 B。

9.【答案】A、C、D、E

县级以上各级人民政府劳动行政主管部门对矿山安全工作行使下列监督职责：

（1）检查矿山企业和管理矿山企业的主管部门贯彻执行矿山安全法律、法规的情况；

（2）参加矿山建设工程安全设施的设计审查和竣工验收；

（3）检查矿山劳动条件和安全状况；

（4）检查矿山企业职工安全教育、培训工作；

（5）监督矿山企业提取和使用安全技术措施专项费用的情况；

（6）参加并监督矿山事故的调查和处理；

（7）法律、行政法规规定的其他监督职责。

10.【答案】A、B、D、E

县级以上人民政府管理矿山企业的主管部门对矿山安全工作行使下列管理职责：

（1）检查矿山企业贯彻执行矿山安全法律、法规的情况；

（2）审查批准矿山建设工程安全设施的设计；

（3）负责矿山建设工程安全设施的竣工验收；

（4）组织矿长和矿山企业安全工作人员的培训工作；

（5）调查和处理重大矿山事故；

（6）法律、行政法规规定的其他管理职责。

11.【答案】A、B、D、E

生态环境主管部门或者其他负有固体废物污染环境防治监督管理职责的部门违反《中华人民共和国固体废物污染环境防治法》规定，有下列行为之一，由本级人民政府或者上级人民政府有关部门责令改正，对直接负责的主管人员和其他直接责任人员依法给予处分：

（1）未依法作出行政许可或者办理批准文件的；

（2）对违法行为进行包庇的；

（3）未依法查封、扣押的；

（4）发现违法行为或者接到对违法行为的举报后未予查处的；

（5）有其他滥用职权、玩忽职守、徇私舞弊等违法行为的。

依照《中华人民共和国固体废物污染环境防治法》规定应当作出行政处罚决定而未作出的，上级主管部门可以直接作出行政处罚决定。

8.2   矿山工程施工安全相关法规

复习要点

矿山工程施工安全相关法规包括矿山安全规程、矿山重大事故隐患判定标准、预防煤矿生产安全事故的特别规定、尾矿库安全监督管理规定等内容。

1．矿山安全规程

《煤矿安全规程》（2022 年版）关于立井和巷道施工的相关规定，应注意井筒穿过含水岩层或破碎带，采用地面或工作面预注浆时的主要安全要求；巷道掘进工作面要注意严禁空顶作业。《金属非金属矿山安全规程》中关于表土掘进、吊桶提升、抓岩机使用安全要求和立井防坠安全管理要求等。

2．矿山重大事故隐患判定标准

标准明确了煤矿重大事故隐患涉及煤矿建设和井巷施工 13 个方面；金属非金属地

下矿山重大事故隐患情形包括安全出口设置，复杂水文地质和严重地压活动的矿山未配备专门机构、人员或未制定专门技术措施等；金属非金属露天矿山重大事故隐患情形主要是边坡和排土场未建立或设置相关的监测系统、未设计安全技术措施等情形；尾矿库重大事故隐患情形主要是坝体设计和使用过程中的不安全情形，排洪系统不满足设计要求和尾矿库回采的一些情形。

3. 预防煤矿生产安全事故的特别规定

相关内容涉及煤矿安全生产的责任主体、监督管理部门、生产许可，煤矿的通风、防瓦斯、防水、防火、防煤尘、防冒顶等安全设备、设施和条件，防范生产安全事故发生的措施和应急处理预案等规定。

4. 尾矿库安全监督管理规定

尾矿库安全监督管理规定，要明确尾矿库设置的安全规定，尾矿库运行要求和尾矿库闭库规定。

一 单项选择题

1. 关于井壁注浆堵水的相关说法，错误的是（　　）。
   A. 钻孔时应经常检查孔内涌水量和含砂量
   B. 钻孔中无水时，必须严密封孔
   C. 井筒在流沙层部位时，注浆孔深度应至少小于井壁厚度 200mm
   D. 双层井壁支护时，一般进行破壁注浆

2. 下列立井施工采用吊桶提升的安全要求，说法正确的是（　　）。
   A. 悬挂吊桶的钢丝绳应设稳绳装置
   B. 吊桶内的岩渣应高于桶口边缘 0.1m
   C. 吊盘下吊桶无导向绳的长度不得少于 30m
   D. 乘桶人员必须面向桶内，不得向桶外探头张望

3. 井筒掘进施工采用抓岩机出渣时，不符合安全要求的是（　　）。
   A. 抓岩机应并设置专用保险绳
   B. 抓取超过抓取能力的大块岩石
   C. 爆破后，工作面必须经过通风，处理浮石
   D. 升降抓岩机时，必须有专人指挥

4. 采用冻结法施工立井井筒时，做法正确的是（　　）。
   A. 冻结深度穿过风化带即可
   B. 水文观测孔应当打在井筒之外
   C. 在冲积层段井壁不应预留或者后凿梁窝
   D. 当采用双层或者复合井壁支护时，可以不进行壁间充填注浆

5. 斜井与平巷维修工作的安全作业要求，错误的是（　　）。
   A. 平巷修理或扩大断面，应首先加固工作地点附近的支架，然后进行拆除工作
   B. 修理密集支架巷道时，密集支架的拆除一次不得超过两架
   C. 维修斜井时，应停止车辆运行，并设警戒和明显标志

　　D．修理独头巷道时，修理工作应从里向外进行

6．斜坡道采用无轨设备施工时，做法错误的是（　　　）。

　　A．斜坡道长度每隔500～600m，应设满足错车要求的缓坡段

　　B．每台无轨设备应配备灭火装置

　　C．无轨设备不应熄火下滑

　　D．无轨设备在斜坡上停车时，应采取挡车措施

7．瓦斯抽采不达标组织生产的情形，属于（　　　）重大事故隐患。

　　A．超能力、超强度或者超定员组织生产

　　B．瓦斯超限作业

　　C．高瓦斯矿井未建立瓦斯抽采系统和监控系统，或者系统不能正常运行

　　D．通风系统不完善、不可靠

8．违反《煤矿安全规程》（2022年版）规定采用串联通风，属于（　　　）重大事故隐患情形。

　　A．超能力、超强度或者超定员组织生产

　　B．高瓦斯矿井未建立瓦斯抽采系统

　　C．瓦斯超限作业

　　D．通风系统不完善、不可靠

9．井下电气设备未取得煤矿矿用产品安全标志的情形，属于（　　　）重大事故隐患情形。

　　A．通风系统不完善、不可靠

　　B．使用明令禁止使用或者淘汰的设备、工艺

　　C．在改扩建的区域的生产超出安全设施设计规定的范围和规模

　　D．煤矿没有双回路供电系统

10．下列情形中，不属于煤矿重大事故隐患的是（　　　）。

　　A．煤与瓦斯突出矿井，未设立防突机构并配备相应专业人员

　　B．矿井总风量不足

　　C．矿井施工准备期，未形成两回路供电的

　　D．未查明矿井水文地质条件和井田范围内废弃老窑积水等情况而组织生产建设的

11．矿井直达地面的独立安全出口（　　　）的情形，不属于金属非金属地下矿山重大事故隐患。

　　A．少于2个

　　B．主井提升井有2套提升系统但未设梯子间，副井为斜井

　　C．为竖井且井内均未设置梯子间

　　D．出现堵塞或者其梯子、踏步等设施不能正常使用

12．下列情形中，属于金属非金属地下矿山重大事故隐患的是（　　　）。

　　A．水文地质类型复杂的矿井，未配备防治水专业技术人员

　　B．井下无轨运人车辆载人数量超过15人

　　C．生产矿山每1个月未更新规定的图纸

D. 未配备土建专业的技术人员

13. 关于金属非金属露天矿山重大事故隐患的说法，错误的是（　　）。

A. 高度 200m 及以上的采场边坡未进行在线监测

B. 工作帮坡角大于设计工作帮坡角

C. 排土场总堆置高度 5 倍范围以内有人员密集场所，未按设计采取安全措施

D. 边坡出现横向及纵向放射状裂缝

14. 煤矿有重大事故隐患仍然进行生产的，由（　　）以上地方人民政府负责煤矿安全生产监督管理的部门或者煤矿安全监察机构责令停产整顿。

A. 乡级　　　　　　　　　　　B. 县级

C. 市级　　　　　　　　　　　D. 省级

15. 尾矿库出现重大险情，应当立即报告（　　）。

A. 建设单位　　　　　　　　　B. 施工单位

C. 管理单位　　　　　　　　　D. 当地县级应急管理部门和人民政府

二　多项选择题

1. 关于井筒穿过含水岩层采用预注浆时的安全要求说法，正确的有（　　）。

A. 注浆深度应大于注浆的含水层全部厚度，并深入进透水岩层或硬岩层 5～10m

B. 井底的设计位置在注浆的含水岩层内时，注浆深度应大于井深 10m

C. 井筒工作面预注浆前，在注浆含水岩层上方，必须设置注浆岩帽或混凝土止浆垫

D. 岩帽或止浆垫的结构形式和厚度应根据最大注浆压力、岩石性质和工作条件确定

E. 注浆管视情况确定是否固定及安装阀门

2. 关于对井筒段进行注浆的防治水中的说法，正确的有（　　）。

A. 最大注浆压力必须小于井壁承载强度

B. 注浆孔深度必须小于井壁厚度 200mm

C. 注浆孔深度不能打到外壁，仅穿透内壁即可

D. 破壁注浆时，需制定专门的安全措施

E. 当井筒涌水量大于 12m³/h 时，才需考虑注浆治理

3. 采用冻结法施工的井筒试验开挖条件应满足（　　）。

A. 冻结壁温度进入负温

B. 冻结循环液变为负温

C. 冻结壁已交圈

D. 水文观测孔冒水 7d 且水量正常

E. 地面的提升、搅拌、运输等辅助设施适应井筒施工要求

4. 关于矿山安全施工的说法，正确的有（　　）。

A. 采用普通法凿井，空帮距离不得大于 2m

  B. 井筒注浆的深度应深入不透水岩层或坚硬岩层底板以下 10m

  C. 采用井壁注浆时，井壁必须能承受最大注浆压力的强度

  D. 锚杆的质量检验属于压力试验，锚杆不发生滑动说明锚杆质量合格

  E. 锚杆的托板必须紧贴巷壁，并用螺母拧紧

5. 关于巷道安全施工的规定，正确的有（　　）。

  A. 巷道掘进中途停止时，支护与工作面之间应留有一定距离

  B. 放炮后支架有崩倒时，必须先行修复后方可进入工作面作业

  C. 修复支架时，必须先检查帮、顶

  D. 修复巷道应由外向里进行

  E. 旧巷道修复施工前，必须先通风到空气成分符合标准后方准作业

6. 斜井或下山巷道施工时，应遵循的安全施工要求有（　　）。

  A. 掘进工作面严禁空顶作业

  B. 在地质破碎带中掘进时必须采取超前支护措施

  C. 巷道倾角大于 10° 时，人行道应设置扶手、梯子和信号装置

  D. 施工期间兼作人行道的斜巷，应设置躲避硐

  E. 工作面底板出现底鼓时，必须先探水

7. 关于《金属非金属露天矿山安全规程》要求的说法，正确的有（　　）。

  A. 挖掘机或装载机铲装时，爆堆高度应不大于机械最大挖掘高度的 1.5 倍

  B. 挖掘机工作时，其平衡装置外形的垂直投影到台阶坡底的水平距离，应不小于 1m

  C. 挖掘机上下坡时，驱动轴应始终处于下坡方向

  D. 挖掘机运转时，不应调整悬臂架的位置

  E. 挖掘机作业时，应用挖掘机铲斗处理粘厢车辆

8. 下列属于"通风系统不完善、不可靠"重大事故隐患情形的有（　　）。

  A. 矿井总风量不足或者采掘工作面等主要用风地点风量不足的

  B. 违反《煤矿安全规程》（2022 年版）规定采用串联通风的

  C. 按照《煤矿安全规程》（2022 年版）规定应当建立而未建立瓦斯抽采系统的

  D. 未按照国家规定安设、调校甲烷传感器

  E. 高瓦斯、煤（岩）与瓦斯（二氧化碳）突出建设矿井进入二期工程前，其他建设矿井进入三期工程前，没有形成地面主要通风机供风的全风压通风系统

9. 水文地质类型为中等或者复杂的矿井，出现的情形中属于重大事故安全隐患的有（　　）。

  A. 未配备防治水专业技术人员

  B. 未设置防治水机构

  C. 未配齐专用探放水设备

  D. 修改水仓位置、增设配水井

  E. 主要排水系统的水仓与水泵房之间的隔墙未按设计设置

10. 关于尾矿库闭库规定的说法，错误有（　　）。
　　A. 尾矿库运行到设计最终标高或者不再进行排尾作业的，应当在一年内完成闭库
　　B. 闭库安全设施设计应当经县级以上安全生产监督管理部门审查批准
　　C. 尾矿库闭库工作及闭库后的安全管理由原生产经营单位负责
　　D. 特殊情况不能按期完成闭库的，应当报经相应的安全生产监督管理部门同意后方可延期，但延长期限不得超过 3 个月
　　E. 闭库设计应当包括安全设施设计，并编制安全专篇

【答案与解析】

一、单项选择题

1. D;　　2. A;　　3. B;　　4. C;　　5. D;　　6. A;　　7. A;　　8. D;
9. B;　　10. C;　　11. B;　　12. A;　　13. C;　　14. B;　　15. D

【解析】

1.【答案】D

采用注浆法防治井壁漏水时，应当制定专项措施并遵守下列规定：

（1）最大注浆压力必须小于井壁承载强度。

（2）位于流沙层的井筒段，注浆孔深度必须小于井壁厚度 200mm。井筒采用双层井壁支护时，注浆孔应当穿过内壁进入外壁 100mm。当井壁破裂必须采用破壁注浆时，必须制定专门措施。

（3）注浆管必须固结在井壁中，并装有阀门。钻孔可能发生涌砂时，应当采取套管法或者其他安全措施。采用套管法注浆时，必须对套管与孔壁的固结强度进行耐压试验只有达到注浆终压后才可使用。

2.【答案】A

吊桶提升应遵守下列安全规定：井架上应有防止吊桶过卷的装置，悬挂吊桶的钢丝绳应设稳绳装置（A）；吊桶内的岩渣应低于桶口边缘 0.1m，装入桶内的长物件必须牢固绑在吊桶梁上（B）；吊桶须沿导向钢丝绳升降，吊盘下面无导向绳部分的升降距离不得超过 40m（C）；乘吊桶人数不得超过规定人数，乘桶人员必须面向桶外，严禁坐在或站在吊桶边缘（D）。

3.【答案】B

采用抓岩机出渣时，必须遵守下列规定：抓岩机应并设置专用保险绳（A）；爆破后，工作面必须经过通风，处理浮石，清扫井圈，处理好残盲炮，然后才能进行抓岩作业（C）；不许抓取超过抓取能力的大块岩石（B）；抓岩机卸岩时，不许有人站在吊桶附近；升降抓岩机时，必须有专人指挥（D）。

4.【答案】C

冻结法凿井，应符合下列规定：

（1）采用冻结法施工井筒时，应当在井筒具备试挖条件后施工。

（2）采用冻结法开凿立井井筒时，冻结深度应当穿过风化带延深至稳定的基岩 10m

以上。基岩段涌水较大时，应当加深冻结深度。水文观测孔应当打在井筒内，不得偏离井筒的净断面，其深度不得超过冻结段深度。

（3）冻结井筒的井壁结构应当采用双层或者复合井壁，井筒冻结段施工结束后应当及时进行壁间充填注浆。在冲积层段井壁不应预留或者后凿梁窝。

5.【答案】D

修复支架时必须先检查顶、帮，并由外向里逐架进行。

6.【答案】A

斜坡道及平巷采用无轨设备施工时，应遵守下列规定：

（1）每台设备应配备灭火装置，应保证刹车系统、灯光系统、警报系统齐全有效。

（2）内燃设备，应使用低污染的柴油发动机，每台设备应有废气净化装置，净化后的废气中有害物质的浓度应符合有关规定。

（3）运输设备应定期进行维护保养。

（4）采用汽车运输时，汽车顶部至巷道顶板的距离应不小于0.6m。

（5）斜坡道长度每隔300~400m，应设坡度不大于3%、长度不小于20m并能满足错车要求的缓坡段（故选项A错误）；主要斜坡道应有良好的混凝土、沥青或级配均匀的碎石路面。

（6）不应熄火下滑。

（7）在斜坡上停车时，应采取可靠的挡车措施。

7.【答案】A

"超能力、超强度或者超定员组织生产"重大事故隐患情形包括三种情况：

（1）煤矿井下一个采（盘）区内同时作业的采煤、煤（半煤岩）巷掘进工作面个数超过现行《煤矿安全规程》（2022年版）规定的；

（2）瓦斯抽采不达标组织生产的；

（3）煤矿未制定或者未严格执行井下劳动定员制度，或者采掘作业地点单班作业人数超过国家有关限员规定20%以上的。选项A属于上述情况之一。

8.【答案】D

根据《煤矿重大事故隐患判定标准》，违反《煤矿安全规程》（2022年版）规定采用串联通风的，属于"通风系统不完善、不可靠"重大事故隐患情形。

9.【答案】B

"使用明令禁止使用或者淘汰的设备、工艺"重大事故隐患情形包括：

（1）使用被列入国家禁止井工煤矿使用的设备及工艺目录的产品或者工艺的；

（2）井下电气设备、电缆未取得煤矿矿用产品安全标志的；

（3）井下电气设备选型与矿井瓦斯等级不符，或者采（盘）区内防爆型电气设备存在失爆，或者井下使用非防爆无轨胶轮车的；

（4）未按照矿井瓦斯等级选用相应的煤矿许用炸药和雷管、未使用专用发爆器，或者裸露爆破的；

（5）采煤工作面不能保证2个畅通的安全出口的。

选项B属于"使用明令禁止使用或者淘汰的设备、工艺"重大事故隐患情形。

10.【答案】C

根据《煤矿重大事故隐患判定标准》，选项 A 属于"煤与瓦斯突出矿井，未依照规定实施防突出措施"重大事故隐患情形；选项 B 属于"通风系统不完善、不可靠"重大事故隐患情形；选项 D 属于"有严重水患，未采取有效措施"重大事故隐患情形。选项 A、B、D 均属于煤矿重大事故隐患情形。矿井施工准备期，未形成两回路供电不属于"煤矿没有双回路供电系统"重大事故隐患情形；进入二期工程的高瓦斯、煤与瓦斯突出、水文地质类型为复杂和极复杂的建设矿井，以及进入三期工程的其他建设矿井，未形成两回路供电的属于煤矿重大事故隐患情形。

11.【答案】B

选项 A、C、D 均属于金属非金属地下矿山重大事故隐患中安全出口不符合的情形。选项 B 中副井为斜井且主井设有 2 套提升系统，不属于"矿井的全部安全出口均为竖井且竖井内均未设置梯子间，或者作为主要安全出口的罐笼提升井只有 1 套提升系统且未设梯子间"的隐患情形。

12.【答案】A

水文地质类型为中等或者复杂的矿井，存在（1）未配备防治水专业技术人员；（2）未设置防治水机构，或者未建立探放水队伍；（3）未配齐专用探放水设备，或者未按设计进行探放水作业三种情形均属于金属非金属地下矿山重大事故隐患。井下无轨运人车辆载人数量超过 25 人或者超过核载人数属于重大事故隐患，不是选项 B 中的 15 人；生产矿山每 3 个月未更新规定的图纸属于重大事故隐患，不是选项 C 中的 1 个月；未配备具有矿山相关专业的专职矿长、总工程师以及分管安全、生产、机电的副矿长，或者未配备具有采矿、地质、测量、机电等专业的技术人员情况属于重大事故隐患，但是不包括土建专业人员。

13.【答案】C

排土场总堆置高度 2 倍范围以内有人员密集场所，未按设计采取安全措施的属于金属非金属露天矿山重大事故隐患。选项 C 中为 5 倍，不是规定的 2 倍，故 C 为错误选项。

14.【答案】B

《国务院关于预防煤矿生产安全事故的特别规定》中规定，煤矿有重大事故隐患仍然进行生产的，由县级以上地方人民政府负责煤矿安全生产监督管理的部门或者煤矿安全监察机构责令停产整顿，提出整顿的内容、时间等具体要求。

15.【答案】D

《尾矿库安全监督管理规定》对尾矿库出现重大险情，如：坝体出现严重的管涌、流土等现象，坝体出现严重裂缝、坍塌和滑动迹象，坝体抗滑稳定最小安全系数小于规定值的 0.95 倍，尾矿库可能出现洪水漫顶，以及其他危及尾矿库安全的重大险情。生产经营单位应立即停产，按照安全监管权限和职责立即报告当地县级应急管理部门和人民政府，启动应急预案，进行抢险。因此，答案应选 D。

二、多项选择题

1. A、B、C、D；　　2. A、B、D；　　3. C、D、E；　　4. A、B、C、E；

5. B、C、D、E；　　6. A、B、D；　　7. A、B、C、D；　　8. A、B、E；

9. A、B、C、E；　　10. B、D

【解析】

1.【答案】A、B、C、D

采用注浆法防治井壁漏水时,应当遵守"注浆管必须固结在井壁中,并装有阀门。钻孔可能发生涌砂时,应当采取套管法或者其他安全措施"的规定,故选项E不正确。

2.【答案】A、B、D

立井井筒穿过预测涌水量大于$10m^3/h$的含水岩层或破碎带,应当进行堵水或者加固(E);采用注浆法防治井壁漏水时,最大注浆压力必须小于井壁承载强度(A);流沙层的井筒段,注浆孔深度必须小于井壁厚度200mm(B);当井壁破裂必须采用破壁注浆时,必须制定专门措施(D)。

3.【答案】C、D、E

只有在水文观测孔冒水7d且水量正常,或者提前冒水的水文观测孔水压曲线出现明显拐点且稳定上升7d,确定冻结壁已交圈后,才可以进行试挖。选项A、B为冻结正常现象,选项D中条件不够严谨和充分。施工标准中也规定地面的提升、搅拌、运输等辅助设施适应井筒施工要求为开工条件之一。故答案为C、D、E。

4.【答案】A、B、C、E

对锚杆进行质量检验是检查拉拔力,通常采用锚杆拉力试验,试验可能导致锚杆在锚杆眼内滑动,破坏锚杆原有的抗拔力,或者将锚杆拉出或拉断,不利于支护效果或发生安全事故,所以在井下进行锚固力试验时,应有安全措施。选项D说的是压力试验,故不正确。

5.【答案】B、C、D、E

施工岩(煤)平巷(硐)时,应当遵守下列规定:

(1)掘进工作面严禁空顶作业。临时和永久支护距掘进工作面的距离,必须根据地质、水文地质条件和施工工艺在作业规程中明确,并制定防止冒顶、片帮的安全措施。

(2)距掘进工作面10m内的架棚支护,在爆破前必须加固。对爆破崩倒、崩坏的支架必须先行修复,之后方可进入工作面作业。修复支架时必须先检查顶、帮,并由外向里逐架进行。

6.【答案】A、B、D

这是关于斜井和下山巷道施工的安全问题,包含了所有倾斜巷道施工安全的内容。分析倾斜巷道安全施工的要点,首先要明确倾斜巷道施工的特点。由于工作面和前期施工的巷道位置不在一个水平上,因此倾斜巷道施工要注意巷道涌水引起的工作面积水对施工的影响、巷道施工坡度控制及支架倾斜的控制、运输车辆的安全控制、避免有害气体积聚等问题。进一步还应明确,巷道倾斜程度的影响。角度是倾斜巷道的重要参数,影响施工安全、施工质量控制,影响巷道运输提升等方式和设备选型以及安全设施配备。此外按安全规程要求,25°以上的上山施工,人行道应有扶手、梯子、信号等有利于行走和安全的设施。本题选项A、B、E的内容与巷道是否倾斜的关系不大,按照常规巷道的要求进行分析,这三个选项中选项A和B正确。选项C说的是巷道倾角大于10°,与安全规程规定的25°不一致。选项D内容与倾斜巷道安全施工有关,是正确选项。因此本题的正确答案应为A、B、D。

7.【答案】A、B、C、D

《金属非金属矿山安全规程》规定：（1）装车时铲斗不应压碰汽车车帮，铲斗卸矿高度应不超过 0.5m，以免震伤司机，砸坏车辆。（2）挖掘机或装载机铲装时，爆堆高度应不大于机械最大挖掘高度的 1.5 倍。（3）挖掘机作业时，悬臂和铲斗下面及工作面附近，不应有人停留；不应用挖掘机铲斗处理粘厢车辆。（4）挖掘机工作时，其平衡装置外形的垂直投影到台阶坡底的水平距离，应不小于 1m。操作室所处的位置，应使操作人员危险性最小。（5）挖掘机应在作业平台的稳定范围内行走。挖掘机上下坡时，驱动轴应始终处于下坡方向；铲斗应空载，并下放与地面保持适当距离；悬臂轴线应与行进方向一致。（6）挖掘机运转时，不应调整悬臂架的位置。

8.【答案】A、B、E

"通风系统不完善、不可靠"重大事故隐患情形包括选项 A、B、E 在内的八种情形；选项 C、D 均属于"高瓦斯矿井未建立瓦斯抽采系统和监控系统，或者系统不能正常运行"重大事故隐患情形。

9.【答案】A、B、C、E

修改水仓位置、增设配水井不会对矿井形成水害威胁，不属于重大事故隐患情形。

10.【答案】B、D

尾矿库运行到设计最终标高或者不再进行排尾作业的，应当在一年内完成闭库（A）；特殊情况不能按期完成闭库的，应当报经相应的安全生产监督管理部门同意后方可延期，但延长期限不得超过 6 个月（D）。

闭库设计应当包括安全设施设计，并编制安全专篇（E）。闭库安全设施设计应当经省级以上安全生产监督管理部门审查批准（B）。

尾矿库闭库工作及闭库后的安全管理由原生产经营单位负责（C）。故答案为 B、D。

第 9 章　相 关 标 准

9.1　施工技术及安全标准

复习要点

微信扫一扫
在线做题 + 答疑

矿业工程施工技术及安全标准主要内容包括爆破施工技术与安全、井巷施工技术与安全、锚喷支护工程技术要求和煤矿防治水细则等。

1. 爆破施工技术与安全规定

井巷掘进爆破的安全规定，特殊环境条件下的地下工程爆破安全规定，露天爆破施工的安全规定，深孔爆破和浅孔爆破要求，爆破作业安全条件、安全距离和盲炮处理的要求。

2. 立井井筒施工技术与安全规定

立井井筒检查孔布置的基本要求，立井井筒普通法与特殊法施工的基本要求及安全规定。

3. 斜井及巷道施工技术与安全规定

斜井井筒检查孔布置的基本要求，斜井与平硐施工的基本要求及安全规定，巷道施工的基本要求及安全规定。

4. 锚喷支护工程技术要求

岩土锚杆与喷射混凝土支护的技术要求，煤矿井巷工程锚杆支护、预应力锚索支护和喷射混凝土支护的技术要求。

5. 煤矿防治水细则

矿井防治水的基本原则及相关要求，矿井水文地质基础工作，矿井水文地质补充调查与勘探。地面与露天矿防治水，矿井防治水，井下探放水，矿井排水与矿井水害应急处置。

一　单项选择题

1. 瓦斯矿井巷道工作面爆破作业时，检测风流中的瓦斯含量应距离工作面（　　）。

    A. 20m 以内　　　　　　　　　B. 20m 以外

    C. 50m 以内　　　　　　　　　D. 50m 以外

2. 沿山坡爆破时，下坡方向的个别飞散物对人员的安全允许距离应比平地爆破时增大（　　）。

    A. 30%　　　　　　　　　　　B. 40%

    C. 50%　　　　　　　　　　　D. 60%

3. 在城市、河流、湖泊、水库、地下积水下方及复杂地质条件下实施地下爆破时，应作（　　）。

A. 专项安全设计 　　　　　　　B. 应急预案

C. 专项演练 　　　　　　　　　D. 专项安全设计和应急预案

4. 非煤矿山用爆破法贯通巷道，两工作面相距（　　）m 时，只准从一个工作面向前掘进，并应在双方通向工作面的安全地点设置警戒，待双方作业人员全部撤至安全地点后，方可起爆。

A. 5 　　　　　　　　　　　　B. 10

C. 15 　　　　　　　　　　　　D. 20

5. 间距小于（　　）m 的两个平行巷道中的一个巷道工作面需进行爆破时，应通知相邻巷道工作面的作业人员撤到安全地点。

A. 5 　　　　　　　　　　　　B. 10

C. 15 　　　　　　　　　　　　D. 20

6. 关于爆破安全作业的说法，错误的是（　　）。

A. 起爆网络检查小组人员不得少于 2 人

B. 井下爆炸物品库 100m 以内区域不得进行爆破作业

C. 井下爆破后应通风 15min 方准许人员进入作业地点

D. 硐室爆破应采用复式起爆网络

7. 煤矿井下爆破作业应执行装药前、爆破前和爆破后的（　　）制度。

A. 班长负责 　　　　　　　　　B. 爆破员负责

C. 一炮三检 　　　　　　　　　D. 瓦检员负责

8. 煤与瓦斯突出矿井，半煤岩巷道掘进时爆破安全施工应选用（　　）。

A. 二级煤矿许用炸药，全断面一次起爆

B. 二级煤矿许用炸药，全断面分次起爆

C. 三级煤矿许用含水炸药，全断面分次起爆

D. 三级煤矿许用含水炸药，全断面一次起爆

9. 煤矿井下爆破作业使用煤矿许用毫秒延时电雷管时，从起爆到最后一段的延时时间不应超过（　　）ms。

A. 100 　　　　　　　　　　　B. 110

C. 120 　　　　　　　　　　　D. 130

10. 地质构造、水文条件复杂的矿井同一工业广场内布置 2 个立井，至少应打（　　）个井筒检查孔。

A. 1 　　　　　　　　　　　　B. 2

C. 3 　　　　　　　　　　　　D. 4

11. 关于斜井井筒检查孔的说法，正确的是（　　）。

A. 检查孔宜布置在斜井井筒掘进范围内

B. 检查孔与井筒纵向中心线水平距离不应大于 25m

C. 检查孔布置间距不应超过 30m

D. 检查孔的孔深应超过该处斜井掘进轮廓线底板垂深 60m

12. 立井井筒采用冻结法施工，说法正确的是（　　）。

A. 冻结深度应进入稳定的不透水基岩 5m 以上

B．在冲积层中的冻结孔偏斜率不宜大于0.5%

C．在风化带及含水基岩中，相邻两个冻结孔终孔间距不应大于3m

D．冻结孔钻进中每隔30m测斜1次，发现偏值超过设计值时，应进行纠偏

13．立井井筒采用钻井法施工，说法错误的是（　　　）。

A．钻井井筒应进入不透水稳定基岩5m以上

B．钻井井筒锁口深度应大于4m，且进入稳定地层3m以上

C．钻进深度大于300m时，钻井井筒偏斜率不得大于0.8%

D．采用减压钻进的总钻压不宜超过钻头在泥浆中重量的60%

14．关于倾斜巷道施工，说法错误的是（　　　）。

A．应设置防止跑车、坠物的安全装置

B．倾角大于10°时，应采取防止设备、轨道、管路等下滑的措施

C．下山施工，且倾角大于20°、斜长大于500m时，宜采用机械方式运送人员

D．倾角大于25°、斜长大于30m的倾斜巷道，宜由下向上施工

15．矿井水文地质类型应当每（　　　）年修订1次。

A．1　　　　　　　　　　　　B．2

C．3　　　　　　　　　　　　D．5

16．矿井排水，工作水泵的能力应当能在（　　　）h内排出矿井24h的正常涌水量。

A．12　　　　　　　　　　　B．16

C．20　　　　　　　　　　　D．24

二 多项选择题

1．地下爆破时，应明确划定警戒区，设立警戒人员和标识，并应发布（　　　）。

A．装药信号　　　　　　　　B．联络信号

C．预警信号　　　　　　　　D．起爆信号

E．解除警报信号

2．煤矿井下石门揭煤采用远距离爆破时，应制定专项安全措施，内容应包括（　　　）。

A．爆破地点　　　　　　　　B．避灾路线

C．停电范围　　　　　　　　D．撤人和警戒范围

E．停风范围

3．在具有硫尘或硫化物粉尘爆炸危险的矿井进行爆破时，应遵守（　　　）规定。

A．装药前，工作面应洒水

B．浅孔爆破时，50m范围内均应洒水

C．浅孔爆破时，10m范围内均应洒水

D．深孔爆破时，20m范围内均应洒水

E．深孔爆破时，30m范围内均应洒水

4．在井下爆破器材库附近爆破时，应遵守（　　　）规定。

A．距井下爆破器材库10m以内的区域不应进行爆破作业

    B. 距井下爆破器材库 20m 以内的区域不应进行爆破作业

    C. 距井下爆破器材库 30m 以内的区域不应进行爆破作业

    D. 在离爆破器材库 30～50m 区域内进行爆破时，人员不应停留在爆破器材库内

    E. 在离爆破器材库 30～100m 区域内进行爆破时，人员不应停留在爆破器材库内

5. 关于盲炮处理的说法，错误的是（   ）。

    A. 处理盲炮前应由有经验的爆破工定出警戒范围，处理盲炮时无关人员不许进入警戒区

    B. 电力起爆网路发生盲炮时，应立即切断电源，及时将盲炮电路短路

    C. 严禁强行拉出或掏出炮孔中的起爆药包和雷管

    D. 导爆管起爆网路发生盲炮时，应首先检查导爆管是否有破损或断裂，如有破损修复后重新起爆

    E. 盲炮处理后，应再次仔细检查爆堆，将残余的爆破器材收集起来，整理修复后重新使用

6. 关于井筒漏水量的规定，正确的有（   ）。

    A. 冻结段小于 400m 时，漏水量不应大于 $0.5\text{m}^3/\text{h}$

    B. 冻结段大于 400m 时，每百米漏水增加量不应大于 $0.5\text{m}^3/\text{h}$

    C. 钻井法施工的井筒段，漏水量不应大于 $0.5\text{m}^3/\text{h}$

    D. 井筒注浆段小于 600m 时，漏水量不应大于 $5.0\text{m}^3/\text{h}$

    E. 井筒注浆段大于 600m 时，每百米漏水增加量不应大于 $1.0\text{m}^3/\text{h}$

7. 巷道施工过破碎带等不良地段时，可采取的超前支护有（   ）。

    A. 前探梁   B. 管棚

    C. 锚网喷   D. 金属支架

    E. 注浆加固

8. 关于巷道安全施工的规定，正确的有（   ）。

    A. 巷道掘进中途停止时，支护与工作面之间应留有一定距离

    B. 放炮后支架有崩倒时，必须先行修复后方可进入工作面作业

    C. 修复支架时，必须先检查帮、顶

    D. 修复巷道应由外向里进行

    E. 旧巷道修复施工前，必须先通风到空气成分符合标准后方准作业

9. 关于喷射混凝土强度等级的叙述，错误的有（   ）。

    A. 喷射混凝土的设计强度等级不应低于 C20

    B. 井筒工程，喷射混凝土的设计强度等级不应低于 C25

    C. 重要硐室，喷射混凝土的设计强度等级不应低于 C30

    D. 钢纤维喷射混凝土的设计强度等级不应低于 C25

    E. 喷射混凝土的 1d 龄期的抗压强度不应低于 6MPa

10. 矿井防治水基本原则包括（   ）。

    A. 预测预报   B. 有疑必探

C. 先探后掘　　　　　　　　　　D. 先治后采

E. 综合防治

【答案与解析】

一、单项选择题

1. A;　 2. C;　 3. D;　 4. C;　 5. D;　 6. B;　 7. C;　 8. D;

9. D;　 10. C;　 11. B;　 12. D;　 13. A;　 14. B;　 15. C;　 16. C

【解析】

1.【答案】A

爆破作业条件要求，爆破前应对爆区周围的自然条件和环境状况进行调查，了解危及安全的不利环境因素，采取必要的安全防范措施。对于瓦斯矿井巷道工作面掘进爆破作业，距工作面20m以内的风流中瓦斯含量达到或超过1%或有瓦斯突出征兆的，不应进行爆破作业。因此，爆破前需要检测距工作面20m以内的风流中瓦斯含量，答案为A。

2.【答案】C

沿山坡爆破时，下坡方向的个别飞散物飞散距离更远，因此对人员的安全允许距离应比平地爆破时增大50%。因此，答案为C。

3.【答案】D

在城市、水域下方及复杂地质条件下实施地下爆破时，为保证安全必须有专项安全设计和应急预案。因此，答案为D。

4.【答案】C

《爆破安全规程》GB 6722—2014规定，用爆破法贯通巷道，两工作面相距15m时，只准从一个工作面向前掘进，并应在双方通向工作面的安全地点设置警戒，待双方作业人员全部撤至安全地点后，方可起爆。因此，答案为C。

5.【答案】D

《爆破安全规程》GB 6722—2014规定，间距小于20m的两个平行巷道中的一个巷道工作面需进行爆破时，应通知相邻巷道工作面的作业人员撤到安全地点。因此，答案为D。

6.【答案】B

工程爆破作业安全规定包括有：（1）爆破作业基本规定要求，装药与起爆工作中，敷设起爆网路应由有经验的爆破员或爆破技术人员实施并实行双人作业制。起爆网路检查，应由有经验的爆破员组成的检查组担任，检查组不得少于2人。（2）井下炸药库30m以内的区域不应进行爆破作业。在离炸药库30~100m区域内进行爆破时，任何人不应停留在炸药库内。（3）地下矿山和大型地下开挖工程爆破后，经通风吹散炮烟、检查确认井下空气合格后、等待时间超过15min，方准许作业人员进入爆破作业地点。（4）硐室爆破应采用复式起爆网路并作网络试验。敷设起爆网络应由爆破技术人员和熟练爆破工实施，按从后爆到先爆、先里后外的顺序联网，联网应双人作业，一人操作，另一人监督、测量、记录，严格按设计要求敷设。电爆网络应设中间开关。因此，错误的说法是 B。

7.【答案】C

煤矿井下爆破作业时，要求在装药前、爆破前和爆破后分别检测瓦斯浓度，只有瓦斯浓度满足要求时才能进行上述作业从而保证爆破安全，这种制度称为"一炮三检"制度。因此，答案为 C。

8.【答案】D

我国煤矿许用炸药按其瓦斯安全性分为一级、二级、三级、四级和五级。级数越高，安全程度越好。《煤矿安全规程》（2022 年版）规定煤矿许用炸药的选用必须遵守下列规定：（1）低瓦斯矿井的岩石掘进工作面，使用安全等级不低于一级的煤矿许用炸药。（2）低瓦斯矿井的煤层采掘工作面、半煤岩掘进工作面，使用安全等级不低于二级的煤矿许用炸药。（3）高瓦斯矿井，使用安全等级不低于三级的煤矿许用炸药。（4）突出矿井，使用安全等级不低于三级的煤矿许用含水炸药。本题矿井为煤与瓦斯突出矿井，选择炸药是不分煤巷、岩巷、半煤岩巷的，所有施工巷道在爆破时必须使用安全等级不低于三级的煤矿许用含水炸药。因此，答案是 D。

9.【答案】D

为保证爆破作业不引燃引爆瓦斯，煤矿井下爆破作业使用煤矿许用毫秒延时电雷管时，总延时时间不应超过 130ms。因此，答案为 D。

10.【答案】C

立井井筒检查孔是获取井筒设计和施工有关的地质和水文地质资料的重要手段。根据矿井的地质构造和水文条件，对立井井筒检查孔的布置要求不同。地质构造、水文条件中等以下类型的矿井，每个立井井筒至少应打 1 个检查孔。地质构造、水文条件复杂以上类型的矿井：同一工业广场内布置 1 个井筒的，至少应打 2 个检查孔；同一工业广场内布置 2 个立井井筒的，至少应打 3 个检查孔；同一工业广场内布置 2 个以上立井井筒的，每个井筒至少应打 1 个检查孔。因此，本题正确答案为 C。

11.【答案】B

斜井检查孔的布置要求：（1）检查孔不得布置在井筒掘进范围内，宜布置在斜井一侧，检查孔与井筒纵向中心线水平距离不应大于 25m；（2）检查孔布置间距不应超过 60m；（3）检查孔孔深应超过该处斜井掘进轮廓线底板垂深 30m；（4）冻结法施工斜井，冻结起始端、中部、终止端及各含水层至少应各布置 1 个检查孔；（5）地质构造、水文条件复杂和极复杂类型矿井，应增加检查孔数量，并应缩小检查孔间距。正确答案为 B。

12.【答案】D

立井井筒采用冻结法施工，冻结深度应根据地层埋藏条件及井筒掘砌深度确定。冻结深度应深入稳定的不透水基岩 10m 以上，基岩段涌水较大时，还应延长冻结深度。冻结孔偏斜率，位于冲积层的钻孔不宜大于 0.3%，位于风化带及含水基岩的钻孔不宜大于 0.5%。在冲积层中相邻两个冻结孔终孔间距不应大于 3.0m，在风化带及含水基岩中相邻两个冻结孔终孔间距不应大于 5.0m。冻结孔应采取钻、测、纠相结合的钻进工艺，在钻进中应每隔 30m 测斜 1 次。钻孔成孔后，应每隔 30m 进行成孔测斜，并应绘制成孔偏斜平面投影图。因此，正确答案是 D。

13.【答案】A

立井井筒采用冻结法施工,钻井井筒进入不透水稳定岩层深度不应小于10m。钻井井筒锁口内径应大于最大钻井直径0.4m,锁口深度应大于4m,且进入稳定地层中3m以上,必要时可采取加固地层措施。钻井的偏斜,钻进深度不大于300m时,偏值不得大于240mm,钻进深度大于300m时,偏斜率不得大于0.8%。钻进时采用减压钻进,总钻压不宜超过钻头在泥浆中重量的60%,在地层变化处不大于40%。

14.【答案】B

倾斜巷道施工的相关规定:(1)应设置防止跑车、坠物的安全装置;(2)倾角大于15°时,应采取防止设备、轨道、管路等下滑的措施,并应设人行台阶,当倾角大于25°时,应增设扶手;(3)下山施工,且倾角大于20°、斜长大于500m时,宜采用机械方式运送人员;(4)倾角大于25°、斜长大于30m的倾斜巷道,宜由下向上施工;(5)除锚喷支护外,不宜采用掘进、支护平行作业。

15.【答案】C

矿井水文地质类型应当每3年修订1次。当发生较大以上水害事故或者因突水造成采掘区域或矿井被淹的,应当在恢复生产前重新确定矿井水文地质类型。

16.【答案】C

矿井应当配备与矿井涌水量相匹配的水泵、排水管路、配电设备和水仓等,确保矿井能够正常排水。除正在检修的水泵外,应当有工作水泵和备用水泵。工作水泵的能力,应当能在20h内排出矿井24h的正常涌水量。备用水泵的能力应当不小于工作水泵能力的70%。检修水泵的能力,应当不小于工作水泵能力的25%。工作和备用水泵的总能力,应当能在20h内排出矿井24h的最大涌水量。水文地质条件复杂或者极复杂的矿井,可以在主泵房内预留安装一定数量水泵安装位置,或者增加相应的排水能力。

二、多项选择题

1. C、D、E;	2. A、B、C、D;	3. A、C、E;	4. C、E;
5. A、E;	6. A、B、E;	7. A、B;	8. A、B、E;
9. C、D、E;	10. A、B、C、D		

【解析】

1.【答案】C、D、E

地下爆破时,应明确划定警戒区,设立警戒人员和标识,并应分时段发布三种信号:预警信号、起爆信号和解除警报信号。因此,答案为C、D、E。

2.【答案】A、B、C、D

煤矿井下石门揭煤采用远距离爆破时,不能停风,应制定包括爆破地点、避灾路线、撤人和警戒范围、停电范围等内容的专项安全措施。因此,答案为A、B、C、D。

3.【答案】A、C、E

在具有硫尘或硫化物粉尘爆炸危险的矿井进行爆破时,应采取洒水降尘措施:装药前工作面应洒水;浅孔爆破时10m范围内均应洒水;深孔爆破时30m范围内均应洒水。因此,答案为A、C、E。

4. 【答案】C、E

《爆破安全规程》GB 6722—2014 规定，距井下爆破器材库 30m 以内的区域不应进行爆破作业。在离爆破器材库 30～100m 区域内进行爆破时，人员不应停留在爆破器材库内。因此，答案为 C、E。

5. 【答案】A、E

盲炮处理的相关规定：（1）处理盲炮前应由爆破技术负责人定出警戒范围，并在该区域边界设置警戒，处理盲炮时无关人员不许进入警戒区；（2）应派有经验的爆破工处理盲炮；（3）电力起爆网路发生盲炮时，应立即切断电源，及时将盲炮电路短路；（4）导爆索和导爆管起爆网路发生盲炮时，应首先检查导爆索和导爆管是否有破损或断裂，发现有破损或断裂的应修复后重新起爆；（5）严禁强行拉出或掏出炮孔中的起爆药包和雷管；（6）盲炮处理后，应再次仔细检查爆堆，将残余的爆破器材收集起来统一销毁。

6. 【答案】A、B、C、E

采用冻结法施工的井筒段，冻结段不大于 400m 时，漏水量不应大于 0.5m³/h；冻结段大于 400m 时，每百米漏水增加量不应大于 0.5m³/h。采用钻井法施工的井筒段，漏水量不应大于 0.5m³/h。采用地面预注浆后，井筒注浆段小于 600m 时，漏水量不应大于 6.0m³/h；注浆段大于 600m 时，每百米漏水增加量不应大于 1.0m³/h。而且，采用特殊法施工的井筒不应有集中漏水孔和含砂的水孔。

7. 【答案】A、B、E

巷道施工穿过破碎带、断层带、陷落柱等不良地层时，应进行临时支护，宜采用前探梁、管棚和金属支架等支护或联合支护；当围岩破碎严重、巷道穿过距离较长难以通过时，可采用注浆加固围岩。其中，前探梁、管棚和注浆加固可起到超前支护的作用。

8. 【答案】A、B、E

维修斜井和平巷，应遵守的规定包括有：（1）平巷修理或扩大断面时，应首先加固工作地点附近的支架，然后拆除需要修理或扩大断面的巷道支架，并做好临时支护工作的准备；（2）每次拆除的支架数应根据具体情况确定，密集支架的拆除，一次不得超过两架；（3）维修斜井时，应停止车辆运行，并设警戒和明显标志；（4）撤换独头巷道支架时，里边不得有人。

9. 【答案】C、D、E

《岩土锚杆与喷射混凝土支护工程技术规范》GB 50086—2015 对喷射混凝土强度的一般规定：（1）喷射混凝土的设计强度等级不应低于 C20；（2）对于竖井及重要隧洞和斜井工程，喷射混凝土的设计强度等级不应低于 C25；（3）喷射混凝土的 1d 龄期的抗压强度不应低于 8MPa；（4）钢纤维喷射混凝土的设计强度等级不应低于 C20，其抗拉强度不应低于 2MPa，抗弯强度不应低于 6MPa。

10. 【答案】A、B、C、D

《煤矿防治水细则》指出，防治水工作应当坚持预测预报、有疑必探、先探后掘、先治后采的原则，根据不同水文地质条件，采取探、防、堵、疏、排、截、监的综合防治措施。

9.2　施工质量验收标准

复习要点

矿业工程施工与质量验收标准包含工业建筑及基础工程施工质量、煤炭矿山工程施工质量以及非煤矿山工程施工质量验收标准等方面的内容。

1．工业建筑及基础工程施工质量验收标准

建筑工程施工质量验收应划分为单位工程、分部工程、分项工程和检验批。工程质量验收均应在施工单位自检合格的基础上进行，对涉及结构安全、节能、环境保护和主要使用功能的试块、试件及材料，应在进场时或施工中按规定进行见证检验，对涉及结构安全、节能、环境保护和使用功能的重要分部工程，应在验收前按规定进行抽样检验。常见的混凝土结构工程、钢结构工程以及地基基础工程一般都按主控项目和一般项目进行验收。

2．煤炭矿山工程施工质量验收标准

煤炭矿山工程施工质量验收标准的依据是《煤矿井巷工程质量验收规范》GB 50213—2010（2022年版）。其主要内容包括验收的程序和组织，验收的技术条款等。煤矿井巷工程质量验收基本分为三类工程：立井井筒、斜井井筒及平硐、巷道及硐室工程。不同的工程验收的内容不尽相同，需要加以注意。

3．非煤矿山工程施工质量验收规范

非煤矿山工程施工质量验收内容与煤炭矿山工程具有很多相似与相通之处，学习时可以相互借鉴与对比。尾矿设施质量验收具有一定的特殊性，特别是要注意抗水性与防渗性。

一　单项选择题

1．混凝土结构工程，模板安装分项工程采用计数抽样检验时，其合格点率应达到（　　）及以上，且不得有严重缺陷。

A．70%　　　　　　　　　　　B．75%

C．80%　　　　　　　　　　　D．85%

2．钢材、钢部件拼接或对接，当设计无要求时，直接承受拉力的焊缝，应采用（　　）。

A．一级熔透焊缝　　　　　　　B．二级熔透焊缝

C．三级焊缝　　　　　　　　　D．四级焊缝

3．某煤矿一立井井筒深度1200m，直径8.5m，采用普通法施工，该井筒施工完毕后总漏水量的合格标准是（　　）。

A．6m³/h　　　　　　　　　　B．10m³/h

C．12m³/h　　　　　　　　　 D．15m³/h

4．某煤矿一立井井筒深度1200m，深部井壁混凝土强度设计标号为C80，其每组标准试件强度代表值不应小于（　　）。

A．80MPa　　　　　　　　　　B．84MPa

C．88MPa　　　　　　　　　　D．90MPa

5．煤矿井巷工程混凝土结构取芯试验结果判定合格，三个芯样的抗压强度算术平均值应不小于设计要求的混凝土强度等级值的（　　　　）。

A．80%　　　　　　　　　　B．88%

C．105%　　　　　　　　　　D．115%

6．某煤矿立井井筒，深度 600m，采用全深冻结法施工，则施工完毕后，合格的质量漏水量标准是（　　　）。

A．6m³/h　　　　　　　　　B．10m³/h

C．1.5m³/h　　　　　　　　D．0.5m³/h

7．某铁矿一立井井筒深度 1200m，在硬岩中掘进时采用光面爆破技术，其周边眼的眼痕率不应小于（　　　）。

A．50%　　　　　　　　　　B．60%

C．70%　　　　　　　　　　D．80%

8．非煤露天矿工程边坡光面爆破，对于节理裂隙不发育的岩体残留半孔率应达到（　　　）以上。

A．50%　　　　　　　　　　B．60%

C．70%　　　　　　　　　　D．85%

二　多项选择题

1．建筑工程施工质量验收应划分为（　　　）。

A．单位工程　　　　　　　　B．分部工程

C．分项工程　　　　　　　　D．检验批

E．工序

2．钢筋混凝土预制桩施工结束后应对（　　　）进行检验。

A．承载力　　　　　　　　　B．桩身完整性

C．接桩质量　　　　　　　　D．垂直度

E．桩顶标高

3．喷射混凝土试件的制作可采用（　　　）。

A．钻取法　　　　　　　　　B．喷大板法

C．现场拌制灌模法　　　　　D．喷模法

E．喷模切割法

4．钻井法施工的井筒其验收合格标准正确的有（　　　）。

A．成井有效圆直径不得小于设计值

B．成井深度不得小于设计深度

C．深度小于 300m 时，允许偏差值应为 120mm

D．深度大于 300m 时，提升井允许偏斜率为 0.4‰

E．非提升井允许偏斜率应为 0.4‰

5. 尾矿库黏性土坝的施工技术要求有（　　　）。

　　A. 填筑与碾压应连续进行

　　B. 横向接缝的接合坡比不应大于 1：3.0，高差不宜大于 10.0m

　　C. 铺土时，上、下游坝坡应留有削坡余量

　　D. 在摊铺中严禁夹有冰雪，不得含有冰块

　　E. 雨期施工时，应有可靠的排水设施，其填筑面可中央凹下

【答案与解析】

一、单项选择题

1. C；　　2. A；　　3. C；　　4. B；　　5. B；　　6. C；　　7. D；　　8. D

【解析】

1.【答案】C

混凝土结构工程可划分为模板、钢筋、预应力、混凝土、现浇结构和装配式结构等分项工程。分项工程的质量验收应在所含检验批验收合格的基础上，进行质量验收记录检查。检验批的质量验收应包括实物检查和资料检查，主控项目的质量经抽样检验均应合格；一般项目的质量经抽样检验应合格，一般项目当采用计数抽样检验时，除有专门规定外，其合格点率应达到 80% 及以上，且不得有严重缺陷；应具有完整的质量检验记录，重要工序应具有完整的施工操作记录。模板安装分项工程为一般项目，其主要要求有：模板的接缝应严密；模板内不应有杂物、积水或冰雪等；模板与混凝土的接触面应平整、清洁；用作模板的地坪、胎膜等应平整、清洁，不应有影响构件质量的下沉、裂缝、起砂或起鼓等。对清水混凝土及装饰混凝土构件，应使用能达到设计效果的模板。

2.【答案】A

钢材、钢部件拼接或对接时所采用的焊缝质量等级应满足设计要求。当设计无要求时，应采用质量等级不低于二级的熔透焊缝，对直接承受拉力的焊缝，应采用一级熔透焊缝。

3.【答案】C

采用普通法施工的井筒，建成后的总漏水量：井筒深度不大于 600m，总漏水量不得大于 6m³/h；井筒深度大于 600m 时，深度每增加 100m，总漏水量允许增加 1m³/h。井壁不得有 0.5m³/h 以上的集中漏水孔。

4.【答案】B

混凝土强度的检验应以每组标准试件或芯样强度代表值来确定。每组标准试件或芯样抗压强度代表值应为 3 个试件或 5 个芯样试压强度的算术平均值（四舍五入取整数）。一组试件或芯样最大或最小的强度值与中间值相比超过中间值的 15% 时，可取中间值为该组试件强度代表值。一组试块或芯样中最大和最小强度值与中间值之差均超过中间值的 15% 时，或因试件外形、试验方法不符合规定的试件，其试件强度不应作为评定的依据；井巷工程混凝土标准试件的检验标准应符合下列规定：C55 及以下任一级中的任一组试件强度代表值不低于设计值的 1.15 倍；C60～C75 任一级中的任一组试件

强度代表值不低于设计值的 1.10 倍；C80 及以上任一级中的任一组试件强度代表值不低于设计值的 1.05 倍；每一组中任一试件强度不低于设计值的 95%。

5.【答案】B

当混凝土强度不符合规范规定时，可以从结构中钻取混凝土芯样或用非破损检验方法进行检查。混凝土结构取芯试验结果符合下列规定时，结构实体混凝土强度可判定为合格：三个芯样的抗压强度算术平均值不小于设计要求的混凝土强度等级值的 88%；三个芯样的抗压强度最小值不小于设计要求的混凝土强度等级值的 80%。

6.【答案】C

采用特殊法施工的井筒段，其漏水量除应符合普通法施工的井筒漏水量外，还应符合下列规定：钻井法施工井筒段，漏水量不得大于 $0.5m^3/h$；采用冻结法施工，冻结法施工井筒段深度不大于 400m 时，漏水量不得大于 $0.5m^3/h$；冻结法施工井筒段深度大于 400m 时，深度每增加 100m，允许漏水量增加 $0.5m^3/h$。特殊法施工的井筒段除满足漏水量要求外，还不得有集中漏水孔和含砂的漏水孔。

7.【答案】D

非煤矿山工程施工质量验收规范规定，井筒掘进应采用光面爆破技术，井筒光面爆破质量，应符合下列规定：井筒掘进局部欠挖不得大于设计规定 50mm，超挖不得大于设计规定 150mm，平均线性超挖值应小于 100mm；硬岩的眼痕率不应小于 80%，中硬岩的眼痕率不应小于 50%；软岩井筒周边成型应符合设计轮廓；井帮岩面不应有明显的炮震裂缝。

8.【答案】D

非煤露天矿工程施工质量验收，边坡控制爆破应采用预裂爆破或光面爆破。预裂爆破、光面爆破质量应符合下列规定：裂缝必须贯通，壁面不得残留未爆落岩体；壁面应平顺，壁面平整度应控制在 ±20cm 范围内；壁面应残留有孔壁痕迹，且不应小于原炮孔壁的 1/3；残留半孔率，对于节理裂隙不发育的岩体应达到 85% 以上；对于节理裂隙较发育和发育的岩体，应达到 50% 以上；对节理裂隙极发育的岩体，应达到 10% 以上。

二、多项选择题

1. A、B、C、D；　　2. A、B；　　　　3. A、B；　　　　4. A、B、C、D；
5. A、B、C、D

【解析】

1.【答案】A、B、C、D

建筑工程施工质量验收应划分为单位工程、分部工程、分项工程和检验批。检验批是指按同一生产条件或按规定的方式汇总起来供检验用的，由一定数量样本组成的检验体。分项工程由若干检验批组成，分部工程由分项工程组成，单位工程由分部工程组成。工序验收属于施工单位自己的事情，由施工单位自行检验，并留存检验资料被查。

2.【答案】A、B

钢筋混凝土预制桩在施工前应检验成品桩构造尺寸及外观质量。施工中应检验接桩质量、锤击及静压的技术指标、垂直度以及桩顶标高等。施工结束后应对承载力及桩身完整性等进行检验。

钢筋混凝土预制桩质量检验标准汇合了预制桩（管桩）成品桩的质量检查验收内容，且对不同的施工方法如锤击打入法、液压沉入法、静力压入法、钻孔植入法均适用。

3.【答案】A、B

喷射混凝土试件的制作可采用钻取法或者喷大板试验法。钻取法是用钻取机在已喷好的经 28d 养护的实际结构物上，直接钻取直径 50mm、长度大于直径 1.1 倍的芯样，用切割机加工成两端面平行的圆柱体试件进行试验。喷大板试验法标准试件应采用从现场施工的喷射混凝土板件上切割成要求尺寸的方法制作，模具尺寸为 450mm×350mm×120mm（长 × 宽 × 高）其尺寸较小的一边为敞开状。

4.【答案】A、B、C、D

钻井法施工的井筒成井有效圆直径不得小于设计值，成井深度不得小于设计深度。成井偏斜应满足下列规定：深度小于 300m 时，允许偏差值应为 120mm；深度大于 300m 时，提升井允许偏斜率为 0.4‰；非提升井允许偏斜率应为 0.6‰。成井应每 10m 测斜一次和全井测斜一次，并做好测斜记录。

5.【答案】A、B、C、D

黏性土坝的施工应符合下列规定：填筑与碾压应连续进行；横向接缝的接合坡比不应大于 1：3.0，高差不宜大于 10.0m，当横向接缝陡于 1：3.0 时，在接合处应采取专门措施压实，压实宽度不应小于 1.0～2.0m，且距接合面 2.0m 以内不得用夯板夯实；坝体接缝坡面的处理应随坝体填筑上升，接缝应陆续削坡，并应直至合格面，应经监理工程师验收合格后再填筑。黏性土或砾质土的接合面削坡取样检查合格后，应边洒水、边刨毛、边摊铺、边压实，并宜控制其含水率为施工含水率的上限；铺土时，上、下游坝坡应留有削坡余量，并应在铺筑护坡前按设计断面削坡，铺土与岩石岸坡相接时，岩坡削坡后不宜陡于 1：0.75，不得出现反坡；雨期施工时，应有可靠的排水设施，其填筑面可中央凸起，并应向上、下游倾斜；在摊铺中严禁夹有冰雪，不得含有冰块。

第3篇 矿业工程项目管理实务

第10章 矿业工程企业资质与施工组织

10.1 矿业工程企业资质

复习要点

矿业工程企业资质内容主要包括设计企业资质和施工企业的资质等级标准，承担的工程业务范围和企业资质管理方面的内容。

1．设计企业资质

工程设计资质标准分为四个序列，矿业工程企业设计资质包含工程设计综合资质、工程设计行业资质和工程设计专业资质，应当明确各个资质等级的标准和承担工程业务的范围，以及企业设计资质管理要求。

2．施工企业资质

建筑业企业资质分为总承包、专业承包、施工劳务资质三个序列，应当明确各个序列有关等级的资质标准，包括应具备的基本条件和能够从事的业务范围。

施工企业应当根据自身所具备的资质承担相应的工程，应当明确矿业工程施工总承包、专业承包和施工劳务的具体承包工程业务范围。

矿业工程施工企业需要加强资质管理，目前企业资质管理的基本要求，包括申请与许可、延续与变更、监督管理和法律责任等。

一 单项选择题

1．矿业工程设计综合甲级资质要求具备注册专业的注册人员总数不低于（　　）人。

    A．100 　　　　　　　　　　　　B．50

    C．40 　　　　　　　　　　　　　D．10

2．对于取得矿业工程设计行业乙级资质的企业，可以承担的项目是（　　）。

    A．煤炭行业 90 万 t/ 年的矿井

    B．冶金行业 300 万 t 矿石 / 年的露天铁矿

    C．建材行业 60 万 t/ 年的露天石膏矿

    D．建材行业 10 万 t/ 年的石墨矿

3．矿山工程施工总承包一级资质要求企业的净资产应当达到（　　）。

    A．3 亿元以上 　　　　　　　　B．1 亿元以上

    C．2000 万元以上 　　　　　　　D．800 万元以上

4. 矿山工程施工总承包三级资质标准对企业主要负责人的要求是（　　　）。

　　A. 10 年以上从事工程施工技术管理工作经历

　　B. 具有一级注册建造师执业资格

　　C. 具有矿建工程专业中级以上职称

　　D. 主持完成过矿山工程二级以上资质标准要求的工程业绩不少于 3 项

5. 企业资质等级标准有关施工劳务的标准要求持有岗位证书的施工现场管理人员不少于（　　　）人。

　　A. 50　　　　　　　　　　　　B. 20

　　C. 10　　　　　　　　　　　　D. 5

6. 矿山工程施工总承包二级资质可承担的施工项目是（　　　）。

　　A. 年产 300 万 t 的煤矿矿井工程　　B. 年产 100 万 t 的铁矿采选工程

　　C. 年产 30 万 t 的石膏矿矿山工程　　D. 立井井筒深度 850m 的掘砌工程

7. 关于专业承包企业承担工程的说法，错误的是（　　　）。

　　A. 特种工程专业承包企业可承担矿山井筒冻结工程

　　B. 钢结构工程专业承包企业可承担矿井钢结构井架工程

　　C. 模板脚手架专业承包企业可承担矿井井塔滑模工程

　　D. 矿山工程未划分专业承包工程序列

8. 下列建筑业企业资质，由国务院住房城乡建设主管部门许可的是（　　　）。

　　A. 矿山工程施工总承包一级资质　　B. 隧道工程专业承包一级资质

　　C. 模板脚手架专业承包资质　　　　D. 施工劳务资质

9. 企业法定代表人发生变更时，应当在工商部门办理变更手续后（　　　）办理资质证书变更手续。

　　A. 3 个月内　　　　　　　　　　B. 2 个月内

　　C. 1 个月内　　　　　　　　　　D. 1 周以内

10. 企业未按照规定要求提供企业信用档案信息的，由有关部门给予警告和责令限期改正。逾期未改正的，可处以的罚款数额为（　　　）。

　　A. 1000 元以上，1 万元以下　　　B. 5000 元以上，3 万元以下

　　C. 1 万元以上，5 万元以下　　　　D. 3 元以上，10 万元以下

二　多项选择题

1. 矿业工程设计综合甲级资质对企业的资历和信誉要求包括有（　　　）。

　　A. 注册资本不少于 6000 万元人民币

　　B. 近 3 年年平均工程勘察设计营业收入不少于 2 亿元人民币

　　C. 具有 2 个工程设计行业甲级资质，且近 10 年内独立承担大型建设项目工程设计每行业不少于 3 项，并已建成投产

　　D. 同时具有某 1 个工程设计行业甲级资质和其他 2 个不同行业甲级工程设计的专业资质，且近 5 年内独立承担大型建设项目工程设计不少于 5 项

　　E. 工程设计行业甲级相应业绩不少于 1 项，工程设计专业甲级相应业绩各不

少于 2 项

2. 专业承包企业资质序列所包含的专业工程有（　　　）。

 A. 地基基础工程   B. 钢结构工程

 C. 井筒冻结工程   D. 铁路电务工程

 E. 航道工程

3. 矿山工程施工总承包二级资质可承担的矿山工程项目有（　　　）。

 A. 150 万 t/年的铁矿选矿工程

 B. 井深 500m、年产量 120 万 t 的低瓦斯煤矿矿井工程

 C. 年产量 300 万 t 的矿井洗煤工程

 D. 年产量 60 万 t 的石膏矿工程

 E. 长度 2500m 的公路隧道工程

4. 关于专业承包资质可承接工程项目的说法，正确的有（　　　）。

 A. 专业承包资质序列设有 36 个类别，其中有两个类别分为 3 个等级

 B. 专业工程单独发包时，应由取得相应专业承包资质的企业承担

 C. 取得专业承包资质的企业可以承接施工总承包企业依法分包的专业工程

 D. 取得专业承包资质的企业不得对所承接的专业工程进行任何分包

 E. 部分专业工程没有划分专业承包工程序列

5. 关于企业资质管理的有关规定的说法，正确的有（　　　）。

 A. 从事土木建筑工程施工活动的企业，应当申请建筑业企业资质

 B. 企业可以申请一项或多项建筑业企业资质

 C. 企业首次申请资质，应当申请较低等级资质

 D. 施工总承包一级资质可以由所在地省级人民政府住房城乡建设主管部门许可

 E. 具有法人资格的企业可直接申请矿山工程施工总承包二级资质

6. 资质许可机关应当撤销建筑业企业资质的情形有（　　　）。

 A. 资质证书有效期满未申请延续的

 B. 超越法定职权准予资质许可的

 C. 违反法定程序准予资质许可的

 D. 企业申请注销的

 E. 依法可以撤销资质许可的

【答案与解析】

一、单项选择题

1. C; 2. A; 3. B; 4. C; 5. D; 6. B; 7. A; 8. A;

9. C; 10. A

【解析】

1.【答案】C

根据《工程设计资质标准》，矿业工程企业工程设计综合甲级资质对相关技术条件

的要求首先是"技术力量雄厚，专业配备合理"。企业具有初级以上专业技术职称且从事工程勘察设计的人员不少于500人，其中具备注册执业资格或高级专业技术职称的不少于200人，且注册专业不少于5个，5个专业的注册人员总数不低于40人。因此，答案是C。

2.【答案】A

矿业工程设计行业资质包括甲级和乙级两个层次，甲级资质企业可承担本行业建设工程项目主体工程及其配套工程的设计业务，其规模不受限制。乙级资质企业只能承担本行业中、小型建设工程项目的主体工程及其配套工程的设计业务。具体包括：煤炭行业可承担不大于90万t/年矿井、400万t/年露天矿和90万t/年洗煤厂的建设项目；冶金行业可承担小于200万t矿石/年露天铁矿、1000万t矿石/年地下铁矿、200万t矿石/年铁矿选矿、500t原矿/日岩金矿采选、320m³砂金矿/小时露天采选等项目；建材行业可承担小于120万t/年石灰石矿、20万t/年砂岩矿、40万t/年露天石膏矿、20万t/年地下石膏矿、1万t/年石墨矿等项目。答案为A。

3.【答案】B

根据《建筑业企业资质标准》，施工总承包资质分为特级、一级、二级和三级。特级资质企业净资产要求3.6亿元以上；一级资质企业净资产要求1亿元以上；二级资质企业净资产要求4000万元以上；三级资质企业净资产要求800万元以上。矿山工程施工总承包一级资质企业，净资产应当达到1亿元以上。答案是B。

4.【答案】C

矿山工程施工总承包三级资质标准要求：企业净资产800万元以上；企业主要技术负责人应具有5年以上从事工程施工技术管理工作经历，且具有矿建工程专业中级以上职称；技术负责人主持完成过本类别二级以上资质标准要求的工程业绩不少于2项。因此，正确选项是C。

5.【答案】D

根据《建筑业企业资质标准》，施工劳务序列不分类别和等级。资质标准为企业净资产200万元以上，具有固定的经营场所。企业技术负责人具有工程序列中级以上职称或高级工以上资格；持有岗位证书的施工现场管理人员不少于5人，且施工员、质量员、安全员、劳务员等人员齐全；经考核或培训合格的技术工人不少于50人。因此，答案为D。

6.【答案】B

矿山工程施工总承包二级资质可承担下列工程（不含矿山特殊法施工工程）的施工：

（1）120万t/年以下铁矿采、选工程；

（2）120万t/年以下有色砂矿或70万t/年以下有色脉矿采、选工程；

（3）150万t/年以下煤矿矿井工程［不含高瓦斯及（煤）岩与瓦斯（二氧化碳）突出矿井、水文地质条件复杂以上的矿井、立井井深大于600m的工程项目］或360万t/年以下洗煤工程；

（4）70万t/年以下磷矿、硫铁矿或36万t/年以下铀矿工程；

（5）24万t/年以下石膏矿、石英矿或80万t/年以下石灰石矿等建材矿山工程。

答案应为 B。

7.【答案】A

专业工程单独发包时，应由取得相应专业承包资质的企业承担，专业承包企业资质序列设有 36 个类别，相应类别专业承包企业可承担相应的工程项目，因此钢结构工程专业承包企业可承担钢结构井架工程，模板脚手架专业承包企业可承担矿井井塔滑模工程。矿山井筒冻结工程不属于专业工程单独分包项目，通常由总承包企业进行承担，特种工程专业承包企业不可承担该工程。矿山未划分专业承包工程序列说法正确。因此错误的说法是 A。

8.【答案】A

根据《建筑业企业资质管理规定》，施工总承包资质序列中特级资质、一级资质及铁路工程施工总承包二级资质；专业承包资质序列中公路、水运、水利、铁路、民航方面的专业承包一级资质及铁路、民航方面的专业承包二级资质；涉及多个专业的专业承包一级资质，由国务院住房城乡建设主管部门许可。施工总承包资质序列二级资质及铁路、通信工程施工总承包三级资质；专业承包资质序列一级资质（不含公路、水运、水利、铁路、民航方面的专业承包一级资质及涉及多个专业的专业承包一级资质）；专业承包资质序列二级资质（不含铁路、民航方面的专业承包二级资质）；铁路方面专业承包三级资质；特种工程专业承包资质，由企业工商注册所在地省、自治区、直辖市人民政府住房城乡建设主管部门许可。施工总承包资质序列三级资质（不含铁路、通信工程施工总承包三级资质）；专业承包资质序列三级资质（不含铁路方面专业承包资质）及预拌混凝土、模板脚手架专业承包资质；施工劳务资质；燃气燃烧器具安装、维修企业资质，由企业工商注册所在地设区的市人民政府住房城乡建设主管部门许可。答案应为 A。

9.【答案】C

《建筑业企业资质管理规定》要求，企业在建筑业企业资质证书有效期内名称、地址、注册资本、法定代表人等发生变更的，应当在工商部门办理变更手续后 1 个月内办理资质证书变更手续。因此，答案为 C。

10.【答案】A

根据《建筑业企业资质管理规定》，企业未按照规定要求提供企业信用档案信息的，由县级以上地方人民政府住房城乡建设主管部门或者其他有关部门给予警告，责令限期改正；逾期未改正的，可处以 1000 元以上，1 万元以下的罚款。因此，答案为 A。

二、多项选择题

1. A、C；　　　　　2. A、B、D、E；　　　3. B、C；　　　　　4. B、C、E；

5. A、B、C、E；　　6. B、C、E

【解析】

1.【答案】A、C

矿业工程企业工程设计综合甲级资质对资历和信誉的要求是：具有独立企业法人资格。注册资本不少于 6000 万元人民币。近 3 年年平均工程勘察设计营业收入不少于 10000 万元人民币，且近 5 年内 2 次工程勘察设计营业收入在全国勘察设计企业排名列前 50 名以内；或近 5 年内 2 次企业营业税金及附加在全国勘察设计企业排名列前 50 名以内。具有2个工程设计行业甲级资质，且近10年内独立承担大型建设项目工程设计每行业不少于3项，并已建成投产。或同时具有某1个工程设计行业甲级资质和其他3个不同行业甲级工程设计的专业资质，且近10年内独立承担大型建设项目工程设计不少于4项。其中，工程设计行业甲级相应业绩不少于1项，工程设计专业甲级相应业绩各不少于1项，并已建成投产。选项A和C正确。

2.【答案】A、B、D、E

根据《建筑业企业资质标准》，专业承包企业资质序列设有36个类别，里面包含有地基基础工程、钢结构工程、铁路电务工程、航道工程等，但不包含井筒冻结工程，说明井筒冻结工程不属于专业承包工程范围。因此，答案是A、B、D、E。

3.【答案】B、C

矿山工程施工总承包二级资质可承担下列矿山工程（不含矿山特殊法施工工程）的施工：

（1）120万t/年以下铁矿采、选工程；

（2）120万t/年以下有色砂矿或70万t/年以下有色脉矿采、选工程；

（3）150万t/年以下煤矿矿井工程［不含高瓦斯及（煤）岩与瓦斯（二氧化碳）突出矿井、水文地质条件复杂以上的矿井、立井井深大于600m的工程项目］或360万t/年以下洗煤工程；

（4）70万t/年以下磷矿、硫铁矿或36万t/年以下铀矿工程；

（5）24万t/年以下石膏矿、石英矿或80万t/年以下石灰石矿等建材矿山工程。

对照上述标准，答案应选择B和C。E选项不是矿山工程项目。因此，答案为B、C。

4.【答案】B、C、E

专业承包企业资质序列设有36个类别，资质等级标准一般分为三个等级，其中有21个专业承包分为三个等级，12个专业承包分为两个等级，3个专业承包不分等级。选项A错误。专业工程单独发包时，应由取得相应专业承包资质的企业承担。选项B正确。取得专业承包资质的企业可以承接具有施工总承包资质的企业依法分包的专业工程或建设单位依法发包的专业工程。选项C正确。取得专业承包资质的企业应对所承接的专业工程全部自行组织施工，劳务作业可以分包，但应分包给具有施工劳务资质的企业。选项D错误。矿山工程未划分专业承包工程序列。选项E正确。因此，答案为B、C、E。

5.【答案】A、B、C、E

根据《建筑业企业资质管理规定》，从事土木工程、建筑工程、线路管道设备安装工程的新建、扩建、改建等施工活动的企业，应当按照其拥有的资产、主要人员、已完成的工程业绩和技术装备等条件申请建筑业企业资质，经审查合格，取得建筑业企业资质证书后，方可在资质许可的范围内从事建筑施工活动。选项A正确。企业可以申请一项或多项建筑业企业资质。企业首次申请或增项申请资质，应当申请较低等级资质。选项B和选项C正确。施工总承包资质序列中特级资质、一级资质及铁路工程施工总承包二级资质，由国务院住房城乡建设主管部门许可。选项D错误。具有法人资格的企业可直接申请矿山工程施工总承包二级资质。选项E正确。因此，答案为A、B、C、E。

6.【答案】B、C、E

根据《建筑业企业资质管理规定》，有下列情形之一的，资质许可机关应当撤销建筑业企业资质：

（1）资质许可机关工作人员滥用职权、玩忽职守准予资质许可的；

（2）超越法定职权准予资质许可的；

（3）违反法定程序准予资质许可的；

（4）对不符合资质标准条件的申请企业准予资质许可的；

（5）依法可以撤销资质许可的其他情形。

以欺骗、贿赂等不正当手段取得资质许可的，应当予以撤销。

因此，选项 B、C、E 满足。选项 A、B 属于依法注销资质的情形。

10.2 施工项目管理机构

复习要点

矿业工程专业涉及所有矿山行业的建设工作，包括煤炭、冶金、建材、化工、有色金属、铀矿、黄金等行业的井工、露天矿山工程和地面工业建筑工程以及相关配套项目工程。矿业工程包括矿建工程、土建工程和机电安装工程等三大类工程。施工单位签订工程施工合同后，应组建符合合同要求、可以胜任工程施工任务的项目部管理机构，完成项目施工及相关工作。

1. 施工项目的组成

矿业工程项目组成的合理、统一划分对评价和控制项目的成本、进度、质量、验收以及结算等方面管理工作是必不可少的。矿业工程项目可划分为单项工程、单位工程、分部工程和分项工程。

2. 项目管理机构的组建

施工项目管理机构也就是通常说的项目部，是施工企业为承包的特定工程设立的、管理工程项目及具体履行相关工程合同的临时性内部机构。项目部不属于法人，因此，项目部的成立需要企业法人的授权，项目部的权限范围通常由施工合同、授权委托书确定。项目部的组建必须由具有符合工程施工的企业资质的法人以行政公文的形式成立，并经法人授权，项目部必须在法人授权范围内行使其权利。

3. 项目管理机构的工作内容

项目部的主要工作内容按法律规定和合同约定采取施工安全和环境保护措施完成工程，编制施工组织设计和施工技术措施计划，并对所有施工作业和施工方法的完备性和安全可靠性负责，按合同约定完成合同内的全部工作内容。

一 单项选择题

1. 下列矿业工程项目中，不属于单位工程的是（   ）。

A. 立井井筒工程　　　　　　　　B. 斜井井筒工程

　　　　C．井架制作与安装工程　　　　　D．井筒防治水工程

2．具有独立的设计文件，建成后可以独立发挥生产能力或效益的工程是（　　　）。

　　　　A．单项工程　　　　　　　　　　B．单位工程

　　　　C．分部工程　　　　　　　　　　D．分项工程

3．不能独立发挥生产能力或效益，但具有独立施工条件并能形成独立使用功能的为（　　　）。

　　　　A．单项工程　　　　　　　　　　B．单位工程

　　　　C．分部工程　　　　　　　　　　D．分项工程

4．项目部是施工企业为承包的特定工程设立的、管理工程项目及具体履行相关工程合同的（　　　）。

　　　　A．分公司机构　　　　　　　　　B．子公司机构

　　　　C．临时性内部机构　　　　　　　D．法人机构

5．施工企业需要更换项目经理的，应提前（　　　）d 书面通知发包人和监理人，并征得发包人书面同意。

　　　　A．7　　　　　　　　　　　　　　B．14

　　　　C．28　　　　　　　　　　　　　D．30

6．对本项目部安全工作负总责的是（　　　）。

　　　　A．安全总监　　　　　　　　　　B．项目经理

　　　　C．安全经理　　　　　　　　　　D．企业指定人员

7．负责参加建设单位组织的分部工程验收，及时做好工程验收的签证工作的是（　　　）。

　　　　A．质检员　　　　　　　　　　　B．项目经理

　　　　C．技术副经理　　　　　　　　　D．技术员

8．组织实施全面质量管理，组织编制月度年度施工作业计划和检查分析施工总结报告的是（　　　）。

　　　　A．经营副经理　　　　　　　　　B．项目经理

　　　　C．技术副经理　　　　　　　　　D．企业指定人员

二　多项选择题

1．某立井井筒表土层厚度较大，需要冻结施工，则该立井井筒包括井颈、壁座、井窝、（　　　）等分部工程。

　　　　A．钻井井筒　　　　　　　　　　B．冻结

　　　　C．井身　　　　　　　　　　　　D．地面预注浆

　　　　E．防治水

2．矿业工程项目的分部工程是按工程的主要部位划分的，它们是单位工程的组成部分，下列属于井筒的分部工程有（　　　）。

　　　　A．井筒壁座　　　　　　　　　　B．井筒冻结

　　　　C．井筒防治水　　　　　　　　　D．井筒混凝土支护

E. 井筒井窝

3. 井巷工程的分项工程主要按（　　　）等划分。

    A. 施工工序　　　　　　　　　　B. 工种

    C. 施工设备　　　　　　　　　　D. 施工工艺

    E. 材料

4. 项目经理的履职条件有（　　　）。

    A. 专用合同条款约定　　　　　　B. 企业法人任命

    C. 承包人正式聘用的员工　　　　D. 建造师

    E. 高级工程师

5. 关于项目经理的职责，说法正确的有（　　　）。

    A. 项目部安全生产第一责任者　　B. 应组织实施全面质量管理

    C. 组织项目部月度成本分析会议　D. 组织落实干部值班带班制度

    E. 具体落实安全办公会议决议

6. 矿山施工企业选派的项目经理应具备的条件包括（　　　）。

    A. 具有矿业工程相应注册建造师资质

    B. 有效的安全生产考核合格证书

    C. 相关的业务知识

    D. 相关的业绩

    E. 注册安全工程师资质

【答案与解析】

一、单项选择题

1. D;　　2. A;　　3. B;　　4. C;　　5. B;　　6. B;　　7. C;　　8. B

【解析】

1.【答案】D

单位工程是单项工程的组成部分，一般是指不能独立发挥生产能力或效益，但是具有独立施工条件并能形成独立使用功能的单元。通常矿井单项工程划分为立井井筒、斜井井筒、平硐、巷道、硐室、通风安全设施以及井下铺轨等单位工程，井筒防治水属于井筒单位工程的分项工程。井架制作与安装也属于矿井的单位工程。因此，答案为 D。

2.【答案】A

单项工程是建设项目的组成部分，一般是指具有独立的设计文件，建成后可以独立发挥生产能力或效益的工程。因此，正确答案应该是 A。

3.【答案】B

单位工程是单项工程的组成部分，一般是指不能独立发挥生产能力或效益，但是具有独立施工条件并能形成独立使用功能的单元。因此，正确答案应该是 B。

4.【答案】C

施工项目管理机构也就是通常说的项目部。项目部是施工企业为承包的特定工程设立的、管理工程项目及具体履行相关工程合同的临时性内部机构。项目部不属于法人，因此，项目部的成立需要企业法人的授权，项目部的权限范围通常由施工合同、授权委托书确定。项目部的组建必须由具有符合工程施工的企业资质的法人以行政公文的形式成立，并经法人授权，项目部必须在法人授权范围内行使其权利。

5.【答案】B

施工企业需要更换项目经理的，应提前14d书面通知发包人和监理人，并征得发包人书面同意。通知中应当载明继任项目经理的注册执业资格、管理经验等资料，继任项目经理继续履行合同约定的职责。未经发包人书面同意，施工单位不得擅自更换项目经理。

6.【答案】B

项目经理是项目部安全生产第一责任者，对本项目部安全工作负总责。项目经理应按时主持召开安全办公会议，认真贯彻落实上级安全文件、指令及各项规章制度，认真落实本单位安全生产责任制，制定和执行安全生产管理办法，将各项工作落到实处。督促、检查项目部安全生产工作，定期组织并参加安全生产检查、隐患排查治理、安全质量标准化考核和风险评估预警。

7.【答案】C

技术副经理在不设质量经理的情况下，负责分项、分部、单位工程的验收工作；参加建设单位组织的分部工程验收，及时做好工程验收的签证工作；负责对不合格项返工或返修方案的审批，纠正措施的落实。

8.【答案】B

项目经理应组织实施全面质量管理，组织编制月度年度施工作业计划和检查分析完成情况的施工总结报告，组织文明施工的实施，职工生活、健康的标准化管理，组织实施和管理的落实。项目经理全面负责，包括安全、质量、进度、经营等，核心是组织，是领导职责。

二、多项选择题

1. B、C、E；　　　2. A、B、C、E；　　　3. A、B、D、E；　　　4. A、B、C、D；
5. A、B、C、D；　　6. A、B、C、D

【解析】

1.【答案】B、C、E

分部工程是按工程的主要部位划分，它们是单位工程的组成部分，分部工程不能独立发挥生产能力，没有独立施工条件，但可以独立进行工程价款的结算。立井井筒的分部工程包括井颈、井身（含井）、冻结、钻井、防治水和壁座等分部工程。而本题的背景中由于是采取的冻结法施工，不存在钻井井筒工程，选项中的地面预注浆属于分项工程，因此正确答案应为B、C、E。

2.【答案】A、B、C、E

分部工程是按工程的主要部位划分的，子分部工程可以按支护形式的不同或者是月度验收的区段进行划分，但是本题选项井筒混凝土支护，既不是分部也不是子分部工程，而是分项工程，混凝土支护井身可以算作子分部工程，因此本题的正确答案是A、B、C、E。

3.【答案】A、B、D、E

井巷工程的分项工程是分部工程的组成部分，没有独立发挥生产能力和独立施工的条件，主要按施工工序、工种、材料和施工工艺划分。因此，正确答案应是 A、B、D、E。

4.【答案】A、B、C、D

项目经理是项目部的重要组成部分，经企业法人任命并派驻施工现场，在施工企业授权范围内代表项目部履行合同，对外行使权利，承担责任。项目经理应为合同当事人所确认的人选，并在专用合同条款中明确项目经理的姓名、职称、注册执业证书编号、联系方式及授权范围等事项。项目经理应是承包人正式聘用的员工，承包人应向发包人提交项目经理与承包人之间的劳动合同，以及承包人为项目经理缴纳社会保险的有效证明。

5.【答案】A、B、C、D

项目经理是项目部安全生产第一责任者，对本项目部安全工作负总责。项目经理应组织实施全面质量管理，组织编制月度年度施工作业计划和检查分析完成情况的施工总结报告。主持组织项目部月度、年度经济活动分析会议或成本分析会议。认真落实干部值班带班制度，确保现场 24h 不失控，深入生产一线，分析安全生产形势，及时解决影响安全的问题，并做好项目部人力资源的管理和配置。具体落实安全办公会议决议是相关副经理的职责范畴，项目经理负责监督落实情况，因此正确答案应为 A、B、C、D。

6.【答案】A、B、C、D

项目经理应常驻施工现场，且每月在施工现场时间不得少于合同条款约定的天数。项目经理确需离开施工现场时，应事先通知监理人，并取得发包人的书面同意。项目经理的通知中应当载明临时代行其职责的人员的注册执业资格、管理经验等资料，该人员应具备履行相应职责的能力。矿山施工企业选派的项目经理应具有矿业工程相应注册建造师资质、有效的安全生产考核合格证书以及相关的业务知识和业绩的人员担任该项目经理。因此正确答案应为 A、B、C、D。

10.3　矿业工程施工组织设计

复习要点

施工组织设计是规划和指导工程项目从施工准备到竣工验收全部施工活动的技术、经济和管理的综合性文件。它的主要任务是将工程项目在整个施工过程中所需的人力、材料、机械、资金和时间等因素，按照客观环境和施工条件等方面允许的经济技术规律，科学地做出合理安排，使之达到耗工少、速度快、质量高、成本低、安全好、利润大的要求。施工组织设计编制中应关注矿井的施工方案、施工顺序、过渡期的施工组织、施工总平面布置以及劳动组织等内容。

1. 施工组织设计的内容和编制

根据拟建项目进程或者内容，应编制内容深度和范围不同的施工组织设计。矿业工程项目的施工组织设计可分为项目（矿区项目）施工组织总体设计、单项工程施工组织设计、单位工程施工组织设计、施工技术措施以及专项工程施工组织设计等。施工组织设计是项目实施前必须完成的前期工作，它是项目实施必要的准备工作，也是科学管理项目实施过程的手段和依据。不同层级的施工组织设计具有不同的编制要求和审批程序，必须严格按照相关要求进行编制与报批。

2．矿井施工方案及井巷工程施工顺序

矿山井巷工程系统复杂，其施工方案包括总体施工方案，也就是大的开拓方案，以及重要单位工程的施工方案。施工方案选择的合理性决定着项目进展的顺利与否。其关键线路上工程项目的施工顺序决定了矿井的施工工期和施工方案。在具体的施工顺序方面主要应考虑井筒的施工顺序、井巷工程过渡期的施工顺序安排以及矿井建设二三期工程的施工安排等内容，特别是一些涉及矿井整体抗灾能力的通风、排水以及供电系统应优先安排施工。

3．井巷过渡期施工组织

加快井巷过渡期设备的改装，是保证建井第二期工程顺利开工和缩短建井总工期的关键之一。井巷过渡期的施工内容主要包括：主副井短路贯通；服务于井筒掘进用的提升、通风、排水和压气设备的改装；井下运输、供水及供电系统的建立；劳动组织的变换等等。

4．施工劳动组织形式及应用

对于不同的矿业工程，其施工队的组织形式有不同的要求。劳动组织的合理性直接影响矿业工程的施工进度，特别是矿建、土建、安装三类工程的平衡安排，对进度指标与经济技术指标的影响巨大。

一 单项选择题

1．以整个建设项目为对象，它在建设项目总体规划批准后依据相应的规划文件和现场条件编制（　　　）。

    A．建设项目施工组织总体设计　　B．单项工程施工组织设计

    C．矿区建设施工设计　　　　　　D．矿井施工组织设计

2．单位工程施工组织设计（　　　）。

    A．可以在工程项目实施过程中编制

    B．主要内容是施工技术

    C．主要内容是施工安排

    D．是技术与经济相结合的文件

3．矿井施工组织设计应由（　　　）组织编制。

    A．设计单位　　　　　　　　　　B．监理单位

    C．施工单位　　　　　　　　　　D．建设单位

4．矿山井巷工程施工顺序安排的最大的特点与难点是（　　　）。

    A．受井下空间限制　　　　　　　B．受气候条件限制

    C．受自然环境影响　　　　　　　D．受建设单位影响

5. 某煤矿采用一对立井井筒开拓，井下二、三期工程以煤巷为主，掘进以综掘机割煤加皮带运输为主，其最佳的井筒改绞方案是（　　）。

　　A．主井临时罐笼加箕斗混合改绞　　B．主井临时箕斗改绞

　　C．副井临时罐笼改绞　　　　　　　D．主井临时罐笼加副井临时箕斗改绞

6. 矿业工程项目在施工安排中，当主井和副井井筒同时到底后，最首要的工作是进行（　　）。

　　A．主井井筒临时改绞　　　　　　　B．主、副井短路贯通

　　C．主井装载硐室的施工　　　　　　D．副井井筒永久装备

7. 当主、副井井筒到底进行短路贯通后，井底车场施工可全面展开，这时的通风工作比较困难。一般情况下，巷道串联通风的工作面数最多不得超过（　　）个。

　　A．2　　　　　　　　　　　　　　B．3

　　C．4　　　　　　　　　　　　　　D．5

8. 与井筒相毗连的各种硐室（马头门、装载室等）在一般情况下应与井筒施工（　　），装载硐室的安装应在井筒永久装备施工之前进行。

　　A．顺序进行　　　　　　　　　　　B．交替进行

　　C．同时进行　　　　　　　　　　　D．分别进行

9. 矿业工程项目施工总进度安排时，一般情况下，（　　）是构成矿井工程项目关键路线的关键工程。

　　A．井架安装　　　　　　　　　　　B．绞车安装

　　C．井筒施工　　　　　　　　　　　D．井筒装备

10. 在施工交岔点的时候分岔巷道宜多施工（　　）m 以上，以利于新的工作面展开而不至于互相影响。

　　A．3　　　　　　　　　　　　　　B．5

　　C．15　　　　　　　　　　　　　　D．25

11. 立井井筒施工时采用综合掘进队组织形式的说法正确的是（　　）。

　　A．避免推诿扯皮

　　B．一个项目部承担两个井筒时比较有利

　　C．可以另配机电维护人员

　　D．施工需要的辅助运输工种不在综合掘进队内

12. 单位工程施工组织设计中经济技术指标不包括（　　）。

　　A．工期指标　　　　　　　　　　　B．劳动生产率指标

　　C．质量指标　　　　　　　　　　　D．矿井建设总工期

二　多项选择题

1. 矿业工程项目的施工组织设计按照项目进度的不同阶段可分为（　　）。

　　A．建设项目施工组织总体设计　　　B．单项工程施工组织设计

　　C．单位工程施工组织设计　　　　　D．分部工程施工组织设计

　　E．分项工程施工组织设计

2. 矿井工程施工顺序安排时可以作为非关键路线上的补充内容，见缝插针，分批、分期，结合劳动力、设备、材料的平衡进行安排的工程有（　　）。

  A．场区铁路　　　　　　　　　B．井下医务室

  C．炸药库　　　　　　　　　　D．主井井筒

  E．副井井筒

3. 过渡期的排水设施改装说法正确的有（　　）。

  A．主副井联络巷未贯通前，可以利用原有的凿井期排水系统

  B．主井临时罐笼改装期，主井涌水由卧泵排到副井井底，根据情况选用副井排水系统或另选卧泵排水

  C．主井临时罐笼提升期，可在主井临时马头门外安设临时排水系统

  D．永久水仓、水泵房等永久排水设施可以根据施工队伍情况平巷施工

  E．主井临时罐笼提升可以使用副井凿井期的排水设施排水

4. 装载硐室与主井井筒一次顺序施工的特点有（　　）。

  A．占用工期长　　　　　　　　B．不需要井筒二次改装

  C．施工安全性好　　　　　　　D．可以充分利用井筒下部的空间

  E．需要搭建操作平台

5. 利用永久建筑物和设备是矿井建设的一项重要经验。在建井初期，一般可利用的永久建筑物或设施有（　　）。

  A．永久井架　　　　　　　　　B．办公楼

  C．职工食堂　　　　　　　　　D．机修厂

  E．井下炸药库

6. 矿山井巷工程过渡期施工安排中，对于井下三期工程煤巷工程量大，施工速度要求高，对井筒提升能力有较高要求的矿井提升改装方案有（　　）。

  A．风井临时改装箕斗提升

  B．副井临时改装箕斗提升

  C．主井临时改装罐笼和箕斗混合提升

  D．副井临时改装罐笼和箕斗混合提升

  E．风井临时改装罐笼和箕斗混合提升

7. 下列关于矿业工程项目的三类工程综合平衡论述，正确的是（　　）。

  A．应围绕关键线路的关键工程组织快速施工

  B．一般情况下，矿建工程项目构成矿井建设的关键线路

  C．关键线路和关键工程在任何情况下都是固定的

  D．矿建、土建和安装工作应齐头并进，同时进行

  E．井筒到底后，巷道开拓、地面建筑及机电设备安装工程将成为关键

8. 对于一般工程项目的施工组织设计，其技术经济分析主要指标有（　　）。

  A．总工期指标　　　　　　　　B．质量等级

  C．主要材料节约指标　　　　　D．大型机械所用台班数量

  E．分项工程进度

【答案与解析】

一、单项选择题

1. A；　2. D；　3. D；　4. A；　5. A；　6. B；　7. B；　8. C；
9. C；　10. C；　11. A；　12. D

【解析】

1. 【答案】A

建设项目施工组织总体设计以整个建设项目为对象，它在建设项目总体规划批准后依据相应的规划文件和现场条件编制。矿区建设组织设计由建设单位或委托有资格的设计单位、或由项目总承包单位进行编制。矿区建设组织设计，要求在国家正式立项后和施工准备大规模开展之前一年进行编制并预审查完毕。

2. 【答案】D

矿井施工组织设计编制的原则包括：确定合理的工期、合理造价，科学配置资源，节约投资；实现均衡施工，保证工程质量和安全，达到合理的技术经济指标；优先利用永久建筑和设备、设施，以节约项目投资；积极推广新技术、新工艺、新材料和新设备；推行绿色施工，遵守国家环境保护法律、法规以及国际环境保护公约，因此，单位工程施工组织设计是技术与经济相结合的文件，正确答案应为 D。

3. 【答案】D

矿井建设属于单项工程项目，矿井施工组织设计应由建设单位组织编制，或由矿井总承包单位组织编制，矿井施工组织设计需经建设、设计、监理、施工等相关单位会审，并经建设单位批准后组织实施。选项中没有提到矿井施工总承包单位，因此答案应为 D。

4. 【答案】A

矿山井巷工程受井下空间限制是其施工顺序安排的最大的特点，也是区别于其他地面工程最大的特点。井巷工程施工总体安排要根据具体情况具体对待，如水患比较大的矿井总体安排时就应尽可能首先安排排水、供电系统工程施工，而瓦斯隐患比较严重的矿井，就应尽可能安排通风系统以及瓦斯抽放系统的相关工程先行施工以尽快形成完善的通风系统。

5. 【答案】A

对于井下二、三期工程以煤巷为主的矿井，可以采用主井井筒箕斗和罐笼混合改绞的方案。这种方案在主井井筒内安装一个罐笼和一个箕斗，井下煤巷掘进的煤，采用皮带运输到永久煤仓或临时煤仓，通过箕斗提升到地面卸载。箕斗的提升能力远大于罐笼的提升能力，特别适用于井下大量煤巷且采用综掘机快速掘进的矿井中，同时可以大幅度降低运输人员的数量。

6. 【答案】B

根据有关安全规程规定，井筒临时改绞之前，井下必须完成短路贯通，以便为提升、通风、排水等设施的迅速改装创造条件，并形成第二逃生通道，因此，井筒到底后为了尽快完成改绞形成较大的提升运输能力，必须抓紧时间完成主、副井短路贯通，正确答案应为 B。

7.【答案】B

巷道工作面乏风中通常会出现氧气含量降低并含有一氧化碳、二氧化碳以及瓦斯等有害气体，因此煤矿安全规程对串联通风的工作面数量进行了规定，同时串联通风的工作面数最多不得超过三个。开采有瓦斯喷出或者有突出危险的煤层或者在距离突出煤层垂距小于10m的范围内掘进施工时严禁串联通风。两个采煤工作面严禁串联通风。采煤工作面在制定安全措施后可以与1个掘进工作面串联通风。为避免多工作面串风，可采用抽出式通风或增开辅助巷道。正确答案应为B。

8.【答案】C

与井筒毗连的各种硐室与井筒施工同时进行的好处是不需要高空作业，安全有保障，不需要设施二次准备，对施工成本影响较小，而且同时施工同时浇筑，对质量也有较好的保障，因此目前各施工单位一般都是安排与井筒施工同时进行，正确答案应为C。

9.【答案】C

矿井项目中施工难度最大，占比工期最长，技术含量最高的就是井筒工程，而且井筒工程是通往井下的必经的咽喉要道，因此，井筒工程不仅是矿井项目最开始的主体工程，而且是矿井项目最关键的工程，正确答案应为C。

10.【答案】C

井底车场交岔点施工时，考虑到交岔点的断面较大，且断面是变化的，为保证分岔处的施工安全，在施工交岔点的时候，分岔巷道宜多施工15m以上，以利于新的工作面展开而不至于互相影响。正确答案应为C。

11.【答案】A

对于立井井筒掘砌施工来说，一般施工队的劳动组织形式分为两种：

一种是综合掘进队组织形式，综合掘进队是将井巷工程施工需要的主要工种（掘进、支护）以及辅助工种（机电维护、运输）组织在一个掘进队内。这种掘进队形式通常是一个项目部承担一个井筒时采用比较适宜，可以很好地协调沟通，避免推诿扯皮。掘进队下面可以分成几个掘进班组、支护班组、运输班组、机电维护班组等。另一种是专业掘进队组织形式，专业掘进队是将同一工种或几个主要工种组织在掘进队里，而施工的辅助工种由其他辅助队、班配合。这种掘进队组织形式在一个项目部承担两个井筒工程时采用比较有利，可以减少人员的配置，充分发挥运输、机电维护的总体协调能力，做到减人提效。

12.【答案】D

单位工程施工组织设计中经济技术指标应包括：工期指标；劳动生产率指标；质量指标；安全指标；成本指标；主要工程工种机械化程度；三大材料指标。这些指标应在施工组织设计基本完成后进行计算，并反映在施工组织设计的文件中，作为考核的依据。

二、多项选择题

1. A、B、C；	2. A、B、C；	3. A、B、C；	4. A、B、C；
5. A、B、C、D；	6. A、C、E；	7. A、B、E；	8. A、B、C、D

【解析】

1.【答案】A、B、C

根据拟建项目规模大小、结构特点、技术繁简程度和施工条件，应相应编制涉及内容深度和范围不同的施工组织设计。目前，矿业工程项目的施工组织设计按照项目进度的不同阶段可分为：建设项目（如矿区）施工组织总体设计、单项工程施工组织设计、单位工程施工组织设计（技术措施），有时还需要编制特殊工程施工组织设计、季节性技术措施设计以及年度施工组织设计等，因此正确答案应为 A、B、C。

2.【答案】A、B、C

矿井工程施工顺序安排时，对时间上与矿建工程不牵连、又不影响最后工期的内容，如场区铁路及铁路装运站、仓库、机修厂、井下医务室、炸药库等的施工，可以作为非关键路线上的补充内容，见缝插针，分批、分期，结合劳动力、设备、材料的平衡进行安排。而主井、副井井筒工程通常都是关键线路，是进入井下空间施工的重要通道，因此正确答案应为 A、B、C。

3.【答案】A、B、C

过渡期的排水设施改装一般可分为三个主要阶段：主副井联络巷未贯通前，仍然利用原有的凿井期排水系统，分别由主副井水窝往外排水；主井临时罐笼改装期，主井涌水由卧泵排到副井井底，根据水量和水压，选用副井排水系统或另选卧泵排水；主井临时罐笼提升期，可在主井临时马头门外安设临时排水系统，由主井井底吸水（此时一般副井在永久装备），经敷设在联络巷道和主井井筒中的排水管将水排出地表。当涌水量较大时，可扩大主、副井联络巷，作为临时泵房和变电所，或施工临时水仓、泵房，形成临时排水系统。井底水窝或临时水仓的容量以及临时排水系统的能力应符合安全规程的规定；副井永久装备完成后应尽快利用永久水仓、水泵房等永久排水设施排水。因此，正确答案应为 A、B、C。

4.【答案】A、B、C

装载硐室与主井井筒一次顺序施工，也就是井筒施工到装载硐室时就把装载硐室施工完成，然后继续施工装载硐室水平以下的井筒工程，这种方法占用工期较长，但是可以直接利用井筒施工装备，不需要井筒二次改装，施工的安全性较好。因此选项 A、B、C 正确。选项 D、E 是装载硐室和井筒顺序施工的特点。

5.【答案】A、B、C、D

永久建筑和永久设备的利用是降低工程成本的有利措施，在可能的情况下应尽量利用永久建筑和永久设备、设施，通常情况下地面建筑在工期允许的情况下都是可以利用的，井下永久泵房、变电所在完成之后也是可以利用的，但是井下炸药库通常工期安排较为靠后，在建井后期是可以利用的，在建井初期大部分巷道都在井底车场附近施工，此时井下不宜设置炸药库，因此本题的正确答案应为 A、B、C、D。

6.【答案】A、C、E

矿山井巷过渡期施工安排中，对于煤巷工程量大，需要较高的井筒提升能力的矿井改装方案通常是采用箕斗提升，因为副井需要永久装备，以利于后期的设备、材料运输，因此副井一般不进行临时改装，所以可以改装箕斗的提升井筒通常为主井或者是风井。通常主井或风井可以采用混合改绞或者是单独的改绞，根据现场条件，也可以主井尽早永久装备，尽早形成煤流运输系统，因此本题的正确答案应为 A、C、E。

7.【答案】A、B、E

矿业工程项目的三类工程是指矿建、土建、安装工程，矿建工程项目通常是指井筒及井下巷道工程，土建工程一般指地面建筑，安装工程包括井下设备安装和地面设备安装。在三类工程综合平衡中，通常应考虑关键线路，尽可能地实现三类工程资源使用平衡，并达到最佳工期效果，因此必须围绕关键线路的关键工程组织快速施工，而关键工程主要是井下矿建工程，矿建工程完成后才可能进行机电设备安装，因此部分关键矿建工程后续的安装工程也是关键线路工程。所以，正确答案应为 A、B、E。

8.【答案】A、B、C、D

整个建设项目的技术指标包括生产能力、产品质量、消耗定额、能耗、总图建筑系数、劳动生产率等。经济指标包括产品成本、总投资额经济效益、投资回收期等。设计方案优化的产品成本是综合体现技术、经济、管理水平的指标。业主要分析产品成本指标，来检验设计的先进性和合理性。对于一般工程项目的施工组织设计，其技术经济分析主要指标有总工期指标、单方用工、质量等级、主要材料节约指标、大型机械所用台班用量及费用，降低成本指标等。所以，正确答案应为 A、B、C、D。

10.4　矿业工程施工准备与实施

复习要点

矿业工程施工准备是施工前的一项重要工作，其准备的合理性与充分性决定后面工程施工进展的顺利程度。施工准备是一项系统而复杂的工程，与施工方案甚至是一些施工细节都密切相关，因此必须非常重视。施工准备中的总平面布置所解决的是施工场地的空间组织问题，是根据施工的特点和条件，将所有临时性、永久性建筑物的平面位置及其高程合理地布置在施工场地上的过程，布置的主导思想应充分体现施工组织设计的主要方案和原则。

1．矿井施工准备

施工准备工作是完成工程项目的合同任务、实现施工进度计划的一个重要环节，也是施工组织设计中的一项重要内容。为了保证工程建设目标的顺利实现，施工人员应在开工前，根据施工任务、开工日期、施工进度和现场情况的需要，做好各方面的准备工作。施工准备包括五个方面的内容：技术准备、工程准备、物资准备、劳动力准备、对外协作协调工作等。

2．矿井施工总平面布置

施工总平面布置的主导思想应充分体现施工组织设计的主要方案和原则，并根据目标工程的内容，通过其设计位置和空间组合关系，具体落实为完成这些目标所采用的各种手段间的顺畅关系。矿井工程施工总平面布置应综合考虑地面、地下各种生产需要、建筑设施、通风、消防、安全等各种因素，以满足井下施工安全生产为前提，围绕井口生产系统进行布置。在可能的情况应尽量利用永久建筑、构筑物，以降低成本、减少准备期工作量，同时临时设施应不影响永久建筑的施工。

一　单项选择题

1. 矿业工程施工的技术准备工作主要包括掌握施工要求与检查施工条件、掌握与会审施工图纸以及（　　）。

    A. 四通一平　　　　　　　　　　B. 技术交底和技术培训工作

    C. 编制施工组织设计及相关工作　D. 及时完成施工图纸的收集和整理

2. 通常情况下，施工图纸会审的主持单位是（　　）。

    A. 设计单位　　　　　　　　　　B. 建设单位

    C. 监理单位　　　　　　　　　　D. 总包单位

3. 每个单项工程或单位工程开工前，须由（　　）组织有关部门对各项准备工作进行检查，当各项准备工作完成后，方准提出开工报告通常情况下。

    A. 项目负责人　　　　　　　　　B. 技术负责人

    C. 监理负责人　　　　　　　　　D. 企业总工程师

4. 凿井提升机房的位置，应根据提升机形式、数量、井架高度以及提升钢丝绳的倾角、偏角等来确定，布置时应避开（　　），并考虑提升方位与永久提升方位的关系，使之能适应井筒开凿、平巷开拓、井筒装备各阶段提升的需要。

    A. 永久建筑物的位置　　　　　　B. 临时提升机的位置

    C. 凿井绞车的位置　　　　　　　D. 井口房的位置

5. 施工图供应计划在（　　）进行编制。

    A. 施工准备阶段编制矿井施工组织设计时

    B. 编制完施工组织设计之后

    C. 施工过程中

    D. 设计之前

6. 工业广场主要施工设施布置要求错误的是（　　）。

    A. 临时提升机布置应满足提升方位与永久关系的要求

    B. 斜井临时提升方向应与永久提升方向垂直

    C. 空气压缩机房以布置在井口附近不超过 50m 为好

    D. 变电所应毗邻电源，靠近负荷中心

二　多项选择题

1. 施工准备工作的具体内容总体上应包括技术准备、工程准备、（　　）。

    A. 对外协作　　　　　　B. 编制单项工程施工组织设计

    C. 劳动力准备　　　　　D. 物资准备

    E. 编制土建工程施工组织设计

2. 技术准备中，会审施工图纸的要求包括（　　）。

    A. 确定拟建工程在总平面图上的坐标位置及其正确性

    B. 检查工程地质与水文地质图纸是否满足施工要求

C. 根据水文地质资料确定矿井的涌水量和治水方案

D. 掌握有关建筑、结构和设备安装图纸的要求和各细部间的关系

E. 检查矿井设计的标准是否符合设计的总体要求

3. 矿业工程施工现场准备中的"四通一平"通常包括的内容有（　　）。

A. 通水　　　　　　　　　　　　B. 通电

C. 通气　　　　　　　　　　　　D. 通信

E. 通暖

4. 施工准备阶段的具体物资准备内容主要有（　　）。

A. 施工机具　　　　　　　　　　B. 施工设备

C. 施工材料　　　　　　　　　　D. 施工工棚

E. 福利设施

【答案与解析】

一、单项选择题

1. C;　　　2. B;　　　3. A;　　　4. A;　　　5. A;　　　6. B

【解析】

1.【答案】C

矿业工程施工的技术准备工作包括掌握施工要求与检查施工条件、会审施工图纸以及施工组织设计的编制等，因此正确答案应为 C。

2.【答案】B

通常图纸会审由建设单位主持，由设计单位和施工单位参加，三方进行设计图纸的会审。设计单位说明拟建工程的设计意图和一些设计技术说明；施工单位对设计图纸提出意见和建议。最后由建设单位形成正式文件的图纸会审纪要，作为与设计文件同时使用的技术文件和指导施工的依据，同时也是建设单位与施工单位进行工程结算的依据。

3.【答案】A

每个单项工程或单位工程开工前，须由项目负责人组织有关部门对各项准备工作进行检查，当各项准备工作完成后，方准提出开工报告，经施工单位上级主管部门批准后，才能纳入施工计划、组织施工。

4.【答案】A

凿井提升机房属于临时建筑，有的凿井提升机房服务期仅仅是在井筒施工期，有的凿井提升机房服务期包括整个井筒临时提升期，而在建井期间地面建筑通常需要与井下矿建工程平行施工，因此，提升机房的位置选择应避开永久建筑物的位置，至少要满足三类工程排队中的空间需求，不应影响地面工程的施工计划，正确答案应为 A。

5.【答案】A

施工图供应计划在施工准备阶段编制矿井施工组织设计时进行编制，其编制依据是经过批准的矿井初步设计文件，设计单位提交的工程施工图台账，经批准的工程施工组织设计等。施工图供应计划由施工单位提出施工图需要供图的清单、时间、份数，并统一上报建设单位，由建设单位负责汇总和编制。

6.【答案】B

工业广场主要施工设施布置要求：临时提升机（房）不影响永久提升、运输和永久建筑施工，满足提升方位及与永久提升方位关系的要求，适应井筒、巷道施工及在井底车场施工时便于临时罐笼及永久井架的安装，临时提升机房的位置还与提升机的规格、数量、井架高度、提升条件等有关；立井临时提升机房位置因主、副井而异，且与其在不同建井期间承担的任务有关；斜井临时提升机的提升方向，应与永久提升方向一致，通常在永久提升机房的前方；空气压缩机房以布置在井口附近、不超过 50m 为好，但不宜靠近提升机房；变电所应毗邻电源，靠近负荷中心，并尽量布置在近公路，避开人流，空气较清洁的地方。

二、多项选择题

1．A、C、D；　　　　2．A、B、D；　　　　3．A、B、D；　　　　4．A、B、C

【解析】

1.【答案】A、C、D

施工准备工作的具体内容总体上包括技术准备、工程准备、物资准备、劳动力准备以及对外协作协调准备，因此正确答案应为 A、C、D。

2.【答案】A、B、D

图纸审查的内容包括确定拟建工程在总平面图上的坐标位置及其正确性；检查地质资料是否满足施工要求，掌握相关地质资料主要内容及对工程影响的主要地质问题，检查设计与实际地质条件的一致性；掌握有关建筑、结构和设备安装图纸的要求和各细部间的关系，要求提供的图纸完整、齐全，审核图纸的几何尺寸、标高，以及相互间的关系；审核图纸的签发、审核的有效性。因此，正确答案应为 A、B、D。

3.【答案】A、B、D

施工现场准备时应做好施工场地的控制网测量施测工作。根据现场条件，设置场区永久性经纬坐标位置、水准基点和建立场区工程测量控制网。平整工业广场，清除障碍物。完成"四通一平"（水、电、通信、路通及场地平整）工作，并做到污水排放沟渠通畅。遇地质资料不清或需要进一步了解地质条件的情况，应做好施工现场的补充勘探工作，保证基础工程施工的顺利进行和消除隐患。

4.【答案】A、B、C

施工准备阶段的具体物资准备内容主要是各种工程建设初期一定阶段内的材料与设备，以及施工用的机具、设备和材料，包括井筒开工需要的设备和施工准备及矿井开工需要的钢材、木材、水泥、土产材料，二、三类物资等的供应。施工工棚与福利设施属于现场准备的内容。

实务操作和案例分析题

案例 10-1

背景资料：

某矿山施工企业隶属一矿业集团公司，长期从事集团内部工程建设项目的施工，具有矿山工程施工总承包二级资质，主要工程业务范围为井巷工程。随着集团公司经营模式和管理模式的改革，该矿山施工企业决定扩大业务范围和承揽工程的规模标准，主动投标承包国内大型矿山工程建设项目。此间恰逢一建设单位发布了某井工煤矿的招标公告，该井工煤矿计划新建一直径 6.0m、深度 1250m 的回风立井井筒。于是，该施工企业积极进行筹备，从技术、装备、人员等方面进行组织，计划投标承包该回风立井项目。

问题：

1. 针对背景中的回风立井井筒项目，施工企业投标应当具备哪些基本的资质条件？

2. 该施工企业，需要进行哪些准备方能投标承包背景中的回风立井井筒项目？

案例 10-2

背景资料：

某施工单位承揽了一年产 120 万 t 的煤矿主井、副井及井底车场与硐室工程的施工任务，主井井筒净直径 5.5m，深度 650m，副井井筒净直径 6.5m，深度 662m。矿井为低瓦斯矿，井底车场涌水量较小，整个工程合同工期 42 个月。施工单位组建了该项目的管理机构即项目部，并任命陈某担任项目经理，负责项目施工的全面管理工作。

项目施工准备前，项目部编制了整个工程的施工组织设计：① 考虑到井筒表土层厚度仅有 10m 左右，采用普通法进行施工，基岩段采用钻眼爆破施工方法；② 主井先开工，副井利用永久井架施工，较主井晚 3 个月开工；③ 主、副井井筒计划同时到底，然后进行短路贯通，贯通后主井进行临时改绞；④ 改绞完成后副井交由建设单位安排进行永久装备，主井承担井底车场与硐室施工期间的提升运输等工作。

在工程实施过程中，主井井筒施工到 320m 深度时遇到了断层破碎带，工作面探水、注浆堵水延误工期 2 个月。施工到深度 500m 时发现部分井壁出现渗漏水，检查发现井壁浇筑质量出现问题，返工重新浇筑混凝土延误工期 1 个月。副井井筒施工进度正常，原计划主、副井同时到底安排短路贯通工作需要调整。

问题：

1. 施工单位项目部组建应考虑设置哪些管理部门？配备哪些主要管理人员？

2. 鉴于副井井筒利用永久井架凿井，该项目主、副井开工顺序是否合理？说明理由。

3. 工程实施过程中出现主井井筒工期延误，应如何合理调整施工项目的安排？

案例 10-3

背景资料：

某煤矿主斜井井筒设计斜长为 1750m，倾角 16°，直墙半圆拱形断面，净宽为 5.4m，净高为 4.0m，净断面为 18.5m²。主斜井明槽段为 40m，双层井壁冻结段为 224m，壁座为 10m，基岩段为 1476m。井筒基岩段为锚网喷支护，其余井筒部分为钢筋混凝土支护。井筒预计穿越煤层 3 层，为低瓦斯矿井，最大涌水量为 20m³/h。

某施工单位制定该项目的施工方案，部分内容如下：

该井筒冻结段采用 EBZ-200 综掘机掘进装岩，钢丝绳牵引箕斗有轨运输出渣，工字钢棚初次支护，每掘进 8m 砌筑一次外壁，外壁砌筑采用模板台车施工，内壁砌筑根据地质条件分段自下而上进行。井筒施工断面布置图见图 10-1。

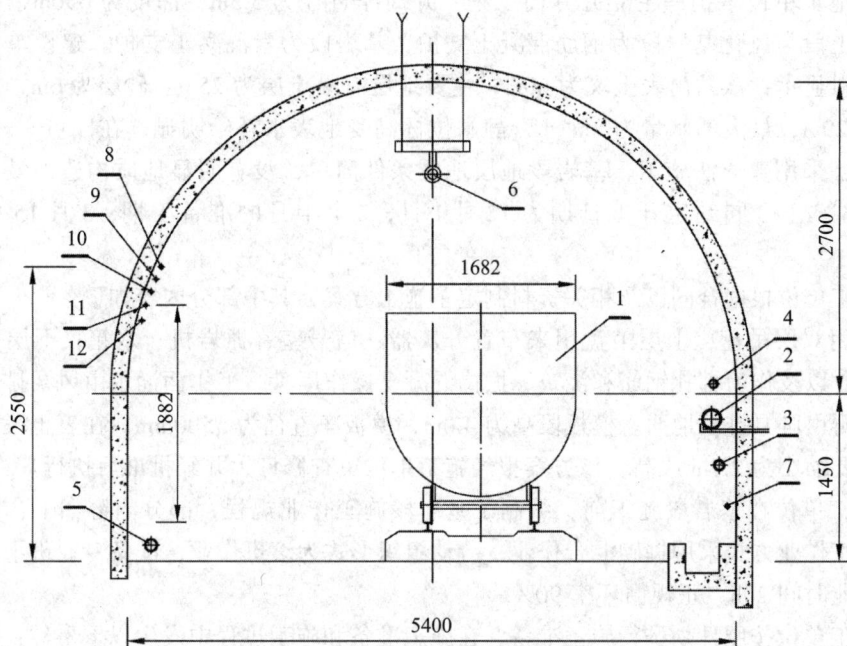

图 10-1　井筒施工断面布置图

1—箕斗；2—压风管；3—排水管；4—供水管；5—混凝土输送管；6—激光指向仪；7—电力电缆；
8—照明电缆；9—信号电缆；10—通信电缆；11—瓦斯监控电缆；12—放炮电缆

基岩段采用钻爆法施工，中深孔光面爆破作业，全断面一次爆破成型。

采用一台 CMJ2-30 凿岩台车打眼，配以 φ42mm 钻头，炮眼深度为 2.7m。爆破材料选用第三类炸药，毫秒延期雷管，总延期时间为 150 毫秒，药卷直径 42mm；严格按爆破图表，采用光面爆破技术，有效循环进尺为 2.4m。最小空顶距 200mm，最大空顶距 2600mm。

工作面利用凿岩台车搭设简易脚手架，人员佩戴保险带自上而下装药、连线；装药连线方式采用反向装药、串并联连线；采用自制炮泥封孔，主要成分为黄土，封孔长度不小于 600mm。

基岩段防治水采用有疑必探的方针，考虑到井筒最大深度仅为 500m，工作面排水采用潜水泵一次性排至地面，减少了中间转水环节。

为了保证提升安全，施工组织设计中按规定设置了防止跑车装置和跑车防护装置。

问题：

1. 该井筒应设躲避硐室多少个？

2. 指出井筒施工断面图中缺少的主要施工设备或设施，并指出井筒施工断面图中错误的地方。

3. 施工组织设计中设置的防止跑车装置和跑车防护装置应当安设在什么位置？

4. 指出施工方案中错误的或者不合理的地方，并指出原因或给出正确做法。

案例 10-4

背景资料：

某施工单位承担一主立井井筒工程，井筒净直径为 5.5m，深度为 650m，单层井壁，表土段与风化基岩段为钢筋混凝土支护，基岩段为素混凝土支护。建设单位提供地质资料显示：该井筒表土段为 60m，主要地层有黏土层为 25m、砂层为 6m，以及砾石层为 29m，最大涌水量为 8m³/h，静水位标高受地表水补给明显，在 −35～−20m 之间波动，采用普通法施工。基岩段地层地质条件简单，没有明显地质构造，最大涌水量为 8m³/h。合同约定开工日期为 12 月 1 日，2 个半月的准备工期，3 月 15 日正式开挖。

施工单位根据合同以及相关资料制定了施工方案，其中部分内容如下：

采用双层吊盘，上层吊盘用来布置分灰器、信号室、抓岩机、水箱；下层吊盘安装卧泵，以及作为绑扎钢筋和浇筑、振捣混凝土操作用盘。工作面涌水由风泵排至吊盘水箱，再由卧泵排至地面。模板段高为 4.0m，模板净直径为 5500mm，在表土段可根据地层需要缩小为 2.0m 段高。该方案报经施工单位审查修订，并经批准后执行。

施工单位在基岩段施工前，编制了基岩段施工作业规程，部分内容如下：基岩段井筒施工作业方式采用掘砌混合作业，劳动组织形式为滚班作业，配备专业班组，正规循环作业时间 20h，正规循环率 90%。

施工单位按照计划进行施工准备，在施工准备和施工过程中发生以下事件：

事件一：建设单位由于征地问题，导致开工日期拖到了 6 月 1 日进点，8 月 1 日正式开完。由于 7 月雨季雨水为十年一遇，施工砂层时涌水量达到了 9m³/h，施工单位被迫采用板桩法与工作面降水法相结合，影响工期 10d，增加费用 30 万元。施工完砂层后，施工单位在 10d 内提出了索赔意向、索赔报告以及相关资料。

事件二：井筒施工到 560m 时，发现上部在 450m 到 500m 之间，有三模混凝土强度略低于设计强度，有两模的混凝土强度明显低于设计强度，施工单位经监理单位同意，邀请了有资质的第三方进行混凝土强度无损检测，发现有一模混凝土强度达不到设计要求，其余都符合设计强度要求。

问题：

1. 写出施工方案中的不合理之处，并给出原因或者正确做法。

2. 施工单位在基岩段施工时应配备哪几个井下专业班组？

3. 基岩段作业规程中，列式计算月综合进尺（按每月 30.5d 计算）。

4. 在事件一中，施工单位的索赔程序和索赔要求是否合理？并给予解释。

5. 在事件二中，建设单位或者监理单位应该如何处理这起质量事件？

【答案与解析】

案例 10-1

1. 施工企业投标工程项目，应当具备施工该工程项目的相应资质。井工煤矿回风立井井筒深度超过 600m，其项目应当由具备矿山工程总承包一级及以上资质的企业才能承担。该施工企业申请矿山工程施工总承包一级资质应具备条件包括：净资产 1 亿元以上；主要技术负责人具有 10 年以上从事工程施工技术管理工作经历，且具有矿建工程专业高级职称；近 10 年承担过下列 5 项中的 2 类或某 1 类的 3 项工程的施工总承包或主体工程承包，工程质量合格：

（1）100 万 t/ 年以上铁矿采、选工程；

（2）100 万 t/ 年以上有色砂矿或 60 万 t/ 年以上有色脉矿采、选工程；

（3）120 万 t/ 年以上煤矿工程或 300 万 t/ 年以上洗煤工程；

（4）60 万 t/ 年以上磷矿、硫铁矿或 30 万 t/ 年以上铀矿工程；

（5）20 万 t/ 年以上石膏矿、石英矿或 70 万 t/ 年以上石灰石矿等建材矿山工程。

2. 该施工企业目前具有矿山工程施工总承包二级资质，需要提高自身的资质。相关准备工作包括：

（1）对照资质标准进行准备，尽快解决不满足条件的项目。这里面涉及企业资金、主要人员、工程业绩等，需要确保各项条件均达到要求。

（2）申请矿山工程施工总承包一级资质。在资质许可机关的网站或审批平台提出申请事项，提交资金、专业技术人员、技术装备和已完成业绩等电子材料。

申请矿山工程施工总承包一级资质，主管部门受理申请材料之日起 60 个工作日内完成审查，公示审查意见，公示时间为 10 个工作日。

案例 10-2

1. 施工单位项目部组建应考虑设置生产技术部、经营管理部、设备物资部、施工安全部、综合办公室等管理部门。

配备的主要管理人员包括项目经理、技术经理、安全经理、生产经理、机电经理、经营经理等，项目经理应由具有一级矿业工程注册建造师执业资格的人员担任，技术经理或是技术负责人应由具有中级及以上职称证书的人员担任，安全经理、生产经理、机电经理、经管经理应由取得安全生产考核合格证书和具有中级及以上职称证书的人员担任。

2. 该项目采用主井先开工、副井推迟 3 个月再开工的顺序合理。因为该矿井主副井深度差不多，又都在工业广场内，距离较近，副井利用永久井架凿井需要等待永久井架主体结构进场，因此，副井往往不具备提前开工条件；主井井筒采用临时凿井井架施工，具备先开工的条件；此外，我国一般考虑主井箕斗装载硐室与井筒同时施工，箕斗装载硐室的施工时间约为 3 个月，主井提前开工，并且安排箕斗装载硐室与井筒同时施工可实现与副井井筒同时到底，顺利进行短路贯通。

3. 工程实施过程中，出现主井井筒工期延误 3 个月，这时仍然安排箕斗装载硐室与井筒同时施工就无法保证与副井同时到底，短路贯通工程也无法实施，对整个工程施工安排影响较大。考虑到箕斗装载硐室可以安排到后期进行施工，主井井筒可以直接施工到底，这时预留箕斗装载硐室，可实现主、副井同时到底，开展主副井贯通工程的施工，对整个工程施工安排几乎没有影响，至于箕斗装载硐室的施工时间，可以安排在主井永久装备前进行，这样对矿井建设的工期也不会产生影响。因此，合理的安排是主井井筒预留箕斗装载硐室，直接将井筒施工完成，实现与副井井筒同时到底，进行短路贯通。

案例 10-3

1. 依据《煤矿安全规程》（2022 年版），斜井（巷）施工期间兼作人行道时，必须每隔 40m 设置躲避硐。设有躲避硐的一侧必须有畅通的人行道。上下人员必须走人行道。人行道必须设红灯和语音提示装置。因此，$1750/40 = 43.75$，考虑到首尾处可以不设置，因此累计应设置 43 个躲避硐。

2. 缺少专用斜井人车及风筒。依据《煤矿井巷工程施工标准》GB/T 50511—2022，新建、扩建矿井不得采用普通轨斜井人车运输。施工高差超过 50m 的斜井应采用机械方式运送人员，且应符合下列规定：运送人员的车辆应为专用车辆，不得使用非乘人装置运送人员；不得人、物料混运；坡度小于 8° 的斜井宜采用无轨胶轮专用人车运送人员，坡度大于或等于 8° 的斜井宜采用架空乘人装置、单轨吊专用乘人装置运送人员。此斜井垂直深度超过 500m，因此必须布置斜井人车，且通风也必须布置风筒。

图中电缆与管路、电缆与电缆之间布置有错误，具体要求：电缆与压风管、供水管在巷道同一侧布置时，必须敷设在管路上方 0.3m 以上距离；巷道内的通信和信号电缆应当与电力电缆分挂在巷道的两侧，挂在一侧时应当敷设在电力电缆上方 0.1m 以上的位置；放炮电缆应单独悬挂且离其他电缆距离在 0.5m 以上。

3. 依据《煤矿安全规程》（2022 年版）开凿或延深斜井、下山时，必须在斜井、下山的上口设置防止跑车装置，在掘进工作面的上方设置坚固的跑车防护装置。跑车防护装置与掘进工作面的距离必须在施工组织设计或作业规程中规定。斜长较大时，还应在适当位置设置防跑车装置。提升容器与提升绳之间还应设置保险绳。

4. 选用第三类炸药错误，应选用第一类炸药。第一类炸药，准许在一切地下和露天爆破工程中使用的炸药，包括有瓦斯和煤尘爆炸危险的矿山，也称为安全炸药或者煤矿许用炸药。第二类炸药，准许在地下和露天爆破工程中使用的炸药，但不包括有瓦斯和煤尘爆炸危险的矿山。第三类炸药，只准许在露天爆破工程中使用的炸药。

总延期时间为 150ms 不正确，应为 130ms。依据《煤矿安全规程》（2022 年版），在采掘工作面，必须使用煤矿许用瞬发电雷管、煤矿许用毫秒延期电雷管或者煤矿许用数码电雷管。使用煤矿许用毫秒延期电雷管时，最后一段的延期时间不得超过 130ms。使用煤矿许用数码电雷管时，一次起爆总时间差不得超过 130ms，并应当与专用起爆器配套使用。

反向装药不正确，应为正向装药。依据《煤矿井巷工程施工标准》GB/T 50511—2022，井筒揭露有煤与瓦斯突出危险的煤层时，采用爆破作业时，应采用正向装药。

一次性排水不合理，应采用分级排水，并在工作面后面设置临时水仓，中间分级位置设置节水沟槽。斜井施工排水宜采用接力方式，但排水接力不宜超过 3 级；工作面涌水量低于 $10m^3/h$ 时，应在工作面后方设置移动水箱或水仓，采用气动潜水泵将水排至水箱，由卧泵排至地面；工作面涌水量大于 $10m^3/h$ 时，宜先治水再施工。

案例 10-4

1. 施工方案中的不合理之处及原因或正确做法如下：

（1）双层吊盘不合理，因为井筒直径较小，设备复杂，双层吊盘难以布置，应为三层吊盘；

（2）信号室布置在上层盘不合理，应布置在下层盘；

（3）抓岩机布置在上层盘不合理，应布置在下层盘；

（4）分灰器布置在上层盘不合理，应布置在中层盘或者下层盘，因为上层盘没有保护，人员操作不安全；

（5）下层吊盘安装卧泵，下层盘需要安装抓岩机与信号室，空间较小，卧泵应安装在中层盘；

（6）下层盘用来作为绑扎钢筋和浇筑、振捣混凝土操作用盘不合理，因为下层盘的位置与钢筋绑扎和混凝土浇筑振捣位置不一致，应采用辅助盘；

（7）模板净直径 5500mm 不妥，因为在施工过程中，模板会有变形以及一定的偏差，为了保证井筒净直径尺寸误差在 0～50 之间，模板净直径应略微放大一些，通常应为 5550mm 或者略大于 5500mm。

2．通常立井施工采用专业班组的时候，依据工序设置四个专业班组，分别是打眼爆破班、出渣班、砌壁班、出渣清底班。

3．计算：月综合进尺 $= 24 \div 20 \times 4.0 \times 30.5 \times 90\% = 131.76$m

4．事件一中索赔程序是合理的，在事件发生后的 28d 内提出了索赔意向，且在索赔意向提出的 28d 内提交了索赔报告和有关资料；索赔要求也是合理的，因为是业主征地的原因导致了本该在枯水季节施工的流沙层拖到了雨期施工，造成了流沙层静水位上升，施工难度明显增大。

5．事件二中，对经过第三方无损检测合格的 4 模混凝土应予验收通过；对强度达不到设计要求的混凝土可由设计单位进行验算，如果满足安全使用要求，可以给予让步验收；如果不能满足安全使用要求，应当推倒重做，或者是重新浇筑混凝土。

第11章 工程招标投标与合同管理

11.1 工程招标投标

复习要点

矿业工程项目招标投标管理，根据工程项目的特点，应掌握施工招标投标的基本要求，招投标的内容与类型，招标条件和招标方式，招标工作程序。对于投标应掌握工程施工的投标条件与程序，投标报价基本要求与报价策略。

1．矿业工程项目招标投标管理

矿业工程项目招投标工作基本程序包括招标、投标、开标、评标、定标五个方面。矿业工程施工招标可以对一个单项工程项目招标，如矿井、选矿厂、专用铁路或公路等，也可以是一个或几个单位工程内容的招标，如井筒项目，巷道项目，厂房或办公楼等建（构）筑物。施工招标可采用公开招标和邀请招标两种方式。

2．矿业工程施工招标条件与程序

矿业工程施工招标的条件包括建设工程立项批准，建设行政主管部门批准，建设资金落实，建设工程规划许可，技术资料满足要求以及法律、法规、规章规定的其他条件。招标的一般程序为：组织招标机构→编制招标文件→发出招标通告或邀请函→投标人资格预审→发售招标文件→召开标前会议、组织现场踏勘→接受投标书→开标→初评→技术评审→商务评审→综合评审报告→决标→发出意向书→签订承包合同。

3．矿业工程施工投标条件与程序

矿业工程施工投标的条件要求投标人应满足企业资质、技术要求、资金条件和其他相关条件。投标人进行报价时可以提出改进技术方案或改进设计方案的新方案，或利用拥有的专利、工法显示企业实力；以较快的工程进度缩短建设工期，或有实现优质工程的保证条件；利用低利策略等。

一 单项选择题

1．从可行性研究、勘察设计、组织施工、设备订货、职工培训直到竣工验收，全部交由一个承包单位完成，这种承包方式称为（   ）。

　　A．专项承包　　　　　　　　　B．项目承包

　　C．项目总承包　　　　　　　　D．阶段承包

2．根据矿业工程项目的特点，井筒工程项目中不能单独进行工程招标的是（   ）。

　　A．井筒冻结　　　　　　　　　B．井筒注浆

　　C．井筒砌壁　　　　　　　　　D．井筒安装

3．对于矿山巷道工程项目的招标工作，做法不正确的是（   ）。

　　A．自行招标　　　　　　　　　B．采用邀请招标

　　C．分施工招标和技术培训招标　D．将工作面爆破工作单独分包

4. 不应计入招标所要求的到位资金的是（　　）。

　　A. 未被银行证明的资金　　　　　B. 银行借贷资金

　　C. 合股资金　　　　　　　　　　D. 融资资金

5. 招标工作中的资格预审应在（　　）之前进行。

　　A. 组织招标机构之前

　　B. 发出邀请函之后、发售招标文件之前

　　C. 发售招标文件之后、召开标前会议之前

　　D. 与综合评审同时

6. 以下招标人对投标人提出的要求，不合理的是（　　）。

　　A. 有同类项目的业绩证明　　　　B. 提供良好商务信誉证明

　　C. 独立承包要求　　　　　　　　D. 充足的资金并同意垫资

7. 招标投标活动应当遵循的原则是（　　）。

　　A. 公开、公平、公正　　　　　　B. 公开、公平、公正和诚实信用

　　C. 公开、公平、公正和实事求是　D. 公开、公平、公正、规范

8. 按照《中华人民共和国招标投标法》的规定，招标方式只有两类，分别是（　　）。

　　A. 公开招标和议标　　　　　　　B. 公开招标和直接委托

　　C. 公开招标和邀请招标　　　　　D. 委托招标和自行招标

9. 矿业工程项目公开招标时，通过资格预审的投标申请人最少应为（　　）个。

　　A. 2　　　　　　　　　　　　　　B. 3

　　C. 4　　　　　　　　　　　　　　D. 5

10. 工程项目实施招标的方式有（　　）。

　　A. 委托招标和自行招标　　　　　B. 公开招标和直接委托

　　B. 邀请招标和议标　　　　　　　D. 公开招标和邀请招标

二　多项选择题

1. 下列招标文件中的内容，不合理的有（　　）。

　　A. 一个矿山的两个井筒分别招标

　　B. 一个井筒分为井颈和井身两部分进行分别招标

　　C. 对井筒漏水量较规程要求的水平更低

　　D. 井筒规格的要求高于规程标准

　　E. 井筒水文地质勘探工作在定标后进行

2. 下列关于招标投标中的开标、决标工作，做法正确的有（　　）。

　　A. 开标应公开，开标后是评标工作

　　B. 投标人可推荐委托人参加开标会议

　　C. 中标前不允许彼此商量投标价格

　　D. 招标人应根据评标情况确定中标人

　　E. 根据招标人委托可由评标委员会确定中标人

3. 下列关于招标文件的内容, 正确的有 (　　　)。

    A. 项目的两个井筒由两家单位承包

    B. 规定要审查承包单位的资质等级

    C. 规定需交投标保证金、履约保证金

    D. 验收标准较规程要求, 有高也有低

    E. 投标书允许采用英文

4. 关于矿井项目招标应满足的条件, 正确的说法包括 (　　　) 等。

    A. 项目所在矿区已获准开发

    B. 资源勘察已经审查同意

    C. 补充地质勘探已经列入计划

    D. 安全设施设计已经安全监察部门审查同意

    E. 建设用地已购置且完成临时用地规划和部分租赁工作

5. 关于投标报价的说法, 合理的有 (　　　)。

    A. 报价要考虑一定的风险费用　　　B. 最低报价是能中标的最有效办法

    C. 报价应考虑企业的利益　　　　　D. 报价不当将可能引入风险

    E. 投标策略就是要报低价

6. 按照《中华人民共和国招标投标法》的规定, 招标方式可采用 (　　　)。

    A. 公开招标　　　　　　　　　　　B. 直接委托

    C. 议标　　　　　　　　　　　　　D. 委托招标

    E. 邀请招标

【答案与解析】

一、单项选择题

1. C;　　2. C;　　3. D;　　4. A;　　5. B;　　6. D;　　7. B;　　8. C;

9. B;　　10. A

【解析】

1.【答案】C

本题主要考察矿业工程常见的招标投标项目类型。在矿业工程中常见的招标投标类型为以下 4 种情况:

(1) 项目招标承包。这是为择优选择项目进行的招标。国家或行业主管部门, 或集资单位组成的董事会负责组织这类招标。当项目投资得到落实, 招标部门公开提出所要建设矿业项目的技术和经济目标进行招标。

(2) 项目建设招标总承包。项目总承包即从可行性研究、勘察设计、组织施工、设备订货、职工培训直到竣工验收, 全部工作交由一个承包单位完成。这种承包方式要求项目风险小、承包单位有丰富的经验和雄厚的实力, 目前它主要适用于洗煤厂、机厂之类的单项工程或集中住宅区的建筑群等, 现在也有少部分的整个矿井进行总承包试点。

(3) 阶段招标承包。这是把矿业工程项目某些阶段或某一阶段的工作分别招标承包给若干单位。如把矿井建设分为可行性研究、勘察设计、施工、培训等几个阶段分别进行招标承包。这是目前多数项目采用的承包方式。

（4）专项招标承包。这是指某一建设阶段的某一专门项目，由于专业技术性较强，需由专门的企业进行建设，如立井井筒凿井、各种特殊法凿井等，进行的专项招标承包。也有对提升机、通风机、综采设备等实行专项承包的做法。

因此，本题的答案应为 C。

2.【答案】C

根据矿业工程的特点，可按施工组织设计规定的工程阶段进行招标，如施工准备、井筒、主巷道及硐室、洗煤厂、场内工业及公用建筑、生活区建筑、公路、铁路、通信、供水、供电等若干独立工程进行招标。而井筒砌壁是一分项工程，当然不可以单独进行工程招标。因此，本题答案应为 C。

3.【答案】D

本题题干要求回答的"做法不正确的是"，因此，答题时应注意，对这种题型需要逐项分析。其中选项 A 为自行招标，则应理解自行招标的含义。招标人如具有编制招标文件和组织评标能力，可向有关行政监督部门进行备案后，自行办理招标事宜。而选项 B 是关于招标方式的内容，现行《中华人民共和国招标投标法》规定招标方式为公开招标和邀请招标两类。只有不属于法规规定必须招标的项目才可以采用直接委托方式。选项 C 是关于阶段招标承包的内容，根据阶段招标承包的要求，可以将矿业工程项目某些阶段或某一阶段的工作分别招标承包给若干单位。如把矿井建设分为可行性研究、勘察设计、施工、培训等几个阶段分别进行招标承包。这是目前多数项目采用的承包方式。

由此可见，只有选项 D 是不正确的，因此，本题答案为 D。

4.【答案】A

本题主要考察矿业工程项目招标应具备的条件。根据相关文件要求，建设方进行矿业工程项目招标，必须符合以下要求：

（1）建设工程立项批准。矿业工程项目立项必须是国家或者当地政府已经列入资源开发区域的项目，具有符合等级要求的勘察报告和资源评价，以及环境影响评估报告，并已具备开发条件，批准立项。

（2）建设行政主管部门批准。已经完成符合施工要求的设计和图纸工作，并经相应的安全部门、环境管理部门审核同意；履行并完成报建手续并经行政主管部门批准。

（3）建设资金落实。建设资金已经落实或部分落实，符合规定的资金到位率；有相关银行的资金或贷款证明。

（4）建设工程规划许可。已完成建设用地的购置工作，以及必要的临时施工用地规划和租赁工作，取得建设工程规划许可。

（5）技术资料满足要求。完成必要的补充勘察工作，有满足施工要求的地质资料和相应的设计和图纸。井筒施工必须有符合要求的井筒检查孔资料。

由此可见，未被银行证明的资金不应计入招标所要求的到位资金。因此，本题的答案应为 A。

5.【答案】B

招标的一般程序如下：组织招标机构→编制招标文件→发出招标通告或邀请函→投标人资格预审→发售招标文件→召开标前会议、组织现场踏勘→接受投标书→开标→初评→技术评审→商务评审→综合评审报告→决标→发出意向书→签订承包合同。可见，资格预审应在发出招标邀请函之后，在发售招标文件之前进行。应注意的是，资格预审的目的，一是保证投标人能够满足完成招标工作的要求；二是优选综合实力较强的申请投标人。因此，要避免让不能满足完成招标工作要求的投标人进行无效的投标工作，也避免无效的招标工作。故资格审查应在发售招标文件前完成，因而，本题的答案应为 B。

6.【答案】D

本题主要考察对投标人的相关要求。招标人针对招标项目的具体情况，可以提出各种不同的招标要求。通常投标人应满足的招标条件和要求的内容有以下几方面：

（1）企业资质等基本要求。为保证实现项目的目标，招标人一般都对投标商有资质及相关等级要求，并有相关营业范围的企业营业执照、项目负责人的执业条件等。

（2）技术要求。投标人应满足招标人相关的技术要求，具体体现在投标书对招标文件的实质性响应方面。投标书应能显示投标人在完成招标项目中的技术实力，满足标的要求的好坏和程度，符合招标书关于标的的技术内容，包括项目的工程内容及工程量、工程质量标准和要求、工期、安全性等方面，以及设备技术条件，尤其是专业性强的招标项目，招标人往往会要求投标人出示相关业绩证明。

（3）资金条件。满足资金条件包括投标人具有完成项目所需要的足够资本，招标人为保险起见，还会要求投标人应有一定的注册资本金。除此之外，投标时还应提交足够的投标担保，以及获取项目时的履约担保等要求。

（4）其他条件。招标人还可以根据项目要求提出一些考核性要求或其他方面的专门性要求，例如项目的投标形式（总承包投标，或不允许联合体承包投标等），要求投标人有良好的商务信誉、没有经营方面的不良记录等。

由此可见，选项 A、B、C 均是合理的，只有 D 的要求不合理，尤其是垫资的要求是我国现行相关要求严厉禁止的。因此，本题的答案应为 D。

7.【答案】B

本题主要考察招标投标活动的基本原则，招标投标活动应当遵循公开、公平、公正和诚实信用的原则，其中的诚实信用容易混淆。因此，本题的答案应为 B。

8.【答案】C

本题主要考察招标方式。根据《中华人民共和国招标投标法》规定，招标方式只有公开招标和邀请招标两类。只有不属于法律法规规定必须招标的项目才可以采用直接委托方式。因此，本题的答案应为 C。

9.【答案】B

进行招标的项目，招标人应当组建资格审查委员会审查资格预审申请文件。资格预审结束后，招标人应当及时向资格预审申请人发出资格预审结果通知书。未通过资格预审的申请人不具有投标资格。通过资格预审的申请人少于 3 个的，应当重新招标。因此，答案为 B。

10.【答案】A

本题主要考察工程项目实施招标的方式。根据相关规定，工程项目实施招标的方式可以采用自行招标或委托招标的方式进行招标。招标人如具有编制招标文件和组织评标能力，可向有关行政监督部门进行备案后，自行办理招标事宜。因而，本题的答案应为 A。

二、多项选择题

1. B、C、E；　　　2. A、C、D、E；　　　3. A、B、C、E；　　　4. A、B、D、E；

5. A、C、D；　　　6. A、E

【解析】

1.【答案】B、C、E

本题主要考察招标文件的基本要求。对招标文件的基本要求主要内容有：

（1）内容全面。招标文件应标的明确、介绍内容清晰，能最大限度地满足投标人所需的全部资料和需求。

（2）条件合理。招标文件提出的各种要求合理、公正，符合惯例，考虑各方经济利益。

（3）标准和要求明确。招标文件应明确交代：投标人资质、资格标准；工程的地点、内容、规模、费用项目划分、分部分项工程划分及其工程量计算标准；工程的主要材料、设备的技术规格和质量及工程施工技术的质量标准、工程验收标准，投标的价格形式；投标文件的内容要求和格式标准，投标期限要求，标书允许使用的语言；相关的优惠标准，合同签订及执行过程中对双方的奖、惩标准，货币的支付要求和兑换标准；投标保证金、履约保证金等的标准；招标人授予合同的基本标准等。

显然选项 B、C、E 的要求明显违反相关文件的要求。综上所述，本题的答案应为 B、C、E。

2.【答案】A、C、D、E

本题主要考察开标与决标工作。招标投标工作的基本程序包括招标、投标、开标、评标、定标五个程序。因此选项 A 是正确的。投标人应参加开标会议。因此，选项 B 不正确。投标人可以对唱票进行必要的解释，但是不能超过投标文件的范围或改变投标文件的实质性内容；投标人的解释内容将被记录在案，作为评标考虑的一方面内容。因此。确定中标人前，招标人不得与投标人就投标价格、投标方案等实质性内容进行谈判，选项 C 是正确的。招标人应该根据评标委员会提出的评标报告和推荐的中标候选人确定中标人，也可以授权评标委员会直接确定中标人。因此，选项 D 和 E 是正确的。

综上，本题的答案应为 A、C、D、E。

3.【答案】A、B、C、E

对招标文件的要求，包括招标文件所体现的招标内容、招标方式、招标书的格式、投标要求等都应符合相应规定。对于招标内容和方式，规定一个矿井项目可以对若干单位工程分别招标。同类性质的项目可以一家或几家施工单位承包；对于招标文件的基本要求，包括：

（1）内容全面、标的明确、介绍清晰；

（2）条件要求合理、公正，符合惯例；

（3）标准和要求明确、合理；

（4）内容统一和文字规范简练。

所谓标准明确合理，就是明确使用的标准、规范。对于施工而言，施工规范是工程施工和质量的基本要求，必须遵守，故低于规范要求是违法违规行为。招标文件应明确的还有：

（1）投标人资质、资格标准；

（2）工程的地点、内容、规模、费用项目划分、分部分项工程划分及其工程量计算标准；

（3）工程的主要材料、设备的技术规格和质量及工程施工技术的质量标准、工程验收标准，投标的价格形式；

（4）投标文件的内容要求和格式标准，投标期限要求，标书允许使用的语言；

（5）相关的优惠标准，合同签订及执行过程中对双方的奖惩标准，货币的支付要求和兑换标准；

（6）投标保证金、履约保证金等的标准；

（7）招标人投标及授予合同的基本标准等。

因此，本题的答案应为 A、B、C、E。

4.【答案】A、B、D、E

根据国家资源开发以及安全、环保等相关规定，允许矿业工程的矿井项目的招标，必须满足有：

（1）建设工程立项批准，包括矿业工程项目立项必须是国家或者当地政府已经列入资源开发区域的项目，并具有符合等级要求的勘察报告和资源评价，以及环境影响评估报告，并已具备开发条件，批准立项；

（2）建设行政主管部门批准，指已经完成符合要求的设计，并经相应的安全部门、环境管理部门审核同意，并已报建和经行政主管部门批准；

（3）建设资金落实；

（4）建设工程规划许可，就是已完成购置，以及临时施工用地规划和租赁工作，取得建设规划许可；

（5）技术资料满足要求，即完成必要的补充勘察工作，有满足施工要求的地质资料和设计与图纸，井筒施工必须有符合要求的井筒检查孔资料；

（6）其他法律、法规、规章规定的条件。

本题中选项 C 表示必须补充地质勘探工作尚未完成，不符合规定要求；选项 E 虽是部分租赁，因临时用地，应该逐步、到必要时才租赁，故符合要求。

故本题正确选项为 A、B、D、E。

5.【答案】A、C、D

本题主要考察投标报价的基本要求。拟定投标报价应该与投标策略紧密结合，灵活运用。投标报价的一般技巧主要有：

（1）愿意承揽的矿业工程或当前自身任务不足时，报价宜低，采用"下限标价"；当前任务饱满或不急于承揽的工程，可采取"暂缓"的计策，投标报价可高。

（2）对一般矿业工程投标报价宜低；特殊工程投标报价宜高。

（3）对工程量大但技术不复杂的工程投标报价宜低；技术复杂、地区偏僻、施工条件艰难或小型工程投标报价宜高。

（4）竞争对手多的项目报价宜低；自身有特长又较少有竞争对手的项目报价可高。

（5）工期短、风险小的工程投标报价宜低；工期长又是以固定总价全部承包的工程，可能有一定风险，则投标报价宜高。

（6）在同一工程中可采用不平衡报价法，并合理选择高低内容；但以不提高总价为前提，并避免畸高畸低，以免导致投标作废。

（7）对外资、合资的项目可适当提高。当前我国的工资、材料、机械、管理费及利润等取费标准低于国外。

同时，投标报价还要考虑可能存在的风险形式和具体内容。因而，本题的答案应为 A、C、D。

6.【答案】A、E

本题主要考察招标方式与实施招标的方式的区别。根据《中华人民共和国招标投标法》规定招标方式只有公开招标和邀请招标两类。只有不属于法律法规规定必须招标的项目才可以采用直接委托方式。议标这种方式已经被取消了。根据相关规定，工程项目实施招标的方式可以采用自行招标或委托招标的方式进行。招标人如具有编制招标文件和组织评标能力，可向有关行政监督部门进行备案后，自行办理招标事宜。因而，本题的答案应为 A、E。

11.2　工程合同管理

复习要点

矿业工程合同管理主要包括以下内容：矿业工程合同内容与合同谈判、矿业工程合同实施条件分析方法、矿业工程风险管理、工程合同变更程序和计价方法、工程索赔方法与索赔管理。

1．矿业工程合同内容与合同谈判

矿业工程合同内容主要包括合同协议书、中标通知书、投标函及投标函附录、专用合同条款、通用合同条款、技术标准和要求、图纸、已标价工程量清单以及其他合同文件等。注意各种文件的作用和地位，以及合同文件的优先顺序。关注合同谈判及签订要点。

2．矿业工程合同实施条件分析方法

合同实施条件分析是将合同的承包目标、要求和责、权、利关系分解落实到合同事件表、网络图及其他图表上面所定义的各种工程活动的具体要求上。

3．矿业工程风险管理

风险就是指在一定环境下和一定期限内客观存在的，影响企业或者项目实现目标的各种不确定事件。根据利益的观念，风险就是人们期望的利益目标与实际可能结果存在的差异。矿业工程项目（主要指矿山井下项目）存在两种风险状态引起项目特殊的风险，一种是井下自然环境的不确定性，一种是一些技术效果的不确定性。因此，应加强矿业工程风险预防与应对。

4．工程合同变更程序和计价方法

矿业工程合同变更范围包括：对合同中任何工作工程量的改变；任何工作质量或其他特性的变更；工程任何部分标高、位置和尺寸的改变；增减合同约定的部分工作内容；进行永久工程所必需的任何附加工作、永久设备、材料供应或其他服务的变更；改变原定的施工顺序或时间安排；承包人在施工中提出的合理化建议。矿业工程合同变更程序的内容应注意：业主（监理工程师）申请的变更和承包商申请的变更是有区别的。注意业主、监理工程师、承包商均可提出工程变更。合同变更的计价方法应按合同约定。

5．工程索赔方法与索赔管理

矿业工程索赔管理应掌握工程索赔的基本含义、索赔方法和索赔管理的重要内容以及索赔事件的成立条件和索赔的依据、证据。

矿业工程索赔文件的内容包括：综述部分、论证部分、索赔款项（或工期）计算部分、证据部分。索赔事件成立的条件包括：与合同对照，事件已造成了承包人工程项目成本的额外支出，或直接工期损失；造成费用增加或工期损失的原因，不属于合同约定的承包人的行为责任或风险责任；承包人按合同规定的程序提交索赔意向通知和索赔报告。

一　单项选择题

1．在下列状况中，承包商应向发包商追究损失的是（　　　）。

  A．因停电 6h 的误工

  B．因承包方采用新技术增加的费用

  C．因发包方耽误使承包方延长 2d 工作

  D．因第三方未完成"三通一平"的延误

2．在矿山井巷工程中，属于隐蔽工程的是（　　　）。

  A．巷道掘进工程　　　　　　　B．注浆工程

  C．喷射混凝土工程　　　　　　D．立井掘进工程

3．在项目合同中，一般约定的付款方式不采用（　　　）的形式。

  A．工程预付款　　　　　　　　B．工程进度款

  C．应急工程专用款　　　　　　D．工程结算

4．项目与风险情况有关联是因为（　　　）。

  A．项目有明确的不利结果　　　B．项目的结果不明确

  C．项目的合同已经有风险条款　D．承揽项目就是冒险

5．以下情况，应列入风险管理内容的是（　　　）。

  A．地压情况不清，井下含水层可能突水

  B．建设方缺批准文件，项目可能被停建

  C．技术方案不妥，可能造成安全威胁

  D．缺资金可能影响工期拖延

6．正确的风险应对措施，应包括实施行动（应急）步骤、时间和费用预算，最后是（　　　）。

    A. 结束该项风险管理工作　　　　　B. 分析风险大小

    C. 比较风险措施有效性　　　　　　D. 估计残留风险水平

7. 根据《中华人民共和国民法典》的规定，（　　）可以变更合同。

    A. 业主　　　　　　　　　　　　　B. 设计单位

    C. 承包商　　　　　　　　　　　　D. 当事人协商同意后

8. 根据《中华人民共和国民法典》的规定，以下变更的做法正确的是（　　）。

    A. 变更是施工方确定，监理发布变更令

    B. 巷道支护形式已变更，则原支护形式的工程费取消

    C. 由业主提出的变更，其价款由施工方提出确定

    D. 施工方可以在施工中为加快进度提出变更要求

9. 不能成为工程索赔事件依据的索赔文件是（　　）。

    A. 合同文件　　　　　　　　　　　B. 索赔款项（或工期）计算部分

    C. 法律法规　　　　　　　　　　　D. 相关证据

10. 关于索赔的认识，正确的是（　　）。

    A. 索赔的结果都要通过法院判决　　B. 索赔都是由业主提出

    C. 合同有变更就可能引起索赔　　　D. 施工顺序的变化不是索赔的理由

（二）多项选择题

1. 矿业工程合同文件包括有（　　）等。

    A. 合同协议书　　　　　　　　　　B. 中标通知书

    C. 技术标准和要求　　　　　　　　D. 专用合同条款

    E. 发包方要求的备忘录

2. 关于工程合同签订时的会谈内容和做法，正确的有（　　）。

    A. 合同承包范围的更改应有会谈纪要，并以合同附件形式留在合同中

    B. 单价合同的"增减量幅度"是指单价的增减与工程量增减的比例值大小

    C. 合同价款会谈的内容是固定价款和可调价款的协商

    D. 对于可调价格的确认应考虑本单位能力、工程条件、项目风险

    E. 付款方式的确定就是指付款内容、付款数额（或比例）的确定

3. 承包商在合同谈判时明确安全施工相关内容的意义在于（　　）。

    A. 矿业工程项目属于高危行业

    B. 矿业工程的安全事故往往较严重

    C. 施工发生安全事故与发包方无关

    D. 矿业工程项目应随时接受相关部门安全检查

    E. 安全施工是矿业工程项目考核的重要指标

4. 对合同内容的认识，说法正确的有（　　）。

    A. 合同中的纠纷处理方法可定为协商

    B. 安全要求也是矿业工程承包的基本内容

    C. 项目变更的同时合同也应进行变更

　　D．考虑合同的价格形式应结合项目性质

　　E．无论主观故意和无意违约都应承担相应责任

5．合同分析的基本内容包括（　　）。

　　A．合同的法律基础　　　　　　B．承包商的主要任务和发包单位的责任

　　C．合同价格和施工工期　　　　D．违约责任

　　E．合同的格式

6．承包方提出的索赔事件的成立条件有（　　）。

　　A．事件可能造成承包人受到损失

　　B．事件已造成承包人受到损失

　　C．承包人的损失是发承包人的责任

　　D．承包人的损失是承包人的风险责任

　　E．承包人按规定提交了索赔意向书和索赔报告

7．下列关于确定工程变更价款的说法，正确的有（　　）。

　　A．承包人应在工程变更确定后14d内，提出变更工程价款的报告

　　B．监理工程师应在收到变更工程价款报告之日起14d内予以确认

　　C．工程变更价款最终应由业主确认

　　D．监理工程师不同意承包人提出的变更价款的，则承包人应予以接受

　　E．工程变更价款最终应由承包人确认

【答案与解析】

一、单项选择题

1. D；　　2. D；　　3. C；　　4. B；　　5. A；　　6. D；　　7. D；　　8. D；

9. B；　　10. C

【解析】

1.【答案】D

停电8h或以上的误工可以索赔，选项A停电为6h，不属于可索赔之列；承包方采用新技术（B）应视是否被发包方认可，如自行采用则也不被认为可以索赔；使承包方工时增加2d（C）的索赔要由是否影响总工期来决定，如不影响则不能索赔；"三通一平"是发包方的责任，第三方及其工作由发包方安排，因此第三方工程对承包方进场的影响仍应由发包方负责，故合理的选项应为D。

2.【答案】D

所谓隐蔽工程通常是指将被其他工程内容隐蔽的工程，例如，钢筋工程将被混凝土工程隐蔽，因此钢筋工程属隐蔽工程。隐蔽工程通常是一种分项工程的内容，但是也不尽然。裸体巷道要被衬砌工程隐蔽时，就成为隐蔽工程。立井工程通常都有掘进工程和支护工程的内容，支护工程又是以各种衬砌工程为主，除围岩条件和施工条件（如井深浅）很好外，通常都有衬砌将井筒的掘进工程隐蔽，因此井筒掘进工程应是隐蔽工程（D）。巷道的掘进工程不同，裸体巷道，或者也有的支护采用支架形式的情况还不少，这时掘进出来的裸体巷道工程就没有被隐蔽（A）；至于喷射混凝工程（C）显然不属于

隐蔽工程，而注浆工程（B）虽然工程结果看不见，但这并不是其他工程的覆盖造成的，所以也不属于隐蔽工程。故合理的选项应为 D。

3.【答案】C

工程款的付款方式有多种，这些付款形式都应在合同中列出，规定付款条件、方式、支付期限等要求，一般不允许随意引起支付。这些款项主要有工程预付款、工程进度款、竣工结算和退还保留金等。应急工程专用款一般是企业内部的使用要求，不列入支付内容。因而，本题的答案应为 C。

4.【答案】B

注定会发生不利结果的项目，那不是风险的问题（A）；项目的合同已经有风险条款，这是项目存在风险的结果，不能作为项目与风险存在关联的原因，风险条款仅仅是规避风险的一种措施（C）；冒险是去确认有危险的事情，和风险的含义不同（D）；项目与风险有关是因为项目存在某种不利条件会产生不利的结果，这就是项目结果不确定的风险的含义（B）。因而，本题的答案应为 B。

5.【答案】A

工程风险就是指难于预测工程结果的状况，这种工程结果不确定性是引起工程结果的条件，如灾害等事件的发生，存在于某种概率条件下。选项 B、C、D 的这些条件均是确定的缺陷（文件没有批准、技术方案不妥、缺资金），而选项 A 的条件存在概率状况，故答案应为 A。

6.【答案】D

处理风险的策略包括风险规避、转移、缓解、风险自留和风险利用，或者组合使用。风险应对措施要根据不同风险特征制定，并考虑多种可能的应对办法，进行选择。选择确定的应对措施应有实施行动（包括应急）步骤、时间和费用预算，最后要根据风险转移的特点，考虑和估计实施后的残留风险水平、处置后的退却工作等。因而，本题的答案应为 D。

7.【答案】D

经过当事人协商一致，可以变更合同。按照行政法规要求，变更合同还应依据法律、行政法规的规定办理手续。合同变更并没有完全取消原来的债权债务关系，合同变更涉及的未履行的义务没有消失，没有履行义务的一方仍须承担履行义务的责任。因而，本题的答案应为 D。

8.【答案】D

合同变更可以由业主（监理工程师）申请进行变更，在工程颁发工程接受证书前的任何时间，业主（监理工程师）可以发布变更指示或以要求承包商递交建议书的方式提出变更。对于承包商也可以申请变更，承包商可以对合同内任何一个项目或工作向业主（监理工程师）提出详细变更请求报告。但未经业主（监理工程师）批准，承包商不得擅自变更。变更不是应由施工方确定的，工程变更应按规定进行工程价款结算，并不能取消原工程费，也不能由施工方单方面确定结算办法。施工单位可以根据工程实际情况提出加快进度的变更，原则上业主（监理工程师）应当同意。因此，本题答案应为 D。

9.【答案】B

索赔文件包括综述部分、论证部分、索赔款项（或工期）计算部分以及证据等四部分，其中论证部分所需要的依据，构成了索赔依据的主要内容，而相关计算与索赔依据不同，它只是整个索赔文件的另外一部分。索赔的依据包括：（1）合同文件的依据：合同文件应能相互解释，互为说明。发包人与承包人有关工程的洽商、变更等书面协议或文件视为本合同的组成部分。（2）法律法规的依据：订立合同所依据的法律法规。（3）相关证据：证据包括招标文件、合同文件及附件、来往信件、各种会谈纪要、施工进度计划和实际施工进度记录、工程实录以及建筑材料和设备的采购、订货、运输、进场、使用方面的记录等。因而，本题答案为B。

10.【答案】C

索赔是指合同一方因对方不履行或未正确履行合同规定义务或未能保证承诺的合同条件而遭受损失后向对方提出的补偿要求，业主、承包商都可以提出索赔。业主（监理工程师）可以确定索赔是否成立，在接到承包人的索赔报告和索赔资料后，应认真研究、审核承包人报送的索赔资料，以判定索赔是否成立，并在28d内予以答复。发生工程变更会产生工程量的变化，导致费用变化，往往都要进行索赔。而施工单位自身的施工安排不一定会产生索赔事件。因而，本题的答案应为C。

二、多项选择题

1. A、B、C、D;   2. A、D;   3. A、B、D、E;   4. B、D、E;
5. A、B、C、D;   6. B、C、E;   7. A、B

【解析】

1.【答案】A、B、C、D

矿业工程的合同文件与普通建筑工程合同文件构成是一样的，一般包括合同协议书、中标通知书、投标函及投标函附录、专用合同条款、通用合同条款、技术标准和要求、图纸、已标价工程量清单，以及其他合同文件等。合同协议书是承包人中标后按规定时间与发包人签订的合同协议书，一般当双方在合同协议书上签字并盖单位章后，合同即生效；中标通知书同样具有法律效力，招标人与中标人应按中标通知书内容执行合同签订工作；招标人、中标人应按招标书及投标书订立合同协议，它们是合同内容的依据；技术标准和要求、图纸以及已标价工程量清单是实施合同的标准及其工程量确定和结算的依据；图纸还包括发包人按合同约定提供的任何补充和修改的图纸、配套的说明。其他合同文件是指经合同双方确认、并同样具有法律效力的合同文件；但是单方面意见不能作为合同的内容。

因此，本题的答案应为A、B、C、D。

2.【答案】A、D

本题主要考察合同谈判及签订的要点。

（1）关于工程内容和范围及性质的确认。工程承包内容和范围就是合同的标的，合同会谈中如涉及有工程内容和范围在文本合同中未明确的，或者是相关的修改等内容，必须以"合同补遗"或"会议纪要"等方式作为合同附件并说明该合同附件是构成合同的一部分。对于一般的单价合同，在谈判时双方应共同确定工程量的"增减量幅度"，以明确工程量变更部分的限度。否则，承包商有权要求进行单价调整。

（2）合同价款或酬金条款的确认和价格调整条款的确认。当合同价款形式尚未确定而尚可采用浮动价格、可调价格或成本加酬金等方式时，应根据项目条件，综合自身技术和能力及项目风险性等方面因素，考虑企业利益来确认。

由于矿山工程建设工期相对较长，不稳定因素多，确定价格调整条款对于承包商而言更显得重要。

（3）付款方式的确定。付款方式往往和工程进度联系在一起。主要形式有工程预付款、工程进度款、竣工结算和退还保留金等，合同应明确支付期限和要求。

（4）合同变更。矿业工程由于其特殊性，特别是地质情况的不确定性，其内容变更也会更加频繁，因此矿业工程的合同变更会显得更加重要。矿业工程合同通常都有约定的地质条件及相关环境。比如立井施工会有井筒最大涌水量的约定，如果超过一定的涌水量，除了增加施工难度和成本外，还有可能引起施工工艺的重大变化，比如增加工作面预注浆或是改成冻结法施工；或者是复杂的二、三期工程施工过程中发现地质资料没有达到预期的目标而进行工作面探水、探瓦斯等额外工作，都是矿业工程合同变更的依据。特殊情况下，比如立井施工合同，井筒深度增加超过原设计钢丝绳长度、提升吊挂系统所能施工的范围，施工单位就必须更换钢丝绳、提升吊挂系统等，从而增加大量的临时设施费用，此时就应进行价格和工程量的调整。

（5）工程质量与验收。工程质量应满足相应国家规范、标准及相关行业规范要求。矿业工程验收一般分为月度验收和中间验收、隐蔽工程验收和竣工验收等。

（6）隐蔽工程。由于矿业工程地质环境的复杂多变，经常出现额外的工程变化，比如冒顶、探水、注浆等。因为所有的地质变化引起的额外工程最终都会被覆盖，在工程完工后都很难再加确认，所以这些工程多数以隐蔽工程出现。这部分工程量有时会占合同比例较高，严格说，在合同约定的地质条件之外变化超过一定的比例都属于合同变更的范畴，因此，隐蔽工程的约定通常是合同谈判的一个重要部分。由于矿业工程的隐蔽工程量大，且隐蔽工程直接牵涉到后续工序的进行，如果建设单位或者监理单位不能及时进行验收，将严重影响施工进度。因此，隐蔽工程验收的及时性是矿业工程合同的重要内容。隐蔽工程验收可以按一般规定的程序和限时要求执行，也可以双方专门约定。

（7）关于工期和维修期的确认。确定工期，包括开工日期和竣工日期。确定工期时应充分考虑工程的实际情况，除应考虑自身准备工作必要时间外，还要注意开工的季节影响。承包商应充分表达因发包方原因产生的工程量增减、设计变更以及其他非承包商原因或不可抗力对工期产生的不利影响，承包商有合理要求追赔工期（及工程款）的权利。

还有安全施工与违约责任等内容。综上所述，本题的答案应为 A、D。

3.【答案】A、B、D、E

本题主要考察合同谈判中有关安全施工的问题。

矿业工程施工属于高危行业，安全事故造成的损失和影响通常都是巨大的，因此，安全施工是矿业工程的重要指标，也理所当然成为合同内容的重要一部分。通常，现场安全责任的主体是发包单位，施工单位承担自身现场管理的安全责任。承包人应遵守工程建设安全生产有关管理规定，严格按安全标准组织施工，并随时接受行业安全检查人员依法实施的监督检查，采取必要的安全防护措施，消除事故隐患。由于承包人安全措施不力造成事故的责任和因此发生的费用，由承包人承担；给发包人造成损失的应按实赔偿。因发包人原因导致的安全事故，由发包人承担相应责任及发生的费用。因此，本题的答案应为A、B、D、E。

4.【答案】B、D、E

合同中的纠纷处理方法一般应为仲裁或者诉讼。因而，选项A不正确。

矿业工程施工属于高危行业，安全事故造成的损失和影响通常都是巨大的，因此，安全施工是矿业工程的重要指标，也理所当然成为合同内容的重要一部分。故选项B正确。

矿业工程由于其特殊性，特别是地质情况的不确定性，其内容变更也会更加频繁，因此矿业工程的合同变更会显得更加重要。

矿业工程合同通常都有约定的地质条件及相关环境。比如立井施工会有井筒最大涌水量的约定，如果超过一定的涌水量，除了增加施工难度和成本外，还有可能引起施工工艺的重大变化，比如增加工作面预注浆或是改成冻结法施工；或者是复杂的二、三期工程施工过程中发现地质资料没有达到预期的目标而进行工作面探水、探瓦斯等额外工作，都是矿业工程合同变更的依据。因此，选项C不正确。

合同所采用的计价方法及合同价格所包括的范围，如固定总价合同、单价合同、成本加酬金合同等；工程款结算的方法和时间；合同价格的调整、计价依据、拖欠工程款的责任等。应与项目性质息息相关。因此，选项D正确。

如果合同一方未遵守合同规定，造成对方损失，应受到相应的合同处罚。通常分析：

（1）承包商不能按合同规定工期完成工程的违约金或承担业主损失的条款。

（2）由于管理上的疏忽造成对方人员和财产损失的赔偿条款。

（3）由于预谋或故意行为造成对方损失的处罚和赔偿条款。

（4）由于承包商不履行或不能正确地履行合同责任，或出现严重违约时的处理规定。

（5）由于业主不履行或不能正确履行合同责任，或出现严重违约时的处理规定，特别是对业主不及时支付工程款的处理规定。

因此，选项E正确。

综上所述，本题答案应为B、D、E。

5.【答案】A、B、C、D

合同分析的基本内容包括：

（1）合同的法律基础

（2）承包商的主要任务

（3）发包单位的责任

（4）合同价格

（5）施工工期

（6）违约责任

（7）验收、移交和保修

因此，本题的答案应为 A、B、C、D。

6.【答案】B、C、E

索赔事件成立的条件有三方面：（1）已经造成了的承包人损失，这个损失是指实际损失而非可能的损失或估计的损失；（2）损失的原因不属于承包人自己的行为责任和风险责任，如果是承包人的行为造成或因为承包人承担的风险责任，则就不符合成立条件；（3）承包人按规定的程序要求提交了索赔意向书和索赔报告。

故本题正确选项为 B、C、E。

7.【答案】A、B

承包人首先在工程变更确定后 14d 内，提出变更工程价款的报告，经监理工程师确认后调整合同价款，在双方确定变更后 14d 内承包人不向监理工程师提出变更工程价款报告的，视为该项变更不涉及合同价款的变更。监理工程师应在收到变更工程价款报告之日起 14d 内予以确认，监理工程师无正当理由不确认的，自变更工程价款报告送达之日起 14d 后视为变更工程价款报告已被确认。监理工程师不同意承包人提出的变更价款的，按合同规定的有关争议解决的约定处理。另外，工程变更价款最终应由承、发包双方共同确认。

因此，本题的答案应为 A、B。

实务操作和案例分析题

案例 11-1

背景资料：

某企业的基建项目第一标段主厂房建安部分属于工程核心内容，技术难度大，而且工期紧迫。招标人以预先与咨询单位研究确定的施工方案为标底、以设计图纸为基础编制了招标文件，经过对部分单位及其在建工程考察后，邀请 A、B、C 三家国有一级企业的施工单位参加投标。招标人于 3 月 5 日发出邀请函，并说明 3 月 10—11 日 9：00—17：00 在招标人项目部领取招标文件，4 月 5 日为规定投标截止时间。A、B、C 三家施工单位接受邀请并领取招标文件后，于 3 月 18 日，招标人对投标单位就招标文件提出的问题统一作了书面答复，随后组织各投标单位进行了现场勘察，4 月 5 日三家施工单位均按时提交投标文件。

开标时，由招标人委托公证人员检查投标文件的密封情况，确定无误后由工作人员当众开始拆封并宣布投标人的投标价格、工期和其他内容。

按照招标文件中确定的综合评标标准，三家投标人综合得分从高到低的顺序依次为 B、C、A，故评标委员会确定 B 施工单位为中标人。招标人于 4 月 8 日将中标通知书寄出，B 施工单位于 4 月 12 日收到中标通知书。最终双方于 5 月 12 日签订了书面合同。

问题：

1. 招标方式有哪几种？该工程采用邀请招标方式且邀请三个施工单位投标，是否违反有关规定？为什么？

2. 从招标投标的性质看，本案例中的要约邀请、要约和承诺的具体表现是什么？

3. 招标人对投标人进行资格预审应包括哪些内容？

4. 在该项目的招标投标程序中哪些方面不符合《中华人民共和国招标投标法》的有关规定？

案例 11-2

背景资料：

某矿井工程项目，在实施过程中，施工单位遇到了如下几种情况：

（1）3 月 1 日，在施工运输石门时，遇到原地质资料提供的断层破碎带，并发生严重冒顶，造成施工单位增加施工费用支出 30 万元，影响工期 15d。施工单位在 3 月 15 日处理完冒顶事故后，向监理工程师提出了索赔申请。

（2）在施工下山时，5 月 1 日遇到地质资料提供的含水层，监理工程师认为该含水层不会造成大的事故，遂指示施工单位强行通过，结果导致涌水事故，造成施工单位经济损失 50 万元，影响总工期 30d。事故处理完成后项目经理休假 30d，回来后，项目经理提出了索赔。

（3）8 月 1 日在施工顺槽时，由于遭遇地质资料未提供的断层，使得煤层上移，重新找到煤层后，影响工期 10d，施工单位额外支出费用 30 万元。施工单位在找到煤层后，立即向监理工程师提出了索赔申请。

问题：

1. 分别分析几次事件中的索赔。

2. 试述承包人的索赔程序。

案例 11-3

背景资料：

某基坑开挖工程，合同挖方量为 7000m³，直接费单价为 5.2 元 /m³，综合费率为直接费的 20%。按经甲方批准的施工方案及进度计划，乙方租用一台 1m³ 的反铲挖掘机（租赁费为 550 元 / 台班）开挖，6 月 11 日开工，6 月 20 完工。施工中发生下列事件：

事件一：因反铲挖掘机大修，晚进场 1 日，造成人员窝工 10 工日；

事件二：遇未预见的软土层，接监理工程师要求于 6 月 15 日开始停工的指令，进行地质复查，配合用工 15 工日，6 月 19 日接监理工程师次日复工指令及开挖加深 1.5m 的设计变更通知，增加挖方量为 1400m³；

事件三：6 月 20 至 22 日遇百年不遇的暴雨，开挖暂停，造成人员窝工 30 工日；

事件四：6 月 23 日修复暴雨损坏正式道路用工 30 工日，6 月 24 日恢复挖掘，至 6 月 30 日完工。

问题：

逐项分析上列事件，乙方是否可向甲方索赔？为什么？如何索赔？各可索赔工期几天？可索赔费用多少？（假设人工单价 25 元 / 工日，管理费为 30%）

【答案与解析】

案例 11-1

1.《中华人民共和国招标投标法》规定的招标方式有公开招标和邀请招标两种。不违反规定，招标单位只要经过批准，对于技术复杂或专业性强的工程，允许采用邀请招标方式；但邀请参加投标的单位不得少于三家。

2. 在本案例中，要约邀请是招标人的投标邀请函；要约是投标人以设计图纸为基础编制并提供的投标文件；承诺是招标人发出的中标通知书。

3. 招标人对投标单位进行资格预审应包括：投标单位资质证明，投标单位组织与机构和企业概况；近 3 年完成工程情况，目前正在履行的合同情况，特别是完成类似工程的情况；资源情况，如财务状况、完税情况、管理人员情况、劳动力和施工机械设备等方面的情况；其他情况（各种奖励和处罚等）。

4. 该项目招标投标程序中在以下 2 个方面不符合《中华人民共和国招标投标法》的有关规定，具体是：

（1）现场踏勘安排应在书面答复投标单位提交之前，因为投标单位对施工现场条件也可能提出问题。

（2）订立书面合同的时间太迟。按规定招标人与投标人应当自中标通知书发出之日起 30d 内订立书面合同，本案例为 34d。

案例 11-2

1. 事件 1 索赔不成立，因为该地质状况是在预先的地质报告中提供给了施工单位，施工单位的报价应该视为已经包含处理该不良地质情况的费用。

事件 2 索赔理由成立，因为是监理工程师的错误指令造成了施工单位的经济和工期损失，但是索赔却不能成立，因为索赔意向超过了 28d，正确的做法应该是索赔事件发生后的 28d 之内提出索赔意向。

事件 3 的索赔成立，因为是不可预见的地质情况造成了施工单位的损失，而且该特殊断层并未在地质报告中标注。

2. 承包人的索赔程序是：

（1）首先由承包人发出索赔意向通知。矿山工程索赔事件发生后，承包人应在索赔事件发生后的 28d 内向监理工程师递交索赔意向通知，声明将对此事件索赔。如果超过这个期限，业主（监理工程师）有权拒绝承包人的索赔要求。

而后承包人将正式向业主（监理工程师）递交索赔报告。索赔意向通知提交后的 28d 内，或业主（监理工程师）同意的其他合理时间，承包人应递送正式的索赔报告。

（2）业主（监理工程师）审核索赔报告。接到承包人的索赔意向通知后，业主（监理工程师）应认真研究、审核承包人报送的索赔资料，以判定索赔是否成立。判定索赔成立的原则包括：与合同相对照，事件已造成了承包人施工成本的额外支出，或总工期延误；造成费用增加或工期延误的原因，按合同约定不属于承包人应承担的责任，包括行为责任或风险责任；承包人按合同规定的程序提交了索赔意向通知和索赔报告。

（3）确定合理的补偿额。经业主（监理工程师）核查同意补偿后，补偿的额度往往与承包人的索赔要求的额度不一致。主要原因有：对承担事件责任的界限划分不清或不一致；索赔证据不充分；索赔计算的依据和方法分歧较大等。双方应就索赔的处理进行协商。协商不成，可以按合同的争议条款提交约定的仲裁机构仲裁或诉讼。

案例 11-3

事件一：不可索赔，属承包商责任。

事件二：可索赔，遇未预见的地质条件，由甲方承担；可索赔工期 5d（15～19日），用工费 $25 \times 15 \times (1 + 30\%) = 487.5$ 元；机械费 $550 \times 5 = 2750$ 元。监理工程师指令变更设计加深基坑，可索赔，其工程费为 $1400 \times 5.2 \times (1 + 20\%) = 8736$ 元。

事件三：因大暴雨停工，属不可抗力，工期顺延；不可索赔窝工费。

事件四：可索赔，修复因不可抗力造成的工程损失，由甲方承担；可索赔工期 1d，人工费 $25 \times 30 \times (1 + 30\%) = 975$ 元；机械费 $550 \times 1 = 550$ 元。

第 12 章　施工进度管理

12.1　矿业工程施工进度计划编制

复习要点

矿业工程施工进度计划编制的主要内容是矿业工程建井工期的概念，建井工期的确定方法，矿业工程横道图进度计划和网络图进度计划的编制方法及其工程应用，矿井建设井巷工程关键线路的确定方法等。

1．矿业工程项目的工期分解方法

矿井施工的工期涉及施工准备期、矿井投产工期、矿井竣工工期和矿井建设总工期，相关工期的概念要明确；建井工期的推算方法中，依据井巷工程的施工期来推算应熟知关键线路上工作的常见内容；依据与井巷工程紧密相连的土建、安装工程施工期来推算应熟知相关工作之间的逻辑关系。

2．矿业工程横道图进度计划编制

横道图进度计划是矿业工程传统的计划技术，应明确横道图进度计划的编制程序、主要特点和工程应用，根据横道图进度计划确定相关工期。

3．矿业工程网络进度计划编制

网络图进度计划是工程建设应用广泛的计划技术，应明确网络图进度计划工程应用的特点，网络图施工进度计划编制程序，网络进度计划的优化方法，缩短井巷工程关键线路的具体方法。

一　单项选择题

1．矿山工程的建井工期是（　　　）。

　　A．准备期与矿井竣工期之和　　　　B．建井总工期

　　C．矿井投产期　　　　　　　　　　D．竣工期

2．矿业工程项目建设在确定矿井建设工期过程中，做法不合理的是（　　　）。

　　A．总工期需要大于合同工期　　　　B．要同时明确协调内容和关系

　　C．要因地制宜，量力而行　　　　　D．合理配备所需资源

3．矿井施工准备工期与矿井竣工工期之和构成矿井建设的总工期，矿井建设的总工期一般可依据（　　　）来进行推算。

　　A．关键生产系统的施工工期　　　　B．全部生产系统的安装工期

　　C．矿井建设的关键线路工期　　　　D．全部土建工程的施工工期

4．确定建井工期的方法，通常是根据（　　　）来确定。

　　A．累计重要土建、安装工程完成时间

　　B．井巷工程的施工期

　　C．设备的最终到货时间

D．矿建、土建、安装时间总和

5．横道图施工进度计划的主要优点是（   ）。

A．能正确反映出工程项目的关键所在

B．能明确反映出工作之间的逻辑关系

C．可有效反映出工作所具有的机动时间

D．形象、直观，易于编制和理解

6．网络图施工进度计划的主要特点是（   ）。

A．形象、直观，工作少，编制简单

B．能反映出工作之间的逻辑关系

C．无法反映出工作所具有的机动时间

D．图形复杂，不利于计算机处理

7．矿业工程施工进度计划编制时，网络计划工作的重点是确定（   ）。

A．施工方案   B．施工方法

C．施工技术   D．施工顺序

8．关于施工进度计划编制的说法，正确的是（   ）。

A．确定工作时间是进度计划编制的前期工作

B．进度计划的计划工期是各工作时间的总和

C．确定关键工作是为了有针对性地控制施工进度

D．施工进度计划的优化就是缩短工期

9．通常，不会影响矿井建设工期的井巷工程项目是（   ）。

A．立井井筒   B．主要运输大巷

C．井底煤仓   D．风井总回风巷

10．缩短矿井建设井巷工程关键线路的正确方法是（   ）。

A．矿井采用单方向掘进井巷

B．井筒施工到底后，优先安排井底车场硐室的施工

C．关注工程量大的项目，加快施工速度

D．加强资源配备，组织平行交叉作业

二　多项选择题

1．建井总工期是以下（   ）的工期之和。

A．施工准备期   B．矿井投产工期

C．矿井竣工工期   D．巷道施工期

E．井筒施工工期

2．在矿山建设工程项目管理中，矿井建设的工期可采用的推算方法有（   ）。

A．根据矿井建设的关键线路来推算

B．根据安装工程的施工工期来推算

C．根据与矿建工程密切相连的土建和安装工程工期来推算

D．根据主要生产设备订货、到货和安装时间来推算

E. 根据地面土建工程的施工时间来推算

3. 与横道图计划相比，网络计划的主要优点有（　　）。

A. 形象、直观，且易于编制和理解

B. 可以找出关键线路和关键工作

C. 可以明确各项工作的机动时间

D. 可以利用计算机进行计算、优化和调整

E. 能明确表达各项工作之间的逻辑关系

4. 关于矿业工程网络进度计划编制程序的说法，正确的有（　　）。

A. 绘制初步网络计划在调查研究之前

B. 确定施工方案在调查研究之后

C. 划分工序在施工方案确定之后

D. 确定初始网络图后就可以确定进度计划

E. 编制进度计划不要考虑资源能力问题

5. 通常，要加快一条巷道的施工进度，可考虑采用的手段有（　　）。

A. 组织平行作业或平行施工　　　B. 实现多个工作面的多头作业

C. 一天 24h 连续作业　　　　　　D. 取消放炮后的通风工序

E. 采用多台钻机同时作业

6. 矿业工程施工进度计划编制，安排主、副井筒开工顺序，方案正确的是（　　）。

A. 副井先开工，因为副井工程量较小，施工进度快，有利于关键线路的推进

B. 主、副井同时开工，可以在同期完成较多的工程量，有利提前完成总工作量

C. 主井先开工，有利于主、副井同时到达井底和提升系统改装

D. 主、副井同时开工要求设备、劳动力等的投入高

E. 副井先到井底的方案，主要适用于副井能利用整套永久提升设备的情况

【答案与解析】

一、单项选择题

1. D；　2. A；　3. C；　4. B；　5. D；　6. B；　7. D；　8. C；

9. C；　　10. D

【解析】

1. 【答案】D

矿井从完成建设用地的征购工作，施工人员进场，开始场内施工准备工作之日起，至项目正式开工为止称为施工准备期。矿井从项目正式开工（矿井以关键路线上任何一个井筒破土动工）之日起到部分工作面建成，并经试运转、试生产后正式投产所经历的时间，为矿井投产工期。矿井从项目正式开工之日起到按照设计规定完成建设工程，并经过试生产，试运转后正式竣工、交付生产所经历的时间为矿井竣工工期，也称建井工期。因此，答案为 D。

2. 【答案】A

矿业工程项目确定建井工期时要注意：（1）合理安排土建与安装的综合施工；（2）因

地制宜，量力而行；（3）配备所需资源；（4）考虑外部条件的配合情况，包括施工所需施工图纸、水、电、气、道路及业主所提供的工程设备、材料到货情况，天气情况，注意冬、雨期等影响。最终所确定的建设工期必须满足合同工期要求。因此，总工期大于合同工期是不合理的。

3.【答案】C

矿山建设包括矿建、土建和机电安装三大工程，其中矿建工程是建设的关键，它决定着土建和机电安装工程的实施，决定着矿井建设的总工期，因此矿井建设的总工期一般可依据矿井建设的关键线路工期进行确定。

4.【答案】B

目前，确定建井工期的主要方法是根据关键路线的工作内容来进行。具体的推算方法有三种。通常以井巷工程的施工期为主要方法，即：按矿井井巷工程在关键路线上的施工期来推算矿井建设工期。如用土建、安装工程工期来考虑，则是要将与井巷工程紧密相连的土建工程，即为主副永久装备系统和地面生产系统与三类工程相连部分的施工期。

5.【答案】D

横道图，由于其形象、直观，且易于编制和理解，因而长期以来被广泛应用于建设工程进度控制之中。利用横道图进度计划可明确地表示出矿业工程各项工作的划分、工作的开始时间和完成时间、工作的持续时间、工作之间的相互搭接关系，以及整个工程项目的开工时间、完工时间和总工期。利用横道图计划表示矿业工程项目的施工进度的主要优点是形象、直观，且易于编制和理解，因而长期以来应用比较普及。因此，答案为D。

6.【答案】B

矿业工程施工进度计划的种类主要有横道图进度计划和网络图进度计划。网络图施工进度计划的主要特点有：能够明确表达各项工作之间的逻辑关系；通过时间参数的计算可以找出关键线路和关键工作，明确各项工作的机动时间；网络图计划绘制比较复杂，但可以利用电子计算机进行辅助计算和处理。目前应用较广。选项A表述"工作少"显然错误，选项B正确，选项C、D描述不正确。因此，答案选B。

7.【答案】D

施工方案是决定施工进度的主要因素。确定施工方案后就可以确定项目施工总体部署、划分施工阶段、制定施工方法、明确工艺流程、决定施工顺序等，其中施工顺序是网络计划工作的重点。

8.【答案】C

施工网络进度计划的编制，首先应确定项目的施工方案，明确各工序的施工顺序，方能确定各工作之间的逻辑关系，在此基础上，确定各工作的时间，并编制出初步的网络计划。因此，确定施工方案才是进度计划编制的前期工作。对于已经编制完成的进度计划，应通过计算得到计算工期，然后确定计划工期，计算工期不是简单的工作时间累加。对于一个项目的施工进度计划，通常都要找出关键线路，确定关键工作。由于关键工作的工期决定了项目的施工工期，因此，确定出了关键工作，就可以有针对性地控制这些工作的施工时间，从而实现对项目进度的有效控制。当编制的施工进度计划在工期、费用、资源等方面无法满足施工要求时，可以对其进行优化，以满足要求。进度计划优化不仅仅是缩短工期，还有资源调配、费用调整等方面的工作。所以，答案应选 C。

9.【答案】C

在矿山井巷工程中，部分前后连贯的工程构成了全矿井施工需时最长的工程，这就形成了关键路线。通常这些项目是：井筒→井底车场重车线→主要石门→运输大巷→采区车场→采区上山→最后一个采区切割巷道或与风井贯通巷道等。井巷工程关键路线决定着矿井的建设工期。由于井底煤仓不是构成关键路线的工程项目，因此不会影响矿井建设工期。答案是 C。

10.【答案】D

由于矿井建设的井巷工程关键路线决定着矿井的建设工期，因此，缩短关键路线的长度，是缩短建井总工期的关键。缩短井巷工程关键路线的主要方法包括：

（1）矿井边界设有风井时，可组织主副井、风井的对头掘进，贯通点安排在运输大巷和上山的交接处。

（2）条件许可的情况下，可增加措施工程以缩短井巷关键线路的长度。

（3）合理安排工程开工顺序与施工内容，应积极采取多头、平行交叉作业。

（4）加强资源配备，把重点队和技术力量过硬的施工队安排在关键线路工作上。

（5）做好关键线路上各项工程的施工准备工作，在人员、器材和设备方面给予优先保证，为关键线路上工程不间断施工创造必要的物质条件。

（6）加强关键线路上各工作施工的综合平衡，协调好各工作施工的衔接，关注施工的薄弱环节，把辅助时间压缩到最低。

基于上述的主要方法，4 个选项中，选项 A 采用单向掘进不正确；选项 B 优先安排井底车场硐室施工，但井底车场硐室不一定是关键工作，可能没有效果；选项 C 关注工程量大的项目，工程量大的项目也不一定是关键工作，加快施工速度不一定能缩短关键线路的工期。选项 D 加强资源配置和组织平行交叉作业，符合（3）和（4）内容，因此 D 为正确答案。

二、多项选择题

1. A、C；　　　　2. A、C、D；　　　3. B、C、D、E；　　4. B、C；

5. A、E　　　　6. C、D、E

【解析】

1.【答案】A、C

矿井建设的工期概念，包括施工准备期、矿井投产工期、矿井竣工工期、建井总工期等内容。其中施工准备期是指矿井从完成建设用地的征购工作，施工人员进场，开始场内施工准备工作之日起，至项目正式开工为止；矿井投产工期是指从项目正式开工（矿井以关键线路上任何一个井筒破土动工）之日起到部分工作面建成，并经试运转、试生产后正式投产所经历的时间；矿井竣工工期（或称为建井工期）是从项目正式开工之日起到按照设计规定完成建设工程，并经过试生产，试运转后正式竣工、交付生产所经历的时间；矿井施工准备工期与矿井竣工工期之和构成矿井建设总工期（或称建井总工期）。

2.【答案】A、C、D

矿业工程建井工期的确定主要根据关键线路上工序的时间进行推算，具体方法包括：

（1）依据井巷工程的施工工期来推算。

（2）依据与井巷工程紧密相连的土建、安装工程施工期来推算。

（3）依据主要生产设备订货、到货和安装时间来推算。

3.【答案】B、C、D、E

目前我国矿业工程施工进度计划的种类主要有横道图进度计划和网络图进度计划。横道图进度计划可明确地表示出矿业工程各项工作的划分、工作的开始时间和完成时间、工作的持续时间、工作之间的相互搭接关系，以及整个工程项目的开工时间、完工时间和总工期。网络图进度计划可以弥补横道计划的许多不足。与横道图计划相比，网络图计划的主要特点是：

（1）网络图计划能够明确表达各项工作之间的逻辑关系。

（2）通过网络计划时间参数的计算，可以找出关键线路和关键工作。

（3）通过网络计划时间参数的计算，可以明确各项工作的机动时间。

（4）网络图计划可以利用计算机进行计算、优化和调整。

因此，答案为B、C、D、E。

4.【答案】B、C

矿山工程进度计划编制的基本程序是：（1）调查研究；（2）确定施工方案；（3）工作分解和时间估算；（4）绘制网络图计划图表并进行优化、确定进度计划。优化就是判别资源的可行性。如果超过了资源的可行性，就要进行调整，要将施工高峰错开，削减资源用量高峰；或者改变施工方法，减少资源用量。这时就要增加或改变某些组织逻辑关系，在保证工期满足要求的同时，满足资源的计划用量要求；然后重新绘制时间坐标网络图。因此，答案是B和C。

5.【答案】A、E

矿山井下巷道很难找到同时有多个工作面的情况，所以实现多个工作面的多头作业施工往往难以实现；一天24h作业是井下巷道作业的惯例，不能有提高原来进度计划的效果；巷道施工通风虽然是辅助工序，但是取消放炮后的通风是安全规程所不允许的。但是，对于一条巷道来讲，有条件时是可以组织平行作业或平行施工的；对于一个工作面是可以组织多台钻机同时作业的，这样可以缩短工作面的钻眼时间。因此答案应为A、E。

6.【答案】C、D、E

《煤矿安全规程》（2022年版）规定，主井、副井两个井筒到底贯通后，应有一个井筒形成临时罐笼提升系统，再安装另一个井筒的永久装备。有条件时，可在井筒掘、砌过程中同时进行井筒永久装备的安装。所以，主、副井筒开工顺序的一个重要考虑原则是要照顾其前后影响。主、副井同时开工要求的准备工作和施工投入量大，同时要考虑由于副井工程量小而先到底后的接续、影响情况；副井先开工的情况和主副井同时开工有类似的接续、影响问题，但是可以调节提前时间的长短，例如在具有改装条件时，实现副井提前进行永久改装的工作；主井先开工对于尽量提早完成较大工程量的主井和后续井筒改装比较有利。国内一般采用这一方案。因此，答案是C、D、E。

12.2　矿业工程施工进度控制

复习要点

矿业工程施工进度控制主要内容包括影响工程进度的因素和分析，施工进度计划的控制方法和出现延误的分析和调整方法，以及矿山井巷工程加快施工进度的相关措施。

1．矿业工程施工进度控制

影响矿业工程施工进度的因素很多，首先要明确进度控制的目标和任务，然后针对影响进度目标实现的因素进行分析，并能够熟知相关因素的处理对策，以及矿业工程施工阶段进度控制的具体内容和要点。

2．施工进度计划的调整方法

矿业工程施工进度计划控制，需要明确进度计划全过程控制的工作内容，进度计划超前、延后应采取的措施，进度计划关键工作、非关键工作出现延误的调整原则和方法。

3．加快井巷工程施工进度的措施

矿业工程施工进度管理，需要明确进度控制的组织措施、技术措施、管理措施的内容及具体实施，以及加快井巷工程关键线路施工速度和缩短井巷过渡施工工期的具体措施。

一　单项选择题

1．矿业工程施工进度计划控制的目标是（　　）。
　　A．竣工工期　　　　　　　　　　B．合同工期
　　C．计算工期　　　　　　　　　　D．索赔工期

2．由于工程设计方面的因素而影响施工进度计划的是（　　）。
　　A．施工方认为设计要求的技术过高
　　B．建设方资金投入满足不了设计要求
　　C．设备与设计要求不符
　　D．建设方要求进行的设计变更

3．矿井井筒施工阶段，进度控制的要点是（　　）。
　　A．优化井筒施工提升方案，保证井筒施工提升能力
　　B．选用大型抓岩机，加快井筒施工的山渣速度
　　C．认真处理好主井井筒与箕斗装载硐室的施工
　　D．做好主、副井交替装备工作

4．关于矿业工程施工进度控制优选施工方案相关措施的说法，错误的是（　　）。
　　A．根据实际情况，综合分析、全面衡量，缩短井巷工程关键线路的工程量
　　B．在制定各单位工程施工技术方案时，必须充分考虑自然条件
　　C．井巷工程关键路线贯通掘进，以主、副井方向开拓为主，风井为辅

　　　　D．采用的施工工艺、施工装备，要进行方案对比

5. 工程进度更新的主要工作是（　　　）。

　　A．分析进度偏差的原因　　　　　B．投入更多资源加速施工

　　C．调整施工合同　　　　　　　　D．修改设计

6. 当需要对某一关键工作延误采取应对措施时，合理的方法是（　　　）。

　　A．尽早调整紧邻后续关键工序有利于尽早恢复进度正常

　　B．重新安排前续关键工序时间，使其更容易满足原工期要求

　　C．矿建工程一般都可以通过对头掘进的方法恢复工期进度

　　D．平行作业法对提高不同条件下的井巷施工速度都很有效

7. 当关键线路的某工程项目施工进度被拖延时，正确的措施是（　　　）。

　　A．利用工作自由时差调整

　　B．缩短该线路上的后续工序持续时间来调整

　　C．利用工作总时差调整

　　D．利用某非关键线路上的总时差调整

8. 当关键工作的实际进度较计划进度落后时，调整的目标就是采取措施将耽误的时间补回来，保证项目按期完成。调整的方法主要是缩短后续关键工作的持续时间，通常可（　　　）。

　　A．改变某些工作的逻辑关系　　　B．增加某些工作的工作内容

　　C．减少某些工作的计划费用　　　D．改变某些工作的资源消耗

9. 下列进度控制措施中，属于组织管理措施的是（　　　）。

　　A．优选施工方案

　　B．采用新技术、新工艺

　　C．加强总包与分包单位间的协调工作

　　D．编制资源需求计划

10. 加快井巷工程关键线路工作施工的有效措施是（　　　）。

　　A．主井和副井同时施工　　　　　B．矿井贯通巷道安排重点队伍施工

　　C．积极做好通风和排水工作　　　D．采区煤巷采用掘进机施工

二　多项选择题

1. 矿井建设过程中，不利的施工条件对工程进度的影响，可以采取相应的对策有（　　　）。

　　A．充分调研，编制切实可行的施工组织设计

　　B．加强地质勘探，明确工程条件，有针对性地制定预防措施

　　C．组织好材料设备的供应

　　D．对设计内容及时进行变更，防止影响工期

　　E．提前制定防洪、防寒等预防措施，确保工程正常施工

2. 施工单位为避免进度受影响，可提前采取的相关措施有（　　　）。

　　A．检查和审核设计图纸符合现场条件

　　B. 指正会审图纸中的交底不清楚问题

　　C. 拒绝业主对图纸的修改

　　D. 对设计内容进行变更

　　E. 按施工图纸进行技术交底和培训

3. 矿井施工优选施工方案的具体措施有（　　　）。

　　A. 合理安排，缩短井巷工程关键线路的工程量

　　B. 副井尽量先开工，提前形成提升、排水和供电系统

　　C. 设有风井的矿井组织对头掘进，尽早实现矿井贯通，形成矿井通风系统

　　D. 加大投入，采用先进施工方法，力争加快施工进度

　　E. 认真组织，加强管理，避免发生重大安全事故

4. 井巷工程施工进度出现延误时，有效的调整措施有（　　　）。

　　A. 重新编制符合工期要求的进度计划

　　B. 优化后续关键工作的施工进度指标

　　C. 增加非关键工作时间，调整关键线路

　　D. 增加施工工作面，组织顺序作业

　　E. 改进施工工艺，加快施工速度

5. 为缩短井巷工程关键路线的完成时间，可采取的措施有（　　　）。

　　A. 落实安全教育　　　　　　　　B. 采取平行交叉作业

　　C. 优化施工资源配备　　　　　　D. 加强成本核算

　　E. 压缩辅助工作时间

6. 加快井巷工程关键路线施工速度的方法有（　　　）。

　　A. 全面规划，统筹安排，综合平衡

　　B. 采取平行交叉作业施工方法

　　C. 合理制定井巷施工进度指标

　　D. 优选重点队伍施工关键工作

　　E. 采用新工艺、新技术、新装备，提高井巷工程单进水平

【答案与解析】

一、单项选择题

1. B;　　2. D;　　3. C;　　4. C;　　5. A;　　6. A;　　7. B;　　8. A;

9. C;　　10. B

【解析】

1.【答案】B

　　矿业工程施工进度控制的是工期目标，针对一个工程项目，涉及工期方面的指标有很多，但最终必须满足建设单位对工期的要求，该工期往往是在施工合同中明确的，因此，施工中进行进度控制的目标就是合同工期。

2.【答案】D

　　矿业工程项目实施过程中，影响项目施工进度的因素有很多，从影响因素的来源

单位划分，可以分为施工单位本身、建设单位、设计单位、监理单位、施工设备和材料供应单位等。通常情况下，如果项目实施中发现问题，应分析问题的来源，对于设计方面的问题，应先判断是否属于设计的责任。对于施工单位认为设计要求技术太高，应当通过自身提高施工技术来解决；对于建设单位资金投入不足，应当由建设单位设法解决；对于所供应的设备与设计要求不符，应当追究设备供应商的责任；对于建设单位要求进行设计变更，设计单位应当满足建设单位要求进行相关的工程设计变更，这种情况下的设计变更会对项目施工进度产生影响。因此，答案选 D。

3.【答案】C

立井井筒施工阶段的主要工作内容包括井筒施工方案（包括表土和基岩）的确定、井筒施工各项工作的合理组织、井筒施工与相邻硐室施工方案的合理组织、井筒施工装备方案的组织。对于井筒施工方案，重点要做好表土施工方案选择，基岩施工要确保各施工工序能力的配套，提升能力、出渣能力、砌壁速度要合理安排，才能保证施工的正规循环。对于主井井筒，要合理确定井筒与箕斗装载硐室的施工关系，确保箕斗装载硐室的施工不会对总工期产生影响。主、副井交替装备的施工组织要进行合理安排。上述这几个方面，箕斗装载硐室的施工对井筒工期的影响最大，通过调整箕斗装载硐室的施工时间，可以优化整个矿井的施工工期，也是确保井筒施工工期和矿井建设工期的关键。因此，答案选 C。

4.【答案】C

矿业工程优选施工方案的具体措施包括：

（1）根据实际情况，综合分析、全面衡量，缩短井巷工程关键线路的工程量。

（2）井巷工程关键线路贯通掘进，由主、副井开拓井底车场、硐室，提前形成永久排水、电系统，可加快主、副井永久提升系统的装备，以适应矿井加快建设的提升能力需要。由风井提前开拓巷道，提前形成通风系统，加大通风能力，适应多头掘进需要。

（3）在制定各单位工程施工技术方案时，必须充分考虑自然条件，全面分析和制定技术安全措施，并组织实施，做到灾害预防措施有力，避免发生重大安全事故。

（4）采用的施工工艺，施工装备，要经方案讨论对比，然后选择经济合理的工艺和方案。

选项 C 中措施不正确。答案选 C。

5.【答案】A

矿山工程施工项目进度控制，在项目的具体实施过程中，项目管理人员要实时掌握进度计划的实际执行情况，发现进度计划出现偏差，应及时分析偏差产生的原因，并且采取有效措施，对进度计划进行调整，然后实施调整后的进度计划，确保施工进度在掌控之内。答案是 A。

6.【答案】A

当网络计划某一关键工作发生延误时，肯定会对后续工作的正常开始和项目总工期产生影响，因此，必须采取相关措施。首先要分析该关键工作发生延误的原因，并针对原因采取措施，最常用的措施是缩短后续关键工作的持续时间，达到满足工期的要求。因此，答案为 A。

7.【答案】B

对于网络计划关键线路上的工程项目发生进度拖延时，由于项目是关键工作，肯定会影响总工期。因此，可以采取的措施是利用该工作后续相关工作的机动时间，这些机动时间包括后续工作的自由时差、总时差，同时还需要压缩后续关键工作的持续时间，但要注意，不能把关键工作压缩为非关键工作。对于调整非关键线路上的工作总时差，不会影响网络计划的工期。因此，答案应选 B。

8.【答案】A

当关键工作的实际进度较计划进度落后时，调整的目标就是采取措施将耽误的时间补回来，保证项目按期完成。调整的方法主要是缩短后续关键工作的持续时间，包括改变某些工作的逻辑关系或重新编制计划。答案应选 A。

9.【答案】C

矿业工程项目的进度控制是管理知识中的一个难点，涉及建井工期确定、网络方法分析和使用、控制措施与计划调整等。本题的要求是确定属于组织管理措施的一项内容。显然，施工方案、新技术这两项属于技术控制措施，资源计划编制属于资源调配方面的内容，因此可以确定，协调与分包单位关系应是组织管理控制措施。故答案应为 C。

10.【答案】B

加快井巷工程关键路线工作施工的措施包括组织措施、技术措施和管理措施三个方面，其具体措施是：

（1）全面规划，统筹安排。特别要仔细安排矿、土、安相互交叉影响较大的工序内容。

（2）充分重视安装工程施工，并尽量提前利用永久设备，对提高施工能力也是非常有益的。

（3）采取多头作业、平行交叉作业，积极采用新技术、新工艺、新装备，提高井巷工程单进水平。

（4）把施工水平高、装备精良的重点掘进队放在关键路线上，为快速施工创造条件。

（5）充分做好各项施工准备工作，减少施工准备占用时间，降低辅助生产占用的工时。

（6）加强综合平衡，做好工序间的衔接，解决薄弱环节；利用网络技术做好动态管理，适时调整各项单位工程进度。

显然，答案选 B。

二、多项选择题

1. A、B、E；　　2. A、B、E；　　3. A、C、E；　　4. A、B、E；
5. B、C、E；　　6. A、B、D、E

【解析】

1.【答案】A、B、E

矿井建设过程中，针对不利的施工条件对工程进度的影响，通常采用的对策有：施工准备阶段充分做好调研；加强地质勘探和工程地质工作，并使设计和施工有切合实际的防患措施；施工组织设计应有明确、可靠的预防措施；及时采取有效合理的技术和管理措施以应对工程条件的变化；提前编制夏季防洪、防雷电、防汛、冬期防寒、防冻措施计划，确保工程正常施工。因此，选项 A、B、E 符合上面的说法。选项 C 是针对材料物资供应影响的，选项 D 是建设单位或设计单位的工作内容。因此，答案为 A、B、E。

2.【答案】A、B、E

施工单位在项目实施的准备阶段进行进度控制的技术工作重点之一就是要做好施工图的审查工作，施工图审查的内容包括设计图纸与现场工程条件是否一致，设计交底是否清楚，是否全面熟悉施工图内容，是否存在影响工程正常施工的内容。作为施工单位应当要明确，建设单位可以进行施工图的变更或修改，而施工单位不能，只有具备充分理由，如对工程使用或施工产生影响，方能向监理报告请求进行设计变更。因此，答案选择 A、B、E。

3.【答案】A、C、E

矿井建设施工优选施工方案的具体措施包括：

（1）根据实际情况，综合分析，全面衡量，缩短井巷工程关键线路的工程量；

（2）井巷工程关键路线贯通掘进，由主、副井开拓井底车场、硐室，提前形成永久排水、供电系统，加快主、副井永久提升系统的装备，以适应为矿井加快建设而在提升能力方面的需要，由风井提前开拓巷道，提前形成通风系统，加大通风能力，适应多头掘进需要；

（3）制定单位工程施工技术方案时，必须充分考虑自然条件，全面分析和制定技术安全措施，并组织实施，做到灾害预防措施有力，避免发生重大安全事故；

（4）采用的施工工艺、施工装备，要经方案讨论对比，选择经济合理的工艺和方案。

副井先开工，不一定能提前形成提升、排水和供电系统。先进施工方法的选择不能不计成本，应当经济合理。因此，答案选 A、C、E。

4.【答案】A、B、E

矿山井巷工程施工进度计划出现延误时，说明项目在关键线路上的工作出现了延误，要调整项目的施工进度，就是要缩短关键线路上的工作时间。调整方法包括两个方面，一是分析进度偏差产生的原因，二是采取相关措施进行调整。对于进度计划发生延误，有效的调整措施是通过采取组织措施、技术措施和管理措施来缩短关键线路上工作的时间，确保项目总工期的实现。具体就是要缩短后续关键工作的持续时间，其调整方法可以有：

（1）重新安排后续关键工序的时间，一般可通过挖掘潜力加快后续工作的施工进度，从而缩短后续关键工作的时间，达到关键线路的工期不变。加快后续工作的施工进度，可采用增加工作面，组织更多的施工队伍平行作业；或者增加施工作业时间，安排后续关键工作加班加点进行作业；或者增加劳动力及施工机械设备，缩短施工作业时间。

（2）改变后续工作的逻辑关系，如调整顺序作业为平行作业、搭接作业，缩短后续部分工作的时间，达到缩短总工期的目的。

（3）重新编制施工进度计划，满足原定的工期要求。通过充分利用某些工作的机动时间，特别是安排好配套或辅助工作的施工，达到满足施工总工期的要求。

由此可见，答案为 A、B、E。

5.【答案】B、C、E

为缩短井巷工程关键路线的完成时间，可采用的主要方法有：

（1）如在矿井边界设有风井，则可由主副井、风井对头掘进，贯通点安排在运输大巷和采区下部车场的交接处。

（2）在条件许可的情况下，可开掘措施工程以缩短井巷关键线路的长度，但需经建设、设计单位共同研究并报请设计批准单位审查批准。

（3）合理安排工程开工顺序与施工内容，应积极采取多头、平行交叉作业。选项 B 正确。

（4）加强资源配备，把重点队和技术力量过硬的施工队放在关键线路上施工。选项 C 正确。

（5）做好关键线路上各项工程的施工准备工作，在人员、器材和设备方面给予优先保证，为关键线路工程不间断施工创造必要的物质条件。

（6）加强关键线路工程施工的综合平衡，搞好各工序衔接，解决薄弱环节，把辅助时间压缩到最低。选项 E 正确。

因此，答案为 B、C、E。

6.【答案】A、B、D、E

加快井巷工程关键路线施工速度的措施主要包括：

（1）全面规划，统筹安排。特别要仔细安排矿、土、安相互交叉影响较大的工序内容。

（2）充分重视安装工程施工。随着生产设备和设施的大型化和现代化，安装工程的工程量越来越重，甚至会成为关键路线上的内容。尽量提前利用永久设备，对提高施工能力也是非常有益的。

（3）采取多头作业、平行交叉作业，积极推广先进技术，采用新工艺、新技术、新装备以提高井巷工程单进水平。

（4）把施工水平高、装备精良的重点掘进队放在关键路线上，为快速施工创造条件。

（5）关键路线上各工程开工前，要充分做好各项施工准备工作，提前编制施工方案和技术措施，以及各项辅助生产系统的准备。

（6）加强综合平衡，使用网络技术动态管理，适时调整各项单位工程进度，做到各工程的合理衔接，加快后续工程进度，解决薄弱环节，做好工程优化，降低辅助生产占用的工时。

选项 C 是制定网络计划过程中的估算工序持续时间的一个参数。因而，本题的正确答案选项是 A、B、D、E。

实务操作和案例分析题

案例 12-1

背景资料：

某施工单位中标承建一矿井工业场地的主要地面建筑的施工任务，项目包括井口房、行政福利大楼以及机修车间等工业厂房。建设单位要求施工配合矿井施工总进度计划安排各工程项目的施工，并给出了矿井建设井巷工程关键线路工程项目和工期。施工单位据此编制了该矿井地面建筑工程的施工进度计划，如图 12-1 所示。其中 A 为矿井施工准备，B、C、D 为矿井建设的井巷工程关键线路工作，E 为矿井联合试生产，其他工作均为地面建筑施工项目。

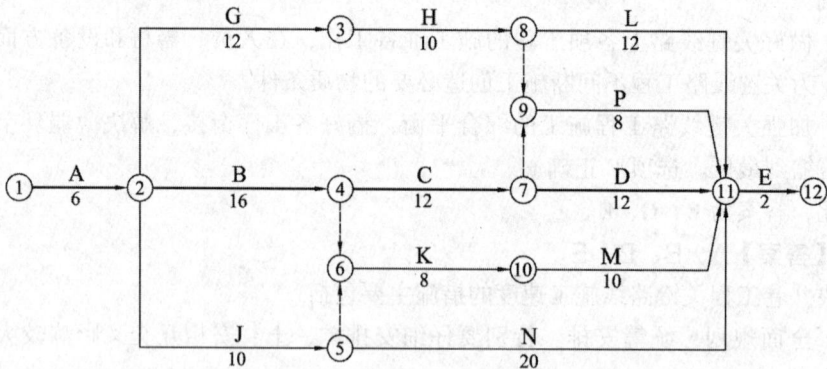

图 12-1   某矿井地面建筑工程施工网络进度计划（单位：月）

该矿井建设工程开工后，施工单位积极进行施工准备，但由于工程建设施工设备没有及时到位，不能安排多项目同时开工，只能先开工 1 个项目，6 个月后方能同时进行 2 个及以上项目，整个建设期间同时施工的项目不能超过 3 个。需要对施工进度计划进行优化调整。

问题：

1. 施工单位编制地面工程施工网络进度计划需要注意哪些问题？

2. 根据施工单位编制的网络进度计划，施工单位同时安排的施工项目最多是多少个？

3. 针对施工中出现的施工设备没有到位的情况，施工单位应如何调整进度计划？

4. 绘制施工单位进行调整优化后的时标网络进度计划。

案例 12-2

背景资料：

某施工单位承担一矿井采区巷道的施工任务，建设单位要求的工期为 15 个月，施工单位根据该矿井采区巷道的关系，编制了采区巷道施工网络进度计划（图 12-2），安排了 4 个施工队伍进行施工，各施工队伍的施工内容分别为：甲队 A、C、J，乙队 B、

G、K，丙队 D、H，丁队 E。

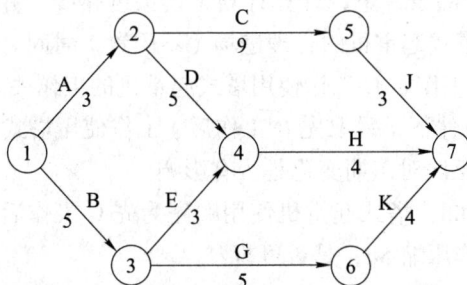

图 12-2 采区巷道施工网络进度计划（单位：月）

监理单位在审查施工单位进度计划时发现其施工队伍安排不合理，建议只安排 3 个施工队伍，将丁队的施工任务交由丙队去完成，施工单位通过研究，采纳了监理的意见。

在施工进行到第 12 个月月末检查发现，甲队施工进度超前，C 工程已完成，且 J 工程已施工 1 个月，乙队因遇含水地层发生突出水事故导致施工进度拖延，G 工程完成，K 工程尚未开始，丙队施工进度正常。

问题：

1. 施工单位编制的原网络进度计划计算工期是多少？为确保工期施工中应重点控制哪些工程？

2. 针对监理单位的建议，施工单位应如何调整丙队的施工任务安排？

3. 针对 G 工程施工中出现的突出水事故，说明施工单位可获得索赔的具体内容及理由。

4. 乙队施工进度发生拖延后，如果施工进度不变，考虑 K 工程可安排对头掘进，则应当如何安排方能确保建设单位的施工工期要求？

案例 12-3

背景资料：

某矿井选矿厂工程在工程开工前，业主与公司签订了施工合同，并就施工进度安排取得了一致意见（进度计划如图 12-3 所示），G 工作和 J 工作的施工全过程工作共同用一台塔式起重机，其中由于业主图纸送达延误致使 C 工作推迟 10d。

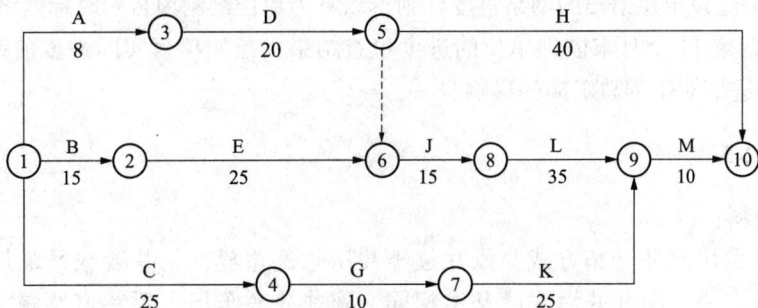

图 12-3 选矿厂工程施工网络进度计划（单位：d）

问题：

1. 在原计划网络图的条件下，计算计划工期关键路线，并说出如果先 G 工作后 J 工作使用塔式起重机，塔式起重机的合理进场（不闲置）时间。

2. 用图示说明先 J 工作后 G 工作使用塔式起重机的工作关系。

3. 在 C 工作延误条件下，采取先 G 工作后 J 工作使用塔式起重机，用图示说明工作关系，并确定 C 工作延误对工期变化是否有影响。

4. 在 C 工作延误 10d，塔式起重机使用顺序为先 G 工作后 J 工作的条件下，业主提出为确保工期将 L 工作压缩 5d，是否可行？

案例 12-4

背景资料：

某矿井工业广场地面建筑共有 11 项工程，四家施工单位承担施工任务，各项工程建设安排存在部分逻辑关系，建设单位编制的项目建设总进度计划如图 12-4 所示，合同工期 26 个月。

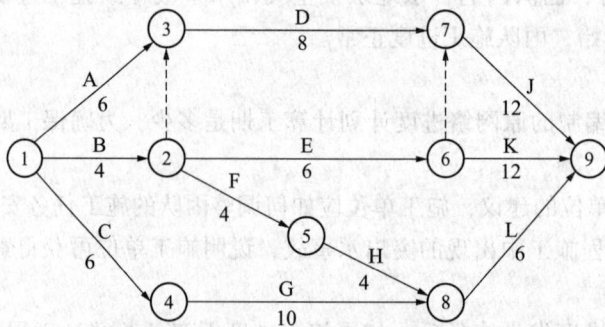

图 12-4　矿井工业广场地面建筑施工网络进度计划（单位：月）

该项目在实施过程中，建设单位要求监理单位认真做好工程进度的控制，定期报送进度进展报告，确保按计划工期完成全部工程。工程进展到第 12 个月月末时，监理单位检查各工程项目实际进展情况为：A、B、C、E、F 已经完成，D 延误 1 个月，H 刚完成，K 超前 1 个月，G 延误 3 个月，J、L 尚未开始。监理单位及时向建设单位报送了工程进度情况报告，并提出了项目进度控制的相关建议。

问题：

1. 根据建设单位给出的网络进度计划，以月为单位绘制项目的时标网络计划。

2. 根据第 12 个月末监理单位的进度检查结果，绘制项目实际进度前锋线，并判断各项目的进展对工程总工期的影响。

案例 12-5

背景资料：

某矿井采用立井开拓方式，风井位于井田东部边界，主井装载系统位于副井运输水平上方，主、副井井筒深度基本相同，副井井底车场主要巷道及硐室的布置如图 12-5 所示。矿井施工组织安排主井先于副井 3 个月开工，箕斗装载硐室与主井井筒同时施工，主、副井同时到底；短路贯通后，主井改为临时罐笼提升，副井进行永久装备，井底车场巷道及硐室施工网络计划如图 12-6 所示。

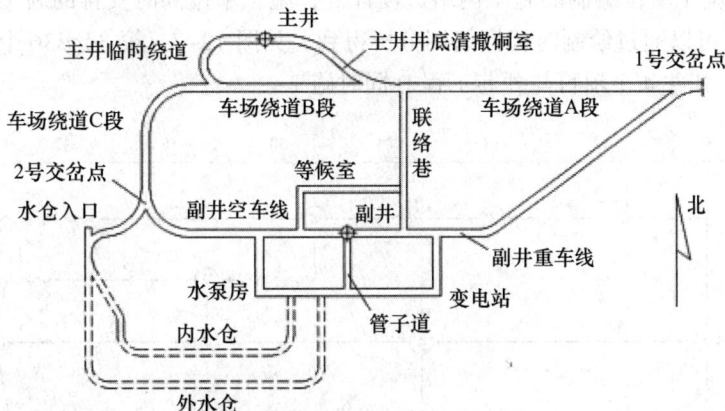

图 12-5　井底车场巷道及硐室布置

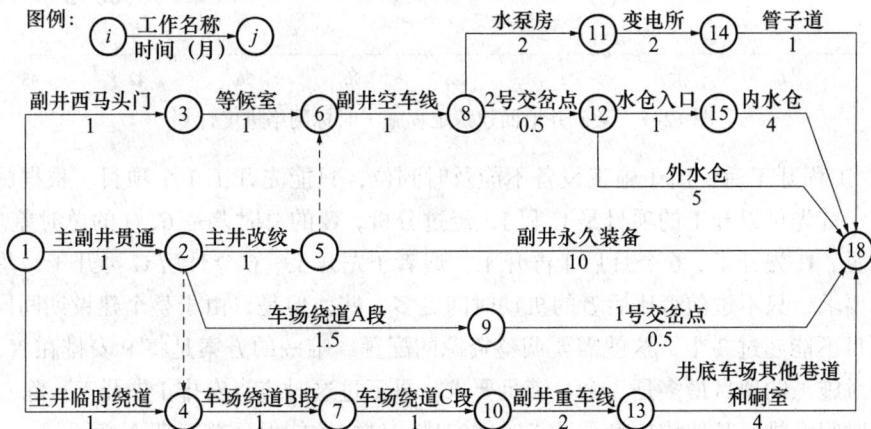

图 12-6　井底车场巷道及硐室施工网络进度计划

问题：

1．主、副井同时到底后，短路贯通线路如何安排？贯通点选择在何处？

2．主、副井同时到底后，应如何组织井底车场巷道及硐室施工？

3．主、副井同时到底后，矿井施工组织安排的井底车场巷道及硐室施工网络计划有何不当之处？如何调整？

4．主井井筒表土段施工时发生工期延误 3 个月，如果后续井筒施工进度不变，应如何安排才能保证原施工组织受影响最小？

【答案与解析】

案例 12-1

1．施工单位编制地面工程施工网络进度计划需要注意：（1）必须遵循矿井施工总进度计划的安排，所有施工任务要配合井巷工程关键线路工程项目的实施来安排进度计划；（2）计划工期满足建设单位的要求，满足合同工期要求；（3）充分利用自身的资源，合理安排项目的开竣工时间，实现资源的合理配置。

2．根据施工单位编制的施工网络进度计划，施工单位同时安排的施工项目最多是4个。该结果可以通过绘制时标网络图分析得到，见图12-7，第34～36个月，需要安排L、P、M、N共4个项目与井巷工程D同时施工。

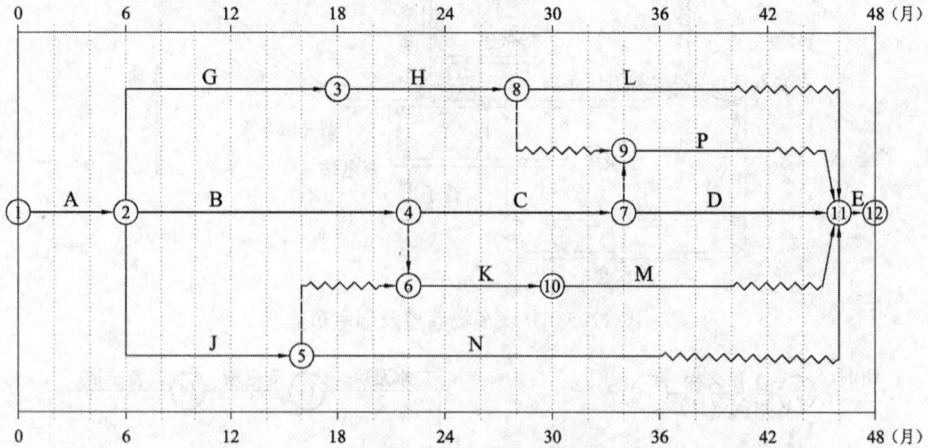

图 12-7　某矿井地面建筑工程施工时标网络进度计划

3．工程开工后，由于施工设备不能及时到位，只能先开工1个项目，根据施工进度安排，首先可以开工的项目是G和J，经过分析，G的总时差是6，J的总时差是10，由此可见，G先开工，6个月后J再开工，或者J先开工，6个月后G再开工，均可满足工期要求，只不过前者比后者的机动时间更多一些。但是，由于整个建设期间同时施工的项目不能超过3个，这就需要调整资源的配置，唯一的方案是将P安排在N后面，这时同时施工的项目最多是3个，满足要求，只不过这时应当安排J先开工；除G按最迟开工时间安排，其他均按最早开工时间安排，这样才能保证总工期不变。

4．调整优化后的时标网络进度计划如图12-8所示。

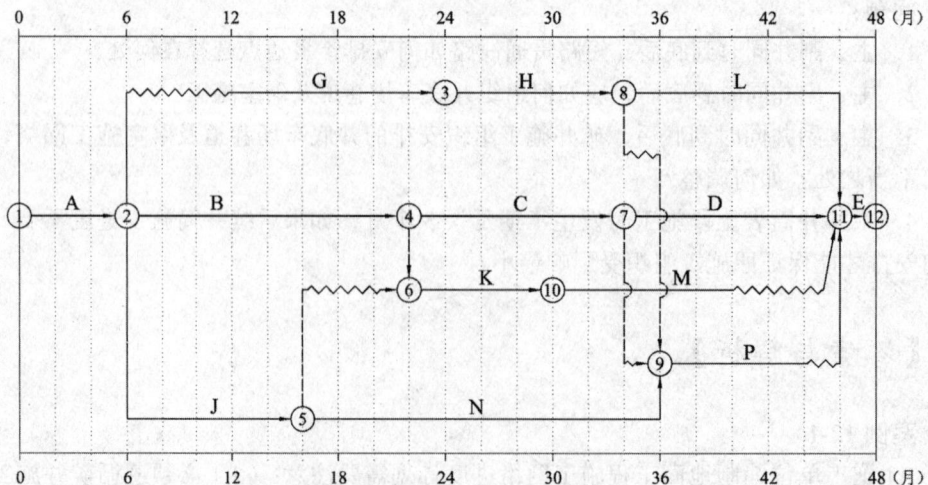

图 12-8　某矿井地面建筑工程施工优化调整后的时标网络进度计划

案例 12-2

1. 网络计划的关键线路和计算工期可以有多种办法找到和计算，最常用和快捷的方法是标号法，该方法既可找出关键线路，也可得到计算工期。其标号过程见图 12-9。

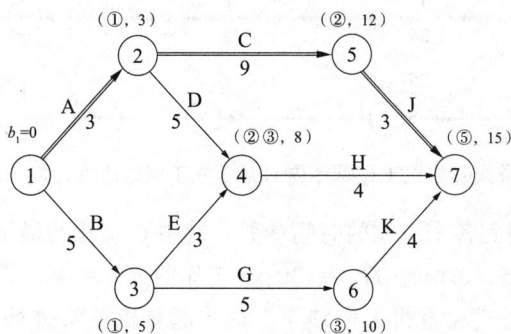

图 12-9　网络进度计划标号过程

由此可得到，施工单位编制的网络进度计划的关键线路为 A、C、J 工程（或 ①→②→⑤→⑦），计算工期为终点节点的标号值，为 15 个月。由于网络计划关键线路上的工作施工工期决定着工程的工期，为确保工期，施工中应重点控制关键工作，即 A、C、J 工程。

2. 根据施工单位的安排，甲队施工 A、C、J，工期为 15 个月；乙队施工 B、G、K，工期为 14 个月；丙队施工 D、H，工期 9 个月；丁队施工 E，工期 3 个月。根据要求工期，甲队没有富余时间，乙队的富余时间只有 1 个月，丙队有富余时间 3 个月，因此可以安排丙队施工 E，这样可将原来丁队的施工任务交给丙队来完成。需要注意的是，由于 H 工程是在 D 和 E 都完成后才能开始，这样，丙队的工作安排应该是在 A 工程施工完成后立即开始，先施工 D 工程，再施工 E 工程，最后施工 H，方能符合要求，其他方案工期都无法满足。因此，监理单位建议只安排 3 个施工队伍，将丁队的施工任务交由丙队去完成，故丙队施工任务是 D、E、H。施工顺序为 D—E—H。

3. 针对 G 工程施工中出现的突出水事故，如在建设单位提供的地质资料中已明确，则施工单位不能索赔费用和工期。如在建设单位提供了地质资料中没有明确，则可索赔。可索赔内容包括工期和费用。

原因是此突出水事故不是施工单位原因，所以给施工单位造成费用增加和工期损失是可以索赔的。

4. 乙队在 12 月末完成 G 工作，施工进度拖延 2 个月，乙队独立完成 K 工程（4 个月），需工期 16 个月，比要求工期增加 1 个月。因甲队可提前一个月完成任务，且 K 工程可对头掘进。甲队用 1 个月时间施工 K 工程。这样乙队 3 个月完成 K 工程，总工期 15 个月不变，可满足建设单位的施工工期要求。

案例 12-3

本案例主要是编制网络进度计划图。通过塔式起重机使用的相关限制，变化工作之间的逻辑关系，熟悉网络计划的编制方法。

1. 根据提供的网络进度计划，通过网络计算可以得到计划工期为 100d，关键线路为 B、E、J、L、M，如图 12-10 所示，图上节点标注的参数是节点的最早时间。

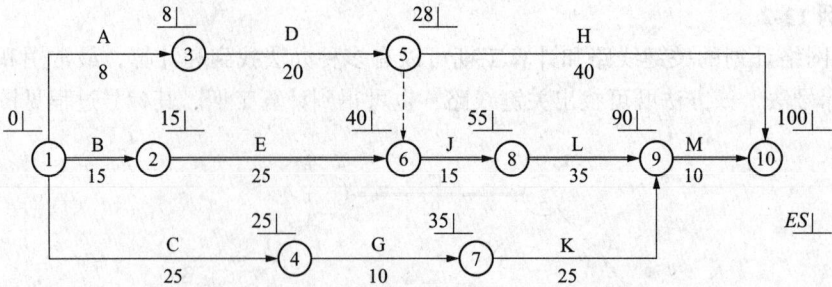

图 12-10 塔式起重机工作顺序先 G 后 J 施工网络进度计划（单位：d）

网络计算还可以得到各个工作的时间参数，其中 G 工作的最早开工时间 $ES_G = 25$，最迟开工时间 $LS_G = 55$，总时差 $TF_G = 30$；J 工作的 $ES_J = 40$，$LS_J = 40$，$TF_J = 0$。

采取先 G 后 J 的塔式起重机工作顺序，塔式起重机正常进场时间应为第 26 日晨，但 G 工作完成后等待 J 工作开始，塔式起重机闲置 5d，因此塔式起重机自第 31 个工作日进入现场工作后恰好与 J 工作开始日期衔接。塔式起重机进入现场的合理时间为第 30 日晚或第 31 日晨。

2. 先 J 后 G 使用塔式起重机的工作关系图如图 12-11 所示。这里必须在 J 和 G 之间增加一个虚工序，才能表示出先 J 后 G 的关系。同时考虑 J 工作开始时，C 工作的延误已经发生，C 工作时间应当加上延误的 10d。

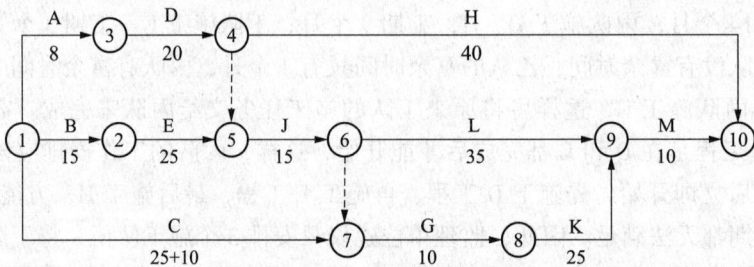

图 12-11 塔式起重机工作顺序先 J 后 G 施工网络进度计划（单位：d）

3. C 工作延误 10d 时，经网络时间参数计算得到计算总工期为 105d，与原工期相比延误 5d，如图 12-12 所示，图上节点标注的参数是节点的最早时间。此种情况下关键线路为：C、G、J、L、M。

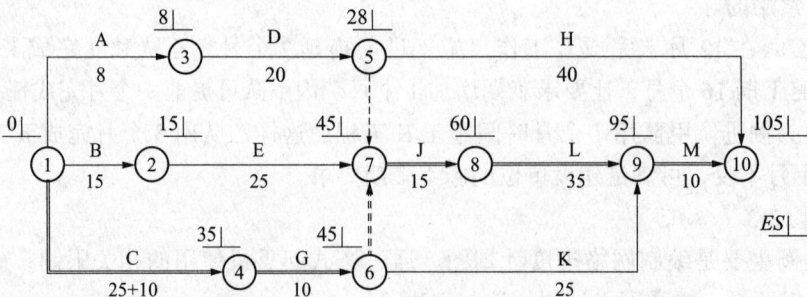

图 12-12 塔式起重机工作顺序先 J 后 G 施工网络进度计划节点最早时间标注（单位：d）

4. C 工作延误 10d，塔式起重机工作顺序为先 G 后 J 时，L 工作位于关键路线上，将其工作时间由 35d 压缩为 30d，总工期仍为 100d，所以此措施可行。

案例 12-4

1. 根据建设单位给出的网络进度计划绘制时标网络计划有多种方法，但通常最好先计算出网络计划的计算工期并找出关键线路，这对绘制时标网络帮助较大。通过计算可知，本项目计算工期为 26 个月，关键线路为 A → D → J。绘制的时标网络计划图如图 12-13 所示。

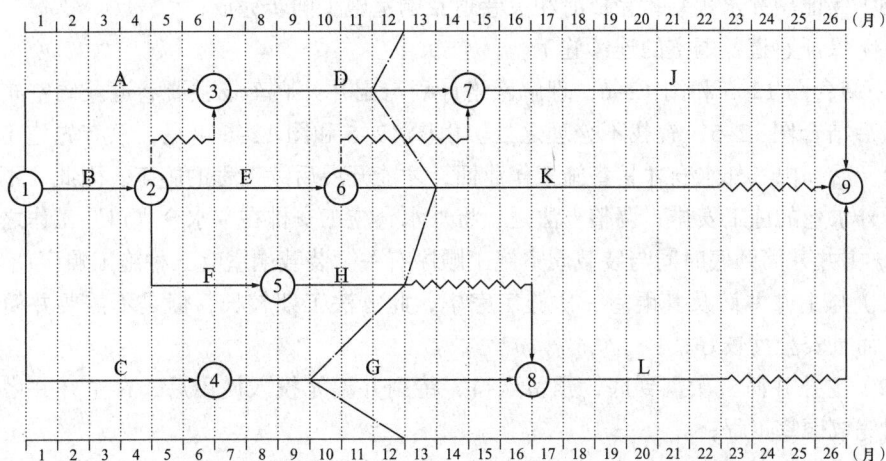

图 12-13　矿井工业广场地面建筑施工时标网络计划及前锋线

2. 基于时标网络计划，根据监理单位第 12 个月月末各工程实际进度检查结果，绘制的前锋线如图 10-13 中的点划线如示。

根据实际进度前锋线可判断出：D 工作会影响总工期 1 个月；K 工作提前了 1 个月，没有影响；H 工作正常；G 工作虽延误 3 个月，但有总时差 4，因此不会影响总工期。综合可知，第 12 个月月末的工程进展会影响总工期 1 个月。

案例 12-5

1. 加速井巷过渡期设备的改装，是保证建井第二期工程顺利开工和缩短建井总工期的关键之一。井巷过渡期的施工内容主要包括：主副井短路贯通；服务于井筒掘进用的提升、通风、排水和压气设备的改装；井下运输、供水及供电系统的建立；劳动组织的变换等等。一般应尽量利用原设计的辅助硐室和巷道，如无可利用条件，则施工单位可以与建设单位协商后在主、副井之间选择和施工临时贯通巷道。临时贯通道通常选择主副井之间的贯通距离最短、弯曲最少、符合主井临时改装后提升方位和二期工程重车主要出车方向要求，以及与永久巷道或硐室之间留有足够的安全岩柱，并且应考虑所开临时巷道能给生产期间提供利用价值。因此，主、副井同时到底后，短路贯通线路可安排在：主井井底清撒硐室→联络巷→副井东侧马头门；贯通点宜选择在联络巷与车场绕道的连接处。

2. 主、副井同时到底后，应迅速组织矿井建设二、三期工程的施工，安排井底车场巷道及硐室施工时。车场巷道施工顺序的安排除应保证主、副井短路贯通及关键线路工程项目不间断地快速施工外，同时还必须积极组织力量，掘进一些为提高关键线路工程的掘进速度和改善其施工条件所必需的巷道。如：尽快形成环形运输系统，提高运输能力；沟通通风环路，改善通风条件，改变独头通风的困难；沟通排水系统，改善工作面掘进条件等。因此，主副井同时到底后，井底车场巷道与硐室的施工组织是：

（1）主、副井首先短路贯通；

（2）保证矿井关键线路工程施工不间断；

（3）尽快形成改绞井筒的调车系统；

（4）加快临时设施和硐室施工；

（5）保证副井永久装备完成时相关巷道及硐室施工同步完成；

（6）保证巷道及硐室的连续施工。

3. 结合图 12-5 和图 12-6，理解网络计划与副井井底车场主要巷道及硐室布置安排，然后结合图 12-5，查找不合理之处。由图 12-5 和图 12-6 可见，只有先施工"水仓入口"后，内、外水仓才具备施工作业面，才能开展后续工程的施工。因此，不当之处是：外水仓的施工安排；调整方法是：将外水仓施工安排在"水仓入口"工作之后。

4. 主井井筒到底时间与装载硐室施工顺序有关。装载硐室有三种施工顺序：

（1）与主井井筒及其硐室一次施工完毕，此方法工期较长，但是不需要井筒二次改装，而且安全性较好；

（2）主井井筒一次掘到底，预留硐口，待副井罐笼投入使用后，在主井井塔施工的同时完成硐室工程；

（3）主井井筒第一次掘砌到运输水平，待副井罐笼提升后，施工下段井筒，装载硐室与该段井筒一次作完，这种方式只有在井底部分地质条件特别复杂时（或地质条件出现意外恶劣情况时）才采用。

目前，由于主井井筒表土段施工时发生工期延误 3 个月，在后续井筒施工进度不变的情况下，为保证原施工组织受影响最小则需要保证主、副井筒同时到底进行贯通。根据装载硐室施工方案，可不安排箕斗装载硐室与主井井筒同时施工，只有这样，才能保证主、副井同时到底。箕斗装载硐室可安排在副井提升系统移交后，主井永久装备前施工。

第 13 章　施工质量管理

13.1　矿业工程质量管理体系

复习要点

1. 施工质量控制和质量保障体系

质量保障体系运作的基本方式可以描述为计划—实施—检查—处理的管理循环，简称 PDCA 循环。

质量控制的影响因素通常指人、料（材料）、机（设备）、法（方法）、环（环境）五因素。

2. 施工质量的分析评价方法

数据统计是一种控制施工质量的有效办法，通过它能揭示施工质量的差异规律、找出质量的影响因素，判别施工成果的质量，检查施工过程中工艺操作的好坏。

数据统计与施工质量的分析方法包括数据统计与直方图、工序能力分析方法、控制图法、因果分析图法、排列图法等。

3. 施工质量事故（缺陷）调查及其处理

矿业工程质量事故是指由于施工质量问题所导致的事故。按照质量事故所造成的危害程度，一般可将质量事故分为一般事故、较大事故、重大事故和特别重大事故。按照《建设工程质量管理条例》的规定，建设工程发生质量事故，有关单位应在 24h 内向当地建设行政主管部门和其他有关部门报告。质量事故发生后，应进行调查分析，查找原因，吸取教训。工程质量事故发生后，应按照相应程序进行处理。

一　单项选择题

1. 质量保障体系运作的基本方式 PDCA 循环，可以描述为（　　）。

　　A. 检查—计划—实施—处理　　　　B. 计划—实施—检查—处理

　　C. 计划—检查—实施—反馈　　　　D. 计划—实施—处理—反馈

2. PDCA 循环中，检查执行情况是否符合计划的预期结果属于（　　）。

　　A. 计划（P）阶段　　　　　　　　B. 实施（D）阶段

　　C. 检查（C）阶段　　　　　　　　D. 处理（A）阶段

3. 根据统计观念，抽样判别均存在误判或漏判的概率，一般项目的误判率和漏判率分别在（　　）以下。

　　A. 3%；5%　　　　　　　　　　　B. 5%；8%

　　C. 5%；10%　　　　　　　　　　 D. 8%；10%

4. 工序能力指数（记为 C_p）可以判别工序施工状态好坏。一般把工序能力指数分为 5 级，其中，表示工序能力指数合格，但不充分的是等级（　　）。

　　A. 特级　　　　　　　　　　　　 B. A 级

C．B级　　　　　　　　　　　　D．C级

5．工序能力指数（记为 C_p）可以判别工序施工状态好坏。理想的工序能力指数的范围是（　　）。

A．$C_p \leq 0.67$　　　　　　　　B．$1.0 \geq C_p > 0.67$

C．$1.33 \geq C_p > 1.0$　　　　　D．$1.67 \geq C_p \geq 1.33$

6．当需要在众多可能造成质量问题的因素中寻找影响因素时，通常采用（　　）。

A．直方图法　　　　　　　　　　B．工序能力分析方法

C．排列图法　　　　　　　　　　D．因果分析图法

7．在排列图法中，通常将影响因素分为三类，其中属于B类的累计频率为（　　）。

A．0～80%　　　　　　　　　　B．50%～80%

C．80%～90%　　　　　　　　　D．90%～100%

8．施工单位发现井筒施工的质量事故后，正确的做法是（　　）。

A．立即进行该部位的后续隐蔽工作

B．立即停止该部位施工

C．要求建设单位提出事故处理办法

D．监理工程师独立确定质量问题的原因和性质

9．按照《建设工程质量管理条例》规定，建设工程发生质量事故，有关单位应在（　　）内向当地建设行政主管部门和其他有关部门报告。

A．8h　　　　　　　　　　　　B．24h

C．48h　　　　　　　　　　　　D．1周

10．特别重大质量事故的调查程序应按照（　　）有关规定办理。

A．当地人民政府

B．上级建设行政主管部门

C．事故发生地的建设行政主管部门

D．国务院

11．巷道施工过断层破碎带发生质量事故，所幸未造成人员伤亡，但直接经济损失达200万元，该质量事故等级应为（　　）。

A．一般事故　　　　　　　　　　B．较大事故

C．重大事故　　　　　　　　　　D．特别重大事故

12．对工程质量事故进行处理时，首先要进行（　　）。

A．事故原因分析　　　　　　　　B．事故调查

C．采取防护措施　　　　　　　　D．处理责任人

二　多项选择题

1．质量控制的影响因素，属于施工环境因素的有（　　）。

A．人的生理条件　　　　　　　　B．施工机具、设备

C．工程地质条件影响　　　　　　D．质量管理体系的条件

E．井下通风、照明等

2．PDCA 循环中，属于计划（P）阶段的工作步骤有（　　　）。

A．找出存在的质量问题　　　　B．分析产生质量问题的原因和影响因素

C．确定质量问题的主要原因　　D．制定技术措施方案

E．将制定措施具体组织实施

3．在排列图法中，通常将影响因素分为三类，属于三类影响因素的有（　　　）。

A．重要因素　　　　　　　　　B．主要因素

C．次要因素　　　　　　　　　D．一般因素

E．相关因素

4．在施工过程中，影响工程质量的因素除人为因素外，还有（　　　）。

A．气候　　　　　　　　　　　B．材料

C．施工机械　　　　　　　　　D．施工方法

E．施工环境

5．按照质量事故所造成的危害程度，一般可将质量事故分为（　　　）。

A．一般事故　　　　　　　　　B．较大事故

C．重大事故　　　　　　　　　D．严重事故

E．特别重大事故

6．下列属于施工质量分析方法的有（　　　）。

A．工序能力分析方法　　　　　B．控制图法

C．因果分析图法　　　　　　　D．排列图法

E．抽样检验法

7．在工序能力分析方法中，通常以 σ 为标准衡量工序能力，下列说法正确的有（　　　）。

A．σ 值越大，工序特性值的波动越大，说明工序能力越小

B．σ 值越大，工序特性值的波动越大，说明工序能力越大

C．σ 值越小，工序特性值的波动越小，说明工序能力越大

D．σ 值越小，工序特性值的波动越小，说明工序能力越小

E．σ 值较大时，工序特性值的波动可以忽略

【答案与解析】

一、单项选择题

1．B；　2．C；　3．C；　4．C；　5．D；　6．D；　7．C；　8．B；

9．B；　10．D；　11．A；　12．B

【解析】

1．【答案】B

质量保障体系运作的基本方式可以描述为计划—实施—检查—处理的管理循环，简称 PDCA 循环。

计划（P）阶段的工作包括：① 找出存在的质量问题；② 分析产生质量问题的原

因和影响因素；③ 确定质量问题的主要原因；④ 针对原因制定技术措施方案及解决问题的计划、预测预期效果、最后具体落实到执行者、时间进度、地点和完成方法等各个方面。

实施（D）阶段的工作为：⑤ 将制定的计划和措施具体组织实施。

检查（C）阶段的工作为：⑥ 计划执行中或执行后，检查执行情况是否符合计划的预期结果。

处理（A）阶段的工作为：⑦ 总结经验教训，巩固成绩，处理差错；⑧ 将未解决的问题转入下一个循环，作为下一个循环的计划目标。

2.【答案】C

同上。

3.【答案】C

通常重要项目的检验，其误判概率（标为 α，称为生产方风险）和漏判概率（标为 β，称为使用方风险）均限制在 5% 以下，一般项目的误判率在 5% 以下，漏判率在 10% 以下。

4.【答案】C

一般把工序能力指数分 5 级：$C_p > 1.67$，特级，工序能力指数过分充裕；$1.67 \geqslant C_p > 1.33$，A 级，工序能力指数充分；$1.33 \geqslant C_p > 1.0$，B 级，工序能力指数合格，但不充分；$1.0 \geqslant C_p > 0.67$，C 级，工序能力指数不足，已有质量不合格情况，必须采取改进措施；$C_p \leqslant 0.67$，D 级，工序能力指数严重不足，必须立即停工整顿。本题中工序能力指数合格，应该选 C。

5.【答案】D

同上。理想的工序能力指数是 1.33~1.67，应该选 D。

6.【答案】D

当需要在众多可能造成质量问题的因素中寻找影响因素时，通常采用因果分析图方法。

7.【答案】C

绘制排列图的目的，主要是要找出影响质量的主要因素。因此，习惯上通常将影响因素分为三类：

（1）将累计频率 0~80% 范围内的因素视为 A 类，这是影响质量的主要因素。

（2）累计频率在 80%~90% 范围内的因素视为 B 类，是次要因素。

（3）累计频率在 90%~100% 范围内的因素视为 C 类，是一般因素。

8.【答案】B

工程质量事故发生后，一般可按照下列程序进行处理：

（1）当发现工程出现质量缺陷或事故后，监理工程师或质量管理部门首先应以"质量通知单"的形式通知施工单位，并要求停止有质量缺陷部位和预期有关联部位及下道工序施工，需要时还应要求施工单位采取防护措施。同时，要及时上报主管部门。

（2）当施工单位自己发现发生质量事故时，要立即停止有关部位施工，立即报告监理工程师（建设单位）和质量主管部门。

（3）施工单位接到"质量通知单"后在监理工程师的组织与参与下，尽快进行质量事故的调查,写出质量事故的报告。

（4）在事故调查的基础上进行事故原因分析,正确判断事故原因。事故原因分析是事故处理措施方案的基础,监理工程师应组织设计、施工、建设单位等各方参加事故原因分析。

（5）在事故原因分析的基础上,研究制定事故处理方案。

（6）确定处理方案后,由监理工程师指令施工单位按既定的处理方案实施对质量缺陷的处理。

（7）在质量缺陷处理完毕后,监理工程师应组织有关人员对处理的结果进行严格的检查、鉴定和验收,写出"质量事故处理报告",提交业主或建设单位,并上报有关主管部门。答案应为 B。

9.【答案】B

按照《建设工程质量管理条例》的规定,建设工程发生质量事故,有关单位应在24h 内向当地建设行政主管部门和其他有关部门报告。对重大质量事故,事故发生地的建设行政主管部门和其他有关部门应当按照事故类别和等级向当地人民政府和上级建设行政主管部门和其他有关部门报告。特别重大质量事故的调查程序应按照国务院有关规定办理。答案应为 B。

10.【答案】D

同上。

11.【答案】A

工程质量事故分为 4 个等级:特别重大事故、重大事故、较大事故和一般事故。各等级的划分与《生产安全事故报告和调查处理条例》中的等级划分基本一致。只是对于工程质量一般事故中的直接经济损失部分给出了其下限,即直接经济损失在 100 万元以上 1000 万元以下的范围。特别重大事故,是指造成 30 人以上（含 30 人,下同）死亡,或者 100 人以上重伤（包括急性工业中毒,下同）,或者 1 亿直接经济损失的事故。重大事故,是指造成 10 人以上 30 人以下（不包括 30 人,下同）死亡,或者 50 人以上 100 人以下重伤,或者 5000 万元以上 1 亿元以下直接经济损失的事故。较大事故,是指造成 3 人以上 10 人以下死亡,或者 10 人以上 50 人以下重伤,或者 1000 万以上5000 万元以下直接经济损失的事故。一般事故,是指造成 3 人以下死亡,或者 10 人以下重伤,或者 100 万以上 1000 万元以下直接经济损失的事故。题目中的质量事故没有人员伤亡,直接经济损失 200 万元,因此是一般事故,答案为 A。

12.【答案】B

同题 8。因此应该选 B。

二、多项选择题

1. C、D、E;　　2. A、B、C、D;　　3. B、C、D;　　4. B、C、D、E;
5. A、B、C、E;　　6. A、B、C、D;　　7. A、C

【解析】

1.【答案】C、D、E

质量控制的影响因素就是通常指人、料（材料）、机（设备）、法（方法）、环（环境）五因素。这些影响因素的具体内容和相关控制内容有:

（1）人的因素，包括涉及单位、个人所需的各类资质要求，人的生理条件、心理因素。

（2）工程材料因素，包括材料采购、制作的控制，材料进场控制（合格证、抽样核检），存放等控制措施。

（3）施工机具、设备因素，相关的控制措施包括使用培训、操作规程要求、机具保养工作等。

（4）施工方法（方案）因素，需要在技术措施、施工方法、工艺规程、技术要求、机具配置条件等方面进行控制。

（5）施工环境的因素，包括：① 工程技术环境，如工程地质条件影响、水文条件影响、天气影响；② 管理环境，如质量管理体系的条件、企业质量管理制度和工作制度及执行、质量保证活动的状态、协调工作状态等；③ 作业环境，这对于井下作业环境尤其需要重视，包括通风、粉尘、照明、气温、涌水以及文明生产环境等。因此答案为 C、D、E。

2.【答案】A、B、C、D

质量保障体系运作的基本方式可以描述为计划—实施—检查—处理的管理循环，简称 PDCA 循环。

计划（P）阶段的工作包括：① 找出存在的质量问题；② 分析产生质量问题的原因和影响因素；③ 确定质量问题的主要原因；④ 针对原因制定技术措施方案及解决问题的计划、预测预期效果、最后具体落实到执行者、时间进度、地点和完成方法等各个方面。

实施（D）阶段的工作为：⑤ 将制定的计划和措施具体组织实施。

检查（C）阶段的工作为：⑥ 计划执行中或执行后，检查执行情况是否符合计划的预期结果。

处理（A）阶段的工作为：⑦ 总结经验教训，巩固成绩，处理差错；⑧ 将未解决的问题转入下一个循环，作为下一个循环的计划目标。

因而，本题的正确答案选项是 A、B、C、D。

3.【答案】B、C、D

绘制排列图的目的，主要是要找出影响质量的主要因素。因此，习惯上通常将影响因素分为三类：

（1）将累计频率 0～80% 范围内的因素视为 A 类，这是影响质量的主要因素。

（2）累计频率在 80%～90% 范围内的因素视为 B 类，是次要因素。

（3）累计频率在 90%～100% 范围内的因素视为 C 类，是一般因素。

因而，本题的正确答案选项是 B、C、D。

4.【答案】B、C、D、E

同题 1。

5.【答案】A、B、C、E

按照质量事故所造成的危害程度，工程质量事故分为 4 个等级：特别重大事故、重大事故、较大事故和一般事故。各等级的划分与《生产安全事故报告和调查处理条例》中的等级划分基本一致。只是对于工程质量一般事故中的直接经济损失部分给出了其下限，即直接经济损失在 100 万元以上 1000 万元以下的范围。特别重大事故，是指造成 30 人以上（含 30 人，下同）死亡，或者 100 人以上重伤（包括急性工业中毒，下同），或者 1 亿直接经济损失的事故。重大事故，是指造成 10 人以上 30 人以下（不包括 30 人，下同）死亡，或者 50 人以上 100 人以下重伤，或者 5000 万元以上 1 亿元以下直接经济损失的事故。较大事故，是指造成 3 人以上 10 人以下死亡，或者 10 人以上 50 人以下重伤，或者 1000 万以上 5000 万元以下直接经济损失的事故。一般事故，是指造成 3 人以下死亡，或者 10 人以下重伤，或者 100 万以上 1000 万元以下直接经济损失的事故。因而，本题的正确答案选项是 A、B、C、E。

6.【答案】A、B、C、D

在工程施工过程的质量控制中，常用的质量检查分析方法有工序能力分析方法、控制图法、因果分析图法和排列图法。而抽样检验法是对工程材料的检验方法，是施工前的材料质量检验方法之一。

7.【答案】A、C

工序能力，是指工序处于稳定状态下的实际操作能力。所谓稳定状态，就是指没有异常因素影响，整个工序过程均按作业规程要求正常实施的质量进行状态。σ 值（或 6σ）越大，工序特性值的波动越大，说明工序能力越小；反之亦然。因此，提高工序能力，关键在于减小 σ 的数值。因此正确答案为 A、C。

13.2 矿业工程施工阶段质量控制

复习要点

1. 矿区工业建筑施工质量控制

混凝土施工质量控制包括原材料的控制、配合比控制、生产与施工质量控制。

装配式结构施工质量控制主要包括预制构件吊运、预制构件运输、预制构件堆放、装配式结构安装与连接。

钢结构施工质量控制主要包括原材料控制、钢结构的预拼装、钢结构安装质量。

2. 基坑与地基基础施工质量控制

基坑与地基基础施工质量控制主要包括天然地基基础基槽检验；深基础施工勘察；地基处理工程施工勘察。

3. 井巷施工质量控制

井巷施工质量控制主要包括立井井筒施工质量控制措施、斜井与平硐施工质量控制措施、基岩施工质量控制措施。主要涉及掘进、锚（索）杆支护、钢支架支护、喷射混凝土支护、浇筑混凝土支护。

4. 露天矿施工质量控制

露天矿施工质量控制主要包括疏干井工程施工质量控制、巷道疏干工程施工质量控制措施、防排水工程施工质量控制措施和边坡工程施工质量控制措施。

5. 尾矿坝施工质量控制

尾矿坝施工质量控制主要包括坝基开挖及岸坡处理施工质量控制措施、筑坝材料和坝体填筑施工质量控制措施及护坡砌筑施工质量控制措施。

一　单项选择题

1. 混凝土构件成型后，在强度达到（　　）MPa 以前，不得在构件上面踩踏行走。

　　A. 0.5　　　　　　　　　　　　B. 0.7

　　C. 1.0　　　　　　　　　　　　D. 1.2

2. 根据《煤矿井巷工程施工标准》GB/T 50511—2022 规定，平巷施工永久水沟距掘进工作面距离不宜大于（　　）m。

　　A. 40　　　　　　　　　　　　B. 50

　　C. 100　　　　　　　　　　　　D. 130

3. 倾角为 16° 的倾斜巷道架设支架，支架合理的迎山角为（　　）。

　　A. 1°～2°　　　　　　　　　　B. 2°～3°

　　C. 3°～4°　　　　　　　　　　D. 4°～5°

4. 根据相关标准要求，采用滑升模板分层浇筑混凝土时，每层浇筑高度宜为（　　）m。

　　A. 0.2～0.3　　　　　　　　　B. 0.3～0.4

　　C. 0.4～0.5　　　　　　　　　D. 0.5～0.6

5. 基槽开挖后，在基坑底可不进行轻型动力触探的情形是（　　）。

　　A. 持力层明显不均匀

　　B. 有浅埋的坑穴、古墓、古井等，直接观察难以发现时

　　C. 浅部有软弱下卧层

　　D. 承压水头可能高于基坑底面标高，触探可造成冒水涌砂时

6. 立井井筒基岩炮眼钻进时，不符合要求的是（　　）。

　　A. 应避开残眼和岩层裂隙

　　B. 井径小于 5m 时，宜采用伞形钻架钻眼

　　C. 掏槽眼应按要求增加深度

　　D. 每圈炮眼应钻至同一水平位置

7. 露天矿疏干井工程扩孔时，符合要求的是（　　）。

　　A. 扩孔期间，每小班应提钻一次　　B. 应减少扩孔直径级差

　　C. 增加扩孔级差　　　　　　　　　D. 扩孔速度越快越好

8. 露天矿巷道疏干工程施工时，不符合要求的是（　　）。

　　A. 巷道设计为下山时，每掘进 300m 应设置一处集水坑导水

　　B. 硐口掘进前应做好加固

　　C. 巷道贯通前应将贯通点处积水排净

　　D. 巷道贯通的两个地点相距 20m 时，应停止一个工作面

9. 对锚杆支护能力有重要影响的锚杆施工质量指标是（　　）。

　　A. 锚杆杆体强度　　　　　　　　B. 锚固力

　　C. 抗拔力　　　　　　　　　　　D. 砂浆强度

10. 锚杆安装时其外露太长、托盘不能贴紧岩面的工序衔接问题是（　　）。

    A. 锚杆孔的深度未检查　　　　　B. 锚杆预紧力不够

    C. 锚杆长度过长　　　　　　　　D. 锚杆固结时间太早

二　多项选择题

1. 建（构）筑物应进行专门的施工勘察的情况有（　　）。

    A. 开挖基槽发现土质、土层结构与勘察资料不符时

    B. 为地基处理，需进一步提供勘察资料时

    C. 工程地质条件复杂，详勘阶段难以查清时

    D. 施工单位为方便工程施工时

    E. 在施工时出现新的岩土工程地质问题时

2. 符合立井井筒基岩爆破作业规定的有（　　）。

    A. 短段掘砌混合作业的眼深应为 3.5～5.0m

    B. 宜采用低威力、防水性能好的水胶炸药

    C. 浅眼多循环作业的眼深应为 1.2～2.0m

    D. 周边眼药卷直径不小于 45mm

    E. 光面爆破周边眼的眼距应控制在 0.4～0.6m

3. 采用掘进机施工半煤岩巷道时，掘进机掘进时的截割应符合的原则包括（　　）。

    A. 先硬后软　　　　　　　　　　B. 先软后硬

    C. 先掏槽、后落岩（或煤）　　　D. 由下而上

    E. 由上而下

4. 露天矿疏干井工程填砾施工，说法正确的有（　　）。

    A. 含泥土杂质较多的砾料，应用水冲洗干净后使用

    B. 现场储备的砾料不应大于设计值的 1.2 倍

    C. 填砾应采用静水填砾法

    D. 填砾应从孔口井管四周均匀填入，不得从单一方位填入

    E. 砾料填至预定位置后，无需测定填砾面位置

5. 关于斜井施工作业的规定，正确的有（　　）。

    A. 明槽宜在雨期开挖

    B. 明槽边沿应设挡水墙或截水沟

    C. 明槽进入暗硐的 1～3m 部位宜与明槽的永久支护同时施工

    D. 稳定冲积层施工时，断面较大的斜井宜采用全断面爆破施工

    E. 穿过含水量较大的流沙层时，采用普通法施工，进行降水措施

6. 天然地基基础基槽，可不进行轻型动力触探的情况有（　　）。

    A. 持力层明显不均匀

    B. 浅部有软弱下卧层

    C. 承压水头可能高于基坑底面标高，触探可造成冒水涌砂时

    D. 基础持力层为砾石层或卵石层，且基底以下砾石层或卵石层厚度大于 1m

时；持力层为砾石层或卵石层，且其厚度符合设计要求时

E．基础持力层为均匀、密实砂层，且基底以下厚度大于 1.5m 时

【答案与解析】

一、单项选择题

1．D；　　2．C；　　3．C；　　4．B；　　5．D；　　6．B；　　7．A；　　8．A；

9．C；　　10．A

【解析】

1．【答案】D

混凝土构件成型后，在强度达到 1.2MPa 以前，不得在构件上面踩踏行走。因此应该选 D。

2．【答案】C

根据《煤矿井巷工程施工标准》GB/T 50511—2022 规定，平巷施工永久水沟距掘进工作面距离不宜大于 100m。因此答案应为 C。

3．【答案】C

倾斜巷道的支架架设，应有适当的迎山角。迎山角的数值，应符合以下规定：巷道倾角为 5°～10° 时，支架迎山角为 1°～2°；巷道倾角为 10°～15° 时，支架迎山角为 2°～3°；巷道倾角为 15°～20° 时，支架迎山角为 3°～4°；巷道倾角为 20°～25° 时，支架迎山角为 4°～5°。因此答案应为 C。

4．【答案】B

根据《煤矿井巷工程施工标准》GB/T 50511—2022 规定，采用滑升模板分层浇筑混凝土时，每层浇筑高度宜为 0.3～0.4m。因此答案应为 B。

5．【答案】D

基槽开挖后，遇到下列情况之一时，应在基坑底普遍进行轻型动力触探：（1）持力层明显不均匀；（2）浅部有软弱下卧层；（3）有浅埋的坑穴、古墓、古井等，直接观察难发现时；（4）勘察报告或设计文件规定应进行轻型动力触探时。

遇下列情况之一时，可不进行轻型动力触探：（1）承压水头可能高于基坑底面标高，触探可造成冒水涌砂时。（2）基础持力层为砾石层或卵石层，且基底以下砾石层或卵石层厚度大于 1m 时；持力层为砾石层或卵石层，且其厚度符合设计要求时。（3）基础持力层为均匀、密实砂层，且基底以下厚度大于 1.5m 时。

因此答案应为 D。

6．【答案】B

基岩炮眼钻进应符合下列规定：

（1）基岩掘进，除过于松散破碎的岩层外，应采用钻眼爆破法施工；井径大于 5m 时，宜采用伞形钻架钻眼；井径小于 5m 时，可采用手持气动凿岩机钻眼。

（2）钻眼前应清除工作面余渣。

（3）应用量具确定炮眼圈径和每圈炮眼眼位。

（4）每圈炮眼应钻至同一水平位置，掏槽眼应按要求增加深度。

（5）钻眼时应避开残眼和岩层裂隙。每个炮眼钻完后应及时封住眼口，装药前应用压气清除炮眼内的岩粉和污水。

7.【答案】A

露天矿疏干井工程扩孔施工应符合下列要求：

（1）扩孔钻具应带有扶正器，钻具连接应牢固；扩孔期间，每小班应提钻一次，认真检查钻具，当发现不符合要求时，应进行修理或更换。

（2）应按照设备和钻具的负荷能力及地层性质和复杂程度合理选择扩孔直径级差，当设备和钻具条件允许时，应增大扩孔直径级差，减少扩孔级差。

（3）扩孔过程中应保持孔壁圆直和下部小孔畅通，下钻不顺应扫孔，发现下部小孔堵塞应进行通孔。扩孔速度不宜过快，应与地层、转速相适应。

（4）扩孔过程中应定期冲孔和清理循环系统内岩粉，并应加强泥浆净化。

（5）扩孔过程中在维持孔壁不塌的原则下，应降低泥浆的黏度和密度，当进行最后一级扩孔时，泥浆的黏度和密度应降低到最低限度。

（6）扩孔应连续进行，停扩期间，应把钻具提出孔外，并应注意孔内水位变化，当其下降时，应及时注满。

8.【答案】A

露天矿山巷道疏干工程中井巷工程施工应符合现行行业标准《煤矿井巷工程施工标准》GB/T 50511—2022 的相关规定。巷道、主排水井及放水孔的施工技术要求包括：开掘硐口之前应做好加固；下山巷道每掘进 200m 应设置一处集水坑导水；施工揭露的巷道应进行地质写实，并应测量涌水量；完成每组硐（室）放水孔施工后应测量涌水量，并应做好记录。

9.【答案】C

锚杆施工质量对锚杆作用能力有重要影响的参数是其抗拔力。抗拔力是指阻止锚杆从岩体中拔出的作用大小，而上面所说的锚杆作用能力，也就是锚杆对围岩的作用，被称为锚固力。锚杆的杆体强度不是锚杆施工时形成的质量，而砂浆强度，只是某些锚杆的粘结材料，与锚杆锚固作用没有直接作用。

10.【答案】A

本题是关系工序质量控制问题。工序质量控制要特别关注的一项工作是工序间衔接应满足要求，控制上下工序间的交接工作。本题的背景是锚杆外露长、托盘无法紧贴岩面。与锚杆安装的上道衔接工序是锚杆孔的施工，影响托盘不能紧贴的锚杆孔质量问题是孔深度不够，这是锚杆安设应检查的内容（A）；锚杆预紧力（B）是锚杆安装工序自身的质量内容；锚杆固结（D）与托盘不能贴紧岩面无直接关系；锚杆长度的检查应是在锚杆材质、规格检查时完成，不是锚杆安设前的衔接内容。

二、多项选择题

1. A、B、C、E；　　2. A、C、E；　　　3. B、C、D；　　　4. A、D；

5. B、C；　　　6. C、D、E

【解析】

1.【答案】A、B、C、E

所有建（构）筑物均应进行施工检测，遇下列情况之一时，应进行专门的施工勘察：（1）工程地质条件复杂，详勘阶段难以查清时；（2）开挖基槽发现土质、土层结构与勘察资料不符时；（3）施工中边坡失稳，需查明原因，进行观察处理时；（4）施工中，地基土受扰动，需查明其性状及工程性质时；（5）为地基处理，需进一步提供勘察资料时；（6）建（构）筑物有特殊要求，或在施工时出现新的岩土工程地质问题时。

2.【答案】A、C、E

立井井筒基岩爆破作业应符合下列规定：（1）炮眼的深度与布置应根据岩性、作业方式等加以确定，通常情况下，短段掘砌混合作业的眼深应为3.5～5.0m；单行作业或平行作业的眼深可为2.0～4.5m或更深；浅眼多循环作业的眼深应为1.2～2.0m。（2）宜采用高威力、防水性能好的水胶炸药、乳化炸药，实行光面爆破。（3）应编制施工作业规程，爆破图表应根据岩性变化适时调整。（4）光面爆破参数的选择应符合下列规定：周边眼的眼距应控制在0.4～0.6m；有条件的井筒，周边眼应采用小炮眼、小药卷，药卷直径宜小于35mm。

3.【答案】B、C、D

煤岩巷道时，在有条件的情况下，宜采用掘进机掘进，在巷道掘进时，应符合先软后硬、由下而上、先掏槽、后落岩（或煤）的截割原则。因此，答案为B、C、D。

4.【答案】A、D

根据《露天煤矿工程施工规范》GB 50968—2014规定，填砾应符合下列规定：（1）应检查砾料的质量和规格，含泥土杂质较多的砾料，应用水冲洗干净后使用；（2）现场储备的砾料不应小于设计值的1.2倍；（3）填砾应采用动水填砾法；（4）填砾中应定时探测孔内填砾面位置，当发现堵塞时，应及时采取措施；（5）砾料填至预定位置后，在进行止水或管外封闭前，应再次测定填砾面位置，当有下沉时，应补填至预定位置；（6）填砾应从孔口井管四周均匀填入，不得从单一的方位填入。

5.【答案】B、C

斜井施工作业应符合下列规定：（1）明槽不宜在雨期破土开挖；（2）明槽边沿应设挡水墙或截水沟；（3）明槽进入暗硐的1～3m部位宜与明槽的永久支护同时施工；（4）稳定冲积层施工时，宜采用全断面掘进法施工，断面较大时，宜采用台阶法施工；（5）当斜井穿过含水量较大的流沙层时，宜采用冻结法施工。

6.【答案】C、D、E

天然地基基础基槽检验要点：

（1）基槽开挖后，应检验下列内容：

①核对基坑的位置、平面尺寸、坑底标高；

②核对基坑土质和地下水情况；

③空穴、古墓、古井、防空掩体及地下埋设物的位置、深度、形状。

（2）在进行直接观察时，可用袖珍式贯入仪作为辅助手段。

（3）遇到下列情况之一时，应在基坑底普遍进行轻型动力触探：

①持力层明显不均匀；

②浅部有软弱下卧层；

③有浅埋的坑穴、古墓、古井等，直接观察难以发现时；

④勘察报告或设计文件规定应进行轻型动力触探时。

（4）遇下列情况之一时，可不进行轻型动力触探：

①承压水头可能高于基坑底面标高，触探可造成冒水涌砂时。

②基础持力层为砾石层或卵石层，且基底以下砾石层或卵石层厚度大于 1m 时；持力层为砾石层或卵石层，且其厚度符合设计要求时。

③基础持力层为均匀、密实砂层，且基底以下厚度大于 1.5m 时。

因此，本题的正确选项是 C、D、E。

13.3　矿业工程施工质量检验验收

复习要点

关于施工质量的检验验收的规定，检验批与分项工程是矿业工程质量的基础，所有的检验批和分项工程均由监理工程师或建设单位项目技术负责人组织验收。矿业工程各分项工程或检验批可按工序、结构关系或施工段划分，或者按施工循环、质量控制或专业验收需要等原则来划分。分项工程或者是检验批的检验包括对实物的检查和对资料的检查。

1．矿业工程施工质量检验验收基本要求

露天煤矿、有色金属等矿山工程质量验收规范规定，分项工程可以由一个或若干工序检验批组成。检验批可根据施工及质量控制和验收的实际需要划分。这部分重点应关注工程质量检验批的划分，质量检验与验收的程序，质量验收的合格要求等内容。

2．矿区工业建筑工程检验验收

砌体结构工程检验批验收时，其主控项目应全部符合规定，一般项目应有 80% 及以上的抽检处符合《砌体结构工程施工质量验收规范》GB 50203—2011 的规定。有允许偏差的项目，最大超差值为允许偏差值的 1.5 倍。混凝土结构工程可划分为模板、钢筋、预应力、混凝土、现浇结构和装配式结构等分项工程。

3．基坑与地基工程检验验收

重点关注基坑与地基工程检验验收基本要求，桩基工程、基坑工程、锚杆及土钉墙支护工程、地下连续墙验收的规定，以及地基基础工程验收时应提交的资料。

4．井巷工程检验验收

井巷工程的质量验收，分项工程的验收是在工序自检验收合格的基础上进行的；分部工程的验收是在其所含分项工程验收合格的基础上进行的；单位工程的质量验收是在其所含的分部工程验收合格的基础上进行的，有的单位工程验收是投入使用前的最终验收（竣工验收）。分项工程是按主控项目和一般项目来进行验收。所有的单位工程质量验收合格后方可进行单项工程竣工验收和质量认证。重点关注矿井掘进施工和裸体井巷工程、支护工程验收合格要求。

5．露天矿工程检验验收

露天矿工程检查验收包括露天矿山疏干井工程、巷道疏干工程、防排水工程、边坡工程以及穿爆工程质量检验验收相关要求。

6. 尾矿坝工程检验验收

主要关注尾矿坝坝基开挖、筑坝材料和坝体填筑、护坡砌筑质量检验验收合格要求。

一　单项选择题

1. 煤矿井巷工程的最小验收单位是（　　）。

  A. 检验批   B. 分项工程

  C. 分部工程   D. 单位工程

2. 设有监理的井巷工程项目，所有检验批和分项工程均应由（　　）组织验收。

  A. 总监理工程师   B. 施工单位技术负责人

  C. 建设单位负责人   D. 监理工程师

3. 单位工程的验收应由（　　）组织有关单位进行单位工程验收。

  A. 总包单位   B. 监理单位

  C. 质检单位   D. 建设单位

4. 砌体结构工程检验批验收时，一般项目应有80%及以上的抽检处符合《砌体结构工程施工质量验收规范》GB 50203—2011的规定，有允许偏差的项目，最大超差值为允许偏差值的（　　）。

  A. 100%   B. 110%

  C. 125%   D. 150%

5. 钢结构工程检验批验收时，一般项目的检验结果应有80%及以上的检查点（值）满足验收标准的要求，且最大值（或最小值）不应超过其允许偏差值的（　　）。

  A. 100%   B. 110%

  C. 120%   D. 150%

6. 基坑支护围护结构施工完成后的质量验收应在基坑（　　）进行。

  A. 开挖前   B. 开挖后

  C. 开挖过程中   D. 开挖至1/2时

7. 建筑地基基础工程检验验收，主控项目的质量检验结果合格率应不低于（　　）。

  A. 100%   B. 85%

  C. 80%   D. 75%

8. 立井井筒施工工序质量验收选检查点时应（　　）。

  A. 每个循环设1个   B. 每20m设1个

  C. 每月不少于3个   D. 每30m设1个

9. 井巷工程竣工验收的现场初验应由（　　）组织。

  A. 监理单位   B. 建设单位

  C. 设计单位   D. 施工单位

10. 露天煤矿防洪堤采用土工合成加筋材料填筑加筋土堤时，编织型筋材接头的搭接长度大于（　　）cm。

　　A. 5 　　　　　　　　　　　　B. 10

　　C. 15 　　　　　　　　　　　D. 20

11. 露天煤矿采剥工作面预裂爆破工程在中硬及以上岩石的残留半孔率应（　　）。

　　A. ＞50% 　　　　　　　　　　B. ＞40%

　　C. ＜50% 　　　　　　　　　　D. ＜40%

12. 尾矿坝上坝坝料黏性土现场密度检测宜采用（　　）。

　　A. 环刀法 　　　　　　　　　　B. 灌砂法

　　C. 三点击实法 　　　　　　　　D. 表面波压实密度仪法

13. 坝体分段碾压时，相邻两段交接带碾迹应彼此搭接，垂直碾压方向搭接宽度应为（　　）m。

　　A. 1.0～1.5 　　　　　　　　　B. 0.5～1.5

　　C. 0.5～1.0 　　　　　　　　　D. 0.3～0.5

二　多项选择题

1. 矿业工程施工中有建筑规模较大的单位工程时，可划分为若干子单位工程，划分的依据有（　　）。

　　A. 具有独立施工条件部分 　　　B. 特殊的施工工艺部分

　　C. 能形成独立使用功能的部分 　D. 专业系统

　　E. 材料的种类

2. 分项工程应按主要（　　）等进行划分。

　　A. 施工工序 　　　　　　　　　B. 工种

　　C. 材料 　　　　　　　　　　　D. 作业时间

　　E. 施工工艺

3. 混凝土结构工程检验验收时各分项工程的检验批的划分，可根据与生产和施工方式相一致且便于控制施工质量的原则，按（　　）划分。

　　A. 进场批次 　　　　　　　　　B. 工作班

　　C. 结构缝 　　　　　　　　　　D. 施工段

　　E. 月度

4. 基坑支护工程围护结构施工完成后的质量验收应在基坑开挖前进行，支锚结构的质量验收应在对应的分层土方开挖前进行，验收内容应包括（　　）。

　　A. 强度检验 　　　　　　　　　B. 构件的几何尺寸

　　C. 位置偏差 　　　　　　　　　D. 开挖标高

　　E. 平整度

5. 隐蔽工程质量检验评定，应以（　　）签字的工程质量检查记录为依据。

　　A. 建设单位 　　　　　　　　　B. 监理单位

　　C. 施工单位 　　　　　　　　　D. 设计单位

　　E. 质监单位

6. 单位工程质量验收合格的规定有（　　　）。
   A. 所含分部（或子分部）工程的质量均应验收合格
   B. 所含分部工程有关安全和功能的检测资料应完整
   C. 主要功能项目的抽查结果应符合相关专业质量验收规范的规定
   D. 质量控制资料应基本完整
   E. 观感质量验收的得分率应达到 75% 及以上

7. 露天矿巷道疏干工程质量检验验收合格要求有（　　　）。
   A. 主排水井位置的允许误差为 ±100mm
   B. 主排水井穿过的含水层不是疏干巷道疏干的对象时，应一起疏干该含水层
   C. 巷道与主排水井应贯通
   D. 巷道与主排水井贯通的位置偏差应小于 200mm
   E. 疏干巷道可不支护

8. 上坝坝料含水率检测的说法正确的有（　　　）。
   A. 黏性土含水率检测宜采用烘干法
   B. 黏性土含水率检测也可用核子水分密度计法
   C. 砾质土含水率检测宜采用烘干法或烤干法
   D. 反滤料、过渡料及砂（砾）石料含水率检测宜采用烘干法或烤干法
   E. 堆石料含水率检测不宜采用烤干和风干联合法

【答案与解析】

一、单项选择题
1. B；　　2. D；　　3. D；　　4. D；　　5. C；　　6. A；　　7. A；　　8. A；
9. A；　　10. C；　　11. A；　　12. A；　　13. A
【解析】
1.【答案】D
煤矿井巷工程检验验收不设检验批，最小验收单位是分项工程。煤矿井巷工程因为隐蔽性强，大部分分项工程在施工过程中很快被隐蔽了，难以形成批次进行检验，所以一般不设检验批，而是按照分项工程（工序）进行过程检验。煤矿井巷工程项目检验验收过程分为单位（子单位）工程检验、分部（子分部）工程检验、分项工程检验。煤矿井巷工程中的材料检验设检验批，按照相关规定执行。
2.【答案】D
检验批和分项工程是建筑工程质量的基础，因此，所有检验批和分项工程均应由监理工程师或建设单位技术负责人组织验收。验收前，施工单位先填好"检验批或分项工程的质量验收记录"（有关监理记录和结论不填），并由项目专业质量检验员和项目专业技术负责人分别在检验批和分项工程质量检验中相关栏目签字，然后由监理工程师组织，严格按规定程序进行验收。
3.【答案】D
当单位工程达到竣工条件后，施工单位应在自查、自评工程完成后填写工程竣工

报验单，并将全部竣工资料报送项目监理机构，申请竣工验收。经项目监理机构对竣工资料及实物全面检查、验收合格后，由监理工程师签署工程竣工报验单，并向建设单位提出质量评估报告。建设单位收到工程验收报告后，应由建设单位负责人组织施工（含分包单位）、设计、监理等单位负责人进行单位工程验收。单位工程由分包单位施工时，分包单位对所承包的工程项目应按规定的程序检查评定，总包单位应派人员参加，分包工程完成后，应将工程有关资料交总包单位，建设单位验收合格，方可交付使用。

4.【答案】D

砌体结构工程检验批验收时，其主控项目应全部符合本规范的规定，一般项目应有 80% 及以上的抽检处符合《砌体结构工程施工质量验收规范》GB 50203—2011 的规定。有允许偏差的项目，最大超差值为允许偏差值的 1.5 倍。

5.【答案】C

按《建筑工程施工质量验收统一标准》GB 50300—2013 规定，钢结构工程检验批合格质量标准应符合下列规定：主控项目必须满足验收标准质量要求；一般项目的检验结果应有 80% 及以上的检查点（值）满足验收标准的要求，且最大值（或最小值）不应超过其允许偏差值的 1.2 倍。

6.【答案】A

基坑支护工程质量验收，围护结构施工完成后的质量验收应在基坑开挖前进行，支锚结构的质量验收应在对应的分层土方开挖前进行，验收内容应包括质量和强度检验、构件的几何尺寸、位置偏差及平整度等。

7.【答案】A

建筑地基基础工程检验验收，主控项目的质量检验结果必须全部符合检验标准，一般项目的验收合格率不得低于 80%。

8.【答案】A

立井井筒施工质量检查选检查点时，对工序验收，每个循环设一个；分项工程、中间、竣工验收：不应少于 3 个，且其间距不大于 20m。

9.【答案】A

井巷工程竣工验收，施工单位决定正式提请验收后，应向监理单位提交验收申请报告，监理工程师参照施工图要求、合同规定和验收标准等进行审查。监理工程师审查完验收申请报告后，若认为可以验收，则由监理人员组织有关人员对竣工的工程项目进行初验，在初验中发现的质量问题，应及时以书面通知或以备忘录等形式告之施工单位，并令其按有关的质量要求进行修正或返工。

10.【答案】C

露天煤矿防排水工程质量检验验收合格要求：坝基、防洪构筑物基底承载力经检测应满足设计要求；防洪堤堤料应按设计的强度要求进行检验；当防洪堤采用土工合成加筋材料填筑加筋土堤时，加筋材料符合设计要求，编织型筋材接头的搭接长度大于 15cm，土工网、土工格栅接头的搭接长度大于 5cm。因此正确答案应为 C。

11.【答案】A

露天采剥工作面预裂爆破工程质量应符合：无未经处理的盲炮；中硬及以上岩石的残留半孔率＞50%；中硬以下岩石的残留半孔率＞40%。因此正确答案应为 A。

12.【答案】A

上坝坝料应密度检测：黏性土现场密度检测宜采用环刀法；砾质土现场密度检测宜采用灌砂（灌水）法；土质不均匀的黏性土和砾质土的压实度检测宜采用三点击实法；反滤料、过渡料及砂（砾）石料现场密度检测宜采用挖坑灌水法或辅以表面波压实密度仪法；堆石料现场密度检测宜采用挖坑灌水法，也可辅以表面波法、测沉降法等快速方法。因此正确答案应为A。

13.【答案】A

坝体碾压应沿平行坝轴线方向进行，不得垂直坝轴线方向碾压。分段碾压时，相邻两段交接带碾迹应彼此搭接，顺碾压方向搭接长度不应小于0.3～0.5m，垂直碾压方向搭接宽度应为1.0～1.5m。因此正确答案应为A。

二、多项选择题

1. A、C；　　　　2. A、B、C、E；　　3. A、B、C、D；　　4. A、B、C、E；
5. A、B、C；　　6. A、B、C；　　7. A、C、D；　　8. A、B、C、D

【解析】

1.【答案】A、C

矿业工程施工中有建筑规模较大的单位工程时，可将其具有独立施工条件或能形成独立使用功能的部分作为一个子单位工程。当分部工程较大或较复杂、工期较长时，可按材料种类、施工特点、施工程序、专业系统及类别等划分为若干个子分部工程。

2.【答案】A、B、C、E

依据《煤矿井巷工程质量验收规范》GB 50213—2010（2022年版），分项工程应按主要施工工序、工种、材料、施工工艺、设备类别等进行划分。因此，本题的正确选项是A、B、C、E。

3.【答案】A、B、C、D

混凝土结构工程检验验收，可划分为模板、钢筋、预应力、混凝土、现浇结构和装配式结构等分项工程。各分项工程可根据与生产和施工方式相一致且便于控制施工质量的原则，按照进场批次、工作班、楼层、结构缝或施工段划分为若干检验批。

4.【答案】A、B、C、E

基坑支护工程质量验收，围护结构施工完成后的质量验收应在基坑开挖前进行，支锚结构的质量验收应在对应的分层土方开挖前进行，验收内容应包括质量和强度检验、构件的几何尺寸、位置偏差及平整度等。因而，本题的正确选项是A、B、C、E。

5.【答案】A、B、C

隐蔽工程质量检验评定，应以有建设单位、监理单位和施工单位签字的工程质量检查记录为依据。正确答案应为A、B、C。

6.【答案】A、B、C

单位（子单位）工程质量验收合格应符合下列规定：

（1）单位（或子单位）工程所含分部（或子分部）工程的质量均应验收合格。

（2）质量控制资料应完整。

（3）单位（或子单位）工程所含分部工程有关安全和功能的检测资料应完整。

（4）主要功能项目的抽查结果应符合相关专业质量验收规范的规定。

（5）观感质量验收的得分率应达到 70% 及以上。

因此，正确答案应为 A、B、C。

7.【答案】A、C、D

巷道疏干工程质量检验验收合格要求包括：硐口设置、巷道支护方式和硐内设施应符合设计要求；主排水井的设置应符合设计要求；放水钻孔的设置、数量应符合设计要求；主排水井位置的允许误差为 ±100mm；主排水井穿过的含水层不是疏干巷道疏干的对象，应封闭含水层；巷道与主排水井贯通应符合设计要求；巷道与主排水井贯通的位置应小于 200mm。因此，正确答案应为 A、C、D。

8.【答案】A、B、C、D

上坝坝料含水率检测：黏性土含水率检测宜采用烘干法，也可用核子水分密度计法、酒精燃烧法、红外线烘干法；砾质土含水率检测宜采用烘干法或烤干法；反滤料、过渡料及砂（砾）石料含水率检测宜采用烘干法或烤干法；堆石料含水率检测宜采用烤干和风干联合法。因此，正确答案应为 A、B、C、D。

实务操作和案例分析题

案例 13-1

背景资料：

施工单位在施工某工业工程项目时，为保证原生产线的生产，采用了不停产的施工方法。施工单位制定了如下的基础施工方案：基础施工采用土钉墙支护，按设计要求自上而下分段分层进行，上层土钉墙及喷射混凝土面层达到设计强度的 50% 后方可开挖下层土方及下层土钉施工。但在施工过程中发现，由于新基础的开挖，原有设备基础有下沉的危险。

问题：

1．发生质量事故后的处理程序是什么？

2．施工单位制定的基础施工方案是否妥当？为什么？

3．土钉墙施工时，土钉施工有哪些具体的质量要求？

案例 13-2

背景资料：

某施工单位承包 土井井筒工程，井筒净直径为 6m，设计深度为 620m，基岩段为素混凝土结构，壁厚为 400mm。地质钻孔资料表明，在井深 500m 处有一厚 10m 的砂岩含水层，预计涌水量为 $20m^3/h$。井筒施工前，施工单位提出需对含水层采取预注浆处理，建设单位未同意；施工单位按照建设单位的要求，采取了吊桶排水、强行顶水通过含水层的施工方法；为预防水患，还在井筒中安装了排水管。

在井筒施工至砂岩含水层时，涌水量逐渐增加到 $25m^3/h$，施工单位在混凝土浇筑施工时采取了相应的应急措施，并补充了相应的截、导水工作，最终导致施工工期拖延了半个月。该段井筒验收时，发现混凝土井壁蜂窝麻面严重，混凝土井壁强度也未达到设计要求。依据监理日志关于该段井筒掘进时岩帮破裂严重、涌水量变大的描述，以及该段井壁混凝土施工期间涌水较大的记录（不存在其他相关施工质量问题的信息），建设单位认定混凝土井壁质量问题是由于施工单位爆破施工引起岩帮破裂造成的，对其提出索赔，并决定由其承担该井筒的套壁处理工作相关费用。

问题：

1. 为预防井筒涌水造成的混凝土施工质量问题，可采取哪些措施？
2. 分别指出施工单位所提出和采取的防水措施合理与不合理之处。
3. 指出建设单位对井壁质量问题处理决定的不合理之处，并说明正确做法。

案例 13-3

背景资料：

某施工单位承建一巷道工程，巷道长度为 800m，设计采用锚网喷支护；地质资料显示，在巷道长 300m 处将揭露一断层。为保证锚杆的抗拔力，技术措施要求采取 2 根树脂药卷（快速和中速药卷各一）锚固锚杆；为保证巷道施工安全可靠地穿越断层，技术人员经设计单位同意后将该断层地段的支护形式变更为锚网喷与钢支架的联合支护，钢支架间距为 0.8m。

巷道施工到断层区段时，质检人员在对巷道支护质量检查时发现：岩帮不平整，锚杆孔口处围岩多有片落；虽然锚杆托板尚能紧贴岩面，但是仍有不少的锚杆外露过长，达 200～250mm；钢支架安设间距 1.0m，且背板很少，支架间仅有少数安设了木棍撑杆；试验的锚杆抗拔力达不到规程要求；质检人员还发现施工人员在锚杆眼内放置树脂药卷的程序不正确，要求立即改正。几天后，监理工程师检查发现这些质量问题仍然存在，于是又正式下达了整改通知单，要求施工队长立即安排补打锚杆，改正不符合质量要求的问题。

问题：

1. 分析造成该巷道锚杆外露过长的原因，说明树脂药卷安设不正确对锚杆施工质量的影响，并指出正确的树脂药卷安装程序。
2. 指出该施工单位在施工过程中存在的质量问题。
3. 分析施工队质量管理工作存在的问题。

案例 13-4

背景资料：

某单位施工一运输大巷工程，巷道长为 2000m，断面为宽 3600mm 的半圆拱形。地质资料显示，巷道顶板为砂质泥岩与泥岩互层，6m 以上是砂岩，属含水层；两帮和底板主要是软弱泥岩，进入巷道 820m 处有一断层。巷道全部采用锚喷支护，其中锚杆抗拔力为 150kN，喷射混凝土强度等级为 C20，喷厚为 120mm。

图纸会审时施工单位仅向设计单位提出了锚杆支护参数的意见，并认为岩性条件差，根据施工经验难以实现设计的抗拔力值，要求改为 120kN。设计单位最终确认了巷道围岩属软岩，锚杆布置确定为每断面 13 根，长 2m，但是锚杆抗拔力仍维持原设计的 150kN。

施工单位按照施工组织设计进行了两掘一喷的巷道施工，掘进循环进尺为 2.2m。某月施工进尺 122m，中间验收时，监理工程师查看了施工单位循环验收记录，其中抽查的巷道净断面检查记录的情况是：基岩掘进、锚杆支护、喷射混凝土支护施工各 15 份，基本按巷道的均等长度分布选择。有关的记录内容如下：

（1）基岩掘进后巷道断面规格允许偏差的检查：在 4 个连续检查点中均有 2 个对称的岩帮测点的半侧面最小尺寸为 −28～−25mm，故其巷道宽度小于设计尺寸，其余测点均为 +120～+180mm，且对应点的巷道宽（高）度不小于设计值。

（2）锚杆施工后巷道净断面规格允许偏差的检查：在 6 个连续检查点中均有 3 个测点的半侧面最大尺寸超过 +150mm，其余测点均在 +10～+120mm。

（3）设计强度等级为 C20 的喷射混凝土试验强度部分结果如下：

第一组：21MPa、24MPa、25MPa。

第二组：19MPa、23MPa、24MPa。

（4）喷射混凝土施工后的检查：所有检查点均合格。

问题：

1. 施工单位应如何解决设计单位关于维持锚杆抗拔力设计值的问题？说明具体做法。

2. 在图纸会审会议上施工单位还应向业主或设计单位提出哪些需要解决的问题。

3. 计算两组喷射混凝土试块的强度代表值，并说明是否合格。

4. 分析基岩掘进、锚杆支护及喷射混凝土支护三项施工中关于净断面的循环质量检查记录的合格情况，并说明理由。

【答案与解析】

案例 13-1

1. 质量事故发生后，应按以下程序进行处理：

监理工程师或质量管理部门发现质量事故，首先应以"质量通知单"的形式通知施工单位；当施工单位自己发现发生质量事故时，要立即停止有关部位施工，立即报告监理工程师（建设单位）和质量管理部门。

2. 施工单位制定的基础施工方案不妥。原因是土钉墙施工时，上层土钉墙及喷射混凝土面需达到设计强度的 70% 后方可开挖下层土方及进行下层土钉施工。

3. 土钉施工的具体质量要求有：（1）上层土钉墙及喷射混凝土面需达到设计强度的 70% 后方可开挖下层土方及下层土钉施工。（2）土钉成孔孔深允许偏差为 ±50mm；孔径允许偏差为 ±5mm；孔距允许偏差为 ±100mm；成孔倾角允许偏差为 ±5%。（3）土钉注浆材料宜选水泥浆或水泥砂浆；水泥浆的水灰比宜为 0.5，水泥砂浆配合比宜为 1∶1～1∶2（重量比），水灰比宜为 0.38～0.45；水泥浆、水泥砂浆应拌合均匀，随拌随用，一次拌合的水泥浆、水泥砂浆应在初凝前用完。（4）土钉注浆前应将孔内残留或松动的杂土清除干净；注浆开始或中途停止超过 30min 时，应用水或稀水泥浆润滑注浆泵及其管路；注浆时，注浆管应插至距孔底 250～500mm 处，空口部位宜设置止浆塞及排气管；土钉钢筋应设定位架。

案例 13-2

1. 为预防井筒涌水危害施工质量，可以采取的基本措施是：堵、排、截、导。

2. 施工单位采取的措施有：提出注浆堵水的处理措施、采用了吊桶排水的方法、井筒中安装了排水管的预防水患措施、涌水增大后采取了相应的应急措施，补充了截、导措施。其中，合理的内容有：（1）对业主提出了注浆堵水措施的要求；（2）采取了应急防水措施，以及为避免影响施工质量的截、导水措施；（3）安装了排水管以预防水患。

施工单位采用的吊桶排水方法是不合理的，因为从预计的井筒涌水量大小及预防涌水风险看，该方法不能满足排水量和风险处理的要求。

3. 建设单位对井壁质量问题处理的不合理之处有：

建设单位仅根据监理日志和施工中井筒涌水量变大的记录，就自行认定此质量问题是由施工单位爆破施工造成围岩破裂严重，并导致了混凝土施工质量问题。这一认定不仅结论不合理，也不符合应有的决策程序；同样，建设单位自行提出井筒质量问题处理方法的做法也不符合规定的处理程序。

建设单位提出的井筒套壁处理措施既不经济，又会严重影响井筒使用功能，且有更合理的处理方法。因此这一处理方法是不合理的。

正确的做法是应先组织设计、监理、施工等单位对混凝土质量问题的原因进行分析，获得合理的结论，并由设计单位对其影响进行评价，然后决定采用局部井壁加固和相关渗漏水的处理方法，达到既经济，又满足安全和原有使用功能的要求。

案例 13-3

1. 影响锚喷支护施工质量的因素很多，从表面现象进行分析，锚杆孔深度、施工中孔内岩渣清理不干净、孔口发生片帮导致锚杆孔深度不足、锚杆安装存在问题、锚固药包安装不正确都是可能引起锚杆外露长度过长的因素，可以根据具体情况分析。因此，造成锚杆外露过长的原因可能有：锚杆孔深度未进行检测，孔深不够；锚杆孔内可能留有浮矸，又未对锚杆孔扫孔，造成锚杆不能安装到底；锚杆孔口岩帮片落，造成孔深不够；锚杆树脂药卷安设不正确，树脂药卷安设不正确会导致锚杆抗拔力不够、锚杆外露过长。

正确的安设程序是先放置快速药卷，然后安放中速药卷。

2. 锚喷支护施工有严格的质量标准，施工质量明确要求：

（1）锚杆的杆体及配件的材质、品种、规格、强度、结构等必须符合设计要求；水泥卷、树脂药卷和砂浆锚固材料的材质、规格、配比、性能等必须符合设计要求。

（2）锚杆安装的间距、排距、锚杆孔的深度、锚杆方向与井巷轮廓线（或岩层层理）的角度、锚杆外露长度等应符合有关规定。

（3）托板安装和锚杆的抗拔力应符合要求。

如果架设支架，对于支架的架设要求：

（1）各种支架及其构件、配件的材质、规格、背板和充填材料的材质、规格应符合设计要求。

（2）巷道断面规格的允许偏差，水平巷道支架的前倾和后仰，倾斜巷道支架的迎山角，撑（拉）杆和垫板的安设数量、位置，背板的安设数量、位置，支架柱窝深度或底梁铺设等应符合设计有关规定。

（3）支架梁水平度、扭矩、支架间距、立柱斜度、棚梁接口离合错位的允许偏差及检验方法应符合有关规定。

对照锚喷支护的施工质量要求，该施工单位在施工过程中存在的质量问题有：锚杆外露长度过长（200～250mm），不符合验收要求；锚杆抗拔力低，不符合规程要求；支架间距不符合设计要求；支架间连接不牢靠；支架间应有拉（撑）杆连接，支架未背实。

3. 施工质量管理包括质量控制、质量检查、成品保护、事故处理等相关内容。对于施工质量管理在质量控制方面，要做好：

（1）确定工程质量控制的流程；

（2）主动控制工序活动条件，主要指影响工序质量的因素；

（3）及时检查工序质量，提出对后续工作的要求和措施；

（4）设置工序质量的控制点。

因此，施工队在施工管理方面的问题有：施工质量控制不到位，技术措施未交待清楚或者未落实，没有及时按质检人员的要求整改施工质量问题。

案例 13-4

1. 对于锚杆抗拔力的问题，施工单位应通过施工技术手段加以解决。具体的做法包括采用树脂药卷固结、增加锚固长度（2～3 节药卷），甚至全长锚固，在正式施工前现场应进行试验或模拟试验。

2. 在图纸会审会议上，施工单位至少还应向业主或设计单位提出提供关于断层的详细地质与水文地质条件的要求，包括断层性质、角度、落差、与含水层关系以及通过断层带的支护设计变更情况。

3. 依据《煤矿井巷工程质量验收规范》GB 50213—2010（2022 年版），混凝土强度的检验应以每组标准试件或芯样强度代表值来确定。每组标准试件或芯样抗压强度代表值应为 3 个试件或 5 个芯样试压强度的算术平均值（四舍五入取整数）。一组试件或芯样最大或最小的强度值与中间值相比超过中间值的 15% 时，可取中间值为该组试件强度代表值。一组试块或芯样中最大和最小强度值与中间值之差均超过中间值的 15% 时，或因试件外形、试验方法不符合规定的试件，其试件强度不应作为评定的依据。

井巷工程混凝土标准试件的检验标准应符合下列规定：C55 及以下任一级中的任一组试件强度代表值不低于设计值的 1.15 倍；C60～C75 任一级中的任一组试件强度代表值不低于设计值的 1.10 倍；C80 及以上任一级中的任一组试件强度代表值不低于设计值的 1.05 倍；每一组中任一试件的强度不低丁设计值的 95%。

第一组强度代表值：（21 ＋ 24 ＋ 25）/3 ＝ 23.33MPa

不小于 20×1.15 ＝ 23MPa，合格

第二组强度代表值：（23－19）/23 ＝ 17.39% 大于 15%，取中间值 23MPa

不小于 20×1.15 ＝ 23MPa，合格

4. 基岩掘进施工时，巷道净断面尺寸合格

理由：属于软岩巷道的合格要求是在考虑允许偏差下不得小于设计净断面。本工

程中 4 个检查点均有 2 个测点不合格。半圆拱形断面每一检查点应设 10 个测点,有 2 个测点不合格,则其合格率达 80%,考虑到本项目为主控项目,满足 75% 的要求,故应评为合格,即此 4 个检查点均为合格检查点。该中间检查段应为合格。其余检查段无不合格情况,故该项应评为合格。

锚杆支护施工,巷道净断面规格尺寸应评为合格。理由:半圆拱形断面每一检查点应设 10 个测点,每个检查点有 3 个测点不合格,合格率占 70%,因本项目属一般项目,故 6 个检查点均应评为合格。

三项工序检查均属于合格,故该项中间验收应评为合格。

第14章 施工成本管理

14.1 矿业工程项目投资

复习要点

微信扫一扫
在线做题+答疑

矿业工程项目投资的主要内容是矿业工程项目投资构成的内容、特点，矿业工程项目工程建设其他费用的内容，项目决策阶段、设计阶段影响矿业工程项目投资的因素等。

1. 矿业工程项目投资构成

矿业工程的项目投资，由建筑安装工程费（矿建工程、土建工程，安装工程）、设备及工器具购置费、工程建设其他费用、预备费、建设期间贷款利息等组成；了解矿业工程项目投资构成特点；熟悉矿业工程项目工程建设其他费用的内容，尤其是探矿权价款、矿山地质环境保护与治理恢复方案编制费、井筒地质检查钻探费、采矿权价款、维修费、矿井井位确定费等内容。

2. 影响矿业工程项目投资的因素

熟悉项目决策阶段影响工程投资的因素，包括项目合理规模的确定，建设标准水平的确定，建设地点的选择，工程技术方案的确定等方面的影响因素；熟悉项目设计阶段影响工程投资的因素，包括总平面设计、工艺设计、建筑设计等因素和要求。

一 单项选择题

1. 煤炭矿井建设工程项目可行性研究估算的项目总投资准确率应控制在（　　）。
   A. ±30% 　　　　　　　　　　B. ±20%
   C. ±10% 　　　　　　　　　　D. ±5%

2. 矿业工程项目的风险性主要体现在（　　）。
   A. 工期长 　　　　　　　　　　B. 条件难
   C. 项目效益低 　　　　　　　　D. 多项条件的不确定

3. 在建设项目投资的设备购置费中，除设备原价外，还包括（　　）。
   A. 设备运杂费 　　　　　　　　B. 建筑安装工程费
   C. 涨价预备费 　　　　　　　　D. 工程建设其他费用

4. 不属于项目总平面设计内容的是（　　）。
   A. 建设标准和产品方案
   B. 厂址方案和占地面积
   C. 总图运输和主要建筑物、构筑物
   D. 公用设施的配置

5. 不属于矿产开发可行性研究的内容是（　　）。
   A. 项目经济分析和评价 　　　　B. 矿产资源可靠性研究

C．项目施工图设计　　　　　　D．项目环境影响评价

二 多项选择题

1. 下列建设项目总投资中，属于建设投资内容的是（　　　　）。

A．建设期利息　　　　　　　　B．设备及工器具购置费

C．建安工程费　　　　　　　　D．基本预备费

E．涨价预备费

2. 矿山项目决策阶段影响工程投资的因素有（　　　　）。

A．市场因素　　　　　　　　　B．建设的标准

C．建设地点　　　　　　　　　D．环境因素

E．总平面设计

3. 制约矿业工程项目规模的因素有（　　　　）。

A．国家战略需要　　　　　　　B．资源的条件因素

C．建筑设计因素　　　　　　　D．环境因素

E．技术和开发能力因素

4. 项目设计阶段影响工程投资的因素有（　　　　）。

A．总平面设计　　　　　　　　B．工艺设计

C．建筑设计　　　　　　　　　D．矿产资源条件因素

E．建设地点的选择

5. 专门适用于矿业工程领域中的工程建设其他费用的内容，包括有（　　　　）。

A．措施费　　　　　　　　　　B．井筒地质检查钻探费

C．探矿权价款　　　　　　　　D．采矿权价款

E．井巷维修费

【答案与解析】

一、单项选择题

1. C；　　2. D；　　3. A；　　4. A；　　5. C

【解析】

1.【答案】C

根据《煤炭工业矿井工程建设项目可行性研究报告编制标准》MT/T 1151—2011，煤炭矿井项目在可行性研究阶段估算的项目总投资准确率应控制在±10%以内。因此本题答案应为C。

2.【答案】D

风险是一种不确定性的存在，项目的风险也就是这种不确定性以及不确定因素繁多所造成的。工期长的本身不是风险，而工期长所引起的一系列不确定因素，如政策稳定性、利率变动、社会条件等才是风险影响的因素；条件难易、项目效益高低如不存在变动，则其问题的性质就不是风险，只有这些因素存在不确定性，才对矿业项目产生风

险影响。因此本题答案应为 D。

3.【答案】A

设备购置费为设备原价加设备运杂费。建筑安装工程费、涨价预备费、工程建设其他费用不属于设备购置费，故答案应为 A。

4.【答案】A

总平面设计应注意占地面积、功能分区、运输方式的选择等问题，建设标准和产品方案不属于项目总平面设计内容。故答案应为 A。

5.【答案】C

项目施工图设计属于设计阶段内容，不属于可行性研究的内容。项目经济分析和评价、矿产资源可靠性研究、项目环境影响评价则属于矿产开发可行性研究的内容。故答案应为 C。

二、多项选择题

1. B、C、D;   2. A、B、C、D;   3. A、B、D、E;   4. A、B、C;

5. B、C、D、E

【解析】

1.【答案】B、C、D

建设项目总投资可以分为建设投资部分和流动资产投资部分。建设投资部分由建筑安装工程费、设备及工器具购置费、工程建设其他费和基本预备费构成。流动资产投资部分，是指在建设期内，因建设期利息和国家新批准的税费、汇率、利率变动以及建设期价格变动引起的建设投资增加额，包括涨价预备费、建设期利息等。故答案应为 B、C、D。

2.【答案】A、B、C、D

市场因素、建设的标准、建设地点和环境因素均为矿山项目决策阶段影响工程投资的因素，总平面设计为项目设计阶段影响工程投资的因素。

3.【答案】A、B、D、E

矿产资源为国家所有，它的开发涉及国家生产、社会发展、国防等国家战略，开发矿产都必须在国家计划之内，满足国家发展及整个国家利益的战略需要，不能由个人或企业随意决定（A）；资源开发的工程规模还必须根据资源条件，由地质勘探说明其开发的价值和可能性（B）；项目规模大小决定了对矿山装备和设计的要求，而不是由建筑设计来决定项目的规模（C）；矿业工程规模大小还和环境因素有关，这不仅是通常的环境条件（如交通、市场发展程度等）对规模的影响，还涉及矿业工程对环境的影响状况，当不允许对环境有较大影响时就会限制项目的规模（D）；项目规模还和开发能力有关，目前有的资源因为技术条件达不到而不能开发的情况也是存在的（E）。因此本题的答案应为 A、B、D、E。

4.【答案】A、B、C

项目设计阶段影响工程投资的因素有总平面设计、工艺设计和建筑设计。矿产资源条件因素和建设地点的选择属于项目决策阶段影响工程投资的因素。因此本题的答案应为 A、B、C。

5.【答案】B、C、D、E

工程建设其他费用是工程项目费用中与建筑安装工程费并列的一项工程建设费用

内容。工程建设其他费用包括土地使用费、与建设项目有关的其他费用、与以后企业经营有关的其他费用等。对于矿业工程项目，特有的工程建设其他费用内容包括有探矿权价款及采矿权价款，矿井定位确定费，井筒地质检查钻探费，井巷维修费等。措施费则属于建筑安装工程费。因此本题的答案应为 B、C、D、E。

14.2　矿业工程成本构成及计算

复习要点

矿业工程成本构成及计算的主要内容是矿业工程项目造价及成本的概念，建筑安装工程费的构成和计算，建筑业营业税改征增值税的相关规定，矿业工程定额的内容，工程量清单的概念、构成内容，工程量清单计价的方法等。

1. 矿业工程成本构成及计算方法

熟悉矿业工程项目的造价的概念和内容；建筑安装工程费用项目组成可按费用构成要素来划分，也可按造价形成划分；掌握建筑安装工程费的构成和计算，包括人工费、材料（包含工程设备）费、施工机具使用费、企业管理费、利润、规费和税金的内容和计算，分部分项工程费、措施项目费、其他项目费的概念和内容；熟悉建筑业营业税改征增值税的相关规定和变化，尤其是一般计税方法计税的规定。

2. 矿业工程定额体系

矿业工程定额体系可以按照不同的原则和方法对其进行划分，包括按反映的物质消耗的内容分类、按编制程序分类、按建设工程内容分类、按定额的适用范围分类、按构成工程的成本和费用分类；注意施工定额、预算定额、概算定额（指标）、估算指标的区别和适用范围；关注井巷工程辅助费定额、凿井措施工程费指标、煤炭建设工程费用定额等矿业工程专业定额。

3. 工程量清单计价方法及其应用

工程量清单由分部分项工程项目清单、措施项目清单、其他项目清单、规费项目清单和税金项目清单组成；建设工程发承包及实施阶段的工程造价由分部分项工程费、措施项目费、其他项目费、规费、税金组成；工程量清单计价应采用综合单价计价，掌握工程量清单计价方法。

（一）单项选择题

1. 矿业建设工程建筑安装工程费中，属于不可竞争的费用是（　　）。

A. 冬雨期施工增加费　　　　　　B. 夜间施工增加费

C. 安全施工费　　　　　　　　　D. 已完工程及设备保护费

2. 根据《建设工程工程量清单计价规范》GB 50500—2013，施工招标投标时，招标工程量清单应由（　　）负责提供。

A. 招标人　　　　　　　　　　　B. 工程设计单位

C. 招标投标管理部门　　　　　　D. 工程招标代理机构

3. 根据《建设工程工程量清单计价规范》GB 50500—2013，投标企业可以根据拟建工程的具体施工方案进行列项的清单是（　　　）。

　　A. 分部分项工程量清单　　　　B. 措施项目清单

　　C. 其他项目清单　　　　　　　D. 规费项目清单

4. 根据《建设工程工程量清单计价规范》GB 50500—2013，编制分部分项清单时，编制人员须确定项目名称、计量单位、工程数量和（　　　）。

　　A. 填表须知　　　　　　　　　B. 项目特征

　　C. 项目总说明　　　　　　　　D. 项目工程内容

5. 符合列入工程量清单中其他项目清单的暂估价要求的是工程量清单中（　　　）。

　　A. 必然发生、暂时不能确定价格的材料金额

　　B. 可能发生的材料金额

　　C. 一种用于参考或比较用的材料金额

　　D. 双方未能商定的材料金额

6. 工程量清单中其他项目清单包含的总承包服务费，表示（　　　）。

　　A. 分包单位应给总承包单位服务费

　　B. 发包人自行采购并委托总包保管的服务费

　　C. 总承包商和分包单位提供的服务费

　　D. 有专业工程分包就应设总承包服务费

7. 属于人工费的有（　　　）。

　　A. 施工机械台班单价　　　　　B. 管理人员工资

　　C. 流动津贴和特殊地区施工津贴　D. 劳动保护费

8. 不属于按物质消耗分类范畴的定额是（　　　）。

　　A. 预算定额　　　　　　　　　B. 人工消耗定额

　　C. 材料消耗定额　　　　　　　D. 机械消耗定额

9. 编制和应用施工定额之所以有利于推广先进技术，是因为（　　　）。

　　A. 施工定额是强制实施的

　　B. 施工定额是工程定额体系的基础

　　C. 施工定额水平本身包含成熟先进的施工技术

　　D. 施工定额是用先进的技术方法测定出来的

10. 根据现行《建筑安装工程费用项目组成》（建标〔2013〕44 号），下列费用中，应计入分部分项工程费的是（　　　）。

　　A. 安全文明施工费　　　　　　B. 大型机械设备进出场及安拆费

　　C. 夜间施工增加费　　　　　　D. 施工机械使用费

（二）多项选择题

1. 关于工程量清单计价下施工企业投标报价的说法，正确的有（　　　）。

　　A. 投标报价由招标人自主确定

　　B. 投标报价不得低于工程成本

C. 投标人应该以施工方案、技术措施等作为投标报价计算的基本条件

D. 确定投标报价时不需要按招标工程量清单填报价格

E. 投标报价要以招标文件中设定的发承包双方责任划分作为基础

2. 根据《建设工程工程量清单计价规范》GB 50500—2013，对应配套的工程量计算规范包含（　　　）。

A. 房屋建筑与装饰工程工程量计算规范

B. 土地整理工程工程量计算规范

C. 通用安装工程工程量计算规范

D. 矿山工程工程量计算规范

E. 园林绿化工程工程量计算规范

3.《建设工程工程量清单计价规范》GB 50500—2013 中，编制招标控制价的依据包括（　　　）。

A. 企业定额，国家或省级、行业建设主管部门颁发的计价定额和办法

B. 建设工程设计文件及相关资料

C. 招标工程量清单

D. 拟定的招标文件

E. 工程造价管理机构发布的工程造价信息，当工程造价信息没有发布时，参照市场价

4. 建筑安装工程费用项目组成中，暂列金额主要用于（　　　）。

A. 施工合同签订时尚未确定的材料设备采购费用

B. 施工图纸以外的零星项目所需的费用

C. 隐蔽工程二次检验的费用

D. 施工中可能发生的工程变更价款调整的费用

E. 项目施工现场签证确认的费用

5. 因不可抗力事件导致的损害及其费用增加，应由发包人承担的是（　　　）。

A. 工程本身的损害　　　　　　B. 承包人的施工机械损坏

C. 发包方现场办公室的损坏　　D. 工程所需的修复费用

E. 因工程原因造成的第三方人员伤亡

【答案与解析】

一、单项选择题

1. C;　　2. A;　　3. B;　　4. B;　　5. A;　　6. B;　　7. C;　　8. A;
9. C;　　10. D

【解析】

1.【答案】C

矿业建设工程建筑安装工程费中，不可竞争的费用是规费、税金和安全文明施工费，安全文明施工费包括安全施工费、文明施工费、环境保护费和临时设施费，安全施工费属于安全文明施工费，为不可竞争的费用。因此本题答案应为 C。

2.【答案】A

招标工程量清单必须作为招标文件的组成部分，由招标人提供，并对其准确性和完整性负责。因此本题答案应为A。

3.【答案】B

不同的施工方案，措施项目不一样，所以措施项目允许施工单位进行调整增减。而分部分项工程量清单为闭口清单，投标人不得修改。因此本题答案应为B。

4.【答案】B

分部分项工程项目清单的编制要确定项目编码、项目名称、项目特征、计量单位，并按不同专业工程量计算规范给出的工程量计算规则，进行工程量的计算。因此本题答案应为B。

5.【答案】A

"暂估价"是指发包人在工程量清单或预算书中提供的用于支付必然发生但暂时不能确定材料的价格、工程设备的单价、专业工程以及服务工作的金额。因此本题答案应为A。

6.【答案】B

总承包服务费是指总承包人为配合、协调建设单位进行的专业工程发包，对建设单位自行采购的材料、工程设备等进行保管以及施工现场管理、竣工资料汇总整理等服务所需的费用。因此本题答案应为B。

7.【答案】C

人工费是支付给施工人员和附属生产单位工人的各项费用，包括工资（计时或计件工资）；对超额劳动和增收节支支付给个人的劳动报酬，即奖金（如节约奖、劳动竞赛奖等）；津贴和（物价）补贴（流动施工津贴、特殊地区施工津贴等）；加班工资；特殊情况下支付的工资等5项。施工机械台班单价属于施工机具使用费部分；管理人员工资属于管理费部分；劳动保护费属于企业管理费部分；这些都不列入人工费。因此本题答案应为C。

8.【答案】A

预算定额是按编制程序和用途划分的一种定额。反映物质消耗的定额，是根据消耗物质的内容，即人工消耗、材料消耗和机械消耗，分为人工消耗定额、材料消耗定额和机械消耗定额。因此本题答案应为A。

9.【答案】C

施工定额有利于推广先进技术，作业性定额水平中包含着某些已成熟的先进的施工技术和经验。工人要达到和超过定额，就必须掌握和运用这些先进技术，注意改进工具和改进技术操作方法，注意原材料的节约，避免浪费。因此本题答案应为C。

10.【答案】D

安全文明施工费、大型机械设备进出场及安拆费、夜间施工增加费均属于措施项目费，施工机械使用费计入分部分项工程费，因此答案为D。

二、多项选择题

1. B、C、E；　　　　2. A、C、D、E；　　　　3. B、C、D、E；　　　　4. A、D、E；

5. A、C、D、E

【解析】

1.【答案】B、C、E

工程量清单计价下编制投标报价的原则如下：（1）投标报价由投标人自主确定，但必须执行《建设工程工程量清单计价规范》GB 50500—2013的强制性规定；（2）投标人的投标报价不得低于工程成本；（3）投标人必须按照招标工程量清单填报价格；（4）投标报价要以招标文件中设定的承发包双方责任划分，作为设定投标报价费用项目和费用计算的基础；（5）应该以施工方案、技术措施等作为投标报价计算的基本条件；（6）报价计算方法要科学严谨，简明适用。因此本题答案应为B、C、E。

2.【答案】A、C、D、E

根据《建设工程工程量清单计价规范》GB 50500—2013，对应配套的工程量计算规范包括《房屋建筑与装饰工程工程量计算规范》GB 50854—2013、《通用安装工程工程量计算规范》GB 50856—2013、《矿山工程工程量计算规范》GB 50859—2013、《园林绿化工程工程量计算规范》GB 50858—2013 等，不包含土地整理工程工程量计算规范。因此本题答案应为 A、C、D、E。

3.【答案】B、C、D、E

《建设工程工程量清单计价规范》GB 50500—2013 中，编制招标控制价的依据包括：

（1）现行国家标准《建设工程工程量清单计价规范》GB 50500—2013 与专业工程计算规范。

（2）国家或省级、行业建设主管部门颁发的计价定额和计价办法。

（3）建设工程设计文件及相关资料。

（4）拟定的招标文件及招标工程量清单。

（5）与建设项目相关的标准、规范、技术资料。

（6）施工现场情况、工程特点及常规施工方案。

（7）工程造价管理机构发布的工程造价信息；工程造价信息没有发布的，参照市场价。

（8）其他的相关资料。

企业定额不是编制招标控制价的依据。因此本题答案应为 B、C、D、E。

4.【答案】A、D、E

暂列金额是指发包人在工程量清单中暂定并包括在工程合同价款中的一笔款项。用于施工合同签订时尚未确定或者不可预见的所需材料、工程设备、服务的采购，施工中可能发生的工程变更、合同约定调整因素出现时的工程价款调整以及发生的索赔、现场签证确认等的费用。施工图纸以外的零星项目所需的费用、隐蔽工程二次检验的费用不属于暂列金额。因此本题答案应为 A、D、E。

5.【答案】A、C、D、E

不可抗力导致的损害及费用增加，由合同当事人按以下原则承担：永久工程、已运至施工现场的材料和工程设备的损坏，以及因工程损坏造成的第三方人员伤亡和财产损失由发包人承担；承包人施工设备的损坏由承包人承担；发包人和承包人承担各自人员伤亡和财产的损失；承包人在停工期间按照发包人要求照管、清理和修复工程的费用由发包人承担。因此本题答案应为 A、C、D、E。

14.3　矿业工程成本管控

复习要点

矿业工程成本管控的主要内容是矿业施工企业成本控制职责，施工成本控制方法，永久设施的利用与费用管理，矿业工程价款结算的内容，矿业工程合同价款调整的事项和程序，合同价款调整费用计算的有关规定等。

1．矿业工程成本控制

熟悉矿业施工企业成本控制职责；掌握矿业工程施工成本控制方法，矿业工程施工成本控制的方法主要有：成本分析表法、工期－成本同步分析法、挣值法（赢得值法）、价值工程法、实施办法等内容。

2．矿业工程价款结算

熟悉矿业工程价款结算的内容，包括预付工程款的数额及抵扣，安全文明施工措施费的支付，工程计量与支付工程进度款的方式，工程价款的调整，施工索赔与现场签证，工程竣工价款结算编制与支付，工程质量保证金的预留等；掌握矿业工程合同价款调整的事项和程序；掌握合同价款调整费用计算的有关规定内容。

一　单项选择题

1．矿业工程项目实施性施工成本计划的编制依据是（　　）。

    A．施工定额　　　　　　　　　　B．预算定额

    C．概算定额　　　　　　　　　　D．投资估算指标

2．成本控制的原则是（　　）。

    A．少花钱　　　　　　　　　　　B．多挣钱

    C．权与利相结合　　　　　　　　D．职能控制

3．建井期间较早建成的水塔或蓄水池等构筑物，为了减少建设成本的重复投入，应尽量使其成为（　　）。

    A．可利用永久构筑物　　　　　　B．必须拆除的建筑物

    C．后期不可利用建筑物　　　　　D．临时性构筑物

4．工程项目成本控制的一项重要手段是（　　）。

    A．银行控制　　　　　　　　　　B．定额管理

    C．奖罚政策　　　　　　　　　　D．限制流动资金

5．招标人应根据相关工程的工期定额合理计算工程，压缩的工期天数不得超过定额工期的（　　），超过者，应在招标文件中明示增加赶工费用。

    A．10%　　　　　　　　　　　　B．15%

    C．20%　　　　　　　　　　　　D．25%

6．根据《建设工程工程量清单计价规范》GB 50500—2013，工程变更引起施工方案改变并使措施项目发生变化时，承包人提出调整措施项目费用的，应事先将（　　）提交发包人确认。

A．拟实施的施工方案　　　　B．索赔意向通知

C．拟申请增加的费用明细　　D．工程变更的内容

7. 合同工程实施期间，如果出现设计图纸（含设计变更）与招标工程量清单任一项目的特征描述不符，且由此导致工程造价增减变化的，应按（　　）重新确定相应工程量清单项目的综合单价，调整合同价款。

A．实际施工的项目特征　　　B．设计图纸的项目特征

C．招标工程量清单　　　　　D．暂估价

8. 根据《建设工程工程量清单计价规范》GB 50500—2013，编制工程量清单时，计日工表中的人工应按（　　）列项。

A．工种　　　　　　　　　　B．职称

C．职务　　　　　　　　　　D．技术等级

二　多项选择题

1. 常用的成本控制方法中，同时考虑成本与进度综合影响的方法是（　　）。

A．成本分析表法　　　　　　B．工期－成本同步分析法

C．挣值法　　　　　　　　　D．价值工程法

E．工期分析法

2. 矿业工程施工中成本管理的基础工作内容是（　　）。

A．预算管理　　　　　　　　B．定额管理

C．计量工作　　　　　　　　D．原始记录

E．计划明确、赏罚分明

3. 施工合同履行过程中，导致工程量清单缺项并应调整合同价款的原因有（　　）。

A．设计变更　　　　　　　　B．施工条件改变

C．承包人投标漏项　　　　　D．工程量清单编制错误

E．施工技术进步

4. 根据《建设工程工程量清单计价规范》GB 50500—2013，工程变更引起施工方案改变并使措施方案发生变化时，关于措施项目费调整的说法，正确的有（　　）。

A．安全文明施工费按实际发生的措施项目，考虑承包人报价浮动因素进行调整

B．安全文明施工费按实际发生变化的措施项目调整，不得浮动

C．单价措施费，按实际发生变化的措施项目和已标价工程量清单项目确定单价

D．总价措施项目费不能进行调整

E．总价措施项目费，按实际发生变化的措施项目，不考虑承包人报价浮动因素进行调整

5. 根据《建设工程工程量清单计价规范》GB 50500—2013，关于单价合同工程计量的说法，正确的有（　　）。

A．承包人认为发包人核实后的计量结果有误，应及时口头告知发包人

　　B．发包人在现场计量前 24h 通知承包人，承包人未派人参加，计量结果有效

　　C．工程量按承包人在履行合同义务过程中实际完成应予计量的工程量确定

　　D．对于承包人原因造成超出施工图纸范围施工的工程量，不予计量

　　E．对工程变更引起工程量的增减变化，应据实调整，正确计量

【答案与解析】

一、单项选择题

1．A；　　2．D；　　3．A；　　4．B；　　5．C；　　6．A；　　7．A；　　8．A

【解析】

1．【答案】A

　　竞争性成本计划是施工项目投标及签订合同阶段的估算成本计划，以招标文件为依据。指导性成本计划是选派项目经理阶段的预算成本计划，以合同价为依据。实施性成本计划是项目施工准备阶段的施工预算成本计划，以项目实施方案为依据，以落实项目经理的责任目标为出发点。实施性施工成本计划的编制依据是施工定额。故答案应为 A。

2．【答案】D

　　矿业工程施工中的成本控制原则是：开源和节流相结合的原则，责、权、利相结合的原则，职能控制的原则。所以本题的答案为 D。

3．【答案】A

　　矿山项目施工中会用到与采矿生产类似的设备、设施和建构筑物，项目的已竣工工程也会有一些施工可用的内容，利用这些设施，既给矿山项目施工提供便利，也使这些设施提早发挥了效益和作用，因此，利用这些设施服务于项目建设，既可减少建设成本的重复投入，同时也赢得施工准备的时间，是建设单位与施工单位双方获利的工作。为了明确建设和承包施工方在利用永久建筑物、永久设备所连带的经济利益关系，矿业工程概算指标要求"凿井措施工程费指标"项目的编制，应考虑利用部分永久工程的情况。所以本题的答案为 A。

4．【答案】B

　　定额是建设过程中完成单位产品的消耗标准，反映了一定范围内的生产技术水平。企业通过制定合理的定额标准，既可以反映企业的生产水平，也是对企业提出的一种合理成本费用要求，并且通过定额比较可以确定施工单位在某项施工中的生产水平变化，这些都是控制成本的重要手段。选项 A、C、D 与施工单位的成本控制无关，或者只是局部、临时的影响，故本题答案应为 B。

5．【答案】C

　　《建设工程工程量清单计价规范》GB 50500—2013 规定，招标人应依据相关工程的工期定额合理计算工期，压缩的工期天数不得超过定额工期的 20%，超过者应在招标文件中明示增加赶工费。所以本题的答案为 C。

6．【答案】A

　　工程变更引起施工方案改变并使措施项目发生变化时，承包人提出调整措施项目

费的，应事先将拟实施的方案提交发包人确认，并应详细说明与原方案措施项目相比的变化情况。所以本题的答案为A。

7.【答案】A

合同工程实施期间，如果出现设计图纸（含设计变更）与招标工程量清单任一项目的特征描述不符，且由此导致工程造价增减变化的，应按实际施工的项目特征重新确定相应工程量清单项目的综合单价，调整合同价款。所以本题的答案为A。

8.【答案】A

编制工程量清单时，计日工表中的人工应按工种列项，材料和机械应按规格、型号详细列项。所以本题的答案为A。

二、多项选择题

1. B、C；　　　　　2. A、B、C、D；　　　　3. A、B、D；　　　　4. B、C；

5. B、C、D、E

【解析】

1.【答案】B、C

常用的成本控制方法是选项A、B、C、D，选项E不是用于成本控制。而其中"工期－成本同步分析法"（B）是成本与进度对应的分析一种方法，"挣值法"（C）是通过比较进度成本与计划成本来分析、控制成本的方法，所以它们是直接与进度相关的成本控制方法。故答案应为B、C。

2.【答案】A、B、C、D

进行成本管理，必须有明确的依据，这些依据的确定就是成本管理的基础工作，包括预算的要求、定额的控制、对实施情况的计量和真实情况的原始记录。计划明确和赏罚措施只是管理的一种方法，和基础工作不同。故答案应为A、B、C、D。

3.【答案】A、B、D

导致工程量清单缺项的原因主要有：设计变更、施工条件改变、工程量清单编制错误。承包人投标漏项属于承包人的责任，不能改变合同；施工技术进步不是导致工程量清单缺项的原因。故答案应为A、B、D。

4.【答案】B、C

工程变更引起施工方案改变并使措施方案发生变化时，安全文明施工费应按照实际发生变化的措施项目调整，不得浮动；采用单价计算的措施项目费，应按照实际发生变化的措施项目，按照前述已标价工程量清单项目的规定确定单价；按总价（或系数）计算的措施项目费，按照实际发生变化的措施项目调整，但应考虑承包人报价浮动因素。故答案应为B、C。

5.【答案】B、C、D、E

承包人认为发包人核实后的计量结果有误，应书面告知发包人，故A错误；发包人在现场计量前24h通知承包人，承包人未派人参加，计量结果有效；工程量按承包人在履行合同义务过程中实际完成、应预计量的工程量确定；对于承包人原因造成超出施工图纸范围施工的工程量，不予计量。工程变更引起工程量变化，则应据实计量。故答案应为B、C、D、E。

实务操作和案例分析题

案例 14-1

背景资料：

某施工单位承担一个矿山工程项目，采用工程量清单计价模式，当年 1 月开工，合同工期 10 个月，安全文明施工费为 35 万元。建设单位按照合同约定支付了工程预付款，但合同中未约定安全文明施工费预支付比例，双方协商按照国家相关部门规定的预支付比例进行支付。井下有 A、B、C、D 四条巷道掘进工作面同时掘进，四条巷道长度分别为 400m、460m、800m、700m。整个项目经理部每月固定成本为 20 万元，施工队每施工 1m 巷道的可变成本为 0.2 万元，每米巷道的全费用单价是 0.3 万元。甲、乙、丙、丁 4 个施工队的最高月施工进尺分别为 85m、80m、70m、65m。

问题：

1. 假设四条巷道施工各自独立，每月至少应该完成多少巷道进尺才能保证不亏损？

2. 如何安排 4 个施工队伍才能在满足合同工期的情况下获得最大效益？

3. 如果巷道 C 具备对头掘进的条件，则该项目的最大经济效益是多少？

4. 计算建设单位预支付的安全文明施工费最低是多少万元，并说明理由。安全文明施工费包括哪些费用？

案例 14-2

背景资料：

某施工单位承包一个煤矿立井工程。施工单位提出井筒开工前应完成井筒地质检查钻探工作。建设单位虽然同意，但是不愿承担此部分费用，认为是施工单位为保证自身施工条件所增加的内容。

工作面预注浆施工，建设单位要求先打钻埋设连接套管（长 8.0～10.0m），然后再浇筑止浆垫（厚 2.5m）。而施工单位所编制的措施是采取埋设注浆管（长 4.5m）、浇筑止浆垫的方法施工。施工中，施工单位采取了自己的方案，在打钻出水后进行注浆时，发现工作面漏浆严重，于是只得对钻孔下止浆塞封水、拆除止浆垫，打钻注浆所花时间为 12d，费用为 20 万元。

工程施工中，当地发生 6.0 级地震，造成在建工程经济损失 52 万元，施工单位的施工机械设备损坏 45 万元，建设单位采购的待安装设备损毁损失 33 万元，现场清理及恢复施工条件花费 18 万元，施工人员窝工及设备闲置费用 20 万元。

问题：

1. 建设单位关于井筒地质检查钻探费用的看法是否正确？应如何处理？

2. 工作面预注浆施工的费用和工期应怎样考虑？

3. 针对地震灾害，建设单位和施工单位各应承担哪些损失？

案例 14-3

背景资料：

某矿业工程合同额为 1000 万元，预付款为合同额的 30%，主要材料所占合同额比重为 60%，预付款扣款的方法是以未施工工程尚需的主要材料的价值相当于预付款数额时起扣，从每次中间结算工程价款中，按材料比重抵扣工程价款。保留金为工程结算总造价的 3%，竣工月一次扣留。按相关文件规定，该工程生产要素价格增加 120 万元，在竣工结算时一次性调整。各月实际完成合同价值见表 14-1。

表 14-1　某矿业工程各月完成合同价值

月份	4	5	6	7（竣工）
工作量（万元）	220	260	280	240

问题：

1. 工程价款结算的方式有哪几种？

2. 该工程的工程预付款、起扣点分别为多少？

3. 该工程 4～6 月每月拨付工程款为多少？

4. 7 月份办理工程竣工结算，该工程结算总造价为多少？甲方应付工程结算款为多少？

【答案与解析】

案例 14-1

1. 根据题意计算，$20 \div (0.3 - 0.2) = 200\text{m}$，确定不亏损的最少进尺应为 200m。

2. 要想获得最大的效益必须要安排最短的工期，因此，安排甲施工队施工 C 巷道，月进尺 85m，工期 9.4 个月；乙施工队施工 D 巷道，工期 8.75 个月；丙施工队施工巷道 B，工期 6.6 个月；丁施工队施工巷道 A，工期 6.2 个月。

最大效益是 $(0.3 - 0.2) \times (400 + 460 + 800 + 700) - 9.4 \times 20 = 48$ 万元。

3. 若巷道 C 具备对头掘进的条件，则整个项目的工期由巷道 D 决定，应安排甲施工队来施工巷道 D，整个项目的施工工期为 $700 \div 85 = 8.235$ 个月。其他三个施工队安排施工另外三条巷道，只要保证在 8.235 个月之内完成就可以了。

最大效益成为 $(0.3 - 0.2) \times (400 + 460 + 800 + 700) - 8.235 \times 20 = 71.3$ 万元。

4. 建设单位支付的安全文明施工费 $= 35 \times 60\% = 21$ 万元。理由：根据相关规定，发包人应该在工程开工后的 28d 之内预付不低于当年施工进度计划的安全文明施工费总额的 60%，其余部分按照提前安排的原则，与进度款同期支付。安全文明施工费包括：安全施工费、文明施工费、环境保护费、临时设施费。

案例 14-2

1. 建设单位关于井筒地质检查钻探的费用的看法不正确。按规定，井筒地质检查钻探费用是列入矿业工程项目的其他费用的内容，费用应由建设单位承担。

2. 注浆费用 20 万元由施工单位自己承担，打钻注浆工期 12d 由施工单位承担，因为这是施工单位自身措施方案不力所造成的。

3. 地震灾害为不可抗力，各自的损失各自承担。建设单位承担损失为：在建工程经济损失 52 万元＋待安装设备损毁损失 33 万元＋现场清理及恢复施工条件花费 18 万元＝ 103 万元；施工单位承担损失为：施工机械设备损坏 45 万元＋施工人员窝工及设备闲置费用 20 万元＝ 65 万元。

案例 14-3

1. 工程价款结算的方式主要有：按月结算、分段结算（以单项或单位工程为对象，按施工形象进度将其划分为不同施工阶段，按阶段进行工程价款结算）、竣工后一次结算、目标结算方式和双方在合同中约定的其他方式。

2. 预付款为：$1000 \times 0.3 = 300$ 万元，起扣点为：$1000 - 300/0.6 = 500$ 万元

3. 4 月完成合同价值 220 万元，结算款 220 万元。

5 月完成合同价值 260 万元，结算款 260 万元。

6 月累计完成合同价值 $220 + 260 + 280 = 760$ 万元，超过了预付备料款的起扣点。6 月份应扣回的预付备料款为：$(760 - 500) \times 60\% = 156$ 万元。6 月份应付工程款为：$280 - 156 = 124$ 万元。

4. 7 月份，工程结算总造价 $= 1000 + 120 = 1120$ 万元，应扣回预付备料款：$240 \times 60\% = 144$ 万元；应扣质量保证金 $= 1120 \times 0.03 = 33.6$ 万元。7 月份甲方应付结算工程款 $= 280 + 120 - 144 - 33.6 = 222.4$ 万元。

第 15 章　施工安全管理

15.1　矿业工程安全管理体系

复习要点

矿业工程安全管理体系主要包括安全管理系统、生产安全事故的管理以及企业安全管理。重点是安全管理制度建设及事故等级划分、调查处理，安全检查、安全培训。

1. 矿业工程安全管理体系

安全生产管理体系的基本内容、制度建设落实，安全监管的要求。重点掌握安全方针、安全管理原则、监管范围。

2. 矿业工程安全生产事故管理

生产安全事故的等级划分原则与依据，事故发生后的应急处置程序，事故报告及调查处理方法，事故应急救援及应急救援预案的相关规定。重点掌握事故等级划分依据、报告要求、处置措施、调查处理相关规定。矿业工程伤亡事故调查及处理程序是抢救伤员和现场保护、组织调查组、进行现场勘察、分析事故原因、确定事故性质、编制事故调查报告。

3. 企业安全管理工作内容

矿山施工企业安全投入有关规定，矿山企业安全管理制度建立范围及其落实，安全培训要求，施工现场安全管理工作，矿山企业安全生产标准化要求，工程施工的安全检查工作等。本节重点掌握矿山施工企业安全投入资金的提取使用有关规定；安全检查的方法；安全培训内容与时间要求。

一　单项选择题

1. 特种作业人员按规定经专门安全作业培训后取得（　　），方可上岗作业。
   A. 特种作业操作资格证　　　　B. 安全资格证
   C. 培训合格证　　　　　　　　D. 健康合格

2. 矿山工程中，造成 12 重伤，无死亡人员事故认定为（　　）。
   A. 一般事故　　　　　　　　　B. 较大事故
   C. 重大事故　　　　　　　　　D. 特别重大事故

3. 应急管理部门和矿山安全监管部门接到事故报告后应逐级上报事故情况，逐级上报的时间不得超过（　　）h。
   A. 1　　　　　　　　　　　　B. 2
   C. 8　　　　　　　　　　　　D. 24

4. 在工程安全生产管理体系中，安全生产管理的责任主体和核心是（　　）。
   A. 应急管理部　　　　　　　　B. 企业上级主管部门

  C. 政府行政主管部门   D. 生产经营单位

5. 事故发生之日起 30 日内，事故造成的伤亡人数发生变化的，（ ）核定事故等级。

  A. 应按照变化前核定的数据

  B. 如救援不足 30 日的按原等级

  C. 如救援超过 30 日的按变化的数据

  D. 应按照变化后的伤亡人数重新

6. 事故调查报告的内容不包括（ ）。

  A. 事故发生单位的事故应急预案的评审情况

  B. 事故发生单位概况

  C. 事故发生原因及事故性质

  D. 事故责任认定及对责任者的处理建议

7. 事故发生单位及其有关人员有谎报或者瞒报事故行为的，对事故发生单位及主要负责人、直接负责的主管人员和其他直接责任人员如构成犯罪的，将（ ）。

  A. 处以罚款   B. 依法追究刑事责任

  C. 依法给予处分   D. 依法给予治安管理处罚

8. 关于企业从业人员安全培训的做法，不正确的是（ ）。

  A. 对企业主要负责人的考核内容是其安全管理能力和安全生产知识

  B. 特种作业人员应和其他从业人员进行相同的培训

  C. 企业应对从业人员进行安全教育和培训

  D. 生产经营单位应督促从业人员严格执行安全生产规章制度、操作规程

9. 根据《金属非金属矿山安全标准化规范》AQ/T 2050—2016，标准化等级分为（ ）。

  A. 二级   B. 三级

  C. 四级   D. 五级

10. 国家矿山安全监察局省级局在接到事故报告后应在矿山安全生产综合信息系统事故调查子系统中填报事故信息，并应当在（ ）h 内完成。

  A. 2   B. 12

  C. 24   D. 48

11. 矿山企业生产经营单位主要负责人初次安全培训时间不少于（ ）学时。

  A. 72   B. 48

  C. 32   D. 24

12. 矿山工程施工企业安全生产费用计提标准是建筑安装工程造价的（ ）。

  A. 1.5%   B. 2.5%

  C. 3.5%   D. 4.5%

（二）多项选择题

1. 事故调查处理的"四不放过"原则内容包括（ ）。

  A. 事故原因没查清不放过 B. 责任人员没处理不放过

C. 整改措施没落实不放过　　　　　D. 事故发生单位未受到处罚不放过

E. 有关人员没受到教育不放过

2. 事故应急救援的基本任务包括（　　　）。

A. 立即组织营救遇险人员

B. 迅速控制危险源，尽可能缩小灾害影响

C. 做好现场清理，消除危害后果

D. 成立事故调查组

E. 查清事故原因、评估危害程度

3. 金属非金属矿山建立的安全生产应急体系，应重点关注（　　　）等重大风险内容。

A. 透水　　　　　　　　　　　　B. 地压灾害

C. 尾矿库溃坝　　　　　　　　　D. 瓦斯突出灾害

E. 中毒和窒息

4. 根据矿山安全标准化要求，企业建立的安全生产方针和目标应做到（　　　）。

A. 遵循"安全第一，预防为主，综合治理"的方针

B. 遵循"以人为本、风险控制、持续改进"的原则

C. 目标应具体，有的内容虽不能测量，但应确保能实现

D. 体现安全生产现状，并保持目标的长期稳定性

E. 为实现安全方针和目标建立有效的支持保障机制

5. 建设工程施工企业安全费用支出使用范围包括（　　　）。

A. 配备、维护、保养应急救援器材与装备

B. 应急演练费用支出

C. 安全教育培训费用支出

D. 扩建建设项目的安全评价支出

E. 特种设备检测检验支出

6. 对事故隐患排查中排查到的隐患要做到"四定"，具体是指（　　　）。

A. 定整改负责人　　　　　　　　B. 定整改措施

C. 定整改完成时间　　　　　　　D. 定整改验收人

E. 定整改完成质量

7. 生产经营单位应急救援预案体系主要由（　　　）组成。

A. 综合应急预案　　　　　　　　B. 专项应急预案

C. 特种应急预案　　　　　　　　D. 现场处置方案

E. 常规应急预案

8. 施工准备阶段必须要进行的安全管理工作有（　　　）。

A. 开工前的安全培训和技术交底工作

B. 召开安全工作大会，宣讲安全工作目标

C. 根据施工内容，确定施工安全防护方案

D. 完成施工机械、设备的安全检查并坚持维修保养制度

E. 掌握天气、环境、地质条件等方面，做好预防和应急准备工作

【答案与解析】

一、单项选择题

1. A；　2. B；　3. B；　4. D；　5. D；　6. A；　7. B；　8. B；
9. B；　10. D；　11. B；　12. C

【解析】

1.【答案】A

特种作业，是指容易发生事故，对操作者本人、他人的安全健康及设备、设施的安全可能造成重大危害的作业。特种作业人员，是指直接从事特种作业的从业人员。《特种作业人员安全技术培训考核管理规定》要求：特种作业人员必须经专门的安全技术培训并考核合格，取得《中华人民共和国特种作业操作证》后，方可上岗作业。因此，答案为 A。

2.【答案】B

根据《生产安全事故报告和调查处理条例》《矿山生产安全事故报告和调查处理办法》规定，生产安全事故分为特别重大事故、重大事故、较大事故和一般事故 4 级。

特别重大事故，是指造成 30 人以上死亡，或者 100 人以上重伤，或者 1 亿元以上直接经济损失的事故。

重大事故，是指造成 10 人以上 30 人以下死亡，或者 50 人以上 100 人以下重伤，或者 5000 万元以上 1 亿元以下直接经济损失的事故。

较大事故，是指造成 3 人以上 10 人以下死亡，或者 10 人以上 50 人以下重伤，或者 1000 万元以上 5000 万元以下直接经济损失的事故。

一般事故，是指造成 3 人以下死亡，或者 10 人以下重伤，或者 1000 万元以下直接经济损失的事故。

3.【答案】B

发生事故后，事故现场有关人员应当立即报告本单位负责人；负责人接到报告后，应当于 1h 内报告事故发生地县级以上人民政府应急管理部门和矿山安全监管部门。应急管理部门和矿山安全监管部门应逐级上报事故情况，每级上报的时间不得超过 2h。所以正确的答案是 B。

4.【答案】D

《中华人民共和国安全生产法》规定：安全生产工作应当以人为本，坚持人民至上、生命至上，把保护人民生命安全摆在首位，树牢安全发展理念，坚持安全第一、预防为主、综合治理的方针，从源头上防范化解重大安全风险。安全生产工作实行管行业必须管安全、管业务必须管安全、管生产经营必须管安全，强化和落实生产经营单位主体责任与政府监管责任，建立生产经营单位负责、职工参与、政府监管、行业自律和社会监督的机制。因此答案为 D。

5.【答案】D

事故发生之日起 30 日内，事故造成的伤亡人数发生变化的，应当按照变化后的伤亡人数重新确定事故等级。事故抢险救援时间超过 30 日的，应当在抢险救援结束后重新核定事故伤亡人数或者直接经济损失。重新核定的事故伤亡人数或者直接经济损失与原报告不一致的，按照重新核定的事故伤亡人数或者直接经济损失确定事故等级。

6.【答案】A

《生产安全事故报告和调查处理条例》规定，调查报告的主要内容有：事故发生单位概况；事故发生经过、事故救援情况和事故类别；事故造成的人员伤亡和直接经济损失；事故发生的原因和事故性质；事故责任的认定以及对事故责任者的处理建议；事故防范和整改措施等。不包括事故发生单位的事故应急预案的评审情况，其是日常安全生产监督检查内容。

7.【答案】B

事故发生单位及其有关人员有下列行为之一的，对事故发生单位及主要负责人、直接负责的主管人员和其他直接责任人员处以罚款；属于国家工作人员的，并依法给予处分；构成违反治安管理行为的，由公安机关依法给予治安管理处罚；构成犯罪的，依法追究刑事责任；谎报或者瞒报事故的；伪造或者故意破坏事故现场的；转移、隐匿资金、财产，或者销毁有关证据、资料的；拒绝接受调查或者拒绝提供有关情况和资料的；在事故调查中作伪证或者指使他人作伪证以及事故发生后逃匿的。

8.【答案】B

企业主要负责人除应有安全生产管理能力外，同样应有安全生产知识，这样才能自觉遵守安全规章制度，具有识别安全风险的能力等必要的领导素质（A）；企业对特种专业人员应进行专门的安全作业培训并取得特种作业人员操作证方可上岗操作，因此选项B错误；企业员工在接受安全生产教育和培训后，应有能力自觉遵守安全生产制度和相应的规章制度，同时也接受企业的安全生产监督（D）。如实告知员工作业场所的危险性是企业的责任和义务，并使相关人员熟悉相应的防范措施（C）。故应选B。

9.【答案】B

《金属非金属矿山安全标准化规范》AQ/T 2050—2016标准化等级分为3级，一级最高。评分等级同时满足标准化的两个指标要求。所以正确选项是B。

10.【答案】D

《矿山生产安全事故报告和调查处理办法》要求，国家矿山安全监察局省级局和省级矿山安全监管部门接到事故报告后，应当于2h内报告国家矿山安全监察局值班室，国家矿山安全监察局省级局应当于48h内在矿山安全生产综合信息系统事故调查子系统中填报事故信息。接到较大及以上等级事故报告后，国家矿山安全监察局省级局负责人应当立即电话报告国家矿山安全监察局领导。

11.【答案】B

《安全生产培训管理办法》和《生产经营单位安全培训规定》要求煤矿、非煤矿山、金属冶炼等生产经营单位主要负责人和安全生产管理人员初次安全培训时间不得少于48学时，每年再培训时间不得少于16学时。因此本题答案为B。

12.【答案】C

《企业安全生产费用提取和使用管理办法》规定了安全费用的提取标准及安全费用的使用、监督管理。安全生产费用的提取标准，建设工程施工企业以建筑安装工程造价为依据，于月末按工程进度计算提取企业安全生产费用。提取标准为矿山工程按建筑安装工程造价的 3.5%。因此本题答案为 C。

二、多项选择题

1. A、B、C、E;　　　2. A、B、C、E;　　　3. A、B、C、E;　　　4. A、B、E;

5. A、B、C、E;　　　6. A、B、C、D;　　　7. A、B、D;　　　8. A、C、D、E

【解析】

1.【答案】A、B、C、E

企业发生生产安全事故后，事发地人民政府组织事故调查组对事故发生原因、性质进行调查，查清原因、分清责任，引以为戒，避免同类事故发生。事故调查中事故调查组应当坚持实事求是、依法依规、注重实效的三项基本要求和"四不放过"（即事故原因没查清不放过、责任人员没处理不放过、整改措施没落实不放过、有关人员没受到教育不放过）的原则，做到诚信公正、恪尽职守、廉洁自律，遵守事故调查组的纪律，保守事故调查的秘密，不得包庇、祖护负有事故责任的人员或者借机打击报复。"四不放过"原则中并没有提到对事故发生单位的处罚（选项 D），其是相关法律的规定。因此本题正确选项为 A、B、C、E。

2.【答案】A、B、C、E

应急救援机构组织救援主要任务包括：（1）立即组织营救受害人员，组织撤离或者采取其他措施保护危害区域内的其他人员，抢救遇险人员是应急救援的首要的任务；（2）迅速控制危险源，尽可能地消除灾害；（3）做好现场清理，消除危害后果；（4）查清事故原因，评估危害程度。事故调查组是事故救援结束后由政府组建的，所以救援任务中不包括组建事故调查组。

3.【答案】A、B、C、E

企业应识别可能发生的事故与紧急情况，确保应急救援的针对性、有效性和科学性。建立应急体系，编制应急预案。金属非金属矿山应急体系应重点关注矿山存在的透水、地压灾害、尾矿库溃坝、火灾、中毒和窒息等生产重大风险。瓦斯突出煤层是煤矿存在的重大风险，所以选项 D 不正确。

4.【答案】A、B、E

根据矿山安全标准化要求，制定和建立企业安全生产方针和目标应满足以下几方面要求：

（1）企业应根据"安全第一，预防为主，综合治理"的方针，遵循"以人为本、风险控制、持续改进"的原则，制定企业安全生产方针和目标。

（2）企业为实现安全方针和目标提供所需的资源和能力，建立有效的支持保障机制。

（3）安全生产方针的内容，应包括有遵守法律法规以及事故预防、持续改进安全生产绩效的承诺，体现企业生产特点和安全生产现状，并随企业情况变化及时更新。

（4）安全生产的目的，应基于安全生产方针、现场评估的结果和其他内外部要求；应适合企业安全生产的特点和不同职能、层次的具体要求。目标应具体，可测量，并确保能实现。

可见，企业安全生产的目标应考虑满足可测量的要求，应有持续改进安全生产绩效的承诺，体现企业生产特点和安全生产现状，并符合随企业情况变化而及时更新的要求。

5.【答案】A、B、C、E

依据《中华人民共和国安全生产法》等有关法律法规，发布了《企业安全生产费用提取和使用管理办法》（财资〔2022〕136号）（以下简称《办法》）。该《办法》详细规定了安全费用的提取标准及安全费用的使用、监督管理。建设工程施工企业安全费用应当按照以下范围使用：

（1）完善、改造和维护安全防护设施设备支出（不含"三同时"要求初期投入的安全设施），包括施工现场临时用电系统、洞口或临边防护、高处作业或交叉作业防护、临时安全防护、支护及防治边坡滑坡、工程有害气体监测和通风、保障安全的机械设备、防火、防爆、防触电、防尘、防毒、防雷、防台风、防地质灾害等设施设备支出；

（2）应急救援技术装备、设施配置及维护保养支出，事故逃生和紧急避难设施设备的配置和应急救援队伍建设、应急预案制修订与应急演练支出；

（3）开展施工现场重大危险源检测、评估、监控支出，安全风险分级管控和事故隐患排查整改支出，工程项目安全生产信息化建设、运维和网络安全支出；

（4）安全生产检查、评估评价（不含新建、改建、扩建项目安全评价）、咨询和标准化建设支出；

（5）配备和更新现场作业人员安全防护用品支出；

（6）安全生产宣传、教育、培训和从业人员发现并报告事故隐患的奖励支出；

（7）安全生产适用的新技术、新标准、新工艺、新装备的推广应用支出；

（8）安全设施及特种设备检测检验、检定校准支出；

（9）安全生产责任保险支出；

（10）与安全生产直接相关的其他支出。

《办法》明确不包括新建、改建、扩建项目安全评价费用，选项D不在支出的使用范围。所以正确选项应为A、B、C、E。

6.【答案】A、B、C、D

事故隐患如果整改不及时、不彻底，有可能引发事故发生。2020年11月应急管理部发布了《煤矿重大事故隐患判定标准》，为建设单位、施工单位、生产单位建立健全重大隐患排查制度，开展重大隐患排查治理确定了标准。施工单位应定期、定时对项目存在的隐患、重大隐患进行排查，通过排查发现隐患。对发现的隐患、重大隐患要定整改责任人、定整改措施、定整改完成时间、定整改验收人，整改结束要有专人验收整改结果。从上可看出针对隐患整改的"四定"内容并未包含确定整改完成质量，整改质量隐含在了验收责任人的工作内容中。所以，本题正确选项是A、B、C、D。

7.【答案】A、B、D

《生产安全事故应急预案管理办法》《生产经营单位生产安全事故应急预案编制导则》GB/T 29639—2020等相关文件对应急救援预案提出了要求：生产经营单位的应急预案体系主要由综合应急预案、专项应急预案和现场处置方案构成。选项C、E中的这两种预案的提法在日常的预案管理与编制中是没有的，属于非规范说法。因此正确选项为A、B、D。

8.【答案】A、C、D、E

施工准备阶段重要的安全工作包括安全工作交底、技术措施及相应的防护准备工作、机械设备安全检查与维护、掌握现场与施工环境影响安全的因素及预防、做好环境的安全卫生工作等。这些安全工作内容事关重大，通常是必须要进行的，进行的形式可以是多样的，安全大会是一种工作形式，也可以采用其他形式。

15.2　矿业工程施工安全管理

复习要点

矿业工程施工安全管理主要内容包括矿山地面建筑、基坑施工安全管理要求，爆破工程安全管理要求，井巷掘进、支护、提升运输、通风、防尘管理要求。

1．矿区工业建筑施工安全管理

矿区工业建筑与基础工程施工安全管理要求。高处作业、起重与吊装作业、基坑施工作业等要求。

2．爆破工程施工安全管理

本节主要了解矿上爆炸物品在矿山的存储、运输管理要求，露天、井下爆破作业条件的规定。

3．井巷工程施工安全管理

关于矿业工程安全规程的相关条款，重点注意巷道断面尺寸要求，巷道掘进、支护的一般要求，运输安全要求，立井提升工作要求，吊桶提升工作要求，斜井、斜巷提升要求，井巷通风与防尘要求等。

一　单项选择题

1．以下高地作业的安全措施，正确的是（　　　）。
   A．开挖深度 1m 以上基坑作业应设围栏
   B．车辆行驶道旁的洞口应设有混凝土盖板
   C．悬空作业必须按照规定使用安全保险绳
   D．模板支撑、拆除时在同一垂直面上可以上下同时作业

2．下列基坑土方开挖时的安全措施，错误的是（　　　）。
   A．土方开挖时，应防止附近已有建筑物发生下沉和变形
   B．基坑周边的堆载不得超过设计荷载的限制条件
   C．土方开挖完成后应立即封闭
   D．开挖基坑时应一次挖全深

3．井下爆炸物品库的最大储存量，不得超过该矿井（　　　）d 的炸药需要量。
   A．2　　　　　　　　　　　　　B．3
   C．5　　　　　　　　　　　　　D．10

4．关于爆破器材的装运规定的说法，错误的是（　　　）。
   A．炸药和其他货物可以混装
   B．电雷管和炸药必须分开运送

C. 装爆破器材的矿车车厢与机车之间，必须用空车分隔开

D. 采用封闭型的专用矿车运输时，运行速度不超过 2m/s

5. 爆破作业单位不再使用民用爆炸物品时，应当将剩余的民用爆炸物品登记造册，报所在地（　　　）公安机关组织监督销毁。

A. 乡镇 　　　　　　　　　　B. 县级

C. 地市级 　　　　　　　　　D. 省级

6. 关于倾斜巷道运送人员的安全要求，正确的是（　　　）。

A. 高差超过 100m 的倾斜巷道应采用机械运送人员

B. 倾斜井巷运送人员的人车应当有跟车人

C. 在新建的矿井倾斜巷道运送人员可以使用普通斜井人车

D. 多水平运输各水平发出的信号必须一致

7. 罐笼提升中，不符合安全要求的是（　　　）。

A. 立井中升降人员，应使用罐笼

B. 罐门或罐帘的高度应大于 1.2m

C. 用于升降人员的罐笼，其罐底必须满铺钢板

D. 立井中用罐笼升降人员，每人占有的有效面积不大于 $0.18m^2$

8. 关于矿井采用架空乘人装置运送人员的做法，正确的是（　　　）。

A. 吊椅中心至巷道一侧突出部分的间距不小于 0.8m

B. 乘坐间距不得小于 5m

C. 乘人站上下人平台处钢丝绳距巷道壁不小于 1m

D. 安全保护装置发生保护动作后，应有延时自动复位装置

9. 脚手架和脚手架作业中，做法不正确的是（　　　）。

A. 脚手架脚底应有石块垫平 　　　B. 脚手架间连接牢靠

C. 脚手架铺设材料表面不易发滑 　　D. 变更脚手架搭设尺寸应有验算

10. 下列关于井巷工程施工通风安全规定中，正确的是（　　　）。

A. 运输机巷，采区进、回风巷最低风速为 0.15m/s

B. 采掘工作面的进风流中，二氧化碳浓度不超过 1%

C. 掘进中的岩巷最低风速 0.15m/s

D. 采掘工作面的进风流中，氧气浓度不低于 10%

11. 井下爆炸物品雷管的储存量，不得超过该矿井（　　　）d 的需要量。

A. 1 　　　　　　　　　　　B. 3

C. 5 　　　　　　　　　　　D. 10

12. 下列关于矿山井下电缆固定的做法，符合安全规程要求的是（　　　）。

A. 井下电缆可以悬挂在水管上设的吊钩下

B. 电缆应悬挂牢靠，不允许有意外的脱落

C. 电缆悬挂应有适当的松弛

D. 大倾角巷道采用挂钩固定电缆

13. 下列关于土方开挖的说法，正确的是（　　　）。

A. 土方开挖时，应由建设单位负责进行沉降和位移观测

B. 基坑周边严禁堆载

C. 土方开挖过程中应及时进行支护

D. 一旦下雨，土方作业应立即停工

二　多项选择题

1. 关于起重与吊装工作的安全管理规定的相关说法，正确的有（　　）。

A. 非本工程施工人员严禁进入吊装施工现场

B. 施工指挥和操作人员均需佩戴标记

C. 作业区域设有警戒标志，必要时派人监护

D. 吊装过程中发生意外，各操作岗位应迅速撤离现场

E. 施工人员必须戴好安全帽

2. 下列关于平巷和斜井运输安全要求的说法，正确的有（　　）。

A. 机车司机必须按信号指令行车

B. 司机离开时应切断电源、扳紧车闸、关闭车灯

C. 采用平板车运送人员时应有围护拦挡

D. 人力推车时，1 次只准推 1 辆车

E. 用输送机运送人员时，输送带宽度不得小于 0.8m

3. 关于竖井、斜井中爆炸物品运输安全要求的说法，正确的有（　　）。

A. 应事先通知绞车司机和信号工、把钩工

B. 罐笼中同时运送炸药、雷管时，除爆破工外不得有其他人员

C. 用罐笼运输硝铵类炸药，装载高度不应超过罐笼高度的 2/3

D. 用罐笼运输雷管时，升降速度不应超过 2m/s

E. 用吊桶运输爆炸物品时，升降速度不应超过 1m/s

4. 造成井下爆破作业早爆的原因有（　　）。

A. 杂散电流　　　　　　　　　B. 静电感应

C. 射频电流　　　　　　　　　D. 雷电

E. 电雷管受到挤压冲击

5. 关于地面建筑工程施工的安全要求，正确的有（　　）。

A. 楼梯每个踏步上方的净空高度应不小于 2.2m

B. 长度超过 60m 的厂房，应设两个主要楼梯

C. 厂房内的一般设备维修护道宽度不应小于 1.0m

D. 通道的坡度不到 12° 时应设踏步，超过 12° 时应加设防滑条

E. 高度超过 0.6m 的平台，其周围应设栏杆

6. 煤矿井下石门揭煤采用远距离爆破时，应制定专项安全措施，内容应包括（　　）等。

A. 爆破地点　　　　　　　　　B. 避灾路线

C. 停电范围　　　　　　　　　D. 撤人和警戒范围

E. 停风范围

7. 有关架空乘人装置运行说法正确的有（   ）。

    A. 双向运送人员的钢丝绳间距不得小于 0.8m

    B. 乘人间距不应小于牵引钢丝绳 5s 的运行距离，且不大于 5m

    C. 架空乘人装置必须设置超速、越位、打滑、全程急停等安全保护装置

    D. 架空乘人装置与轨道提升同用一条巷道时必须设置电气闭锁，两种设备不得同时运行

    E. 每周对整个装置进行一次检查，每两年至少进行一次安全检测检验

8. 下列指标调整后，脚手架搭设方案需经过验算的有（   ）。

    A. 立杆步距   B. 纵距

    C. 横距   D. 连墙件间距

    E. 脚手板宽度

【答案与解析】

一、单项选择题

1. C；   2. D；   3. B；   4. A；   5. B；   6. B；   7. D；   8. C；

9. A；   10. C；   11. D；   12. C；   13. C

【解析】

1.【答案】C

基坑周边、尚未安装栏杆或栏板的阳台、各种垂直运输卸料平台与挑平台周边、雨棚或挑檐边、无外脚手架的屋面与楼层周边、水箱或水塔周边等处，井架与施工用电梯和脚手架等与建筑物通道两侧边，必须设置防护栏杆。地面通道上部应装设安全防护棚，各种垂直运输卸料平台除两侧设置防护栏杆外，平台口还应设置安全门或活动防护栏杆。车辆行驶道旁的洞口、深沟与管道坑槽所设盖板应有足够承载能力；模板支撑和拆模应按规定的程序进行，模板未固定不得进行下道工序；严禁在同一垂直面上同时装、拆模板；悬挑模板应有稳定的立足点；悬空作业处必须有牢靠的立足处；应视具体情况，设置防护栏网、栏杆等安全设施；悬空作业必须按规定使用安全保险绳。

2.【答案】D

土方开挖时，应防止附近已有建筑或构筑物、道路、管线等发生下沉和变形。必要时应与设计单位或建设单位协商采取措施，在施工中进行沉降和位移观测。基坑周边尽量避免堆载，堆载不得超过设计荷载的限制条件。对于危险性较大的土方工程需编制施工专项方案并在必要时进行专家论证。土方开挖过程中应及时进行支护，土方开挖完成后应立即封闭，防止水浸和暴露，及时施筑地下结构。基坑土方开挖应严格按设计进行，不得超挖。

3.【答案】B

井下爆炸物品库的最大储存量，不得超过该矿井 3d 的炸药需要量和 10d 的电雷管需要量。

4.【答案】A

爆破器材和其他货物不应混装；雷管等起爆器材，不应与炸药在同时同地进行装卸。

5.【答案】B

根据爆炸器材使用的管理规定，爆破作业单位不再使用民用爆炸物品时，应当将剩余的民用爆炸物品登记造册，报所在地县级人民政府公安机关组织监督销毁。

6.【答案】B

长度超过 1.5km 的主要运输平巷或者高差超过 50m 的人员上下的主要倾斜井巷，应当采用机械方式运送人员。新建、扩建矿井严禁采用普通轨斜井人车运输。生产矿井在用的普通轨斜井人车运输，必须设置可靠的制动装置。断绳时，制动装置既能自动发生作用，也能人工操纵。必须设置使跟车工在运行途中任何地点都能发送紧急停车信号的装置。多水平运输时，从各水平发出的信号必须有区别。应当有跟车工，跟车工必须坐在设有手动制动装置把手的位置。

7.【答案】D

立井中升降人员应当使用罐笼。在井筒内作业或者因其他原因，需要使用普通箕斗或者救急罐升降人员时，必须制定安全措施。升降人员或者升降人员和物料的单绳提升罐笼必须装设可靠的防坠器。罐笼和箕斗的最大提升荷载和最大提升荷载差应当在井口公布，严禁超载和超最大荷载差运行。专为升降人员和升降人员与物料的罐笼，必须符合下列要求：乘人层顶部应当设置可以打开的铁盖或者铁门，两侧装设扶手。罐底必须满铺钢板，如果需要设孔，必须设置牢固可靠的门；两侧用钢板挡严，并不得有孔。进出口必须装设罐门或者罐帘，高度不得小于 1.2m。罐笼内每人占有的有效面积应当不小于 0.18m^2。罐笼每层内 1 次能容纳的人数应当明确规定。

8.【答案】C

吊椅中心至巷道一侧突出部分的距离不得小于 0.7m，双向同时运送人员时钢丝绳间距不得小于 0.8m，固定抱索器的钢丝绳间距不得小于 1.0m。乘人吊椅距底板的高度不得小于 0.2m，在上下人站处不大于 0.5m。乘坐间距不应小于牵引钢丝绳 5s 的运行距离，且不得小于 6m；各乘人站设上下人平台，乘人平台处钢丝绳距巷道壁不小于 1m，架空乘人装置必须装设超速、打滑、全程急停、防脱绳、变坡点防掉绳、张紧力下降、越位等保护，安全保护装置发生保护动作后，需经人工复位，方可重新启动。

9.【答案】A

脚手架作业安全工作，主要有：（1）脚手架的使用材料应牢靠，尺寸和表面质量符合要求。脚手架连接件符合要求，且应确保架体连接可靠。（2）脚手架搭设结构应符合规定。搭设尺寸（如立杆步距、纵距、横距、连墙件间距等）有变化时，一般都应经过验算。搭设场地平整坚实。仅采用石块垫平其脚底的做法是不安全的，必须场地平整坚实。

10.【答案】C

井巷工程施工通风规定，采掘工作面的进风流中，氧气浓度不低于 20%，二氧化碳浓度不超过 0.5%。运输机巷，采区进、回风巷风速最低为 0.25m/s。

11.【答案】D

关于井下爆炸物品库的储存量，《煤矿安全规程》（2022 年版）规定，井下爆炸物品库最大存储量不得超过3d的炸药需要量与10d的雷管需要量。因此，本题答案为D。

库房的发放爆炸材料硐室允许存放当班待发的炸药，但其最大存放量不得超过3箱。任何人员不得携带矿灯进入井下爆炸材料库房内。库内照明设备或线路发生路障时，在库房管理人员的监护下检修人员可以使用带绝缘套的矿灯进入库内工作。

12.【答案】C

井下敷设电缆必须悬挂。倾角30°以下巷道用吊钩，间距不超过3m；倾角30°以上巷道用夹子、卡箍等方法，间距不超过6m；电缆不应挂在压风管或水管上，如在巷道同侧布置，则应布置在其上方。水平巷道或倾斜巷道中的电缆应有适当松弛，并在遭意外重力时能自由坠落。

13.【答案】C

（1）土方开挖时，应防止附近已有建筑或构筑物、道路、管线等发生下沉和变形。必要时应与设计单位或建设单位协商采取措施，在施工中进行沉降和位移观测。（2）基坑周边尽量避免堆载，堆载不得超过设计荷载的限制条件。对于危险性较大的土方工程需编制施工专项方案或同时进行专家论证。（3）土方开挖过程中应及时进行支护，土方开挖完成后应立即封闭，防止水浸和暴露，及时施筑地下结构。基坑土方开挖应严格按设计进行，不得超挖。（4）土方作业必须符合安全作业条件方可进行施工。当填挖区土体不稳、有坍塌危险，或发生暴雨、水位暴涨、山洪暴发灾害时，或地面出现涌水冒泥等异常情况，或附近有爆破情况等工作面净空不足以保护安全作业、保护设施失效时，土方作业应立即停工。

二、多项选择题

1. A、B、C、E；   2. A、D、E；   3. A、C、D、E；   4. A、B、C、E；
5. A、B、C、E；   6. A、B、C、D；   7. A、C、D；   8. A、B、C、D

【解析】

1.【答案】A、B、C、E

起重与吊装的安全作业要求，包括：非本工程施工人员严禁进入吊装施工现场。施工指挥和操作人员均需佩戴标记。作业区域设有警戒标志，必要时派人监护。作业平台与高处作业应设置防坠落措施。施工人员必须戴好安全帽，如冬期施工，应将防护耳放下，以利听觉不受阻碍。吊装过程中发生意外，各操作岗位应坚守岗位，严格保持现场秩序，并作好记录，以便分析原因。选项A、B、C、E符合起重吊装安全作业要求。故答案应为A、B、C、E。

2.【答案】A、D、E

采用井下机械运送人员的，应遵守如下规定：（1）机车司机必须按信号指令行车，开车前必须发出开车信号；司机离开座位时，应切断电源、取下控制手把、扳紧车闸，但不得关闭车灯。（2）巷道内应装设路标和警标。机车行近道口等地时，都必须减速，并发出警号。（3）严禁使用固定车厢式矿车、翻转车厢式矿车、底卸式矿车、材料车和平板车等运送人员。（4）人力推车时，1次只准推1辆车。（5）用钢丝绳牵引带式输送机等运送人员时，输送带宽度不得小于0.8m，运行速度不得超过1.8m/s，乘坐人员的间距不得小于4m。乘坐人员不得站立或仰卧，应面向行进方向。

3.【答案】A、C、D、E

在竖井、斜井运输爆破物品应遵守以下规定：（1）必须事先通知绞车司机和井上、井下把钩工；禁止将爆破物品存放在井口房、井底车场或其他巷道内。（2）雷管和炸药必须分开运送。在装有爆炸物品的罐笼或吊桶内，除爆破工或护送人员外，不得有其他人员。罐笼运送电雷管时，罐笼内只准放 1 层爆炸物品箱，不得滑动；运送其他类炸药时，爆炸物品箱堆放高度不得超过罐笼高度的 2/3。用罐笼运输电雷管时，升降速度不得超过 2m/s；运送其他类炸药时，不得超过 4m/s；吊桶升降速度，不论运送何种爆炸物品，都不得超过 1m/s；司机在启动和停绞车时，应保证罐笼或吊桶不震动。

4.【答案】A、B、C、E

在爆破作业中，发生早爆的原因很多，早爆一般是爆区周围外来电场引发，主要有雷电、杂散电流、静电、感应电流、射频电、化学电等。此外还有雷管受到外力作用等，雷管的质量问题也可能引起早爆。本题中雷电虽然是一种原因，但井下爆破网络不是地面露天爆破，且入井导体均进行了防雷接地处理，隔绝了雷电入井，不会受到雷电影响，所以雷电不是答案选项。因此，本题答案为 A、B、C、E。

5.【答案】A、B、C、E

地面建筑工程的基本安全要求：（1）孔洞和高度超过 0.6m 的平台，周围应设栏杆或盖板，必要时，其边缘应设安全防护板。平台四周及孔洞周围，应砌筑不低于 100mm 的挡水围台；地沟应设间隙不大于 20mm 的铁箅盖板。（2）长度超过 60m 的厂房，应设两个主要楼梯。主要通道的楼梯倾角，应不大于 45°；行人不频繁的楼梯倾角可达 60°。楼梯每个踏步上方的净空高度不应小于 2.2m。楼梯休息平台下的行人通道，净宽不应小于 2.0m。（3）厂房内主要操作通道宽度应不小于 1.5m，一般设备维护通道宽度应不小于 1.0m，通道净空高度应不小于 2.0m。（4）通道的坡度达到 6°～12° 时，应加防滑条；坡度大于 12° 时，应设踏步。经常有水、油脂等易滑物质的地坪，应采取防滑措施。

6.【答案】A、B、C、D

煤矿井下石门揭煤采用远距离爆破时，不能停风，应制定包括爆破地点、避灾路线、撤人和警戒范围、停电范围等内容的专项安全措施。因此，答案为 A、B、C、D。

7.【答案】A、C、D

（1）吊椅中心至巷道一侧突出部分的距离不得小于 0.7m，双向同时运送人员时钢丝绳间距不得小于 0.8m，固定抱索器的钢丝绳间距不得小于 1.0m。乘人吊椅距底板的高度不得小于 0.2m，在上下人站处不大于 0.5m。乘坐间距不应小于牵引钢丝绳 5s 的运行距离，且不得小于 6m。除采用固定抱索器的架空乘人装置外，应当设置乘人间距提示或者保护装置。

（2）驱动系统必须设置失效安全型工作制动装置和安全制动装置，安全制动装置必须设置在驱动轮上。

（3）各乘人站设上下人平台，乘人平台处钢丝绳距巷道壁不小于 1m，路面应当进行防滑处理。

（4）架空乘人装置必须装设超速、打滑、全程急停、防脱绳、变坡点防掉绳、张紧力下降、越位等保护，安全保护装置发生保护动作后，需经人工复位，方可重新启动。

（5）倾斜巷道中架空乘人装置与轨道提升系统同巷布置时，必须设置电气闭锁，2 种设备不得同时运行。

（6）倾斜巷道中架空乘人装置与带式输送机同巷布置时，必须采取可靠的隔离措施。

（7）每日至少对整个装置进行 1 次检查，每年至少对整个装置进行 1 次安全检测检验。

8.【答案】A、B、C、D

脚手架搭设结构应符合规定。搭设尺寸（如立杆步距、纵距、横距、连墙件间距等）有变化时，一般都应经过验算。

15.3　矿业工程生产安全事故预防与灾害控制

复习要点

矿业工程生产安全事故预防与灾害控制主要内容包括矿山顶板、冲击地压灾害预防，矿井水害防治，矿井火灾预防及煤尘与瓦斯灾害的预防以及相关灾害发生时的应急处置。

1．矿山顶板安全事故的预防及其应急处理

矿山顶板事故发生的原因和预防办法，特别是对于矿山工程施工单位接触较多的巷道、硐室施工，针对这类顶板事故提出了一些针对性的预防措施。

2．矿山冲击地压预防及其应急处理

矿山冲击地压事故发生的原因和预防办法，特别是对于矿山工程施工单位接触较多的巷道、硐室施工，针对这类冲击地压事故提出了一些针对性的预防措施（区域、局部防突措施、消突方法）。

3．矿井水害防治及其应急处理

矿井水害的类型包括：地表水灌入矿井、工业广场和生活区，含水层中的地下水大量涌入矿井，老空区积水、淤泥涌入矿井 3 类，掌握 3 种类型的主要特征。明确矿井涌水通道，即地层的空隙、断裂带等自然形成的通道和由于采掘活动等人为引起的涌水通道。

4．矿井施工火灾预防与控制

矿业工程施工火灾按成因可分为内因火灾和外因火灾。煤炭自燃必须同时具备 3 个条件，即有自燃倾向性的碎煤堆积、有蓄积热量的环境和条件，以及连续不断的供氧。井下外因火灾的预防措施，主要包括加强火源管理、加强爆破和机电设备管理等。

5．基坑工程坍塌事故及其防治

基坑工程坍塌事故及其防治包括基坑安全等级划分依据，基坑事故原因分析及预防措施，重点在预防措施。

6．矿井瓦斯与煤尘灾害的预防及其应急处理

预防矿山煤尘和瓦斯灾害的方法包括一般规定以及针对具体条件下的防治措施。防止瓦斯积聚可加强通风，进行瓦斯检查与监测，及时处理积聚的瓦斯；防止瓦斯引燃

引爆应严禁涉火物品下井，加强放炮和火工品管理，加强电气设备管理，防止机械摩擦火花引燃瓦斯，避免高速移动的物质产生的静放电现象；井下巷道瓦斯浓度经常检查并严格限定；采取相应的预防煤尘灾害的技术措施。

一　单项选择题

1. 以下有关巷道维修施工程序的说法，错误的是（　　　）。
   A. 撤换支架和刷大巷道时，必须由外向里逐架进行
   B. 撤换支架前，应先加固好工作地点前后的支架
   C. 在独头巷道内进行支架修复工作时，巷道里面应停止掘进或从事其他工作
   D. 先拆除旧支架再架设新支架

2. 属于自然地下涌水通道的是（　　　）。
   A. 地层断裂带附近的裂隙　　　　B. 封闭不良的钻孔通道
   C. 顶板冒落形成的裂隙通道　　　D. 塌方形成的开裂裂隙

3. 下列火灾预防措施中，不属于内因火灾预防措施的是（　　　）。
   A. 揭露新煤层时，建设单位必须对煤层的自燃倾向性进行鉴定
   B. 必须建立自燃发火预测预报制度
   C. 严禁烟火，控制外来火源
   D. 冒顶区必须及时进行防火处理，并定期检查

4. 关于影响基坑稳定性的说法，错误的是（　　　）。
   A. 地下水一般是影响基坑稳定的不利因素
   B. 动荷载会降低土的稳定性质
   C. 支护程序不同对基坑稳定的影响不同
   D. 土坡越陡对基坑稳定越有利

5. 关于瓦斯发生爆炸的条件，不正确的说法是（　　　）。
   A. 瓦斯浓度 5%～16%　　　　　B. 空气中的氧含量不低于 12%
   C. 引爆火源温度 650～750℃　　D. 空气中的氧含量必须在 18% 以上

6. 不符合瓦斯检查员工作要求的行为是（　　　）。
   A. 采掘工作面应进行一炮三检查
   B. 检查巷道瓦斯情况以其底板为主
   C. 巷道贯通前检查贯通点两侧的巷道
   D. 指定在井下等候室交接班

7. 关于控制巷道顶板的安全工作，说法错误的是（　　　）。
   A. 敲帮问顶的目的是寻找危石，待出矸时处理
   B. 放炮前必须加固工作面后 10m 的支护
   C. 锚喷支护应紧跟工作面
   D. 地质条件有较大变化时应变更支护措施

8. 关于机电施工的安全作业要求，说法正确的是（　　　）。
   A. 带电挪移机电设备时机壳不得带静电

B. 操作高压电气设备时应另设有监护人员

C. 在有架线地段装卸矿车时应先立好长柄工具

D. 同一供电线路上同时作业人数不得超过 2 人

9. 巷道掘进穿越破碎带、松软岩层区段时，不能起到超前支护作用的支架是（　　）。

A. 超前锚杆   B. 前探支架

C. U 型钢可缩支架   D. 注浆管棚

10. 巷道工作面底板灰岩含水层发生突水征兆的是（　　）。

A. 工作面压力增大，顶板变形严重

B. 工作面底板产生裂隙，并逐渐增大

C. 工作面发潮、滴水，水中含有少量细砂

D. 工作面岩壁变松，并发生片帮

11. 下列要素中，不属于基坑侧壁安全等划分依据的是（　　）。

A. 基坑开挖深度   B. 基坑开挖方式

C. 周边环境条件   D. 支护结构破坏后果严重程度

12. 下列基坑中，工程等级为一级的是（　　）。

A. 开挖深度 5m，基坑外 6m 有高速铁路

B. 开挖深度为 6m，周围环境无特别要求

C. 开挖深度 8m，基坑外 10m 有天然气管道

D. 开挖深度 10m，基坑外 8m 有历史文物

二 多项选择题

1. 煤矿井下外因火灾常发生点有（　　）。

A. 井口附近   B. 有漏风的煤巷密闭处

C. 井下硐室   D. 采掘工作面

E. 挂设电缆的木支架巷道

2. 矿井遇到水害时的应急措施，正确的有（　　）。

A. 优先考虑受困与急救人员的安全

B. 优先考虑防止事态扩大

C. 优先考虑急救路线

D. 尽快掌握灾区范围和灾情

E. 根据灾情布设排水或堵水措施

3. 矿山井下发现火情的正确做法有（　　）。

A. 发现火情后应立即报告

B. 调度室应迅速启动应急预案

C. 应迅速组织撤离可能危及的人员

D. 电气设备着火应首先使其隔绝空气

E. 灭火措施应根据火灾性质、通风和瓦斯情况制定

4. 瓦斯突出、窒息事故后的紧急处理做法，正确的有（　　）。
　　A．首先应设法撤离灾区人员　　　B．首先抢救遇险人员
　　C．切断灾区电源　　　　　　　　D．避免后续操作引起电火花
　　E．切断电源同时做到停止通风

5. 电气安全标志分颜色标志和图形标志，下列关于安全标志的说法，正确的有（　　）。
　　A．禁止标志用于制止某种危险行动
　　B．警告标志用于提醒和注意避免发生危险
　　C．指令标志用于指示人们必须遵守的规则
　　D．提示标志表示安全目标方向及安全措施
　　E．劝阻标志用于指示人们更好的选择行为

6. 为防止支护结构发生坍塌，应进行基坑支护监测，下面属于基坑监测内容的有（　　）。
　　A．基坑顶部水平位移和垂直位移　　B．地表裂缝
　　C．基坑顶部建（构）筑物变形　　　D．地下水位
　　E．支护结构内力及变形

7. 土方开挖必须遵循的原则有（　　）。
　　A．开槽支撑　　　　　　　　　　B．先撑后挖
　　C．分层开挖　　　　　　　　　　D．分段开挖
　　E．严禁超挖

【答案与解析】

一、单项选择题

1. D；　2. A；　3. C；　4. D；　5. D；　6. B；　7. A；　8. B；
9. C；　10. B；　11. B；　12. D

【解析】

1.【答案】D

撤换支架和刷大巷道时，必须由外向里逐架进行。撤换支架前，应先加固好工作地点前后的支架。在独头巷道内进行支架修复工作时，巷道里面应停止掘进或从事其他工作，以免顶板冒落堵人。架设和撤除支架的工作应连续进行，一架支架未完工前不得中止，不能连续进行的必须在结束工作前做好接顶封帮。

2.【答案】A

矿井存在涌入地下水的通道是形成矿井水害的一个条件。涌水通道有两种，一种是自然通道；一种是非自然通道。自然通道包括：（1）地层的裂隙与断裂带。注意，根据断裂带贯通情况，可以把断裂带分为两类，即隔水断裂带和透水断裂带。透水断裂带的裂隙是贯通的。（2）岩溶通道，包括细小的溶孔裂隙直到巨大的溶洞。我国许多金属与非金属矿区，都深受其害。（3）孔隙通道，由松散地层中的孔隙构成。非自然通道就是由于采掘活动等人为因素诱发的涌水通道，主要有巷道顶，或顶、底板因施工造成破

坏而形成的裂隙通道、钻孔通道，施工的工程（如立井）沟通含水岩层，或者地表塌陷过程中造成裂隙沟通等。

3.【答案】C

揭露新煤层时，建设单位必须对煤层的自燃倾向性进行鉴定。在容易自燃和自燃的煤层中施工时，必须建立自燃发火预测预报制度。在容易自燃和自燃的煤层中施工时，对出现的冒顶区必须及时进行防火处理，并定期检查。任何人发现井下火灾时，应视火灾性质、灾区通风和瓦斯情况，立即采取一切可能的方法直接灭火、控制火势，并迅速报告调度室。调度室在接到井下火灾报告后，应立即按应急预案通知有关人员组织抢救灾区人员和实施灭火工作。而严禁烟火，控制外来火源是防治外因火灾的主要措施。因此，答案为C。

4.【答案】D

边坡过陡会影响基坑的稳定性，尤其是在土质差，开挖深度大的坑槽中。水对基坑稳定的影响也是非常严重的。雨水、施工用水渗入基坑或地下水渗流产生的动水压力均会降低土颗粒之间的内摩擦力和粘结力，同时土体自重增大，土基的抗剪强度降低，边坡容易失稳。基坑边缘附近违规或过量堆土、停放机具、物料等造成超载降低承载能力。动荷载的作用，会造成土体失稳。土的冻融影响会降低土体的内聚力造成塌方。开挖或支护措施不当或支护不及时，也会影响基坑的稳定。

5.【答案】D

瓦斯爆炸的基本条件有三条，即瓦斯浓度条件：达到5%～16%，有氧条件：空气中氧气含量不低于12%，火源条件：有火源，且火源温度650～750℃。没有火源的温度不是引起瓦斯爆炸的条件。

6.【答案】B

遵章守纪，不准空、漏、假检，在井下指定地点交接班，严格执行《煤矿安全规程》（2022年版）关于巡回检查和检查次数的规定。十分清楚地了解和掌握分工区域各处瓦斯涌出状况和变化规律。对分工区域瓦斯较大，变化异常的重点部位和地点，必须随时加强检查，密切注视。对可能出现的隐患和险情，要有超前预防意识。要能及时发现瓦斯积聚、超限等安全隐患，除立即主动采取具有针对性的有效措施进行妥善处理外，要通知周围作业人员并向通风（或瓦斯）区队长、地面调度汇报。对任何违反《煤矿安全规程》（2022年版）中关于通风、防尘、放炮等有关规定的违章指挥、违章作业的人员，都要敢于坚决抵制和制止。

7.【答案】A

巷道顶板安全要求：（1）做好空顶保护，包括支护紧跟工作面的要求，规程对锚喷支护有专门规定，放炮前应对工作面后10m的支护进行加固，倒棚应及时修复，破碎围岩采用超前支护；（2）执行"敲帮问顶"制度，这是隐患检查，检查后要立即处理隐患，即去除危石，不能留给后续工序；（3）加强支护质量，包括严格施工要求，同时要考虑支护的有效性，就是在地质条件有较大变化时应及时变更支护方式，这点和地面工程不同。

8.【答案】B

检查、检修、安装、挪移机电设备时，禁止带电作业，必须遵循验电、放电、封线（装设短路地线）的顺序进行工作。从事高压电气作业时，必须有 2 人以上工作，操作高压设备时一人监护，一人操作，严格执行停送电制度。采掘工作面电缆、照明信号线、管路应按《煤矿安全规程》（2022 年版）规定悬挂整齐。加强对采掘设备用移动电缆的防护和检查，避免受到挤压、撞击和炮崩，发现损伤后，应及时处理。在有架线的地点施工或从矿车装卸物料时，应先停电；不能停电时，长柄工具要平拿、平放，操作时不准碰到架线，以防触电。

9.【答案】C

掘进工作面严禁空顶作业。在通过破碎带、松软岩层、淋水地带时应采用超前支护、加强支护等措施。超前支护可以采用超前锚杆、超前注浆加固、前探支架（撞楔法）、注浆管棚等。也可采用高强支架及时支护等措施安全通过。U 型钢支架属于超强支护或加强支护措施，不属于超前支护。所以选项是 C。

10.【答案】B

矿井工作面发生透水的征兆包括：（1）围岩的水汽现象：岩（煤）层变湿、挂汗、挂红，或有淋水变大，出现水叫；水色发浑。（2）围岩压力显现：顶板来压、片帮、底板鼓起或产生裂隙（裂隙出现渗水）。（3）环境状态：空气变冷、出现雾气、出臭味等。（4）其他现象：钻孔喷水、底板涌水、煤壁溃水等。

巷道工作面底板灰岩含水层一般为承压水，压力较高，其突水预兆主要是：工作面压力增大，底板鼓起，底鼓量有时可达 500mm 以上；底板会产生裂隙，并逐渐增大，导致出水量增加。因此，答案应选 B。

11.【答案】B

根据基坑开挖深度、周边环境条件和支护结构破坏后果的严重程度，将基坑侧壁安全等级划分为三级。

12.【答案】D

符合下列情况之一，为一级基坑：（1）重要工程或支护结构作主体结构的一部分；（2）开挖深度大于 10m；（3）与邻近建筑物、重要设施的距离在开挖深度以内的基坑；（4）基坑范围内有历史文物、近代优秀建筑、重要管线等需严加保护的基坑。三级基坑为开挖深度小于 7m，且周围环境无特别要求时的基坑。除一级和三级外的基坑属二级基坑。

二、多项选择题

1. A、C、D、E；　2. A、B、D、E；　3. A、B、C、E；　4. A、B、C、D；
5. A、B、C、D；　6. A、B、C、E；　7. A、B、C、E

【解析】

1.【答案】A、C、D、E

煤矿井下火灾分为内因火灾与外因火灾。内因火灾常发生在采空区、冒顶处和压酥的煤柱中或密闭不严的煤层巷道中；外因火灾常发生在井口附近、井下硐室、采掘工作面和有电缆的木支架巷道等处。

2.【答案】A、B、D、E

根据安全事故处理报告和调查处理条例的规定，事故处理的首要任务是启动应急预案以及人员急救和防止事故扩大（A、B），人员急救应包括抢险人员的急救；安排急救线路的工作不应在遇到水害时考虑,而应在应急预案中,启动应急预案时就应该将应急线路告知井下(C);掌握灾情,然后采取相应的措施(D、E)是抢险必须的内容,因此正确答案应为 A、B、D、E。

3.【答案】A、B、C、E

任何人发现井下火灾时,应视火灾性质、灾区通风和瓦斯情况,立即采取一切可能的方法直接灭火、控制火势,并迅速报告调度室。调度室在接到井下火灾报告后,应立即按应急预案通知有关人员组织抢救灾区人员和实施灭火工作。值班调度和现场区、队、班组长应按应急预案规定,将所有可能受火灾威胁地区中的人员撤离,并组织人员灭火。电气设备着火时,应首先切断其电源;在切断电源前,只准使用不导电的灭火器材进行灭火。抢救人员和灭火过程中,必须指定专人检查瓦斯、一氧化碳、煤尘、其他有害气体和风向、风量的变化,还必须采取防止瓦斯、煤尘爆炸和人员中毒的安全措施。

4.【答案】A、B、C、D

对于发生瓦斯突出、窒息事故后的紧急处理做法,包括首先应设法撤离灾区人员,抢救遇险人员;切断灾区电源;通知救护队;迅速成立救灾指挥部,启动应急救援预案,设立若干抢救组各行其责;尽快恢复通风系统,排除爆炸产生的有毒有害气体,寻找遇难人员。在处理瓦斯爆炸事故的过程中,必须注意:(1)切断灾区电源时,应防止切断电源可能产生电火花,引起再次爆炸;(2)正确调度通风系统,尽快排除灾区的有害气体,控制事故范围,这是处理瓦斯爆炸事故的关键;(3)安全快速地恢复掘进巷道或无风区域的通风,避免再次爆炸。可见,选项 E 是错误的。故正确答案应为 A、B、C、D。

5.【答案】A、B、C、D

电气安全标志分颜色标志和图形标志。颜色标志用以标志不同性质或用途的电器材料,或标志地域的安全程度;图形标志用以告诫。禁止标志:用于制止某种危险行动,如"禁止启动""禁止入内""禁止合闸,有人工作"等;警告标志:用于提醒和注意避免发生危险,如"当心触电""当心高压""当心电缆"等;指令标志:用于指示人们必须遵守的规则,如"必须穿绝缘鞋""必须穿防静电服"等;提示标志:表示安全目标方向及安全措施,如"安全通道方向""已接地"等。

6.【答案】A、B、C、E

基坑监测项目的内容有:基坑顶部水平位移和垂直位移、地表裂缝、基坑顶部建(构)筑物变形、支护结构内力及变形等。监测项目的选择应考虑基坑的安全等级、支护结构变形控制要求、地质和支护结构的特点。监测方案可根据设计要求、护壁稳定性、周边环境和施工进程等因素确定。

7.【答案】A、B、C、E

为保证基坑开挖过程的稳定性,土方开挖的顺序、方法必须与设计工况相一致,并遵循"开槽支撑,先撑后挖,分层开挖,严禁超挖"的原则。为保证开挖过程裸露的边坡在完成支护(设置土钉和喷射混凝土)的时间段内保持自立,基坑在水平方向上也要考虑分段进行开挖,即分段分层开挖。

15.4　矿业工程职业健康保护

复习要点

矿业工程职业健康保护包括职业健康安全管理体系的特点及主要内容，矿山企业影响职业健康的主要因素，矿山常见职业病及其预防措施、防治方法。

1．施工作业场地职业健康管理

职业健康安全管理体系介绍，矿山施工作业场地影响职业健康的因素，煤矿作业场所职业病危害防治规定相关。

2．粉尘、热害、噪声及有害气体防治

粉尘、热害、噪声及有害气体的产生原因及防治、防护措施。重点内容是相关的防治措施。

3．矿业工程职业病及其防治方法

常见职业病种类划分，矿山工程常见职业病类型及常见职业病的防治方法，重点是粉尘类影响疾病防治。

一　单项选择题

1．职业健康管理体系绩效评价分为三个层次进行，其不包括（　　）。

A．监视、测量、分析和评价绩效　　B．内部审核

C．第三方审核　　　　　　　　　　D．管理评审

2．职业健康监护要求，对接触职业病危害的劳动者进行职业健康检查，煤矿组织劳动者进行职业健康检查并不包括（　　）检查。

A．上岗前　　　　　　　　　　　B．在岗期间

C．离岗时　　　　　　　　　　　D．离岗后半年

3．煤矿应当委托有资质的职业卫生技术服务机构对作业场所职业危害因素进行周期检测，周期为（　　）。

A．1 个月　　　　　　　　　　　B．1 季度

C．半年　　　　　　　　　　　　D．1 年

4．煤矿对职业危害进行现状评价的周期为（　　）个月。

A．12　　　　　　　　　　　　　B．24

C．36　　　　　　　　　　　　　D．48

5．煤矿职业中毒通常不会是（　　）中毒。

A．一氧化碳（CO）　　　　　　　B．一氧化氮（NO）

C．瓦斯或甲烷（CH_4）　　　　　D．硫化氢（H_2S）

6．井下作业场所空气粉尘中游离 SiO_2 含量超过 10%、小于 50% 时，总粉尘的时间加权平均允许浓度不得大于（　　）mg/m。

A．1　　　　　　　　　　　　　B．2

C．5　　　　　　　　　　　　　D．10

7. 二、三期工程总回风流中瓦斯或二氧化碳浓度超过（　　　）时，必须立即查明原因，进行处理。

A. 1.5%

B. 1.0%

C. 0.75%

D. 0.5%

8. 金属非金属矿山在噪声防治中对作业环境至少每隔（　　　）个月进行一次检测。

A. 6

B. 12

C. 18

D. 24

9. 露天矿山防尘措施一般不包含（　　　）。

A. 湿式凿岩

B. 穿孔捕尘

C. 穿孔除尘

D. 道路洒水降尘

10. 矿井防尘、降尘不会采用的措施是（　　　）。

A. 湿式凿岩

B. 悬挂水槽

C. 设置净化水幕

D. 喷雾洒水

二　多项选择题

1. 掘进机掘进工作面的防尘措施有（　　　）。

A. 内喷雾

B. 外喷雾

C. 水炮泥

D. 冲洗岩帮

E. 湿式钻眼

2. 矿山工程防尘工作的主要要求有（　　　）。

A. 井巷掘进时必须采取湿式钻眼

B. 缺水地区或湿式凿岩有困难的地点可进行干式凿岩

C. 在易产生粉尘的作业地点应采取专门的洒水防尘措施

D. 风流中的粉尘应采取密闭抽尘措施来降尘

E. 对在易产生矿尘作业点的施工人员要加强个体防护

3. 井下施工应做好综合防尘工作，综合防尘措施包括（　　　）。

A. 坚持采用湿式钻眼

B. 坚持冲洗岩帮

C. 坚持装岩时洒水降尘

D. 放炮使用炮泥堵塞

E. 加强个人防护

4. 热害防治措施主要有（　　　）。

A. 通风降温

B. 喷淋降温

C. 机械降温（制冷）

D. 个体防护（服用消暑药品）

E. 撤离停止作业

5. 引发职业中毒类职业病的有害物质主要有（　　　）。

A. 一氧化碳

B. 一氧化氮

C. 二氧化碳

D. 硫化氢

E. 二氧化硫

【答案与解析】

一、单项选择题

1. C；　　2. D；　　3. D；　　4. C；　　5. C；　　6. A；　　7. C；　　8.B；

9. A；　　10. B

【解析】

1.【答案】C

职业安全健康管理体系的评价可分为三个层次：第一为监视、测量、分析和评价绩效（合规评价）（A），主要评价日常安全健康管理活动对管理方案、运行标准以及适用法律、法规及其他要求的符合情况；第二为内部审核（B），主要评价体系对职业安全健康计划的符合性与满足方针和目标要求的有效性；第三为管理评审（D），主要评价职业安全健康管理体系的整体能否满足企业自身、利害相关方、员工及主管部门的要求，以确保其持续的适宜性、充分性、有效性。评价的三个层次不包含第三方评审（C）。所以本题正确选项为 C。

2.【答案】D

对接触职业病危害的劳动者，煤矿应当按照国家有关规定组织上岗前（A）、在岗期间（B）和离岗时（C）的职业健康检查，并将检查结果书面告知劳动者。职业健康检查费用由煤矿承担。所以本题正确选项为 D。

3.【答案】D

煤矿应当以矿井为单位开展职业病危害因素日常监测，并委托具有资质的职业卫生技术服务机构，每年进行一次作业场所职业病危害因素检测，每 3 年进行 1 次职业病危害现状评价。根据监测、检测、评价结果，落实整改措施，同时将日常监测、检测、评价、落实整改情况存入本单位职业卫生档案。检测、评价结果向所在地安全生产监督管理部门和驻地煤矿安全监察机构报告，并向劳动者公布。

4.【答案】C

解析同上第 3 题。

5.【答案】C

矿山工程施工所致职业病可以几乎包含所有职业病类。常见的矿山工程职业病有：职业中毒类主要有一氧化碳（A）、一氧化氮（B）、二氧化硫、二氧化氮、硫化氢（D）等有毒气体（物质）的中毒；尘肺病有煤工尘肺（矽肺等）、各种矿尘肺（石棉、滑石、云母）、水泥尘肺、电焊尘肺、铸工尘肺等；物理因素职业病（高温中暑、中毒）等。中毒气体中不包含甲烷（瓦斯 CH_4），所以本题正确选项为 C。

6.【答案】A

综合防尘的具体要求是作业场所空气中的粉尘（总粉尘、呼吸性粉尘）浓度应符合要求（表 15.4-1）。

表 15.4–1　作业场所空气中粉尘浓度标准

粉尘种类	游离 SiO$_2$ 含量（%）	时间加权平均容许浓度（mg/m^3）	
		总粉尘	呼吸性粉尘
煤尘	＜10	4	2.5
矽尘	10≤~≥50	1	0.7
	50＜~＞80	0.7	0.3
	≥80	0.5	0.2
水泥尘	＜10	4	1.5

注：时间加权平均容许浓度是以时间加权数规定的 8h 工作日、40h 工作周的平均容许接触浓度。

7.【答案】C

《煤矿建设安全规范》AQ1083—2011 规定：二、三期工程总回风流中瓦斯或二氧化碳浓度超过 0.75% 时，必须立即查明原因，进行处理。选项 C 符合要求。

8.【答案】B

作业人员每天连续接触噪声时间达到或者超过 8h 的，噪声声级限值为 85dB（A）。每天接触噪声时间不足 8h 的，可以根据实际接触噪声的时间，按照接触噪声时间减半、噪声声级限值增加 3dB（A）的原则确定其声级限值。煤矿每半年至少监测 1 次噪声，金属非金属矿山每年至少监测 1 次噪声。

9.【答案】A

露天煤矿的防尘工作应当符合下列要求：设置加水站（池）；穿孔作业采取捕尘或者除尘器除尘等措施；运输道路采取洒水等降尘措施；破碎站、转载点等采用喷雾降尘或者除尘器除尘。

10.【答案】B

矿井综合防尘工作坚持采用湿式钻眼、冲洗岩帮、装岩时洒水降尘、喷射混凝土时采用潮喷机和除尘风机、爆破使用水炮泥并喷雾降尘、巷道内有风流净化装置、掘进工作面回风流中距迎头 50m 内必须安装净化水幕、井下煤（岩）转载点设防尘喷雾设施、作业人员按规定佩戴个人防护用品、掘进机作业时采用内外喷雾措施、及时清除巷道中的浮尘、清扫或冲洗沉积煤尘等防尘降尘措施。而悬挂水槽是防爆、隔爆措施，在冲击波作用下水槽才可倾覆洒落水幕，起到阻断火源、粉尘的作用。所以正常生产中除尘、降尘水槽是不采用的，水槽是起隔爆作用的。因此，答案是 B。

二、多项选择题

1. A、B、D；　　2. A、C、E；　　3. A、B、C、E；　　4. A、B、C、D；
5. A、B、D、E

【解析】

1.【答案】A、B、D

井下巷道掘进综合防尘措施有湿式钻眼、冲洗岩帮、水炮泥、装岩洒水；采用掘进机时还可以使用内外喷雾、通风除尘。题中选项"C. 水炮泥""E. 湿式钻眼"是爆破掘进时工作面防尘实施的措施而非掘进机掘进时的防尘措施，因此答案应为 A、B、D。

2.【答案】A、C、E

掘进工作面及特殊凿井法施工的防尘措施必须符合：掘进井巷和硐室时，必须采取湿式钻眼（A）、冲洗井壁巷帮、水炮泥、爆破喷雾、装岩（煤）洒水和净化风流等综合防尘措施（C）。立井凿井期间冻结段和在遇水膨胀的岩层中掘进不宜采用湿式钻眼时，可采用干式钻眼，但必须采取捕尘措施，并使用个体防尘保护用品（E）。选项B，在一定条件下干式凿岩是可以的，但必须有捕尘措施，选项中没有提及捕尘，所以是错项。选项D，风流中的粉尘应采取密闭抽尘措施来降尘，在防尘措施中这种措施是无法实施的。故本题答案为A、C、E。

3.【答案】A、B、C、E

矿山井巷施工综合防尘工作包括：坚持采用湿式钻眼，坚持冲洗岩帮、装岩时洒水降尘、喷射混凝土时采用潮喷机和除尘风机、放炮使用水炮泥并喷雾降尘、巷道内有风流净化装置、掘进工作面回风流中距迎头 50m 内必须安装净化水幕、井下煤（岩）转载点设防尘喷雾设施、作业人员按规定佩戴个人防护用品、掘进机作业时采用内外喷雾措施、及时清除巷道中的浮尘、清扫或冲洗沉积煤尘等防尘降尘措施。故答案应为A、B、C、E。

4.【答案】A、B、C、D

矿山热害常用降温方式主要有：

（1）矿井通风降温。当环境高温热源不是很强时，通过适当加大通风量，利用风流带走热量使环境温度降低，达到适合工作的环境温度。

（2）防尘喷淋降温。通过防尘洒水系统，设置水幕，利用水的吸热量大带走热量从而降低温度。

（3）通过机械降温。在矿井地面或井下安装制冷系统，风流经过制冷系统蒸发器再进入巷道系统（安装空调系统），使井下环境温度达到适宜温度。

（4）个体防护及保健。个人储备、服用消暑药品，工作场地布置防暑降温饮品补充体液。

选项E撤离停止作业，在生产实践中偶尔热害出现是可以采取的措施，但对于长期、连续生产的作业场所应该采用降温措施，使其作业场所环境温度适宜作业人员作业。

因此本题正确答案为A、B、C、D。

5.【答案】A、B、D、E

矿山工程施工所致职业病几乎包含所有职业病类。常见的矿山工程职业病有：

1）职业中毒类。主要有一氧化碳、一氧化氮、二氧化硫、二氧化氮、硫化氢等有毒气体（物质）的中毒。

2）尘肺病。煤工尘肺（矽肺等）、各种矿尘肺（石棉、滑石、云母）、水泥尘肺、电焊尘肺、铸工尘肺等。

3）物理因素职业病。高温中暑、中毒等。

实务操作和案例分析题

案例 15-1

背景资料：

某矿井倾斜巷道采用下山法施工，施工单位编制了施工作业规程，其中施工的安全技术措施及要求的主要条款为：（1）工作面采用电动式凿岩机钻眼，钻眼必须湿式作业；（2）工作面放炮工作由专职放炮工担任，考虑到围岩涌水量较少，决定采用非防水炸药；（3）工作面采用抽出式通风，风筒选用直径 600mm 的胶皮风筒；（4）进行装岩前，必须进行喷雾洒水，定期清理岩壁；（5）施工中应设置防跑车装置，主要考虑在工作面上方 20～40m 处设置可移动式挡车器；（6）巷道内每隔一定距离，在侧壁上开设排水硐室，安装排水设备，排除工作面的积水。

问题：

1．该巷道施工的安全技术措施及要求的主要条款中是否有不正确的地方？请指出其存在问题。

2．针对本巷道施工的安全技术措施及要求中存在的主要问题进行修改。

案例 15-2

背景资料：

某施工单位承担了一煤矿矿井的二期工程施工，该矿井采用一对立井开拓方式，永久通风系统尚未形成，巷道最远通风、运输距离达 2km，矿井为低瓦斯矿井。二期工程施工期间通过主井临时提升，副井进行永久装备。施工单位经过慎重研究后编制了施工组织设计，其中部分内容如下：（1）为了保持施工人员的体力，在运输距离超过 1000m 时采用固定厢式矿车运输人员，架线电机车牵引运输，列车运行速度 5m/s，并编制专项安全技术措施确保运输安全；（2）为了保证远距离通风效果，在井底车场设置风门，并安装临时辅助扇风机，形成主井进风、副井回风的通风系统；（3）斜巷运输专门强调了下坡点的阻车器、常闭式跑车防护装置、小绞车的防护挡板、地滚、行车不行人的声光提示等内容；（4）工作面爆破采用煤矿安全炸药、秒延期雷管起爆、48V安全电源引爆，爆破时进行"一炮三检"以及放炮安全距离最低不能少于 60m 等措施；（5）在灾害预防篇章中还提及了顶板管理、防灭火以及防治水、综合防尘等内容。

问题：

1．施工组织设计人员运输及倾斜巷道运输中存在哪些不符合安全规定要求的内容？应该如何改进？

2．井下通风系统存在哪些不妥之处？应该如何处理？

3．有关爆破作业中存在哪些不符合规程要求的做法？正确做法应该是什么？

案例 15-3

背景资料：

某施工单位承担一煤矿井下巷道工程的施工，巷道总长度为 1200m，净断面积为 26.28m²，地质资料显示巷道会穿越煤层。施工单位编制的施工技术措施确定巷道采用钻眼爆破法施工，选用三级煤矿许用炸药，单次爆破最大炸药消耗量为 55kg；电机车牵引矿车运输；每班工作人数最多 18 人；巷道掘进预计工作面绝对瓦斯涌出量为 0.6～1.5m³/min。在巷道施工过程中，掘进队队长坚持先探后掘，一直没有见到煤层。一天，钻眼工钻眼时发现底眼冒黑水，向队长进行汇报，队长及时通知调度室，调度室派瓦斯检查员到工作面检测瓦斯，浓度正常。队长于是要求工作面进行装药和放炮，结果放炮后发生了瓦斯爆炸，造成工作面发生 1 人死亡 1 人重伤的事故。

问题：

1．计算巷道掘进工作面所需要的风量。

2．该巷道施工中是否见煤？所发生的爆炸事故属于哪个等级？

3．工作面发生瓦斯爆炸直接原因是什么？

4．调度人员及瓦斯检查员有哪些过错？

案例 15-4

背景资料：

某施工单位承包了一矿井的运输石门施工任务，该石门所穿过的岩层主要为泥岩和煤层，岩层遇水后易膨胀，稳定性较差，岩层倾角为 20°。石门设计采用锚喷网支护，临时支护为打锚杆，必要时喷射混凝土，支护紧跟工作面。

该施工队为加快进度，在未经建设单位同意的情况下，将工作面锚杆临时支护改为矿用工字钢支架支撑，锚喷永久支护在工作面后方 20m 处一次完成。施工中，该施工队在工作面无涌水时，进度正常；在部分围岩稳定地段，施工单位掘进队队长在放炮通风后直接安排凿岩工进行打眼，以节约循环时间，加快施工进度；掘进中利用凿岩机接长钎杆进行探水；在通过一个小断层时，由于有水的影响，工作面发生了冒顶事故，伴有小股突水，所架设的 12m 临时支护全部倾倒，造成 2 人重伤、5 人轻伤，部分设备损坏，部分巷道淹没，造成损失，影响工程进度。

问题：

1．该施工单位在掘进、支护施工中哪些做法存在安全隐患？

2．针对该石门巷道的施工条件，如何预防巷道冒顶事故的发生？

3．防治水存在哪些不妥之处？正确做法应该如何操作？

案例 15-5

背景资料：

某地面施工队伍为满足施工工程的进度问题，安排晚上 2 点进行露天爆破工作。放炮员叫醒在库房内睡着的库房值班员，取来药后完成了起爆的准备工作。班长为防止路人进入危险区，在路口安设了专人警戒。放炮员发出一声鸣笛信号即起爆，结果有一行人在黑暗中没有看到警戒人员，也没有获得警告通知，走近危险区时被突然的炮声惊吓摔跤受伤，同行的另一行人被飞石打伤。

问题：

1. 库房值班人员的错误行为在哪里？

2. 分析事故发生的原因及其预防措施。

案例 15-6

背景资料：

某矿改扩建项目施工进入二期工程，某矿建公司承担了该项目的东部轨道大巷施工任务。大巷沿煤层底板下 8m 岩层中布置，巷道断面形状为三心拱，掘进断面宽度为 3500mm，高度为 3000mm。锚喷网支护锚索加强。巷道穿越岩层普氏系数 $f = 4 \sim 6$ 的砂岩，属中等稳定岩层；改扩建项目设计、开工前未重新进行地质勘探，利用了原《矿井地质报告》，对矿井地质构造、水文情况勘探程度不足，矿井为高瓦斯矿，煤层埋藏较浅，早年私挖乱采严重。

项目部根据设计、地质资料编制了该大巷的施工组织设计。选择施工方案为钻眼爆破法一次成巷施工，钻眼机具选择两臂凿岩台车，配 YG90 型液压凿岩机，ZC120 侧卸式装岩机，配胶带转载机接可伸缩胶带输送机；炮眼布置为直眼掏槽，所有炮眼深度一致，眼深 1500mm，周边眼布置在轮廓线内 50mm 的位置，眼底落在轮廓线上，爆破器材选择普通毫秒延期电雷管，2 级煤矿许用乳化炸药；在编制施工安全技术措施中针对巷道掘进防治水制定了探水措施，采用加长钎杆凿岩台车上凿岩机进行探水作业，钎杆接长到 5m，钻凿 3 个探水孔布置在断面中央，分别向前方、巷道两侧前方成扇形布置；后在大巷正常施工 500m 时放炮后揭露一条地质报告未标明的断层，断层导水沟通上层古空区积水，引发透水事故，致巷道被淹，造成 2 名矿工未来得及逃生而遇难，淹没巷道损坏设备事故经济损失达到 1060 万。

问题：

1. 施工组织设计中施工方案及施工设备配备存在哪些不当？应如何选择？

2. 爆破器材选择及炮眼布置存在哪些不妥？正确的方法应该如何布置？

3. 导致透水事故的原因有哪些？巷道掘进发生透水事故前的常见预兆有哪些？

4. 井巷施工过断层、破碎带可以采取的施工措施有哪些？

5. 根据《生产安全事故报告和调查处理条例》，本事故属于哪一类事故？说明理由。事故调查应由什么机构组织？组成人员应包括哪些人员？

6. 根据本背景资料，作为一个完善的施工组织设计，安全技术措施应主要包括哪些方面的内容？

【答案与解析】

案例 15-1

1. 巷道施工应编制施工作业规程，其中施工的安全技术措施及要求内容必须正确和完整，并符合矿山安全规程及相关规定，对于采用下山法施工，应特别注意预防跑车事故和及时排除工作面积水的问题。该巷道施工的安全技术措施及要求的主要条款中有不正确的地方，具体问题在第（1）（2）（3）（5）（6）款。

第（1）款，井下巷道钻眼工作一般不采用电动式凿岩机，与湿式凿眼不协调。

第（2）款，斜巷下山法施工，工作面有积水，因此不能采用非防水炸药进行爆破。

第（3）款，采用抽出式通风时，风筒应选用刚性风筒，不能选用胶皮风筒。

第（5）款，斜巷下山法施工，只在工作面上方设置挡车器是不够的，还应在斜巷上口及变坡点下方设置阻车装置，巷道长度较长时，巷道中部还应设置挡车设施。

第（6）款，在巷道开设排水硐室应根据水泵的扬程来确定，不必间隔一定距离就设置。

2. 针对本巷道施工的安全技术措施及要求中存在的主要问题，可作如下修改：第（1）款，工作面采用风动式凿岩机钻眼，钻眼必须湿式作业。第（2）款，工作面放炮工作由专职放炮工担任，工作面应采用防水炸药进行爆破。第（3）款，工作面采用压入式通风，以迅速排除炮烟及粉尘，风筒选用直径 600mm 的胶皮风筒。第（5）款，施工中必须设置防跑车装置，斜巷上口平段、变坡点下方及工作面上方 20～40m 处，设置阻车器或挡车器；必要时应在下山中部设置阻止跑车的挡车器。第（6）款，根据排水设备的扬程，可在巷道侧壁上开设排水硐室，安装排水设备，用于排除工作面的积水。

案例 15-2

1. 采用架线电机车牵引固定厢式矿车运输人员，且列车运行速度为 5m/s，不符合规程规定；常闭式跑车防护装置设置不合理，一坡三挡设置不全。

井下人员运输应该采用专用人车运输，或架空乘人器、防爆无轨胶轮车等专用人员运输设备完成人员运输。斜巷运输应采用一坡三挡，在上部平段变坡点前设置固定阻车器阻止车辆自动滑入坡道；在倾斜井巷内安设能够将运行中断绳、脱钩的车辆阻止住的跑车防护装置。在各车场安设能够防止带绳车辆误入非运行车场或者区段的阻车器。在上部平车场入口安设能够控制车辆进入摘挂钩地点的阻车器。在上部平车场接近变坡点处，安设能够阻止未连挂的车辆滑入斜巷的阻车器。在变坡点下方略大于 1 列车长度的地点，设置能够防止未连挂的车辆继续往下跑车的挡车栏。上述挡车装置必须经常关闭，放车时方准打开。兼作行驶人车的倾斜井巷，在提升人员时，倾斜井巷中的挡车装置和跑车防护装置必须是常开状态并闭锁。

2. 安装辅助通风机进行远距离通风方式不符合规程要求，这在规程中是严禁采用。可以调整通风系统、设施，采用大功率局部通风机、大直径风筒可以解决远距离通风问题。

3. 安全炸药说法不妥，采用秒延期雷管不妥；放炮电源不妥，避炮距离不足。应该选用煤矿许用相应等级的炸药，煤矿许用毫秒延期雷管，矿用防爆起爆器，避炮距离根据不同巷道采取不同距离：岩巷直线巷道大于 130m，拐弯巷道大于 100m；煤（半煤岩）巷直线巷道大于 100m，拐弯巷道大于 75m。

案例 15-3

1. 工作面所需要的风量应按照瓦斯涌出量、爆破使用炸药量、同时工作的最多人数进行计算，并按照风速的要求进行验算。

（1）按工作面瓦斯涌出量计算

$$Q = 100qk$$

式中　Q——掘进工作面实际需要的风量，m^3/min；

　　100——按掘进工作面回风流中瓦斯的浓度不应超过 1.0% 的换算系数；

　　q——掘进工作面回风流中平均绝对瓦斯涌出量，取最大值 $1.5m^3/min$；

　　k——掘进工作面瓦斯涌出不均匀备用风量系数，爆破掘进工作面取 1.8～2.5，这里取 2.5。

$$Q = 100 \times 1.5 \times 2.5 = 375m^3/min$$

（2）按工作面爆破使用炸药量计算

$$Q = \eta A$$

式中　η——炸药耗风系数，一级煤矿许用炸药为 $25m^3/(min \cdot kg)$，二、三级煤矿许用炸药为 $10m^3/(min \cdot kg)$；

　　A——单次爆破使用的最大炸药量，55kg。

$$Q = 55 \times 10 = 550m^3/min$$

（3）按同时工作的最多人数计算

$$Q = 4N$$

式中　4——每人每分钟供给的风量，《煤矿安全规程》（2022 年版）规定不得小于 $4m^3/(min \cdot 人)$；

　　N——工作面同时工作的最多人数，交接班时为 36 人。

$$Q = 4 \times 36 = 144m^3/min$$

根据《煤矿安全规程》（2022 年版）规定，工作面需要风量，取上述最大者。则：

$$Q = 550m^3/min$$

（4）风速验算

$$v = \frac{Q}{60S}$$

式中　v——巷道中风速，m/s；

　　S——巷道净断面积，$26.28m^2$。

$$v = \frac{550}{60 \times 26.28} = 0.35m/s$$

根据《煤矿安全规程》（2022 年版），掘进中的岩巷最低风速取 0.15m/s，最高风速取 4m/s。风速验算符合安全规程规定，因此巷道掘进工作面所需要的风量为 $550m^3/min$。

2．工作面探煤孔与巷道平行，无法探到下部煤层，钻眼冒黑水，说明见煤。事故等级为一般事故，因为有 1 人死亡，1 人重伤。

3．工作面发生瓦斯爆炸直接原因是：工作面空气中瓦斯浓度达到爆炸标准。

4．调度人员的过错是没有及时上报，瓦斯检查员的过错是没有检测钻孔内瓦斯，工作面放炮前也没有检测瓦斯。

案例 15-4

1．由于该石门所穿过的岩层条件较差，围岩不稳定，作为施工单位，对支护方式的修改应征得业主的同意。施工中，放炮通风后不进行安全检测，没有进行"敲帮问顶"，直接进行钻眼作业，存在严重的安全隐患；在通过断层时，由于有水的影响，围岩很不稳定，应当制定相应的安全措施，防止冒顶事故，而仍按正常条件施工也是隐患之一。

2. 针对该石门巷道的施工条件，要预防巷道顶板事故，必须掌握巷道围岩的稳定状态。放炮后首先应进行"敲帮问顶"，检查危石，同时实施临时支护，当围岩稳定性较差时，应采用超前支护和加强支护，保证工作面的临时支护强度，这样才能保证安全施工。对已架设的支架要进行稳定性处理，防止倾覆。

3. 根据施工方的安排，施工中防治水工作很差。存在的不妥之处有，探放水方案、设备均不妥，探放水应采用专用设备进行，应有专门的探放水设计，布置满足涌、突水量的排水设施。应加强水文地质预测、预报工作。如果工作面涌水会对围岩稳定性产生影响，可采取相应的措施，如注浆封水、超前导水或引水等方法。

案例 15-5

1. 根据规定，无关人员不得进入炸药库区，严禁在库房内住宿和进行其他活动。因此，库房值班员的错误在于其在库房内睡觉。上班时间不应睡觉是劳动纪律问题，库房睡觉属于违反安全法规的错误。

2. 根据爆破安全规程要求，在大雾天、黄昏和夜晚，禁止进行地面和水下爆破。需在夜间进行爆破时，必须采取有效的安全措施，并经主管部门批准。因此，本案例首先应对晚间爆破的安全措施以及负责批准的主管部门进行检查，核实措施是否到位。

从本案例分析，可能出现的问题包括：晚间爆破照明不足，包括警戒处，行人不知鸣笛警戒信号和警戒位置。按照要求，爆破人员对光线不足或无照明以及未严格按爆破安全规程要求做好准备工作的情况，应该拒绝进行爆破工作。也可能是由于负责警戒的人员失责或警戒不充分，导致无关人员接近危险区。按规定，所有进入危险区的通道上均应设置警戒，尤其是晚间爆破，在照明条件不好的情况下，警戒人员不容易发现异常情况。因此对晚间爆破应慎重对待，一般不允许晚间爆破，必须进行爆破工作时，应制定充分的安全措施，并高度重视和严格执行相关的措施。这也是晚间爆破的安全措施必须经过主管部门批准的理由。

鸣笛警戒应三声，以避免有人疏忽导致的失误，特别在晚上。对于晚间的爆破施工，同样应加强预防飞石的措施，采取必要的爆破施工安全措施，保证爆破过程中的各种安全要求。

案例 15-6

1. 断面过小，选用台车配侧卸装岩机综合机械化作业线不合适，台车配侧卸装岩机综合机械化作业线适合 $12m^2$ 以上的巷道；巷道高度不适合 ZC120 装岩机，ZC120 型侧卸式装岩机要求巷道高度最小 3.7m。配套可选择多台气腿凿岩机配 ZC60 型或选择多台气腿凿岩机配耙斗装岩机。

2. 炸药选择不符合规程；炮眼深度一致不妥；周边眼布置不合适。炸药应选择安全等级 3 级以上炸药；炮眼布置掏槽眼应比辅助眼、周边眼加深 200~300mm；周边眼应布置在轮廓线上，眼底落到轮廓线外 50mm 左右。

3. 水文地质资料不全、不清；未严格执行物探先行钻探验证，有疑必探、先探后掘、综合治理的防治水规定；探水方案不严格。

发生透水事故前常见的预兆有：煤岩壁有异状流水、异味气体、发生雾气、水叫、巷道壁渗水、顶板淋水加大、底板涌水、挂汗等。

4．采取的施工措施有注浆加固法、超前支护法（撞楔法、超前锚杆）。

5．根据《生产安全事故报告和调查处理条例》，本次事故应确定为较大事故；死亡2人属一般事故，但经济损失超过了1000万元，达到了较大事故等级，所以事故调查应由设区的市级人民政府或其委托的有关部门组织调查。

调查组成组成人员应由有关人民政府、安全生产监督管理部门、负有安全生产监督管理职责的有关部门、监察机关、公安机关以及工会派人组成，并应当邀请人民检察院派人参加。

6．防止顶板冒落的措施，防止水灾事故的措施，防止瓦斯事故的措施，防止爆破事故的措施，防止机械伤害的措施等安全措施。单位工程施工组织设计应报施工项目部上级单位审查审批，同时报监理机构审查。

第 16 章 绿色建造及施工现场环境管理

16.1 矿山项目绿色建造

复习要点

矿山项目绿色建造是一个持续不断的过程，需要协调矿业工程质量、效率与可持续发展能力、环境保护之间的关系。加强矿山地质环境保护与恢复治理，推进矿业工程科技创新与节能减排，是目前我国绿色矿山、智能矿山建设的重要内容和行业发展方向。

1. 矿产资源合理开发与高效利用

矿产资源合理开发利用"三率"指标要求，矿产资源节约和综合利用先进适用技术，矿产资源开发利用水平调查评价的有关规定。

2. 矿山地质环境保护与恢复治理

矿山地质环境保护的调查评价、保护规划和恢复治理的有关规定。矿山开采活动对周围地质环境会产生多种不利影响。矿山地质环境保护预防措施和治理恢复措施，矿山地质环境生态修复的基本原则和主要内容。

3. 矿业工程科技创新与节能减排

井巷施工的科技创新主要包括全断面竖井掘进机、BIM 技术、新型支护材料和智能化监测等方面。绿色矿山建设应贯穿设计、建设、生产和闭坑全过程，采取减排保护开采技术。智能矿山建设主要包括地质测量、资源管理、采矿、选矿、资源节约利用、生态环境保护、大数据与智能管理等内容。

一 单项选择题

1. 井工煤矿中，厚煤层的采区回采率应不低于（　　）。
   A. 75%　　　　　　　　　　　B. 80%
   C. 85%　　　　　　　　　　　D. 90%

2. 煤炭矿山企业的原煤入选率原则上应达到（　　）以上。
   A. 75%　　　　　　　　　　　B. 80%
   C. 90%　　　　　　　　　　　D. 95%

3. 新建某大型露天磁铁矿，设计开采回采率应不低于（　　）。
   A. 75%　　　　　　　　　　　B. 80%
   C. 90%　　　　　　　　　　　D. 95%

4. 矿产资源开发利用水平调查评价中，全面调查评价每（　　）年进行一次。
   A. 1　　　　　　　　　　　　B. 2
   C. 3　　　　　　　　　　　　D. 5

5. 开采矿产资源造成矿山地质环境破坏的，由（　　）负责治理恢复。

    A. 矿山所在地的市、县自然资源主管部门

    B. 矿山所在地的省、自治区自然资源主管部门

    C. 矿山所在地的市、县人民政府

    D. 采矿权人

6. （　　）自然资源主管部门负责对采矿权人履行矿山地质环境保护与土地复垦义务的情况进行监督检查。

    A. 县级　　　　　　　　　　　B. 县级以上

    C. 市级　　　　　　　　　　　D. 市级以上

7. 废弃平硐应采用废石渣土等填实至少（　　）m。

    A. 10　　　　　　　　　　　　B. 20

    C. 30　　　　　　　　　　　　D. 50

8. "三下一上"采煤中的"一上"是指（　　）。

    A. 强含水层上　　　　　　　　B. 关键含水层上

    C. 隔水层上　　　　　　　　　D. 承压含水层上

9. 煤矿瓦斯抽采原则错误的是（　　）。

    A. 先抽后掘　　　　　　　　　B. 抽采同步

    C. 应抽尽抽　　　　　　　　　D. 抽采平衡

10. 集成协同阶段智能矿山属于（　　）。

    A. 一级　　　　　　　　　　　B. 二级

    C. 三级　　　　　　　　　　　D. 四级

二　多项选择题

1. 煤矿资源"三率"指标包括有（　　）。

    A. 采区回采率　　　　　　　　B. 开采回采率

    C. 选矿回收率　　　　　　　　D. 原煤入选率

    E. 资源综合利用率

2. 煤炭资源合理开发利用，要求指标不低于 75% 的有（　　）。

    A. 煤炭矿山原煤入选率　　　　B. 煤炭矿山煤矸石资源综合利用率

    C. 煤炭矿山矿井水综合利用率　D. 井工煤矿厚煤层采区回采率

    E. 露天煤矿厚煤层采区回采率

3. 矿产资源开发利用水平调查评价包括（　　）。

    A. 全面调查评价　　　　　　　B. 抽样调查评价

    C. 专项调查评价　　　　　　　D. 年度调查评价

    E. 现场调查评价

4. 应当重新编制矿山地质环境保护与土地复垦方案的情形有（　　）。

    A. 扩大开采规模　　　　　　　B. 变更矿区范围

    C. 变更开采方式　　　　　　　D. 关闭矿山

　　　　E. 转让采矿权

　　5. 矿山生态修复的基本原则有（　　　）。

　　　　A. 尊重科学，顺应自然，保护自然

　　　　B. 整体保护，系统修复，综合治理

　　　　C. 因地制宜，分类施策，兴利除弊

　　　　D. 经济合理，技术可行，注重成效

　　　　E. 预防为主，防治结合，鼓励创新

　　6. 关于煤炭矿山生态修复的说法，正确的有（　　　）。

　　　　A. 废弃立井可采用废石渣土等填实

　　　　B. 废弃斜井应采用废石渣土等填实，并在井口用浆砌砖石或混凝土封墙

　　　　C. 废弃平硐应采用废石渣土等填实至少 5m，并在平硐口浆砌砖石或混凝土封墙

　　　　D. 深部地下采空区可采取采空区注浆充填、覆岩离层带注浆充填或强夯法压实等工程措施进行采空区治理

　　　　E. 地下采空区治理前，应编制单独的采空区治理设计

　　7. 智能矿山建设，矿产资源开发利用的核心目标有（　　　）。

　　　　A. 创新　　　　　　　　　　　B. 绿色

　　　　C. 高效　　　　　　　　　　　D. 智能

　　　　E. 安全

　　8. 关于智能矿山开拓与开采的说法，正确的有（　　　）。

　　　　A. 智能矿山掘进宜选用自动化、智能化设备，实现作业面的无人化作业

　　　　B. 钻爆工作面应实现凿岩机等设备的位置定位、设备状态和作业数据的实时采集和远程监控

　　　　C. 钻爆工作面利用遥控技术实现设备和车辆的远程遥控驾驶时，应有保障人员随车作业

　　　　D. 综掘工作面联动设备应具备故障联锁停车功能和自动化集中控制功能

　　　　E. 井下充填应实现自动化，自动采集充填料制备、输送和充填作业数据

【答案与解析】

一、单项选择题

1. B；　　2. A；　　3. D；　　4. D；　　5. D；　　6. B；　　7. B；　　8. D；

9. B；　　10. B

【解析】

1.【答案】B

　　煤矿采区回采率的指标要求，对于井工煤矿：薄煤层（＜1.3m）不低于85%；中厚煤层（1.3～3.5m）不低于80%；厚煤层（＞3.5m）不低于75%。因此，本题正确答案为B。

2.【答案】A

　　煤炭矿山企业的原煤入选率原则上应达到75%以上。选项A正确。

3.【答案】D

铁矿资源开采回采率指标要求，对于露天开采：大型露天矿，开采回采率不低于95%；中小型露天矿，开采回采率不低于90%。因此，正确答案为D。

4.【答案】D

矿产资源开发利用水平调查评价中，全面调查评价每5年进行一次，抽样调查评价每年开展一次，专项调查评价是根据管理需要针对国家规划矿区、能源资源基地、战略性矿产等开发利用水平开展的。因此，正确答案为D。

5.【答案】D

开采矿产资源造成矿山地质环境破坏的，由采矿权人负责治理恢复，治理恢复费用列入生产成本。矿山地质环境治理恢复责任人灭失的，由矿山所在地的市、县自然资源主管部门，使用经市、县人民政府批准设立的政府专项资金进行治理恢复。

6.【答案】B

县级以上自然资源主管部门对采矿权人履行矿山地质环境保护与土地复垦义务的情况进行监督检查。

7.【答案】B

废弃平硐应采用废石渣土等填实至少20m，并在平硐口浆砌砖石或混凝土封墙。

8.【答案】D

"三下一上"是指建筑物下、铁路下、水体下、承压含水层上。

9.【答案】B

煤矿瓦斯应先抽后掘、先抽后采，实现应抽尽抽和抽采平衡。对高瓦斯矿井、煤（岩）与瓦斯（二氧化碳）突出矿井，应先采气再采煤，实现抽采达标。

10.【答案】B

根据智能化技术和产品在矿山企业中的应用深度及广度，按照单项应用、集成协同应用、整体应用将智能矿山分为三个智能等级。一级智能矿山处于单项应用阶段，二级智能矿山处于集成协同阶段，三级智能矿山处于整体应用阶段。

二、多项选择题

1. A、D、E；　　　2. A、B、C、D；　　　3. A、B、C；　　　4. A、B、C；
5. A、B、C、D；　6. A、B、E；　　　　7. B、C、D、E；　8. B、D、E

【解析】

1.【答案】A、D、E

煤炭资源合理开发利用"三率"是指煤矿采区回采率、原煤入选率、煤矸石与共伴生矿产资源综合利用率等三项指标。铁矿资源合理开发利用"三率"是指铁矿山开采回采率、选矿回收率和综合利用率等三项指标。因此，本题正确答案为A、D、E。

2.【答案】A、B、C、D

煤炭资源合理开发利用的"三率"指标要求，煤矿采区回采率：井工煤矿厚煤层（＞3.5m）不低于75%，采用水力采煤技术的井工煤矿中厚煤层不低于75%，露天煤矿厚煤层（＞10.0m）不低于95%。原煤入选率：煤炭矿山企业的原煤入选率原则上应达到75%以上。煤炭矿山企业的煤矸石和矿井水综合利用率均应达到75%以上。因此，答案A、B、C、D正确。

　　3.【答案】A、B、C

　　调查评价分为全面调查评价、抽样调查评价和专项调查评价。全面调查评价年份要对全部矿山进行实地核查，抽样调查年份的矿山实地核查工作与当年度的矿业权人勘查开采信息公示实地核查工作合并进行。

　　4.【答案】A、B、C

　　《矿山地质环境保护规定》（2019 年修正）中关于矿山地质环境恢复治理的规定：采矿权人扩大开采规模、变更矿区范围或者开采方式的，应当重新编制矿山地质环境保护与土地复垦方案，并报原批准机关批准。矿山关闭前，采矿权人应当完成矿山地质环境保护与土地复垦义务。采矿权转让的，矿山地质环境保护与土地复垦的义务同时转让。采矿权受让人应当依照本规定，履行矿山地质环境保护与土地复垦的义务。

　　5.【答案】A、B、C、D

　　矿山生态修复应遵循的基本原则：（1）尊重科学，顺应自然，保护自然；（2）整体保护，系统修复，综合治理；（3）因地制宜，分类施策，兴利除弊；（4）经济合理，技术可行，注重成效。

　　6.【答案】A、B、E

　　根据《矿山生态修复技术规范 第 2 部分：煤炭矿山》TD/T 1070.2—2022 的有关规定：（1）对于废弃立井可采用废石渣土等填实，或在井口一定深度下浇筑强度和稳定性满足设计要求的钢筋混凝土盖板，盖板上覆土并设置栅栏和标志。（2）废弃斜井应采用废石渣土等填实，并在井口用浆砌砖石或混凝土封墙。（3）废弃平硐应采用废石渣土等填实至少 20m，并在平硐口浆砌砖石或混凝土封墙。（4）对存在潜在地质安全隐患的地下采空区，应采取采空区注浆充填、覆岩离层带注浆充填、浅部采空区开挖回填或强夯法压实等工程措施进行采空区治理。（5）地下采空区治理前，应编制单独的地下采空区治理设计。

　　7.【答案】B、C、D、E

　　根据《智能矿山建设规范》DZ/T 0376—2021 的相关内容，智能矿山建设以矿产资源开发利用的绿色、安全、高效、智能为核心目标。

　　8.【答案】B、D、E

　　开拓与回采方面，智能矿山掘进各工序宜选用自动化、智能化设备，实现作业面的少人或无人化作业。钻爆工作面应实现凿岩机、装药车等设备的位置定位、设备状态和作业数据的实时采集和远程监控，可利用遥控技术实现设备和车辆的远程遥控驾驶，保障人员本质安全。综掘工作面应实现掘进机、锚杆机等设备的远程监测监控和必要的视频监控，联动设备应具备故障联锁停车功能和自动化集中控制功能。井下充填应实现自动化自主控制，并自动采集充填料制备、输送和充填作业数据。

16.2　施工现场及环境管理

复习要点

　　施工现场管理及环境管理的内容，施工现场的电、水、火安全使用，矿井施工现场调度工作，矿业工程对环境的影响及环境影响评价，矸石、废石及尾矿固体废弃物的处理方法。

1. 施工现场管理及环境管理内容

现场制度管理、现场技术管理、"一通三防"管理、提升（悬吊）及运输系统管理、设备、材料管理、防暑、防汛、防雷、防冻管理。矿井井口、井底及施工作业场所环境管理。

2. 施工现场的水、电、火安全使用及文明施工管理

施工现场安全用水。供电安全，电气施工安全，用电安全。施工现场安全防火的一般规定、防火设施、施工防火。施工现场文明施工要求。

3. 矿井施工现场调度工作

矿山施工调度工作的地位和内容，矿山施工调度工作的原则和方法。

4. 矿业工程对环境的影响及环境影响评价

矿山施工要求的主要环境问题，施工环境保护措施，矿业工程项目的环境影响评价。

5. 矸石、废石及尾矿固体废弃物的处理方法

矸石、废石的处理方法及管理规定，尾矿、固体废弃物的处理方法及管理规定。

一 单项选择题

1. 关于施工现场管理内容的说法，不正确的是（　　　）。
   - A. 施工现场管理涉及施工的全部过程
   - B. 包括施工总平面布置设计及过程动态调整
   - C. 组织项目竣工验收
   - D. 项目竣工后的清场移交

2. 以下工作中，属于现场技术管理的是（　　　）。
   - A. 二、三期工程安全监测监控工作
   - B. 项目开工前与建设方联系，进行测绘控制点的桩点和资料交接
   - C. 建立设备档案
   - D. "一通三防"技术管理

3. 施工非煤矿井时，通风防尘专职人员名额应不少于接尘人数的（　　　）。
   - A. 1%～3% 　　　　　　　　　　B. 3%～5%
   - C. 5%～7% 　　　　　　　　　　D. 7%～10%

4. 矿井施工现场用电安全管理要求进行两回路供电的是（　　　）。
   - A. 地面照明 　　　　　　　　　B. 井下胶带输送机运输
   - C. 矿井主要通风机 　　　　　　D. 井上下压风系统

5. 矿山施工调度工作的基础是（　　　）。
   - A. 施工作业计划和施工组织设计
   - B. 检查和调节地面和地下工作平面及空间管理
   - C. 解决总包和分包之间的矛盾

　　　　D．不断调整劳动力的分配

　　6．关于矿山工程施工调度原则的说法，正确的是（　　　）。

　　　　A．交用期限早的工程服从于交用期限迟的工程

　　　　B．复杂工程服从于简单工程

　　　　C．安全第一，生产第二

　　　　D．质量第一，生产第二

　　7．下列矿井施工引起的问题，不属于矿山环境问题的是（　　　）。

　　　　A．矿井建设开挖引起的地表变形

　　　　B．矿井排水造成的地下水位下降

　　　　C．矿井施工排除的矸石露天堆放

　　　　D．雨期山洪暴发冲毁矿井道路

　　8．防治尾矿污染环境的设施必须与主体工程实行"三同时"，其中"三同时"指的是（　　　）。

　　　　A．同时立项、同时审查、同时验收

　　　　B．同时设计、同时施工、同时投产

　　　　C．同时立项、同时设计、同时验收

　　　　D．同时设计、同时施工、同时验收

　　9．关于固体废弃物粉煤灰综合利用的说法，错误的是（　　　）。

　　　　A．粉煤灰形似土壤，透气性好，对酸性或黏性土壤有改良作用

　　　　B．可增强植物的抗倒伏能力，起硅钙肥的作用

　　　　C．对盐碱地有改良作用

　　　　D．可以提高土壤上层的表面湿度，具有促熟和保肥作用

　　10．对于尾矿固体废弃物的处理，经济合理的处理方式是（　　　）。

　　　　A．尾矿防尘运送　　　　　　　　B．防止渗漏和腐蚀

　　　　C．最大限度地回收利用　　　　　D．尾矿贮存

二　多项选择题

　　1．按矿业工程项目现场制度管理要求，现场需落实的制度包括（　　　）。

　　　　A．组织建立并落实双重预防工作机制

　　　　B．建立特种作业人员持证上岗制度

　　　　C．建立施工图纸会审制度

　　　　D．坚持日生产调度会议制度

　　　　E．坚持和落实管理干部下井制度

　　2．关于矿业工程施工现场管理工作的说法，正确的是（　　　）。

　　　　A．项目经理应全面负责施工过程的现场管理工作

　　　　B．设计单位要负责包括所有的技术管理和现场工作

　　　　C．项目部应坚持每天的调度会议制度

　　　　D．地质人员的主要工作是室内图纸分析和预报

E. 测量人员需要及时下井布放井巷中、腰线

3. 矿井安全供电规定的内容有（   ）。

A. 矿井应有两回电源线路

B. 主要通风、提升等主要设备房，应各有两回路供电线路

C. 井下供电系统必须有符合要求的供电系统设计及保护整定校验

D. 施工现场临时用电工程必须设置专用的保护零线

E. 防爆环境中的防爆设备必须有防爆合格证

4. 矿山施工调度工作的主要内容（   ）。

A. 督促检查施工准备工作

B. 检查和调节劳动力和物资供应工作

C. 按照结构简单工程服从于结构复杂工程进行生产安排

D. 检查和处理总包与分包的协作配合关系

E. 调节生产中的各个薄弱环节

5. 环境影响评价的三种形式是指（   ）。

A. 可能造成重大环境影响的，应当编制环境影响报告书

B. 可能造成轻度环境影响的，应当编制环境影响报告表

C. 可能造成重大环境影响的，应当编制环境影响报告表

D. 可能造成轻度环境影响的，应当填报环境影响登记表

E. 对环境影响很小的，应当填报环境影响登记表

6. 尾矿库选矿工艺流程的选择，应考虑的因素有（   ）。

A. 工艺本身的技术经济合理性

B. 优先选用先进的选矿技术和工艺

C. 易于"三废"处理并有成熟经验的工艺

D. 对尾矿固体废弃物应最大限度地回收利用

E. "三废"处理技术的可行性和可靠性

【答案与解析】

一、单项选择题

1. C;   2. B;   3. C;   4. C;   5. A;   6. C;   7. D;   8. B;
9. B;   10. C

【解析】

1.【答案】C

施工现场管理涉及施工的全部过程，施工总平面布置设计及过程动态调整、项目竣工后的清场移交属于施工现场管理的内容。组织项目竣工验收，按照《煤矿井巷工程质量验收规范》GB 50213—2010（2022年版）规定，该项工作是由建设单位组织验收，不属于施工单位现场管理的内容。因此，答案选C。

2.【答案】B

二、三期工程安全监测监控工作、"一通三防"技术管理属于"一通三防"管理。

项目开工前与建设方联系，进行测绘控制点的桩点和资料交接，并检测确认，属于现场技术管理。建立设备档案，属于设备、材料管理。因此，答案选 B。

3.【答案】C

"一通三防"管理要求，施工非煤矿井时，必须执行相关矿山的安全规程。矿山企业应建立、健全通风防尘、辐射防护专业机构，配备必要的技术人员和工人，并列入生产人员编制，其中通风防尘专职人员名额，应不少于接尘人数的 5%～7%。因此，答案选 C。

4.【答案】C

矿井工程施工现场安全用电包括供电安全、电气施工安全、用电安全等方面。对于供电安全，矿井应有两回路电源线路供电。当任一回路中断供电时，另一回路应保证全部矿井电力负荷要求。通风机、提升机等主要设备，应按两回路，由变（配）电所直接馈出线路供电。因此，答案为 C。

5.【答案】A

矿山施工调度工作基础是施工作业计划和施工组织设计，调度部门一般无权改变作业计划的内容。但在遇到特殊情况无法执行原计划时，可通过一定的程序，经技术部门同意进行调度工作。检查和调节地面和地下工作平面及空间管理、解决总包和分包之间的矛盾、不断调整劳动力的分配，属于矿山施工调度工作的主要内容。因此，答案选 A。

6.【答案】C

矿山工程施工调度原则是安全第一、生产第二，一般工程服从于重点工程和竣工工程，交用期限迟的工程服从于交用期限早的工程，小型或结构简单的工程服从于大型或结构复杂的工程，矿山调度工作必须做到准确、及时、严肃、果断。因此，答案选 C。

7.【答案】D

矿业工程施工引起的环境问题类型，依据问题性质可将其题划分为："三废"问题，地面变形问题，矿山排（突）水、供水、生态环保三者之间的矛盾问题，沙漠化和水土流失等问题。显然，雨期山洪暴发冲毁矿井道路属于自然灾害，不是施工造成的环境问题。答案应为 D。

8.【答案】B

根据施工环境保护要求，防止环境污染和其他灾害的环境保护工程必须与土体工程同时设计、同时施工、同时投产。因此，答案选 B。

9.【答案】B

粉煤灰形似土壤，透气性好，它不仅对酸性或黏性土壤以及盐碱地有改良作用，还可以提高土壤上层的表面湿度，以及促熟和保肥作用。在粉煤灰中也常含有 10% 以上的未燃尽炭，可从中直接回收炭或用以烧制砖瓦。可增强植物的抗倒伏能力，起硅钙肥的作用，属于含有硅、钙等成分自燃后的煤矸石的作用。因此，答案选 B。

10.【答案】C

根据尾矿、固体废弃物的处理方法及管理规定，对于尾矿固体废弃物的处理，应最大限度地予以回收利用，如果堆放应设置标志，对含有毒性矿物成分尾矿的堆放，必须采取防水、防渗、防流失等防止危害的措施。因此，答案选 C。

二、多项选择题

1. A、B、D、E;　　　2. A、C、E;　　　3. A、B、C、D;　　　4. A、B、D、E;

5. A、B、E;　　　6. A、C、E

【解析】

1.【答案】A、B、D、E

施工现场管理涉及施工的全部过程,包括:现场制度管理,现场技术管理,"一通三防"管理,提升(悬吊)及运输系统管理,设备和材料管理,防暑、防汛、防雷、防冻管理。组织建立并落实双重预防工作机制、建立特种作业人员持证上岗制度、坚持日生产调度会议制度、坚持和落实管理干部下井制度属于现场制度管理内容。建立施工图纸会审制度,属于现场技术管理内容。因此答案选A、B、D、E。

2.【答案】A、C、E

施工项目经理是施工现场管理组织的第一责任人,具有明确的责任,全面负责整个施工现场的管理工作。这是一项基本的管理制度。每日的调度会议制度是矿业工程施工现场一种基本的管理制度,也是一种制度管理的重要内容。巷道施工前,地质预报(预想剖面图、地质及水文地质说明)应及时送达调度室和有关部门。地质人员还必须在井下进行调查,做好地质素描工作,地质素描是矿井竣工移交的一项重要内容。

3.【答案】A、B、C、D

井下供电安全,必须考虑保证设备用电安全,正常运转;同时满足供电线路的安全要求,包括:

(1)矿井应有两回路电源线路。当任一回路发生故障而停止供电时,另一回路应能负担全矿井负荷。正常情况下,如采用一回路运行方式,另一回路也必须带电备用;矿井电源电路上,严禁装设负荷定量器。

(2)主要通风、提升等设备,应按两回路,由变(配)电所直接馈出线路供电。

(3)井下供电系统必须有符合要求的供电系统设计及保护整定校验;各类电器设备应按规定装有欠压保护、短路保护,过负荷、单相断线、漏电闭锁和漏电保护装置,以及远程控制装置,严禁井下配电变压器中性点直接接地,严禁由地面中性点直接接地的变压器或发电机直接向井下供电。

(4)施工现场临时用电工程必须设置专用的保护零线,保护零线与工作零线不能混接。

4.【答案】A、B、D、E

矿山施工调度工作的主要内容:(1)督促检查施工准备工作;(2)检查和调节劳动力和物资供应工作;(3)检查和调节地面和地下工作平面及空间管理;(4)检查和处理总包与分包的协作配合关系;(5)及时发现施工过程中的各种故障,调节生产中的各个薄弱环节。按照结构简单工程服从于结构复杂工程进行生产安排,属于矿山工程施工调度原则的内容。因此,答案选A、B、D、E。

5.【答案】A、B、E

环境影响评价,是指对规划和建设项目实施后可能造成的环境影响进行分析、预测和评估,提出预防或者减轻不良环境影响的对策和措施,进行跟踪监测的方法和制度，是法律规定在项目规划和建设前必须要完成的工作。环境影响评价有三种形式：（1）可能造成重大环境影响的，应当编制环境影响报告书，对产生的环境影响应有全面评价；（2）可能造成轻度环境影响的，应当编制环境影响报告表，对产生的环境影响应有分析或者专项评价；（3）对环境影响很小的，应当填报环境影响登记表。因此，答案选 A、B、E。

6.【答案】A、C、E

尾矿的处理方法中对选矿工艺流程的选择，除其工艺本身的技术经济合理外，还应考虑"三废"处理技术的可行性和可靠性。在多种可供选择的选矿工艺中应优先选用易于进行"三废"处理，并有成熟处理经验的生产工艺。因此，答案选 A、C、E。

实务操作和案例分析题

案例 16-1

背景资料：

某煤矿启动采空区灾害综合治理项目，决定对长期以来开采造成的多处采空区进行工程治理和生态恢复，在前期调研基础上编制了《某煤矿采空区治理实施方案》。治理工程包括地下采空区 1 处、地表塌陷区 1 处和排矸场边坡 1 处。地下采空区采深为 90～120m、采深采厚比为 30、煤层倾角为 10°～15°，地表塌陷区治理面积约为 5120m²，排矸场边坡垂直高度为 172m、斜坡长为 203m。经方案论证，对该地下采空区采用水泥粉煤灰浆液进行注浆处理，充填采空区垮落后的剩余空隙；因地制宜，对地表塌陷区进行塌陷地人工湿地建设，排矸场边坡进行边坡绿化工程。

问题：

1. 煤矿矿山生态修复的一般工作流程包括哪些？说明各阶段的主要内容。
2. 针对地下采空区，治理实施方案中应包括哪些内容？
3. 背景资料中地下采空区属于哪种类型？地下采空区处理方法包括哪些？
4. 说明消除排矸场边坡安全隐患可采取哪些工程措施。

案例 16-2

背景资料：

某煤矿企业为加强矿产资源绿色开发利用，委托某第三方矿产资源服务有限公司编制了《煤矿矿产资源绿色开发利用方案》（以下简称《方案》），《方案》编制范围与采矿许可证确定的矿区范围一致，矿井开采方式为地下开采，生产规模为 30 万 t/年，矿区面积为 0.929km²，开采深度由 +1200m～+960m 标高。《方案》部分内容如下：

（1）井田概况：井田构造属中等类型，水文地质类型为中等类型，矿井为低瓦斯矿井；地温、地压无异常现象；井田工程地质条件的复杂程度类型属第三类中等型。

（2）开采方案：全井田设一个开采水平四个采区开采。1 号煤层（薄煤层）采区动用资源储量 69.07 万 t，采区采出煤量 63.01 万 t；2 号煤层（中厚煤层）采区动用资源储量 250.2 万 t，采区采出煤量 209.57 万 t。2 号煤层属于自然煤层，煤尘具有爆炸性。

煤矿生产的原煤全部运至矿井配套洗煤厂进行洗选。

（3）共伴生资源及综合利用措施：本井田共伴生矿产资源为煤层气，煤层气级别为二级，设计在矿井工业场地建煤层气发电站，计算矿井煤层气利用率为90%。设计生产后矿井煤矸石全部供给附近建材公司加工新型建材，煤矸石利用率100%。设计矿井水经处理后用于井上下生产用水，矿井水处置率100%，计算矿井水综合利用率89%，其余部分作为附近农业灌溉用水或外排。

问题：

1. 说明煤炭行业绿色矿山建设对资源开发方式的基本要求。

2. 说明煤炭资源合理开发利用"三率"指标包括哪些。《方案》中矿井开采方案是否符合煤炭行业绿色矿山建设对"三率"指标要求？说明理由。

3.《方案》中矿井共伴生资源及综合利用措施是否符合煤炭行业绿色矿山建设要求？说明理由。

案例 16-3

背景资料：

某施工单位的施工项目部负责某矿井主、副立井及二、三期巷道工程施工。主、副立井同时到底后进行了短路贯通，主井临时改绞完成后副井进行永久装备。二期工程施工期间，该施工单位安全监察部门对该项目部进行了现场检查，发现以下问题：

（1）施工项目部设置了安全生产组织机构，建立了安全风险分级管控与隐患排查治理共用的工作机制。

（2）在主井井底距主井筒 15m 处，设置了两道双向临时风门，采用局扇风机群给井下各掘进工作面通风，形成了从主井进风、副井回风的通风系统，由放炮组兼作通风系统管理。

（3）按照逢检必考原则，对 7 名调度员进行了施工调度工作内容的现场考试，2 人不合格，5 人合格，要求整改。

（4）在井下巷道穿过断层破碎带时，调度室根据工程条件及时调整了施工作业计划。

问题：

1. 针对安全监察部门检查发现的问题，该施工项目部应如何整改？

2. 指出施工项目部安全风险分级管控的工作机制制度建设的主要内容及作用。

3. 该施工项目部施工调度的主要原则应包括哪些？

案例 16-4

背景资料：

某施工单位承建了一铅锌矿的施工。该矿位于山区，矿井工业场地东侧有一河流，沿河流向下 3km 处为一村庄。矿井施工过程中，初期废石用于平垫工业广场以及修建道路，后期运送到废石场地存放，废石场地临近河流。矿井临近竣工移交时，河流下游村庄所属乡政府找到施工单位，要求施工单位进行赔偿，具体内容如下：

（1）由于铅锌矿废石堆放距离河流太近，下雨使废石中的有害物质排放到河流中，使下游村庄不能使用河水作为生活用水，要求赔偿开挖地下水作为生活用水的全部费用。

（2）由于矿井施工利用废石修建道路，废石中含有的铅会影响儿童智力发育，要求赔偿相关的医疗费用，并要求对相关遗留问题进行处理。

（3）矿井施工破坏了当地的旅游资源，要求赔偿由此造成的损失每年 500 万元。

（4）矿井施工生活污水直接向河流排放，需要每年缴纳罚款 80 万元。

施工单位认为，有关环境影响问题应由建设单位负责，矿井施工期间设有环保相关设施，关于废石排放的处理设施必须等工程竣工后才能投入使用，施工期间的问题应由建设单位解决，只同意承担施工生活污水排放的罚款。而建设单位又以所有建设手续合法，责任明确为由，不同意承担相关的费用。

问题：

1. 施工废弃物对环境有何影响？并指出环境保护的原则。

2. 矿山施工废石排放有何规定？

3. 当地乡政府的做法是否合理？为什么？

4. 施工单位应当承担哪些责任和相关赔偿？

5. 建设单位应承担哪些责任和相关赔偿？

【答案与解析】

案例 16-1

1. 煤炭矿山生态修复工作流程一般包括：基础调查与问题识别、方案编制、方案实施、监测与管护、成效评估五项内容。

（1）基础调查阶段与问题识别阶段完成区域自然生态状况、矿山概况、矿山生态问题等调查。

（2）方案编制阶段根据生态修复总体定位，确定生态修复目标任务、分区、修复模式，完成技术经济可行性分析。

（3）方案实施阶段主要完成工程设计、工程施工和工程监理。

（4）生态修复现场监测与管护包括地质稳定性、水体、土壤、纸杯群落和动物种群监测与管护。

（5）成效评估主要包括生态效益、经济效益和社会效益评估等内容。

2. 地下采空区治理方案应当包括地质采矿条件、工程概况、治理目的和范围、治理方案、工艺流程、变形监测方案等内容。

3. 煤矿采空区类型可根据开采规模、形式、时间、采深及煤层倾角等进行划分。根据背景资料给出的采深、煤层倾角等信息，该地下采空区类型为中深层采空区或者水平（缓倾斜）采空区。

应根据地下采空区类型、规模、发展变化趋势、危害大小等特征，因地制宜，综合治理。一般，对存在潜在地质安全隐患的地下采空区，可采取采空区注浆充填、覆岩离层带注浆充填、浅部采空区开挖回填或强夯法压实等工程措施进行采空区治理，保障地下采空区的地质安全稳定。

4. 对排矸场边坡消除安全隐患可采取削坡、清理、压实、疏导、拦挡、固化等工程措施。

案例 16-2

1.《煤炭行业绿色矿山建设规范》DZ/T 0315—2018 对煤炭行业绿色矿山的资源开发方式的基本要求是：资源开发应与环境保护、资源保护、城乡建设相协调，最大限度减少对自然环境的扰动和破坏，选择资源节约型、环境友好型开发方式；应遵循矿区煤炭资源赋存状况、生态环境特征等条件，因地制宜选择资源利用率高、废物产生量小、水重复利用率高，且对矿区生态破坏小的减排保护开采技术；应贯彻"边开采、边治理、边恢复"的原则，及时治理恢复矿山地质环境，复垦矿山占用土地和损毁土地。

2. 煤炭资源合理开发利用"三率"是指煤矿采区回采率、原煤入选率、煤矸石与共伴生矿产资源综合利用率等三项指标，是评价煤炭企业开发利用煤炭资源效果的主要指标。

《方案》中 1 号煤层（薄煤层）采区回采率为 63.01/69.07×100% ＝ 91%，2 号煤层（中厚煤层）采区回采率为 209.57/250.2×100% ＝ 84%。根据《煤炭行业绿色矿山建设规范》DZ/T 0315—2018：井工开采薄煤层（＜1.3m）采区回采率≥85%、中厚煤层（1.3m～3.5m）采区回采率≥80%。该煤矿采区回采率符合规范要求。煤矿生产的原煤全部运至矿井配套洗煤厂进行洗选，原煤入选率 100%，符合煤炭矿山企业的原煤入选率不低于 75% 的要求。

3.《方案》中煤层气利用率为 90%，煤矸石利用率 100%，矿井水处置率 100% 符合规范要求，但矿井水综合利用率 89% 不符合规范要求。《煤炭行业绿色矿山建设规范》DZ/T 0315—2018 中规定：一般水资源矿区，矿井水利用率不低于 90%，处置率达到 100%，应进行相应修改。

案例 16-3

1. 针对安全监察部门检查发现的问题，该施工项目部应按照《中华人民共和国安全生产法》、"一通三防"、矿山工程调度工作等要求进行整改，具体整改内容如下：

（1）按照《中华人民共和国安全生产法》相关要求，施工项目部应现场组织建立并落实安全风险分级管控和隐患排查治理双重预防工作机制，落实本单位全员安全生产责任制。

（2）按照"一通三防"要求，矿井必须采用机械通风。两个井筒在井底贯通后，需投入建井风机，形成副井进风、主井回风的全风压通风系统，禁止采用风机群给井下各掘进工作面通风。并随着二、三期工程的开展，提前编制通风设计，及时调整通风系统，防止风流短路，杜绝扩散通风和不合理的串联通风。

（3）矿山工程施工调度工作基础是施工作业计划和施工组织设计，调度部门一般无权改变作业计划的内容。但在遇到如井下巷道穿过断层破碎带等特殊情况无法执行原作业计划时，可进行作业计划调整，调整的作业计划必须经技术部门审批或完善后批准，并按批准后的作业计划进行相应调度工作。

2. 施工项目部安全风险分级管控的工作机制制度建设主要内容是：建立安全风险的辨识范围、方法和安全风险的辨识、评估、管控工作流程等。其作用是：

（1）将安全风险辨识评估结果应用于指导生产计划、作业规程、操作规程、灾害预防与处理计划、应急救援预案以及安全技术措施等技术文件的编制和完善；

（2）按照事故隐患排查治理工作机制对排查出的事故隐患进行分级，按事故隐患等级落实治理、督办、验收等工作。

3．该施工项目部施工调度的主要原则应包括：

（1）安全第一，生产第二；

（2）一般工程服从于重点工程和竣工工程；

（3）交用期限迟的工程服从于交用期限早的工程；

（4）小型或结构简单的工程服从于大型或结构复杂的工程；

（5）矿山调度工作必须做到准确、及时、严肃、果断。

案例 16-4

1．施工废弃物对环境的影响，主要表现在对大气、水体和土壤等环境要素的影响。如固体废弃物中含有有毒以及有害的物质，长期堆放，不仅侵占土地和农田，造成扬尘污染，而且经降雨淋溶后易于分解，会渗透到土壤以及水源中，恶化水土条件；有的废弃物还释放有害气体，影响矿区周围的空气质量。

根据《中华人民共和国环境保护法》《中华人民共和国矿产资源法》及有关法律、法规规定，我国保护环境的基本原则是经济建设与环境保护协调发展；以防为主，防治结合，综合治理；谁开发谁保护，谁破坏谁治理。

2．矿山施工废石排放的规定包括：

（1）矿山的剥离物、废石、表土及尾矿等，必须运往废石场堆置排弃或采取综合利用措施，不得向江河、湖泊、运河、渠道、水库及其最高水位线以下的滩地和岸坡以及法律、法规规定的其他地点倾倒、堆放和贮存。

（2）对具有形成矿山泥石流条件、排水不良及整体稳定性差的废石场，严禁布置在可能危及露天采矿场、工业场地、居住区、村镇、交通干线等重要建（构）筑物安全的上方。

（3）凡具有利用价值的固体废物必须进行处理，最大限度地予以回收利用。对有毒固体废物的堆放，必须采取防水、防渗、防流失等防止危害的措施，并设置有害废物的标志。

（4）严禁在城市规划确定的生活居住区、文教区、水源保护区、名胜古迹、风景游览区、温泉、疗养区和自然保护区等界区内建设排放有毒有害物质的工程项目。

3．当地乡政府从环境保护和维护人民群众利益及为人民群众服务的角度，对矿井施工造成的危害积极进行监督的做法是正确的。因为环境保护是利国利民的大事，必须予以重视。但应当注意要求赔偿的内容和费用，应结合现场多方人员（必须有相关专业人员在内）组成的调查组一起调查并进行论证后的实际情况，遵循相关的法律、法规，本着公平合理的原则进行。

4．施工单位应当考虑到废石中的有害物质对环境和人类造成的危害和影响，废石堆放距离河流太近，经下雨对河水造成污染，做法不正确。矿井施工生活污水直接向河流排放，做法不正确。施工单位应承担相应的责任及赔偿。

对于矿井施工对旅游的影响，很难判断是施工单位责任造成的，施工单位不用承担。

5．建设单位进行矿山建设应当充分考虑项目对环境、人类、资源、旅游等造成的影响，不能以国家审批同意建设就推卸责任，应有义务对当地的环境保护和经济建设及社会发展作出贡献，对造成的经济损失，应当根据相关规定给予补偿。

第17章　施工文档管理及项目管理新发展

17.1　矿业工程技术文档管理

复习要点

矿业工程项目工程资料管理规定和工程资料管理，工程资料收集整理及工程资料移交的相关规定，矿业工程竣工验收的程序，矿业工程竣工资料的移交与接收。

1．矿业工程技术文档管理内容

矿业工程项目工程资料管理的基本规定和编制规定，建设单位资料管理、施工单位资料管理、监理单位资料管理内容。

2．竣工资料的汇总以及移交工作

工程资料收集、整理的规定，竣工图编制规定，工程资料移交的相关规定，矿业工程竣工资料的移交与接收。

一　单项选择题

1．根据《煤炭建设工程资料管理标准》NB/T 51051—2016 的适用条件，不属于煤炭建设工程资料管理范围的是煤炭（　　　）。

　　A．新建矿井工程　　　　　　　B．改建矿井工程

　　C．可缩井壁工程　　　　　　　D．技术改造工程

2．依据矿业工程项目工程资料编制要求，每道工序或分项工程实体验收合格后应（　　　）内完成工程资料编制。

　　A．当日　　　　　　　　　　　B．3 日

　　C．7 日　　　　　　　　　　　D．14 日

3．依据矿业工程项目工程资料编制要求，分部工程、单位工程实体等应拍摄影像资料留存，每个单位工程应有（　　　）张以上彩色洗印或彩色激光打印照片。

　　A．3　　　　　　　　　　　　　B．5

　　C．8　　　　　　　　　　　　　D．10

4．依据施工单位资料管理规定，属于技术资料的是（　　　）。

　　A．报审报验资料　　　　　　　B．测量成果

　　C．设计交底　　　　　　　　　D．施工检测资料

5．依据施工单位资料管理规定，属于质量控制资料的是（　　　）。

　　A．质量标准　　　　　　　　　B．工程质量保证体系

　　C．验收标准　　　　　　　　　D．分项工程质量验收资料

6．单项工程的竣工图应由（　　　）负责编制。

　　A．总承包单位　　　　　　　　B．建设单位

　　　　C．施工单位　　　　　　　　　　D．监理单位

7. 煤炭建设项目工程资料的管理责任主体不包括（　　　）。

　　　　A．建设单位　　　　　　　　　　B．施工单位

　　　　C．设计单位　　　　　　　　　　D．监理单位

8. 关于工程资料编制说法，错误的是（　　　）。

　　　　A．工程资料使用计算机软件填写，采用手工或电子签名

　　　　B．工程资料的签名应可以使用蓝色水笔

　　　　C．工程资料不得随意涂改，需要修改时，应采用划改且由划改人签名

　　　　D．计算机输出的纸质文字和图件，应采用永久保存的纸质打印方式

9. 监理工程资料的移交对象是（　　　）。

　　　　A．施工单位　　　　　　　　　　B．建设单位

　　　　C．监理单位　　　　　　　　　　D．设计单位

10. 矿业工程竣工资料的质量要求内容不包括（　　　）。

　　　　A．工程竣工资料内容与工程实际相符合

　　　　B．工程竣工资料签字盖章手续完备

　　　　C．工程竣工资料使用易褪色的材料书写

　　　　D．工程竣工资料应为原件

二　多项选择题

1. 工程资料管理是指煤炭建设工程资料的（　　　）等工作的统称。

　　　　A．编制　　　　　　　　　　　　B．审批

　　　　C．收集　　　　　　　　　　　　D．整理与移交

　　　　E．科研攻关

2. 矿业工程项目工程资料管理编制规定，以下（　　　）应拍摄影像资料留存。

　　　　A．分项工程　　　　　　　　　　B．分部工程

　　　　C．关键工序　　　　　　　　　　D．重要的隐蔽工程部位

　　　　E．单位工程实体

3. 根据工程资料的整理规定，监理单位的控制资料宜按照（　　　）分别整理。

　　　　A．工程合同　　　　　　　　　　B．工程质量

　　　　C．工程进度　　　　　　　　　　D．工程安全

　　　　E．工程造价

4. 根据工程资料移交的相关规定，工程资料移交（　　　）应在合同或协议中约定。

　　　　A．数量　　　　　　　　　　　　B．方式

　　　　C．内容　　　　　　　　　　　　D．地点

　　　　E．时间

5. 矿业工程项目工程资料中的竣工验收资料包括（　　　）。

　　　　A．单位工程竣工验收资料　　　　B．单位工程质量控制资料核查

　　　　C．单位工程观感质量检查　　　　D．单位工程施工总结

　　E．单位工程施工组织设计

6．关于矿业工程技术档案的管理工作，正确的有（　　　　）。

　　A．应随工程进度及时收集、整理

　　B．应由有关责任方签字盖章

　　C．应实行技术负责人负责制

　　D．应在工程竣工验收时汇总并移交建设单位

　　E．不能长期保存的竣工资料应为复印件

7．矿业工程竣工资料汇总、组卷的方法有（　　　）。

　　A．工程质量控制资料按单位工程、分部工程、专业、阶段等汇总、组卷

　　B．工程观感质量检查资料按单位工程、专业等汇总、组卷

　　C．竣工图按单位工程、专业等汇总、组卷

　　D．验收合格后，竣工资料移交时间由发包方确定

　　E．每张移交图纸上均应有双方签字、盖章

8．竣工图章的基本内容应包括（　　　　）。

　　A．"竣工图"字样　　　　　　　B．施工单位

　　C．建设单位　　　　　　　　　　D．设计单位

　　E．监理单位

【答案与解析】

一、单项选择题

1．C；　　2．A；　　3．D；　　4．C；　　5．D；　　6．B；　　7．C；　　8．B；

9．B；　　10．C

【解析】

1．【答案】C

　　《煤炭建设工程资料管理标准》NB/T 51051—2016 规定，煤炭建设工程资料是指在煤炭工程建设过程中形成的各种形式信息记录的统称，简称工程资料。工程资料管理是指煤炭建设工程资料的编制、审批、收集、整理与移交等工作的统称，简称工程资料管理。该标准适用于新建、改建、扩建、技术改造等各类煤炭建设工程及其配套、辅助和附属工程的工程资料管理。其他矿山工程可参照执行。可缩井壁工程资料管理目前尚未包含在该标准之内，因此答案是 C。

2．【答案】A

　　根据矿业工程项目工程资料管理编制规定，每道工序（检验批）或分项工程实体验收合格后应当日完成工程资料编制。因此答案是 A。

3．【答案】D

　　矿业工程资料编制规定，其中要求：分部工程、关键工序、重要的隐蔽工程部位、单位工程实体应拍摄影像资料留存，每个单位工程应有 10 张以上照片，照片应采用彩色洗印或彩色激光打印，尺寸不小于 178mm×127mm。因此答案是 D。

4.【答案】C

根据施工单位资料管理规定，技术资料包括：

（1）技术资料分为设计审查文件、单位工程施工组织设计文件、安全技术交底、单位工程竣工图。

（2）设计审查文件包括设计交底、图纸会审记录、变更通知单、工程洽商记录、技术核定单等资料。

（3）单位工程施工组织设计文件包括施工组织设计文件、施工方案、作业规程、安全技术措施、应急预案等资料。

（4）安全技术交底内容包括设计要求、施工组织要求、施工设备及材料、施工条件、施工顺序、施工方法、质量标准、验收标准、施工安全注意事项等。

报审报验资料、测量成果，属于管理资料；施工检测资料，属于质量控制资料；设计交底，属于技术资料。因此答案是 C。

5.【答案】D

根据施工单位资料管理规定，质量控制资料包括：

（1）质量控制资料分为施工物资资料、施工记录、施工检测资料、施工过程验收资料。

（2）施工物资资料包括施工物资出厂质量证明文件、试验报告、进场检验记录等资料。

（3）施工记录包括隐蔽工程检查验收记录、施工检查记录、交接检查记录和各类专用记录等资料。

（4）施工检测资料包括建设过程中各种检测报告及测试记录等资料。

（5）施工过程验收资料包括工序（检验批）、分项、分部（子分部）质量验收等资料。

质量标准、验收标准，属于技术资料；工程质量保证体系，属于管理资料；分项、分部（子分部）质量验收资料，属于质量控制资料。因此答案是 D。

6.【答案】B

根据竣工图编制要求：

（1）煤炭建设工程竣工图应按单位工程和单项工程编制。

（2）单位工程竣工时应编制单位工程竣工图，单位工程竣工图应由施工单位负责编制。

（3）单项工程竣工时应编制单项工程竣工图，单项工程竣工图包括基本矿图和工业广场总平面图。单项工程竣工图应由建设单位编制，或建设单位委托设计单位编制。

因此答案是 B。

7.【答案】C

煤炭建设项目的建设单位、施工单位、监理单位作为工程资料管理责任主体单位，负责工程资料的编制、审批、收集、整理、移交工作。勘察单位和设计单位的工程资料由建设单位负责管理。

8.【答案】B

工程资料编制要求：

（1）工程资料规定表式应使用计算机软件填写，并采用手工或电子签名，在签名前应对原始记录进行比对核查，电子签名应符合《建设电子文件与电子档案管理规范》CJJ/T 117—2017 的规定。

（2）计算机输出的纸质文字和图件，应采用永久保存的纸质打印方式。

（3）每道工序（检验批）或分项工程实体验收合格后应当日完成工程资料编制。

（4）分部工程、关键工序、重要的隐蔽工程部位、单位工程实体应拍摄影像资料留存，每个单位工程应有 10 张以上照片，照片应采用彩色洗印或彩色激光打印，尺寸不小于 178mm×127mm。

（5）工程资料应按要求签名和盖章，签名不得他人代签或用印章代签。签名应使用碳素墨水、蓝黑墨水等耐久性强的书写材料。

（6）工程资料不得随意涂改，当需要修改时，应采用划改，并由划改人签名。

（7）工程资料的内容和图表应齐全完整、真实准确、用语规范、字迹清楚、页面整洁、结论明确，签名及印章清晰。

（8）除有关标准规定和合同约定外，单位工程开工、竣工验收及质量认证等资料应盖相关责任主体法人单位公章，其他工程资料可盖项目部公章。

（9）竣工图编制应符合本标准的相关规定。

9.【答案】B

工程资料移交相关规定：

（1）建设单位资料应由建设单位责任部门向档案室移交。

（2）监理资料应由监理单位向建设单位档案室移交。

（3）单位工程资料应由施工单位向建设单位档案室移交。

（4）实行总承包的工程，单位工程资料应由总承包单位向建设单位档案室移交。

（5）一个单位工程由多个施工单位完成的，单位工程资料应由负责工程资料汇总的单位向建设单位档案室移交。

10.【答案】C

矿业工程竣工资料的质量要求包括：

（1）工程竣工资料应为原件。

（2）竣工资料的内容及其深度必须符合国家相关的技术规范、标准和规程要求。

（3）工程竣工资料的内容必须真实、准确，与工程实际相符合。

（4）工程竣工资料应能长久保留，不得使用易褪色的材料书写、印制。

（5）工程竣工资料应字迹清楚，图样清晰，图表整洁，签字盖章手续完备。

（6）工程竣工资料卷内目录、案卷内封面应采用 70g 以上白色书写纸制作，统一采用 A4 幅面。

二、多项选择题

1. A、B、C、D；　　2. B、C、D、E；　　3. B、C、E；　　4. A、B、E；

5. A、B、C、D；　　6. A、B、C、D；　　7. A、B、C；　　8. A、B、E

【解析】

1.【答案】A、B、C、D

《煤炭建设工程资料管理标准》NB/T 51051—2016 规定，煤炭建设工程资料是指在煤炭工程建设过程中形成的各种形式信息记录的统称，简称工程资料。工程资料管理是指煤炭建设工程资料的编制、审批、收集、整理与移交等工作的统称，简称工程资料管理。该标准适用于新建、改建、扩建、技术改造等各类煤炭建设工程及其配套、辅助和附属工程的工程资料管理。其他矿山工程可参照执行。矿业工程项目科研攻关工程资料由于是新技术，尚未形成标准体系，未包含在该标准之内。因此，本题的正确答案选项是 A、B、C、D。

2.【答案】B、C、D、E

矿业工程资料编制规定其中要求：分部工程、关键工序、重要的隐蔽工程部位、单位工程实体应拍摄影像资料留存，每个单位工程应有 10 张以上照片，照片应采用彩色洗印或彩色激光打印，尺寸不小于 178mm×127mm。因此，本题的正确选项是 B、C、D、E。

3.【答案】B、C、E

工程资料的整理应符合下列规定：

（1）工程资料应按照工程施工顺序进行整理，保持文件、资料的内在联系。

（2）建设单位资料应按建设阶段进行整理。

（3）监理单位管理资料宜单独整理，控制资料宜按质量、进度、造价分别进行整理。

（4）施工单位资料应按单位工程整理；专业分包工程形成的工程资料应由专业分包单位负责，并应单独整理。

（5）实行总承包的工程，应由总承包单位汇总整理各分包单位形成的工程资料。

（6）室外工程、消防等系统工程的资料应按专业工程单独整理。

（7）一个合同标段有多个单位工程时，共用管理资料可单独整理。

（8）一个单位工程由多个施工单位完成的，各施工单位分别对本单位形成的资料进行整理，由建设单位根据工程实际情况指定一家单位负责单位工程资料汇总整理，其他单位应向指定单位提供本单位资料并协助竣工验收资料整理。

（9）生产设备进场后经过检验直接投入使用，其资料应由建设单位按采煤、掘进、运输、提升、通风、压风、供电、排水、安全监测监控、避灾等系统或单台（套）进行整理。

（10）分部工程资料应在分部工程验收合格后，一周内完成工程资料整理；单位工程资料应在单位工程实体验收合格后，一个月内完成工程资料整理。

（11）单位工程竣工验收前，施工单位应对工程资料进行整理并自检，符合有关要求后报监理（建设）单位核查。

（12）工程资料应根据资料数量分册整理，每册厚度 30mm 为宜，纸张尺寸规格宜为 A4 幅面（297mm×210mm），每册应编制封面、卷内目录及备考表，其格式及填写要求应符合有关规定。

因此，本题的正确答案选项是 B、C、E。

4.【答案】A、B、E

工程资料移交的相关规定要求：工程资料移交数量、方式、时间应在合同或协议中约定。因此，本题的正确答案选项是 A、B、E。

5.【答案】A、B、C、D

竣工验收资料包括单位工程竣工验收、单位工程质量控制资料核查、单位工程观感质量检查、单位工程施工总结等资料。

6.【答案】A、B、C、D

矿业工程技术档案的要求：工程技术档案应随工程进度及时收集、整理，并应按立卷要求归类，认真书写，字迹清楚，项目齐全、准确、真实，有关责任方签字盖章。工程技术档案应实行技术负责人负责制，逐级建立健全施工资料管理责任制，并配备专人负责施工资料的填报、收集、整理等工作。工程技术档案要接受建设、监理单位的监督检查。工程竣工验收前将施工资料整理、汇总并移交建设单位。

7.【答案】A、B、C

工程竣工资料中的工程质量控制资料按单位工程、分部工程、专业、阶段等为单位汇总、组卷；工程质量验收评定资料、工程观感质量检查资料按单位工程、专业等汇总、组卷；竣工图按单位工程、专业等汇总、组卷。

8.【答案】A、B、E

竣工图章的基本内容应包括"竣工图"字样、施工单位、编制人、审核人、技术负责人、编制日期、监理单位、监理工程师、总监理工程师。竣工图章中"竣工图"采用小二号仿宋字体，其他文字采用小四号仿宋字体；竣工图章尺寸单位为毫米。竣工图章尺寸为 50mm×80mm。竣工图章应使用不易褪色的红色印泥，应盖在图标栏上方空白处。

17.2　矿业工程管理新发展

复习要点

1. 矿业工程项目智能建造与协调发展

矿业工程项目智能建造关键技术及其应用，矿业工程项目协调发展的实施策略。

2. 基于BIM技术的矿山建设管理

基于 BIM 技术矿山项目管理的关键方面以及优势。

3. 矿山建设信息化模型及其应用

矿山信息化模型建设程序，矿山信息化模型建设关键技术，矿山信息化模型建设目标，信息化模型在矿山项目管理中应用，矿山信息化模型的特征。

一　单项选择题

1．矿业工程智能建造是将先进的（　　）应用于矿业工程领域的建设过程。

A．智能技术　　　　　　　　　B．大数据

C．物联网　　　　　　　　　　D．人工智能

2．协调发展是指在矿业工程项目建设和运营过程中，通过（　　）、协同决策和资源整合，实现各个环节之间的高效协调和无缝衔接。

A．信息交互　　　　　　　　　B．区域检测

    C. 信息共享   D. 沟通合作

3. 矿业工程项目协调发展的特点不包括（　　　）。

    A. 提高效率   B. 优化资源利用

    C. 增加风险   D. 实现可持续发展

4. 关于 BIM 技术的说法，正确的是（　　　）。

    A. BIM 是一个软件工具

    B. BIM 的使用价值主要体现在施工阶段

    C. BIM 技术的关键是三维建模

    D. BIM 模型是一个包含多维信息的虚拟模型

5. 下列数据信息中，与矿山运营不相关的是（　　　）。

    A. 地质数据   B. 生产数据

    C. 设备数据   D. 造价数据

6. 矿山信息化模型进行的系统测试主要是检测其（　　　）。

    A. 功能、性能和稳定性   B. 数据的准确性和一致性

    C. 软件和硬件的匹配性   D. 用户认可度和接受度

7. 矿山信息化模型中，用于提取有价值的信息、进行预测和决策支持的技术是（　　　）。

    A. 移动技术与移动应用   B. 大数据分析和数据挖掘技术

    C. 可视化与人机交互技术   D. 数据采集与传感技术

8. 采用监测设备实时监测矿山的设备状态，并将数据传输到信息化系统中进行分析和应用，该项技术属于（　　　）。

    A. 数据管理与数据库技术   B. 数据采集与传感技术

    C. 移动技术与移动应用   D. 大数据分析和数据挖掘技术

（二）多项选择题

1. 智能建造技术在矿业工程项目中的应用有（　　　）。

    A. 地质勘探和资源评估   B. 矿山设计和规划

    C. 施工和建设   D. 安全管理和环境保护

    E. 成果汇报

2. 在矿山建设管理中应用 BIM 技术的关键，错误的有（　　　）。

    A. BIM 技术可以与项目成本管理软件集成，可进行各类造价数据统计和自动分析

    B. BIM 模型可用于建设数字化矿山系统，在模型基础上增加可视化设备、人员车辆定位装置、自动化分析检测、设备运行监测和调度系统

    C. 基于 BIM 的工程进度管理是 4D 进度模型，实现可视化施工，进行进度纠偏

    D. 不包括三维建模与协同设计

    E. 不能实现各方信息的交互与共享

3. 基于 BIM 技术的矿山工程项目管理模式较传统管理模式的明显优势有（　　　）。

 A. 直观可视、模拟抽象   B. 信息集成、数据共享

 C. 降低成本   D. 项目全寿命周期管理

 E. 提高效率

4. 矿业工程信息化建设的主要目标有（　　　）。

 A. 提高开采产量   B. 提升安全管理

 C. 优化资源利用   D. 加强生产优化

 E. 改善决策支持

5. 矿山信息化模型的主要特征有（　　　）。

 A. 通常采用 GIS 技术，将地理空间数据与属性数据进行结合

 B. 可以实时采集和更新数据，保持数据的及时性

 C. 可以集成和共享不同系统和部门的数据和信息

 D. 涵盖了矿山各个环节和业务领域的数据和信息

 E. 主要作用是采集、存储、管理和分析数据

【答案与解析】

一、单项选择题

1. A； 2. C； 3. C； 4. D； 5. D； 6. A； 7. B； 8. B

【解析】

1.【答案】A

矿业工程智能建造是将先进的智能技术应用于矿业工程领域的建设过程。它结合了人工智能、大数据、物联网和自动化技术，实现工程施工、设备安装、生产运营等环节的智能化和自动化，旨在提高矿业工程的效率、安全性和可持续性。

2.【答案】C

协调发展是指在矿业工程项目建设和运营过程中，通过信息共享、协同决策和资源整合，实现各个环节之间的高效协调和无缝衔接。它强调各个参与方之间的合作与协调，以实现项目整体目标和优化效益。

3.【答案】C

矿业工程项目协调发展的优点：① 提高效率；② 优化资源利用；③ 降低风险；④ 提高工程项目质量；⑤ 加强沟通与合作；⑥ 实现可持续发展。

4.【答案】D

BIM 是建筑信息模型的简称，是指在工程建设项目全生命期内，对其物理和功能特性进行数字化表达，实现工程项目从设计到施工、运营和维护的全生命周期管理。BIM 不仅是一个软件工具或技术，更是一种基于信息的项目设计和管理理念。它通过建立一个包含多维信息的虚拟模型，使项目各个参与方能够在一个协同的环境中共享和交流信息，实现更高效、准确和协调的工程项目管理。

5.【答案】D

与矿山运营相关的各种数据，包括地质数据、生产数据、设备数据、人员数据等。

对数据进行清理、整理和标准化，确保数据的准确性和一致性。

6.【答案】A

建立的矿山信息化模型应进行系统测试。测试中主要是检测系统的功能、性能和稳定性，修复和优化发现的问题，确保系统的可靠性和准确性。

7.【答案】B

矿山信息化模型需要对大量的数据进行分析和挖掘，以发现其中的规律和趋势。大数据分析和数据挖掘技术包括统计分析、机器学习、人工智能等，用于提取有价值的信息、进行预测和决策支持。

8.【答案】B

矿山信息化模型建设涉及多种关键技术，主要有：地理信息系统（GIS）、数据采集与传感技术、数据管理与数据库技术、大数据分析与数据挖掘、云计算与大规模计算、移动技术与移动应用、安全与网络技术、可视化与人机交互技术等。其中，数据采集和传感技术包括传感器、监测设备、无人机等，用于实时监测矿山的设备状态、环境参数等数据，并将数据传输到信息化系统中进行分析和应用。

二、多项选择题

1．A、B、C、D；　　2．A、B、C；　　3．A、B、D；　　4．B、C、D、E；

5．A、B、C、D

【解析】

1.【答案】A、B、C、D

智能建造技术在矿业工程项目中的应用包括：① 地质勘探和资源评估；② 矿山设计和规划；③ 施工和建设；④ 设备运营和维护；⑤ 数据分析和决策支持；⑥ 安全管理和环境保护。

2.【答案】A、B、C

矿山建设管理中应用BIM技术的关键包括：

（1）三维建模与协同设计。

（2）工程质量管理。

（3）工程进度管理：基于BIM的工程进度管理，是在信息集成的三维可视化模型基础上，关联工程进度计划，根据施工过程模拟，与实际施工进度进行对比，从而实施进度控制。

（4）工程成本管理：BIM技术可以与项目成本管理软件集成，可进行各类造价数据统计和自动分析。通过建立BIM模型和相关数据库，可以实时追踪和管理施工材料、设备、人力等资源的使用情况，优化资源分配和调度，减少浪费和成本。

（5）运营与维护管理：在矿山建设完成后，BIM模型里包含有施工参数信息，为矿山改善和提高运营效率提供了准确的参考数据。BIM模型可用于建设数字化矿山系统，在模型基础上增加可视化设备、人员车辆定位装置、自动化分析检测、设备运行监测和调度系统等，为矿山的运营和维护提供可视化的管理平台，实现设备维护、设备更换和故障排查等工作的优化和智能化。

3.【答案】A、B、D

基于BIM技术的矿山工程项目管理模式是创建、管理、共享的信息数字化模式，较传统管理模式存在三点明显的优势，具体如下：① 直观可视、模拟抽象；② 信息集成、数据共享；③ 项目全寿命周期管理。

4.【答案】B、C、D、E

矿山信息化模型建设目标有：

（1）提高管理效率：通过建立信息化模型，实现数据集成与共享，优化数据管理流程，减少人工操作和数据整理的工作量，提高矿山管理的效率和准确性。

（2）改善决策支持：矿山信息化模型通过数据分析和可视化展示，提供准确、全面的信息支持，帮助决策者做出科学、及时的决策，提高决策质量和效果。

（3）加强生产优化：通过实时数据采集和分析，优化矿山生产计划、资源配置和工艺流程，提高生产效率，降低生产成本，提高产品质量，提升矿山的竞争力和经济效益。

（4）提升安全管理：矿山信息化模型通过实时监测和分析安全数据，提供安全预警和应急响应能力，帮助矿山加强安全管理，降低事故风险，保障人员和设备的安全。

（5）优化资源利用：通过矿山信息化模型，对矿山资源进行全面管理和分析，实现资源的高效利用，降低资源浪费，提高资源回收率，促进矿山的可持续发展。

（6）加强环境保护：矿山信息化模型通过监测和分析矿山活动对环境的影响，评估环境风险，制定环境保护措施，促进矿山的绿色、可持续发展，保护环境资源。

（7）提升服务质量：矿山信息化模型可以提供客户服务的数据支持和分析，帮助矿山加强对客户需求的了解，提供更好的服务和满足客户的期望，增强客户满意度和忠诚度。

5.【答案】A、B、C、D

矿山信息化模型能够提供全面、准确的信息支持，具有综合性、空间化、实时性、数据驱动、决策支持、集成与共享以及可持续发展等特征。其中，综合性是指矿山信息化模型涵盖了矿山各个环节和业务领域的数据和信息；空间化是指矿山信息化模型通常采用地理信息系统（GIS）技术，将地理空间数据与属性数据进行结合；实时性是指矿山信息化模型可以实时采集和更新数据，保持数据的及时性；数据驱动是指矿山信息化模型依赖于数据的采集、存储、管理和分析；决策支持是指矿山信息化模型提供数据分析和可视化展示的功能，为决策者提供准确、全面的信息支持；集成与共享是指矿山信息化模型可以集成和共享不同系统和部门的数据和信息；可持续发展是指矿山信息化模型注重环境保护和可持续发展。

实务操作和案例分析题

案例 17-1

背景资料：

某施工单位一项目部负责某矿井井底车场轨道运输大巷和胶带运输大巷施工，其中胶带运输大巷尚在施工，轨道运输大巷已竣工验收合格，准备竣工资料移交。该施工单位总工程师组织人员对项目部进行安全、质量和工程资料的检查，其中发现：

（1）该项目部工程资料管理组织机构图中总负责人是项目经理。

（2）胶带运输大巷，上月已验收的锚喷支护巷道，锚喷支护主体子分部工程质量验收记录表中，施工单位检查结论一栏由项目技术经理签字，综合核定结论一栏由监理工程师签字。

（3）轨道运输大巷单位工程，开工报告、测量成果归类到技术资料档案中，施工组织设计、应急预案归类到管理资料档案中，设计变更文件、图纸会审记录收集到质量控制资料档案中。

（4）轨道运输大巷单位工程竣工验收合格，准备竣工资料移交，在抽查竣工验收资料时发现没有施工总结资料。

问题：

1. 针对检查的相关内容，指出存在的问题，并提出整改意见。
2. 针对第（4）项内容，指出井巷工程竣工验收资料应由哪几部分组成。
3. 写出轨道运输大巷单位工程竣工工程资料移交应遵循的相关规定。

案例 17-2

背景资料：

某国际矿业公司正在计划开发一个大型多金属矿山项目。该项目地处偏远地区，环境复杂，传统的矿山项目管理方式存在许多问题，如信息传递不及时、资源利用效率低等。为了提高项目的可持续性、效率和安全性，该公司采用智能建造相关技术应用于矿山规划、设计、建设和运营过程，实现矿山工程项目的全生命周期管理。一级矿业工程注册建造师李某担任该项目的项目负责人，对该矿山项目进行管理。

问题：

1. 列举至少三种智能建造技术及其在矿山项目管理中的应用。
2. 如何使用 BIM 技术实现对矿山工程项目的进度管理？

【答案与解析】

案例 17-1

1. 针对检查存在的问题及调整整改意见如下：

第（1）项，项目部工程资料管理组织机构图中总负责人是项目经理（不对），应该是（项目技术经理）。

第（2）项，胶带运输大巷单位工程，上月已验收的锚喷支护巷道，锚喷支护主体子分部工程质量验收记录表中施工单位检查结论一栏由项目技术经理签字（不对）、综合核定结论一栏由监理工程师签字（不对）。正确的做法是，按照质量验收规范相关规定，锚喷支护巷道中锚喷支护主体是子分部工程，子分部工程质量验收记录表中施工单位检查结论一栏应该由（项目经理）签字、综合核定结论一栏由（总监理工程师）签字。

第（3）项，轨道运输大巷单位工程，开工报告、测量成果归类到技术资料档案中（不对），施工组织设计、应急预案存放到管理资料档案中（不对），设计变更文件、图纸会审记录收集到质量控制资料档案中（不对）。正确的做法是：开工报告、测量成果，属于管理资料，应归类到管理资料档案中；施工组织设计、应急预案，属于技术资料，应归类到技术资料档案中；设计变更文件、图纸会审记录，属于技术资料，应归类到技术资料档案中。

第（4）项，轨道运输大巷工程缺少施工总结资料，应当补充完善。

2. 根据《煤炭建设工程资料管理标准》NB/T 51051—2016，井巷工程项目竣工验收资料，由单位工程竣工验收、单位工程质量控制资料核查、单位工程观感质量检查、单位工程施工总结等资料组成。

3. 根据《煤炭建设工程资料管理标准》NB/T 51051—2016，轨道运输大巷单位工程竣工工程资料移交应遵循的相关规定有：（1）建设单位资料应由建设单位责任部门向档案室移交。（2）监理资料应由监理单位向建设单位档案室移交。（3）单位工程资料应由施工单位向建设单位档案室移交。（4）实行总承包的工程，单位工程资料应由总承包单位向建设单位档案室移交。（5）一个单位工程由多个施工单位完成的，单位工程资料应由负责工程资料汇总的单位向建设单位档案室移交。（6）单位工程取得工程质量认证书后 1 个月内，应将工程资料纸质文件正副本各一套、电子文件一套移交建设单位档案室。（7）工程资料移交时应及时办理移交手续。

案例 17-2

1. 常见的矿业工程智能建造技术在矿山项目管理中的应用有：

（1）数字化建模技术：使用建筑信息模型（BIM）技术可以创建数字化的矿山地质模型，基建施工模型，将地质信息、基建施工、设备布局、采矿设计等内容集成到一个三维模型中，可以更好地规划基建、开采流程、优化资源利用和降低风险。

（2）传感器技术：通过无人机、遥感和地球物理传感器等技术，可以对竖井开拓等进行高精度勘探、监测，准确地了解矿藏分布、地质特征等，从而优化矿山基建施工组织。此外，传感器可以实时监测矿山周边环境、基建设备状态和工作流程，并将数据传输到云端进行分析和决策支持。

（3）人工智能和机器学习：利用数据分析和机器学习技术，可以对矿山基建施工作业数据进行分析，预测设备故障、优化施工计划等，并实现智能化的维护管理。

（4）自动化和机器人技术：自动化装置可以进行自主操作作业，提高生产效率并降低事故风险。例如，自动化设备和机器人可以用于土方工程、爆破、挖掘和运输等工作，减少人力介入并提高施工效率。

2. 基于 BIM 的工程进度管理，是在信息集成的 3D 可视化模型基础上，关联工程进度计划，根据施工过程模拟，与实际施工进度进行对比，从而实施进度控制。其主要控制程序为：

（1）创建一个包含地质数据、地形信息、设备布局、结构信息等 BIM 模型；

（2）开展进度计划模拟，将 3D 模型以及进度计划、里程碑节点、施工组织设计等关键信息贯入 BIM 软件，构建 4D 进度模型（3D 模型＋时间维度），使项目计划在空间和时间上变得可视化；

（3）对 4D 模型进行可视化施工模拟，将实体模型转化成动态施工过程；

（4）进度偏差分析及处理，通过 4D 模型预期状态与实际工程状态形象对比，及早发现偏差并采取纠正措施，便于及时准确地协调参建各方调整工作安排。

综合测试题一

一、单项选择题（共 20 题，每题 1 分。每题的备选项中，只有 1 个最符合题意）

1. 矿井联系测量必须（　　）。
   - A. 独立进行两次且其互差不超限
   - B. 顺序进行两次且须先完成高程导入
   - C. 连续进行两次且不得超过时限
   - D. 重复进行两次且数据不得重复

2. 断裂构造的主要特征是（　　）。
   - A. 岩层发生移动
   - B. 岩层产生弯曲
   - C. 岩石的连续完整性遭到破坏
   - D. 岩石的强度和承载力增大

3. 水泥体积安定性不良的原因一般是由于（　　）。
   - A. 水泥颗粒太细
   - B. 含水量超标
   - C. 熟料中掺入的石膏量不足
   - D. 熟料中存在游离氧化钙和氧化镁

4. 在工业广场或附近布设风井，主、副井进风，风井回风，这种通风方式属于（　　）。
   - A. 中央并列式
   - B. 中央边界式
   - C. 中央对角式
   - D. 侧翼对角式

5. 利用矿物相对密度（比重）的差异来分选矿物的方法是（　　）。
   - A. 浮选法
   - B. 磁选法
   - C. 重选法
   - D. 化学分选法

6. 在土质软弱且不均匀的地基上，为增强基础的整体性，宜采用（　　）。
   - A. 柱下独立基础
   - B. 墙下条形基础
   - C. 墙下独立基础
   - D. 筏形基础

7. 开挖停机面以上的爆破后碎石或冻土，宜采用的挖掘机是（　　）。
   - A. 正铲挖土机
   - B. 反铲挖土机
   - C. 拉铲挖土机
   - D. 抓铲挖土机

8. 炸药成分中的食盐是（　　）。
   - A. 敏化剂
   - B. 憎水剂
   - C. 可燃剂
   - D. 消焰剂

9. 立井井筒表土段采用冻结法施工时，其冻结深度应穿过风化带延深至稳定的基岩（　　）以上。

    A．8m
    B．10m
    C．15m
    D．20m

10. 在立井井筒施工中，抓岩机布置错误的是（　　）。

    A．抓岩机的布置要与吊桶位置协调

    B．长绳悬吊抓岩机的布置要有利于抓斗出矸

    C．中心回转抓岩机布置在井筒中心点位置

    D．环行轨道抓岩机的布置要与吊盘尺寸相匹配

11. 下列巷道支护形式，属于积极支护的是（　　）。

    A．衬砌支护
    B．可缩性金属支架
    C．现浇混凝土支护
    D．锚注支护

12. 矿井独立的能行人的直达地面的安全出口数量最低是（　　）。

    A．1个
    B．2个
    C．3个
    D．4个

13. 项目部是施工企业为承包工程设立的（　　）。

    A．法人机构
    B．分公司机构
    C．子公司机构
    D．临时性内部机构

14. 为避免关键工作延误对工期影响所采取的措施，不合理的是（　　）。

    A．缩短其紧后关键工作的持续时间

    B．改变其后续关键工作的逻辑关系

    C．增加非关键工作时间以改变关键线路

    D．重新编制剩余工作进度计划

15. 建筑地基基础工程检验验收，主控项目的质量检验结果合格率应不低于（　　）。

    A．100%
    B．85%
    C．80%
    D．75%

16. 喷射混凝土强度检测的现场取样方法可采用（　　）。

    A．点荷载法
    B．拔出试验法
    C．凿方切割法
    D．注模成型法

17. 矿井水害的防治必须坚持（　　）的原则。

A. 配足排水设备 B. 边探边掘

C. 保证水沟畅通 D. 先探后掘

18. 独头巷道支架撤换工作的正确做法是（　　）。

A. 由里向外逐架进行 B. 由外向里逐架进行

C. 告知工作面掘砌施工人员 D. 先做好撤换支架的加固工作

19. 根据工程量清单计价规范，不能作为竞争性费用的是（　　）。

A. 业务招待费 B. 固定资产使用费

C. 文明施工费 D. 财务管理费

20. 对于尾矿固体废弃物的处理，经济合理的处理方式是（　　）。

A. 尾矿防尘运送 B. 防止渗漏和腐蚀

C. 最大限度的回收利用 D. 尾矿贮存

二、多项选择题（共10题，每题2分。每题的备选项中，有2个或者2个以上符合题意，至少1个错项。错选，本题不得分；少选，所选的每个选项得0.5分）

1. 井筒十字中线的设置，应满足（　　）的要求。

A. 其基点应在井筒建成后布设

B. 由井口附近的测量控制点标定

C. 将两组大型基点作为工业广场的基本控制点

D. 大型基点采用素混凝土制作

E. 两条十字中线垂直度误差限值的规定

2. 有利于提高混凝土耐久性的方法有（　　）。

A. 选择与混凝土工作条件相适应的水泥

B. 适当提高混凝土的砂率

C. 提高混凝土浇灌密实度

D. 采用坚硬的石料并增加粗骨料比例

E. 掺加适宜的外加剂

3. 振动沉桩法的主要特点有（　　）。

A. 适用范围广 B. 使用效能高

C. 施工设备构造简单 D. 附属机具多

E. 需要消耗大量动力

4. 井下巷道爆破工作对炮眼布置的基本要求有（　　）。

A. 炮眼要准、直、平、齐 B. 炮眼利用率要高

C. 爆破后对围岩的破坏较小 D. 节省炸药和雷管

E．爆破后的岩石块度小

5．立井井筒工作面现浇混凝土的输送可采用（　　）。

A．吊桶下放混凝土　　　　　B．罐笼下放混凝土

C．管路下放混凝土　　　　　D．箕斗下放混凝土

E．矿车下放混凝土

6．斜井井筒施工常用的工作面排水设备有（　　）。

A．卧泵　　　　　　　　　　B．吊泵

C．风泵　　　　　　　　　　D．潜水排砂泵

E．气动隔膜泵

7．在露天矿工程中，影响边坡稳定的主要因素有（　　）。

A．稳定性系数　　　　　　　B．地质构造条件

C．岩土性质　　　　　　　　D．附近工程施工影响

E．地形地貌状况

8．隐蔽工程质量检验评定，应以（　　）签字的工程质量检查记录为依据。

A．建设单位　　　　　　　　B．监理单位

C．施工单位　　　　　　　　D．设计单位

E．质监单位

9．斜井施工防跑车的主要安全措施有（　　）。

A．斜井上口入口前设置阻车器　　B．变坡点下方设置挡车栏

C．下部装车点上方设置挡车栏　　D．工作面上方设置防坠器

E．斜井中部安设挡车器

10．矿山井下综合防尘措施包括（　　）。

A．湿式钻眼　　　　　　　　B．采用水炮泥封孔

C．采用水胶炸药爆破　　　　D．冲洗岩帮

E．减小风速

三、实务操作和案例分析题［共5题，（一）、（二）、（三）题各20分，（四）、（五）题各30分］

（一）

背景资料

某矿井副井井筒设计净直径为6.5m，深度为730m，表土段深度为325m，表土段采用冻结法施工，基岩段采用钻眼爆破法施工，井筒断面如图1所示。

建设单位提供的地质资料显示，基岩段550~580m处有一含水层，最大涌水量为60m³/h，采用工作面预注浆方式通过，其余含水层最大涌水量为25m³/h。

基岩段施工中，为保证施工质量，项目部制定了相关的质量保证措施，其中部分内容如下：砌壁模板高度为3600mm，直径为6500mm；井壁每浇筑3个循环进尺混凝土选取1个检查点进行一次工序验收，每个检查点布置4个测点（图2所示中T1~T4）进行断面尺寸工序验收；井筒施工深度超过600m以后，漏水量达到15m³/h时，进行壁后注浆处理，并加强排水工作的管理。

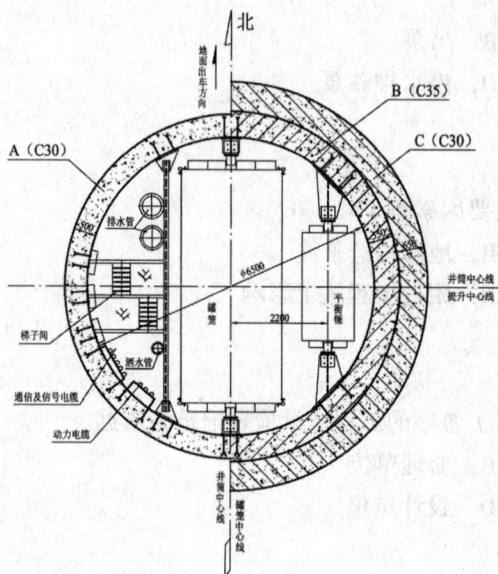

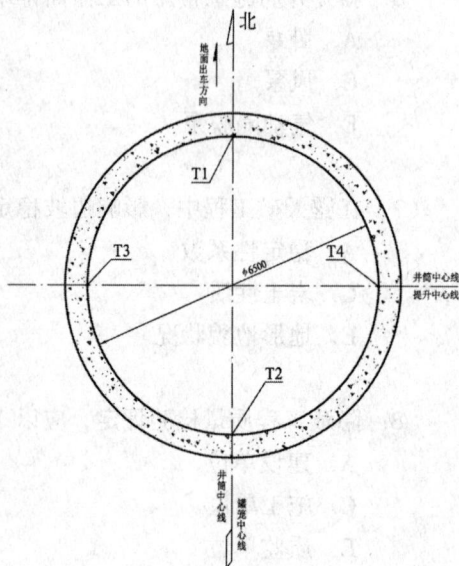

图1　副井井筒断面图　　　　　图2　检查点测点布置示意图

问题

1. 结合图1，指出A~C所表示的井壁名称及结构类型。

2. 指出图1中井壁B和C的施工顺序及选用的模板类型。

3. 根据背景及图2中检查点和测点设置存在的问题，给出正确做法。

4. 该井筒基岩段施工中应采取哪种排水方式？选用哪些排水设备？

5. 该井筒验收时，涌水量的合格标准是多少？

（二）

背景资料

某矿业工程项目，建设单位采用公开招标方式进行施工招标。招标人编制了工程量清单，并确定工程招标控制价为842.3万元。其中，设备估价为60万元，由招标人采购。

在招标文件中，招标人对投标有关时限规定如下：

（1）投标截止时间为自招标文件停止出售之日起的第10个工作日上午9时整；

（2）若投标人要修改、撤回已提交的投标文件，须在投标截止时间24h前提出。

招标文件同时规定：工程应由具有二级以上矿山工程总承包资质的企业承包，招标人鼓励投标人组成联合体投标。

在参加投标的企业中，施工单位 A、B、C 均具有矿山工程总承包一级资质；施工单位 G、H、J 具有矿山工程总承包二级资质，施工单位 K 具有矿山工程总承包三级资质。上述企业分别组成联合体投标，各联合体组成如表 1。

表 1　投标联合体汇总表

联合体编号	甲	乙	丙	丁
联合体组成	A＋G	A＋H	B＋K	C＋J

在上述联合体中，联合体丁的协议中规定：若中标，由牵头人与招标人签订合同，然后将联合体协议送交招标人。

问题

1. 分别指出招标人对投标有关时限的规定是否正确？说明理由。

2. 分别说明该工程四家投标联合体是否符合要求。

3. 纠正联合体丁的协议内容中的不妥之处。

4. 该项目估价为 60 万元的设备采购是否可以不招标？说明理由。

（三）

背景资料

某矿井主要运输大巷，围岩稳定性中等，设计断面面积为 18.5m²，总长度为 3000m，采用锚杆喷射混凝土支护方式，锚杆间排距为 800mm×800mm，锚杆抗拔力为 80kN，巷道每米锚杆数量 9 根；喷射混凝土强度为 C25，厚度为 100mm；计划月进度为 90m。

施工单位在施工过程中，加强施工质量检查，严格工序质量控制。巷道每施工半个月 45m 进行一次锚杆抗拔力试验，每次抽检 5 根，试验抗拔力应达到设计值的 90% 以上。喷射混凝土强度也是每半个月 45m 进行一次试验，采用钻取混凝土芯样 5 块进行抗压试验检测混凝土强度。

该运输大巷施工 3 个月后，建设单位组织对工程质量进行抽查，发现锚杆抗拔力不足，建设单位认为工程质量存在问题，要求进行整改。

问题

1. 巷道锚杆支护的主控项目包括哪些内容？

2. 施工单位锚杆抗拔力和喷射混凝土强度检测方案是否正确？说明理由。

3. 针对背景条件，喷射混凝土抗压强度的合格评定条件是什么？

4. 锚杆抗拔力不足的主要原因是什么？

（四）

背景资料

某矿建公司承担了一煤矿改扩建二期项目井下轨道大巷的施工任务，轨道大巷布置在开采煤层下方薄煤层中，煤层厚度为 0.6~1.2m。巷道为直墙半圆拱形断面，掘进宽度为 5200mm，掘进高度为 4000mm。巷道采用锚喷支护，锚杆为螺纹钢

$\phi 20mm \times 1600mm$，间排距 $1200mm \times 1200mm$；喷射混凝土厚度为 80mm，强度等级为 C20。地质资料给出矿井地质条件中等，轨道大巷顶底板主要为砂质泥岩和碳质泥岩互层，普氏系数 $f = 4 \sim 6$。矿井为低瓦斯矿。

施工项目部编制了该轨道大巷的施工组织设计，巷道采用钻眼爆破施工法一次成巷，设备按快速机械化作业线配置。多台气腿凿岩机钻凿炮眼，耙斗装岩机配电机车牵引矿车运输，锚杆钻机安装锚杆，湿式喷射机喷射混凝土。工作面炮眼布置采用直眼掏槽，炮眼深度为 1.5m。巷道支护喷射机布置在工作面后方 100m 处，永久支护复喷段滞后工作面 60m。监理工程师审查施工组织设计时认为，巷道施工设备配置无法满足快速施工的要求，部分工艺参数不合理，建议修改方案。施工单位修改完善后，经审批通过后实施。施工过程中发生下列事件：

事件一，轨道大巷施工后，及时对已完成的巷道开展施工监测，发现巷道变形收敛速率一直不能稳定，且变形量大，甚至多处出现混凝土喷层开裂。监理单位组织建设、施工、设计单位进行分析，查找原因。

事件二，施工单位按《煤矿防治水细则》制定了巷道施工探水方案，并在施工过程中严格按照探水方案进行探水工作。某日探水队探明前方 5m 左右有一导水断层，建议做好相关应对措施。但掘进队认为还有 5m 距离，继续施工 1~2 个循环后再按过断层施工措施施工，仍按照正常掘进布置炮眼，放炮后引发断层破碎带冒落并伴发突水事故，造成 3 人重伤，淹没巷道施工设备，直接经济损失达到 800 万元。

问题

1. 根据轨道大巷的工程条件，该巷道施工设备应如何配置才能更好满足快速施工的要求？

2. 根据巷道施工设备的调整情况，给出合理的施工工艺参数。

3. 事件一中，巷道变形收敛速率一直不能稳定的主要原因是什么？

4. 矿山井下巷道防治水的基本原则是什么？探水发现有透水断层时，施工单位应该采取哪些预防措施来确保安全穿越断层？

5. 事件二中的安全事故属于哪一等级？应由什么机构组织调查？调查组长应由谁来担任？

（五）

背景资料

某矿井采用立井开拓方式，井田中央工业广场布置有主井和副井，风井位于井田边界，矿井生产已经 20 年，因扩建需要建设新副井，新副井的位置位于井田中央原工业广场边缘，距离原副井 180m，为节约投资新副井未施工检查孔，而是采用了原副井的地质资料。

新副井井筒直径为 6.5m，深度为 750m，表土段深度为 85m，采用普通法施工。该井筒井壁表土段为双层钢筋混凝土井壁，基岩段为单层普通混凝土井壁。

该新副井由施工单位 A 承担，合同约定，混凝土由建设单位提供。建设单位与混凝土供应商 B 签订了混凝土供应合同。

建设单位提供的地质资料显示表土段无流砂层，预计最大涌水量为 $18m^3/h$，基岩段 520~550m 处有一含水层，最大涌水量为 120m³/h，采用工作面预注浆方式通过。其余含水层最大涌水量为 15m³/h。

基岩段施工中，为保证施工质量，项目部制定了质量保证措施，其中部分内容如下：采用金属液压整体下移模板砌壁，模板高度为 3500mm，模板直径为 6500mm；每次浇筑混凝土时随机抽取混凝土样本检查混凝土坍落度，并制作试块进行标准养护，做相应龄期压力试验；混凝土脱模后洒水养护时间不少于 3d；混凝土采用底卸式吊桶运输。该措施经项目技术负责人审核修订后付诸实施。井筒施工到 360m 时，发现 280~300m 段混凝土抗压强度达不到设计要求。

施工到 520m 时，施工单位采用了伞钻接长钻杆探水，探水深度为 15m，发现钻孔涌水量很小，决定继续施工。施工到 535m 位置爆破时井筒突发涌水，涌水量瞬间达到 130m³/h，2h 后回落到 100m³/h，依然超过井筒排水能力 60m³/h，导致淹井事故发生。为此施工单位提出工期和费用索赔。

井筒施工完毕后，井筒漏水量达到 7.5m³/h，监理单位要求施工单位进行壁后注浆处理，由此造成施工单位额外增加费用 60 万元，工期延长 10d，施工单位就此向建设单位提出了索赔。

问题

1. 新副井采用原井筒的地质资料是否合理？说明理由。

2. 施工单位编制的质量保证措施存在哪些问题？应如何修改？

3. 针对 280~300m 段混凝土抗压强度达不到设计要求的混凝土工程应如何处理？如果该段井筒需要返工，施工单位、监理单位、建设单位以及混凝土供应商应如何应对？

4. 淹井事故中，建设单位应当如何应对施工单位的索赔？说明理由。

5. 施工单位壁后注浆的费用和工期索赔是否合理？为什么？

【参考答案】

一、单项选择题

1. A；　2. C；　3. D；　4. A；　5. C；　6. D；　7. A；　8. D；

9. B；　10. C；　11. D；　12. B；　13. D；　14. C；　15. A；　16. C；

17. D；　18. B；　19. C；　20. C

二、多项选择题

1. B、C、E；　　2. A、C、E；　　3. B、C；　　4. B、C、D；

5. A、C；　　6. C、D、E；　　7. B、C、D、E；　　8. A、B、C；

9. A、B、C、E；　　10. A、B、D

三、实务操作和案例分析题

（一）

1. 图 1 中，A 表示基岩段井壁，为素混凝土结构；B 为表土段内层井壁，为钢筋混凝土结构；C 为表土段外层井壁，为钢筋混凝土结构。

2. B 为表土段内层井壁，C 为表土段外层井壁。外层井壁 C 先施工，待表土段施工完毕后，内层井壁 B 采用由下向上连续浇筑施工。外层井壁 C 一般采用整体移动式金属模板，内层井壁 B 一般采用整体滑升钢模板或组合钢模板进行施工。

3. 按照《煤矿井巷工程质量验收规范》GB 50213—2010（2022 年版）要求，立井施工工序验收为每个循环设置一个检查点进行验收，每个检查点应设置 8 个测点，除了图 2 中的 4 个测点外，还应增设 4 个，且其中 2 个测点应设在与永久提升容器距离最小的井壁上。

4. 井筒涌水量大于 $10m^3/h$ 时，宜根据井筒深度及设备排水能力，选用单段或多段排水方案。由于该井筒深度仅有 730m，不必采用多段排水方案，可直接采用单段排水方案。

该井筒施工排水设备可选用卧泵（或吊泵）进行排水，工作面选用潜水泵将涌水排到吊盘上水箱，再通过卧泵（或吊泵）和布置在井筒内的排水管路排到地面。

5. 按照《煤矿井巷工程质量验收规范》GB 50213—2010（2022 年版）中立井井筒建成后总漏水量的标准规定，该井筒总深度 730m，涌水量标准为 $6+（730-600）/100=7.3m^3/h$，且不得有 $0.5m^3/h$ 以上的集中出水孔。

（二）

1. 招标文件中，招标人对投标有关时限规定（1）不妥。理由：根据相关规定，自招标文件出售之日至投标截止时间不少于 20d。

招标文件中，招标人对投标有关时限规定（2）也不妥。理由：根据招标投标法的相关规定，投标截止时间前，投标人均可修改、撤回和替代已提交的投标文件。

2. 联合体甲（A＋G）不符合要求；联合体乙（A＋H）不符合要求；联合体丙（B＋K）不符合要求；联合体丁（C＋J）符合要求。

一家单位只能单独投标或参与一个联合体投标，A 参加了甲、乙两个联合体，故甲、乙两个联合体均不符合要求。联合体丙中的施工单位 K 只具有矿山工程总承包三级资质，故该联合体只能认定为三级资质，不符合二级及以上资质要求。联合体丁符合要求。

3.（1）根据相关规定，联合体中标的，应由联合体各方共同与招标人签订合同，而不能由牵头人与招标人签订合同。（2）根据相关规定，联合体协议应在投标截止时间前提交招标人，而不能在中标后提交联合体协议。

4. 该项目不能不招标。理由：根据相关规定，总投资超过 3000 万元的项目，所有项目都必须招标。

（三）

1. 巷道锚杆支护的主控项目包括：

（1）锚杆的杆体及配件的材质、品种、规格、强度必须符合设计要求；

（2）水泥卷、树脂卷和砂浆锚固材料的材质、规格、配比、性能必须符合设计要求；

（3）锚杆安装应牢固，托板紧贴岩壁、不松动，锚杆的拧紧扭矩不得小于 $100N·m$；

（4）锚杆抗拔力最低值不得小于设计值的 90%。

2. 施工单位锚杆抗拔力检测方案不正确，喷射混凝土强度检测方案正确。

根据规范规定，锚杆抗拔力试验取样每 20～30m，锚杆在 300 根以下，取样不应少于1组，每组不得小于3根。喷射混凝土取样每30～50m不应小于1组，45m取1组符合要求。

3．针对背景条件，喷射混凝土抗压强度的检验采用的是钻取混凝土芯样进行试验的方法，对于一般工程，芯样试件抗压强度平均值应不小于设计值，芯样试件抗压强度最小值应不小于设计值的85%。

4．锚杆抗拔力不足的主要原因有：

（1）锚固药卷存在质量问题；

（2）巷道围岩破碎；

（3）围岩含水；

（4）锚杆安装存在问题。

（四）

1．巷道断面宽度为5200mm，高度为4000mm，能够满足大型机械设备施工，可配置凿岩台车钻眼，侧卸装岩机装岩，带式输送机连续转载，电机车调车和运输，这样才能更好地发挥机械设备的效能，满足巷道快速施工要求。

2．该轨道大巷采用锚喷支护，可组织喷射混凝土与工作面掘进平行作业，即：在巷道掘进后先初喷30～50mm厚的混凝土临时封闭工作面，然后再安设锚杆作为临时支护，最后复喷射混凝土与工作面掘进平行作业，直至喷射厚度达到设计要求。复喷射混凝土可在工作面后20～50m处，最大不应超过50m。滞后工作面60m不合理，应修改为20～50m。

将该巷道施工设备调整为凿岩台车钻眼，炮眼深度应适当加深，方便能发挥设备的效率。所以炮眼深度应修改为1.8～3.0m。

3．根据《煤矿巷道锚杆支护技术规范》GB/T 35056—2018、《岩土锚杆与喷射混凝土支护工程技术规范》GB 50086—2015、《煤矿安全规程》（2022年版）的规定。分析巷道的支护参数及围岩条件，发生巷道变形收敛速率一直不能稳定、变形量大，甚至多处出现混凝土开裂的主要原因是支护强度不足。可采取加长锚杆长度、缩小锚杆间距、排距、选用更高等级材质的锚杆杆体、提高混凝土强度等级、增加混凝土喷层厚度、增加金属网等技术措施。

4．根据《煤矿防治水细则》，防治水工作应当坚持预测预报、有疑必探、先探后掘、先治后采的原则，根据不同水文地质条件，采取探、防、堵、疏、排、截、监的综合防治措施。物探先行钻探验证。

在松软的煤（岩）层、流砂性地层或者破碎带中掘进巷道时，必须采取超前支护或者其他措施。超前支护可以是超前锚杆、超前加固、管棚支护等。遇有探测前方有明确的导水断层，应采取超前注浆堵水、加固等措施，在确保安全的状态下快速通过。

5．事件二中的安全事故属一般事故。根据《矿山生产安全事故报告和调查处理办法》（矿安〔2023〕7号）规定，一般煤矿事故由国家矿山安全监察局省级局牵头组织调查，也可以委托事故发生单位或者有关部门组织事故调查组进行调查。一般煤矿事故调查组组长可由矿山安全监察机构内设处室负责人担任。

（五）

1．不合理。因为井筒检查孔距离井筒中心不应超过25m，新副井距离原副井距离

180m，超过 25m，应当新打井筒检查孔。

2．质量保证措施中，模板的直径为 6500mm 不合理，模板的有效半径应比井筒设计半径大 10～40mm；

洒水养护不少于 3d 不合理，应该为不少于 7d。

3．针对该段混凝土工程，应首先进行混凝土无损检测或者钻取混凝土芯样进行强度复测，如果合格则可以进行正常验收，如果仍不符合要求，则按实际条件验算结构的安全度并采取必要的补强措施。

如果该段井筒需要返工，则施工单位应该进行返工，并对建设单位提出工期和费用索赔要求。建设单位应该支持施工单位的相应索赔，并对混凝土供应商进行索赔。混凝土供应商应该承担相应的赔偿。监理单位应当协调三家单位，对事件的根本原因进行调查并制定预防措施。

4．淹井事故中，建设单位应该拒绝事故单位的索赔。理由是：井筒涌水量瞬间达到 130m³/h 不是导致淹井事故的原因，导致淹井事故的原因是施工单位没有按规定进行探放水，以及施工单位的排水能力不符合要求。

5．施工单位壁后注浆的费用和工期索赔是合理的，因为井筒漏水量 7.5m³/h 符合合格标准。

综合测试题二

一、单项选择题（共20题，每题1分。每题的备选项中，只有1个最符合题意）

1. 将地面平面坐标系统传递到井下的测量，简称为（　　）。
   A. 联系测量
   B. 贯通测量
   C. 导入高程
   D. 定向

2. 断层对矿山工程的影响表现为（　　）。
   A. 断层是软弱破碎带，有利于巷道快速掘进
   B. 断层会改变矿层的位置，有利于巷道的布置
   C. 断层的存在可能会改变岩层的透水条件
   D. 改变围岩的受力状态，方便巷道围护

3. 配制混凝土时，选用的粗骨料最大粒径不得超过钢筋最小间距的（　　）。
   A. 1/4
   B. 1/2
   C. 2/3
   D. 3/4

4. 矿井的主、副井筒为斜井，回风井井筒为立井，则该矿井的开拓方式属于（　　）。
   A. 综合开拓
   B. 平硐开拓
   C. 立井开拓
   D. 斜井开拓

5. 关于爬模法施工钢筋混凝土井塔的特点，正确的是（　　）。
   A. 大型吊装机械的工作量大
   B. 模板爬升需与井塔楼层的其他工序顺序作业
   C. 模板系统爬升无需采用液压千斤顶
   D. 井塔可分层施工且结构整体性好

6. 基坑采用井点降水时，宜选用管井井点的情形是（　　）。
   A. 土的渗透系数大、地下水量大的土层
   B. 基坑面积较大时
   C. 当降水深度超过 15m 时
   D. 当基坑较深而地下水位又较高时

7. 井下巷道掘进工作面有涌水和瓦斯时，爆破作业应选用（　　）。
   A. 铵油炸药
   B. 铵梯炸药

  C. 岩石水胶炸药　　　　　　　　D. 煤矿许用水胶炸药

 8. 浅孔爆破作业中出现盲炮，处理方法是在距盲炮至少（　　　）m 处，重新钻与盲炮眼平行的新炮眼，进行装药放炮。

  A. 0.1　　　　　　　　　　　　　B. 0.2

  C. 0.3　　　　　　　　　　　　　D. 0.5

 9. 冻结法凿井施工设计工作中，冻结孔的圈数确定一般取决于（　　　）。

  A. 冻土强度　　　　　　　　　　B. 冻结速度

  C. 冻结深度　　　　　　　　　　D. 制冷液种类

 10. 立井井筒采用反井施工方法时，其前提条件是（　　　）。

  A. 地面应竖立凿井井架

  B. 地面应布置提升和悬吊设备

  C. 矿井要有通达井筒井底水平的通道

  D. 矿井必须是低瓦斯矿井

 11. 关于凿井施工井架及其天轮平台的布置，合理的是（　　　）。

  A. 井架中心线必须离开与之平行的井筒中心线一段距离

  B. 主、副提升天轮必须对称布置，确保井架受力平衡

  C. 提升天轮、悬吊天轮均应布置在同一水平

  D. 钢丝绳作用在井架上的全部荷载不得超过井架的承载能力

 12. 当岩巷掘进使用凿岩台车打眼时，配套的装岩设备一般宜选用（　　　）。

  A. 铲斗后卸式装载机　　　　　　B. 铲斗侧卸式装载机

  C. 耙斗式装载机　　　　　　　　D. 钻装机

 13. 巷道围岩内部某点的绝对位移监测可以采用的仪器设备是（　　　）。

  A. 收敛计　　　　　　　　　　　B. 多点位移计

  C. 经纬仪　　　　　　　　　　　D. 水准仪

 14. 企业资质等级标准有关施工劳务的标准要求持有岗位证书的施工现场管理人员不少于（　　　）人。

  A. 50　　　　　　　　　　　　　B. 20

  C. 10　　　　　　　　　　　　　D. 5

 15. 关于矿山井巷工程施工安排的说法，正确的是（　　　）。

  A. 高瓦斯矿井的倾斜巷道宜采用上山掘进

  B. 井底车场增加巷道工作面时应校核井下通风能力

　　C．主、副立井井筒同时开工有利于井筒的安全施工

　　D．回风风井与副井的贯通点应安排在副井井底附近

16．可加快矿业工程施工进度的组织措施是（　　）。

　　A．合理调配劳动力及施工机械设备

　　B．改进施工工艺，缩短技术间歇时间

　　C．优化施工方案，采用先进的施工技术

　　D．采用先进的施工机械设备

17．关于井巷工程施工质量验收的合格要求，正确的是（　　）。

　　A．裸体井巷光面爆破周边眼的眼痕率不应小于50%

　　B．现浇混凝土井壁表面应无明显裂痕

　　C．井巷掘进的坡度偏差应小于5%

　　D．井下主排水泵房不允许渗水

18．下列建筑安装工程费用中，属于安全文明施工费的是（　　）。

　　A．临时设施费　　　　　　　　B．夜间施工增加费

　　C．二次搬运费　　　　　　　　D．已完工程及设备保护费

19．发生5人死亡事故，应由（　　）负责调查。

　　A．发生事故的施工单位所在地市级人民政府

　　B．发生事故的施工单位所在地省级人民政府

　　C．事故发生地的市级人民政府

　　D．事故发生地的省级人民政府

20．矿山建设项目管理中的BIM技术主要体现在（　　）。

　　A．管理技术智能化　　　　　　B．数字建模及其应用

　　C．施工进度的优化调整　　　　D．安全事故分析与控制

二、多项选择题（共10题，每题2分。每题的备选项中，有2个或者2个以上符合题意，至少1个错项。错选，本题不得分；少选，所选的每个选项得0.5分）

1．采用先进测量仪器进行井下控制测量导线的有（　　）。

　　A．经纬仪钢尺导线　　　　　　B．光电测距导线

　　C．全站仪导线　　　　　　　　D．陀螺定向光电测距导线

　　E．测距导线

2．混凝土拌合料和易性含义包括（　　）。

　　A．抗渗性　　　　　　　　　　B．流动性

　　C．抗冻性　　　　　　　　　　D．黏聚性

　　E．保水性

3．立井提升容器包括有（　　　）。

　　A．井架　　　　　　　　　　　B．提升机
　　C．箕斗　　　　　　　　　　　D．罐笼
　　E．矿车

4．钢板桩围护墙的工作特点有（　　　）。

　　A．可挡水及土中细小颗粒　　　B．其槽钢可拔出重复使用
　　C．抗弯能力较强　　　　　　　D．多用于深度大于 4m 的深基坑
　　E．施工方便，工期短

5．矿山井下巷道采用光面爆破时，周边眼应满足的要求有（　　　）。

　　A．眼口落在井巷掘进的轮廓线外 50mm
　　B．周边眼间距不大于 500mm
　　C．采用低爆速炸药
　　D．采用不耦合装药
　　E．封泥全部采用黏土炮泥

6．关于立井施工装备机械化配套的要求，说法正确的有（　　　）。

　　A．提升能力应与装岩能力配套
　　B．炮眼深度应与一次爆破矸石量配套
　　C．地面排矸能力应与矿车运输能力配套
　　D．支护能力应与掘进能力配套
　　E．辅助设备应与掘砌设备配套

7．关于矿业工程招标投标的说法，正确的有（　　　）。

　　A．回风立井井筒检查孔资料是该井筒项目招标必须提供的资料
　　B．普通法施工的立井井筒工程项目可分段招标
　　C．招标人采用自行招标须向有关行政监督部门进行备案
　　D．投标人拥有专利优势的工程项目，可采用"下限标价"的策略
　　E．增加建议方案法是投标人发挥自身优势的一种投标策略

8．隐蔽工程质量检验评定时，所依据的工程质量检查记录应有（　　　）的共同签字。

　　A．建设单位（含监理）　　　　B．施工单位
　　C．设计单位　　　　　　　　　D．质量监督部门
　　E．质量安全检测单位

9. 井巷维修过程中应做到（　　　）。
　　A. 维修巷道时，应从工作面的后方向工作面推进
　　B. 更换支架时应先拆除旧支架，再架设新支架
　　C. 拆除密集支架，一次不得超过两架
　　D. 独头巷道支架拆换时应保证里侧人员全部撤出
　　E. 倾斜巷道维修作业前应停止巷道内车辆运行

10. 矿井建设安全供电规定的内容有（　　　）。
　　A. 矿井应有两回电源线路
　　B. 主要通风、提升等设备，应各有两回路供电线路
　　C. 井下供电系统必须有符合要求的供电系统设计及保护整定校验
　　D. 施工现场临时用电工程必须设置专用的保护零线
　　E. 防爆环境中的防爆设备必须有防爆合格证

三、实务操作和案例分析题［共5题，（一）、（二）、（三）题各20分，（四）、（五）题各30分］

（一）

背景资料

某施工单位承担一低瓦斯矿井井底车场巷道与硐室的施工任务，其中中央排水泵房硐室包含两条独立的水仓，长度分别为65m和85m，水仓掘进断面积5.6m²，掘进宽度2.4m，掘进高度2.6m，围岩为稳定性较好的砂岩，采用锚喷支护。

施工单位项目部编制了水仓的施工技术措施，采用钻眼爆破施工方法，炮眼深度1.8m，实施光面爆破，炮眼布置如图1所示。该施工技术措施报审时未能通过，要求进行整改。项目部经研究后，对炮眼布置图进行了修改，在维持炮眼深度的基础上，调整了部分炮眼的布置，保证了施工的正常进行。

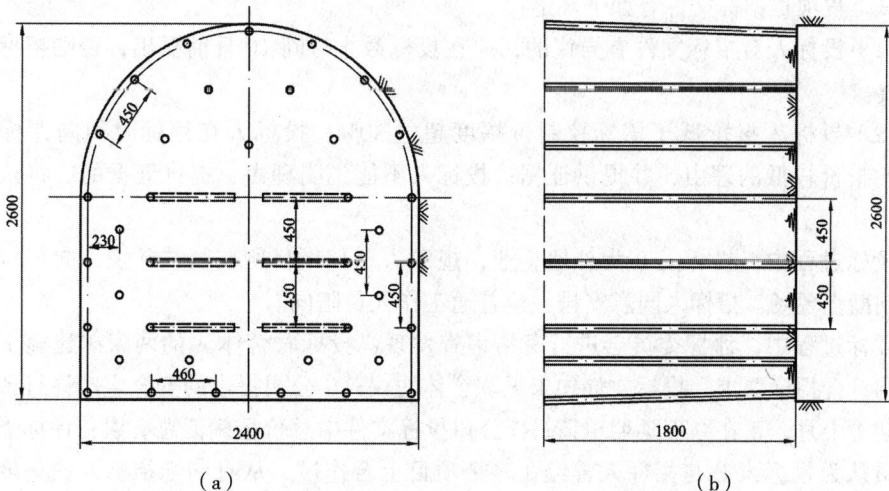

（a）　　　　　　　　　　　　　　　（b）

图1　炮眼布置图

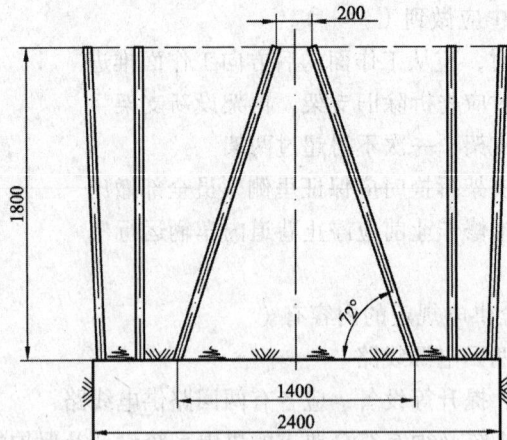

（c）

图1　炮眼布置图（续）

水仓施工过程中，工作面选用了铲斗后卸式装岩机配合矿车进行排矸，施工速度较慢。建设单位要求项目部选用铲斗侧卸式装岩机配合胶带转载机和矿车进行排矸，以加快水仓的掘进速度。

问题

1. 图1炮眼布置图采用的是哪种掏槽方式？该方式具有哪些特点？
2. 图1炮眼布置图中存在哪些问题？说明理由。
3. 水仓掘进工作面的氧气浓度应控制为多少？
4. 针对水仓施工排矸工作，建设单位的要求是否合理？说明理由。

（二）

背景资料

某矿业工程公开招标。招标人发布了招标公告后，5家投标人报名参加投标，其中投标人A为两家矿建施工企业组成的投标联合体。

该工程项目招标文件有如下规定：

（1）投标人对招标文件有异议的，应在投标截止时间10日前提出，否则招标人拒绝回复。

（2）投标人报价低于招标控制价幅度超过30%，投标人在评标时须向评标委员会说明报价较低的理由，并提供证据；投标人不能说明理由、提供证据的，将认定为废标。

投标过程中，投标人B为外地企业，想深入了解项目所在区域环境，向招标人申请陪同勘查现场。招标人同意安排一位普通工作人员陪同。

评标过程中，评标委员会进行资格审查发现：投标联合体A的两家矿建施工企业资质均符合招标要求，投标文件中未见联合体协议；C公司提供的安全生产许可证超过有效期1个月，正在办理延期申请；D公司投标文件中总价金额汇总有误；评标委员会某成员认为投标人E与招标人曾经在多个项目上合作过，从有利于招标人的角度，建议投标人E为第一中标候选人。

问题

1. 逐一说明招标文件的相关规定是否合理？说明理由。

2. 投标过程中，分别说明 B 单位的要求和招标人的做法是否妥当？说明理由。

3. 针对评标委员会资格审查中发现的问题，分别说明投标人 A、C、D 的投标文件是否有效，并简述理由。

4. 该评标委员会对中标候选人的建议是否妥当？说明理由。

（三）

背景资料

某施工单位承建一矿井工业场地部分工业建筑工程，合同工期 36 个月，施工单位编制了工程的施工进度计划如图 2 所示。在进行施工准备后，陆续安排施工队伍进场施工，其中工作 M 和 N 必须在 J 和 K 完成后进行，可以组织顺序施工或平行施工。施工场地最多可安排 5 个队伍同时进行施工。

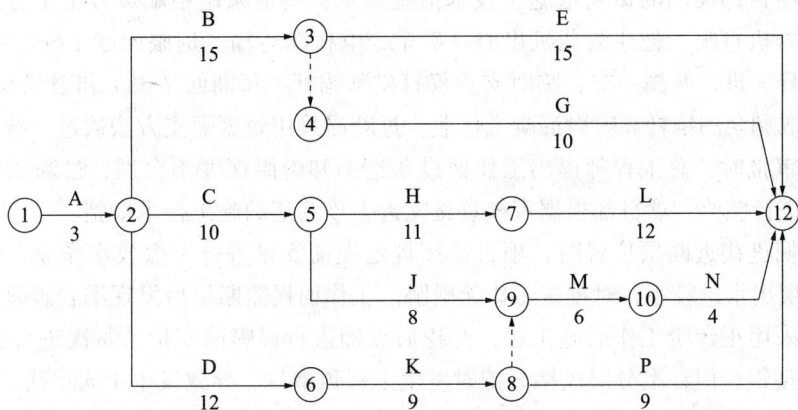

图 2　某矿井地面工业建筑工程施工网络进度计划（单位：月）

在施工的过程中，发生了如下事件：

事件一：工作 B 为矿井综合楼施工，其基础采用泥浆护壁成孔灌注桩，为确保施工质量，建设单位要求监理单位要强化对灌注桩的质量检验，及时报告质量检验验收情况。

事件二：在项目中期检查时，监理单位检查施工单位的进度发现，工作 A、B、C、D 已经完成，工作 E 进度正常，工作 G 拖延 3 个月，工作 H 进度正常，工作 J 拖延 6 个月，工作 K 拖延 3 个月，其余工作尚未开始。监理单位向施工单位下达了进度整改通知书，要求施工单位优化调整进度安排，严格按照合同工期完成施工任务。

事件三：工作 E 完工进行质量验收时，发现屋面有渗漏水现象，分析原因是防水卷材粘贴不牢，施工单位返工修复增加费用 20 万元，延误工期 2 个月。施工单位及时提交了相关费用和工期的索赔申请。

问题

1. 根据施工单位编制的网络进度计划，该工程施工进度控制应重点关注哪些工作？说明理由。

2．针对事件一，监理和施工单位应做好哪些方面的检验验收工作？主控项目检查包括哪些？

3．针对事件二，施工单位应如何调整进度计划？

4．针对事件三，监理单位应如何处理？项目的工期是否会延误？说明理由。

（四）

背景资料

某矿建施工单位承担了一煤矿主要运输巷道的施工任务，巷道设计为直墙半圆拱形断面，净宽 4.5m、净高 4.2m，总长度 1800m。地质资料显示巷道围岩为中等稳定的砂页岩层，预计 800m 处会穿越 10m 左右的断层带，该区域水文地质条件不明。巷道采用锚喷支护，锚杆长度 1.8m，间排距 0.8m×0.8m，每断面布置 13 根，单个树脂药卷锚固；喷射混凝土厚度 100mm，强度等级 C20；穿越断层段增设金属网和 U 型钢支架，金属网为网格 150mm×150mm，钢丝直径 8mm；U 型钢架设间距 0.8m。

施工项目部编制的该巷道施工技术措施显示，巷道采用钻眼爆破施工方法，多台气腿式凿岩机打眼，耙斗装载机出渣，矿车、电机车运输。炮眼深度 1.6m，循环进尺 1.5m，每日 3 班，两掘一支，临时支护仅打拱部锚杆（每断面 7 根）和喷浆 50mm；永久支护完成剩余的锚杆和喷射混凝土作业。过断层采用短掘短支方法通过。技术措施报施工单位审批时，总工程师提出工作面设备选型和炮眼深度不合理，过断层措施不完整，要求进行整改。项目部根据审核意见完善了该巷道的施工技术措施。

巷道掘进接近断层位置时，项目部按规定提前安排进行了探放水作业，探水结果显示该断层出水量较小，对掘进工作无威胁。工作面揭露断层后发现围岩破碎严重，项目部决定采用正台阶工作面施工法，开挖后立即进行锚喷网支护，每次进尺达到 3.0m后架设 U 型钢。但在上分层风镐开挖时发生了冒顶事故，导致发生 1 人重伤、2 人轻伤的安全事故。

巷道竣工验收前，建设单位组织对该巷道的支护质量进行了检查，监理工程师检查了该巷道断面规格的工序验收资料，显示全部合格。现场巷道断面检查随机抽查的 1 个断面实测数据结果如表 1 所示。

表 1　锚喷支护段巷道断面规格实测结果

检查项目	检查数据				检查结果
	中线至左帮	实测数据（mm）	中线至右帮	实测数据（mm）	实测净宽（mm）
净宽	上	2315	上	2285	4510
	中	2300	中	2230	
	下	2280	下	2260	
净高	腰线至顶梁实测数据（mm）		腰线至底板实测数据（mm）		实测净高（mm）
	2215		2205		4220

注：该巷道道碴高度为 200mm。

问题

1．该巷道凿岩和装岩宜选用哪种设备？合理的炮眼深度应该取多少？

2. 巷道过断层进行探放水作业,探水孔应当如何布置?

3. 为避免发生冒顶事故,工作面支护可采用哪种方法或技术措施?

4. 针对发生的冒顶事故,施工单位应急处理要求包括哪些?

5. 现场抽查的锚喷支护段巷道断面规格质量是否合格?说明理由。

(五)

背景资料

某施工单位承建一煤矿主井井筒工程。该煤矿为低瓦斯矿井,采用一对立井开拓方式,主、副井均在工业广场内。主井井筒穿越2层含水层,3层煤层,设计净直径7m,深度860m,预计井筒最大涌水量为25m³/h。主井井底临时马头门为东西方向。建设单位要求月进度不低于80m。

施工单位根据相关资料和要求,编制了施工组织设计,其中井筒断面布置如图3所示。

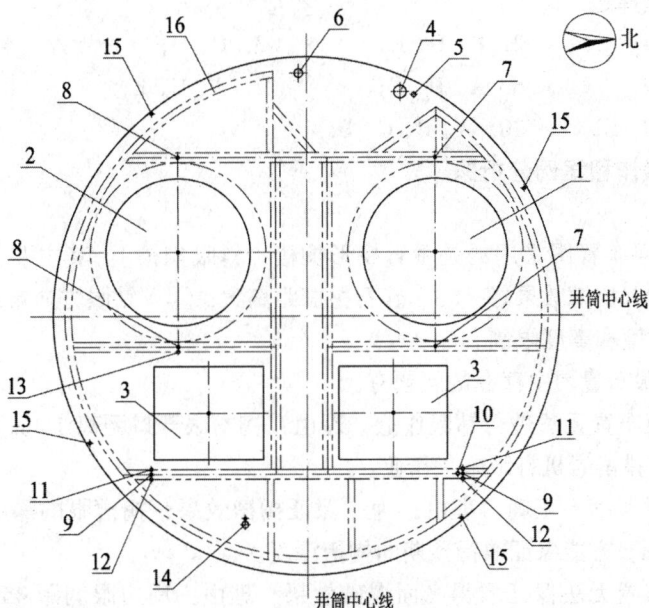

图 3 井筒施工断面布置图

1—主提吊桶;2—副提吊桶;3—中心回转抓岩机;4—压风管;5—供水管;6—排水管;
7—主提稳绳;8—副提稳绳;9—吊盘绳;10—放炮电缆;11—通讯电缆;12—信号电缆;
13—照明电缆;14—动力电缆;15—模板绳;16—吊盘

施工单位制定的施工组织设计中部分内容如下:

(1)部分设备配置:采用1台JKZ-2.8和1台JK-2.5凿井提升机,分别配一只2.0m³和1只1m³吊桶提升;2台HZ-10中心回转抓岩机装岩;Ⅱ型凿井专用井架。

(2)钻爆施工:采用六臂风动伞钻打眼,打眼深度为2.5m,采用一级煤矿许用炸药和煤矿许用秒延时电雷管,380V交流电源起爆。

在施工到第二层含水层时,出现岩帮若干集中涌水点,累计岩帮涌水量约2m³/h,上部井壁淋水约1.5m³/h。

问题

1. 施工单位的设备配置中存在哪些不合理之处，应如何调整？

2. 施工组织设计中平面布置图有哪些重大漏项；

3. 指出平面布置图存在的问题，并说明原因或给出正确的做法；

4. 施工组织设计中的钻爆施工方面存在哪些问题，应如何更正。

5. 施工到第二层含水层时，施工单位应采取哪些保证混凝土浇筑质量的措施。

【参考答案】

一、单项选择题

1. D；　2. C；　3. D；　4. D；　5. D；　6. A；　7. D；　8. C；

9. C；　10. C；　11. D；　12. B；　13. B；　14. D；　15. B；　16. A；

17. B；　18. A；　19. C；　20. B

二、多项选择题

1. B、C、D；　　2. B、D、E；　　3. C、D；　　　4. B、E；

5. B、C、D；　　6. A、D、E；　7. A、C、E；　　8. A、B；

9. A、C、D、E；　10. A、B、C、D

三、实务操作和案例分析题

（一）

1. 图1炮眼布置图采用的是垂直楔形掏槽（斜眼掏槽）。其主要特点有：（1）掏槽眼数目少；（2）掏槽效果好；（3）碎石抛掷距离大；（4）钻眼方向难以掌握；（5）炮眼深度受巷道宽度和高度限制。

2. 图1炮眼布置图中存在的问题有：

（1）掏槽眼布置无法进行钻眼作业。理由：掏槽眼开口距离1.4m太大，受巷道宽度限制，无法安排凿岩机打眼施工作业。

（2）掏槽眼深度不正确。理由：为了保证掏槽效果，掏槽眼的深度应比其他炮眼深度加深200mm，方能保证取得预期的掏槽深度。

（3）炮眼布置无法保证取得光面爆破效果。理由：周边眼间距450mm左右合理，但最小抵抗线为230mm偏小，炮眼密集系数为450/230＝1.96，与合理值区间0.8～1.0偏差较大，难以取得光面爆破的效果。

3. 水仓掘进工作面的氧气浓度不应低于20%。

4. 针对水仓施工排矸工作，建设单位要求选用铲斗侧卸式装岩机配合胶带转载机和矿车进行排矸不合理。因为水仓断面较小，宽度和高度无法满足铲斗侧卸式装岩机的工作要求。项目部可以选用耙斗式装岩机或者蟹爪式装岩机进行装岩，利用胶带转载机转载，矿车运输，可加快工作面的排矸速度，以加快水仓的掘进速度。

（二）

1. 招标文件的规定（1）合理。根据《中华人民共和国招标投标法实施条例》，投标人对招标文件有异议的，应当在投标截止时间10日前提出。

招标文件的规定（2）合理。在评标过程中，评标委员会发现投标人的报价过低，使得其投标报价可能低于其个别成本的，应当要求该投标人作出书面说明并提供相关证明材料。投标人不能合理说明或者不能提供相关证明材料的，由评标委员会认定该投标人以低于成本报价竞标，其投标应作废标处理。

2. B单位的要求妥当，投标人有权在投标前了解现场情况，以便编制投标书。

招标人的做法不妥。招标人不得组织单个或者部分潜在投标人踏勘项目现场。

3.（1）投标人A投标文件无效；理由：联合体投标应有联合体协议。

（2）投标人C投标文件无效；理由：安全生产许可证超过有效期，应为无效。

（3）投标人D投标文件有效；理由：总价金额汇总有误属于细微偏差。

4. 不妥。评标委员会成员应当依照《中华人民共和国招标投标法》和《中华人民共和国招投标法实施条例》的规定，按照招标文件规定的评标标准和方法，客观、公正地对投标文件提出评审意见。招标文件没有规定的评标标准和方法不得作为评标的依据。

（三）

1. 根据施工单位编制的网络进度计划，该工程施工进度控制应重点关注工作A、C、H、L。因为这些工作是关键工作。

2. 针对泥浆护壁成孔灌注桩的质量检验和验收工作，监理和施工单位应当结合施工程序共同做好以下工作：施工前检验灌注桩的原材料及桩位处的地下障碍物处理资料；施工中应对成孔、钢筋笼制作与安装、水下混凝土灌注等各项质量指标进行检查验收；如果有嵌岩桩，应对桩端的岩性和入岩深度进行检验。施工后应对桩身完整性、混凝土强度及承载力进行检验。主控项目检查包括承载力、孔深、桩身完整性、混凝土强度和嵌岩深度5项内容。

3. 项目中期检查时，工作E进度正常，总时差为3；工作G拖延3个月，总时差为5；工作H进度正常，总时差为0；工作J拖延6个月，总时差为-1；工作K拖延3个月，总时差为0。工作J拖延会导致总工期延长，需要进行优化调整网络计划。工作J的拖延会影响其后续工作M和N，工作M的工期为6个月，工作N的工期为4个月，顺序施工需要10个月，无法进行安排。鉴于M和N可组织平行施工，施工单位可以将工作M安排在J、K完成后开始，最早开始时间27，完成时间33；工作N安排在G、J、K完成后开始，最早开始时间31，完成时间35；这样施工队伍不会增加，工期也没有超过36个月。

4. 针对事件三，监理单位应拒绝施工单位索赔申请的签证，整个工程项目的工期不会因此产生延误。因为屋面产生渗漏水现象，原因是防水卷材粘贴不牢，属于施工单位自身的责任，所产生的费用应当由施工单位自己承担，发生工期延误不予顺延。对于实际延误的2个月工期，由于工作E有3个月的总时差，因此不会对总工期产生影响。

（四）

1. 该巷道断面较大，围岩条件中等，适宜采用机械化装备配套进行快速掘进，凿岩设备宜选用凿岩台车，装岩设备宜选用侧卸式装岩机。考虑与凿岩设备的配套，合理的炮眼深度应该取1.8～3.0m。

2. 巷道掘进时，在地面无法查明水文地质条件时，应当在采掘前采用物探、钻探或者化探等方法查清采掘工作面及其周围的水文地质条件。接近导水断层时必须进行探放水，探放水钻孔布置应当遵循相关规定，探放断裂构造水和岩溶水等时，探水钻孔应沿掘进方向的正前方及含水体方向呈扇形布置，钻孔不得少于3个，其中含水体方向的钻孔不得少于2个。

3．针对断层破碎带，为避免发生冒顶事故，工作面支护可采用的方法或技术措施包括：① 采取前探支护；② 采用超前支护（超前锚杆或管棚）；③ 采用联合支护；④ 采用注浆加固技术措施。

4．针对发生的冒顶事故，施工单位应急处理要求包括：

（1）事故现场有关人员应当立即报告本单位负责人；负责人接到报告后，应当于1h内报告事故发生地县级以上人民政府矿山安全监管部门。

（2）事故发生单位负责人接到事故报告后，应立即启动事故相应应急预案，或者采取有效措施，组织抢救。

（3）事故发生后，应当妥善保护事故现场以及相关证据。

5．现场抽查的锚喷支护段巷道为主要运输巷道，检查项目断面规格的允许偏差净宽是从中线至任一帮距离，净高是腰线至顶底板的距离。根据检查数据，净宽中线至左帮的距离最小值是2280mm，至右帮的距离最小值是2230mm，这样断面净宽是4510mm，其中2230mm小于设计净宽的一半2250mm，偏差 -20mm 不符合允许偏差（0～150mm）规定；净高腰线至顶板的距离是2215mm，至底板的距离是2205mm，去掉道碴高度200mm，断面净高是4220mm，但其中2215mm小于腰线至顶板距离的设计值2250mm，偏差 -35mm 也不符合允许偏差（0～150mm）规定。因此该段巷道规格质量不合格。

（五）

1．依据背景资料，该煤矿采用一对立井开拓方式，主、副井均在工业广场内，在施工方案选择的时候应考虑主井井筒进行临时改绞。因此，选用2台单滚筒提升机不妥，应考虑主井临时改绞，至少选用1台双滚筒提升机；井筒直径与深度均较大，考虑到快速施工，应尽可能配备大容量的吊桶，因此分别配一只 $2.0m^3$ 和一只 $1.0m^3$ 吊桶提升不妥，选配吊桶太小，应根据井筒深度选配 $3 \cdot 5m^3$ 吊桶，浅部可以选用 $5m^3$ 吊桶，随着深度的增加，可以换小点的吊桶；另外考虑井筒的直径和深度因素，选用2台HZ-10中心回转抓岩机装岩，体积太大，不宜清底，应至少选用1台HZ-4中心回转抓岩机；同时选用Ⅱ型凿井专用井架不妥，井架承载力和尺寸均难以满足施工需要，应选用Ⅳ型以上凿井井架。

2．依据《煤矿安全规程》（2022年版），井下施工应采取机械通风，同时应考虑人员应急逃生方案，井筒内必须安装风筒和安全梯。

3．平面布置图中两个吊桶和抓岩机均布置在同一侧不合理，不利于装岩工作的优化，应交叉布置；照明电缆与副提稳绳布置一起不妥，影响吊桶滑架运行；放炮电缆与其他电缆一起悬吊不妥，依据安全规程，应单独悬吊；依据背景资料，主井井底临时马头门为东西方向，而井筒提升方向为南北方向，因此井筒提升方向布置不正确，应与临时马头门方向一致。

4．钻爆施工存在的问题有打眼深度2.5m不合理，应为4m以上，主要是因为伞钻的行程一般为4.2～5.2m，为了尽可能地发挥伞钻的设备性能，减少工序转换，同时考虑爆破效果以及地质条件等因素，综合确定最佳的钻眼深度为 4～5m 范围；采用一级煤矿许用炸药不妥，依据《煤矿安全规程》（2022 年版），低瓦斯矿井应采用二级煤矿许用炸药，且应防水；采用煤矿许用秒延时电雷管不妥，应采用煤矿许用毫秒延期电雷管，且有瓦斯的时候最长延迟时间不得超过 130ms；380V 交流电源起爆不妥，应采用煤矿专用起爆器起爆。

5. 井帮出水和井壁淋水如果不采取管理措施，在混凝土浇筑的时候会进入混凝土中，影响混凝土的质量，一般来说对于井壁淋水应采取截水措施，而对于井帮淋水则可以采用导水措施，在混凝土浇筑完成并达到强度时，再进行注浆封闭。

网上增值服务说明

为了给一级建造师考试人员提供更优质、持续的服务，我社为购买正版考试图书的读者免费提供网上增值服务。**增值服务包括**在线答疑、在线视频课程、在线测试等内容。

网上免费增值服务使用方法如下：

1. 计算机用户

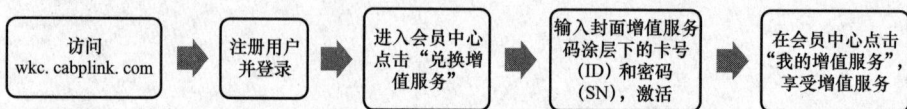

2. 移动端用户

注：增值服务从本书发行之日起开始提供，至次年新版图书上市时结束，提供形式为在线阅读、观看。如果输入卡号和密码或扫码后无法通过验证，请及时与我社联系。

客服电话：010-68865457，4008-188-688（周一至周五9：00—17：00）

Email：jzs@cabp.com.cn

防盗版举报电话：010-58337026，举报查实重奖。

网上增值服务如有不完善之处，敬请广大读者谅解。欢迎提出宝贵意见和建议，谢谢！